Autour de l'infanterie d'élite macédonienne à l'époque du royaume antigonide

Cinq études militaires entre histoire, philologie et archéologie

Pierre O. Juhel

Archaeopress Publishing Ltd

Summertown Pavilion
18-24 Middle Way
Oxford OX2 7LG

www.archaeopress.com

ISBN 978 1 78491 732 6
ISBN 978 1 78491 733 3 (e-Pdf)

© Archaeopress and Pierre O. Juhel 2017

All rights reserved. No part of this book may be reproduced, or transmitted, in any form or by any means, electronic, mechanical, photocopying or otherwise, without the prior written permission of the copyright owners.

This book is available direct from Archaeopress or from our website www.archaeopress.com

Table des matières

Liste des figures vii

Avant-propos ix

I. La nature de la phalange macédonienne ou quand la science recule 1
   I. 1. Leçons oubliées et leçons retrouvées 3
      I. 1. 1. Les enseignements de la vieille école allemande 3
      I. 1. 2. La phalange créée par Philippe II, une phalange de peltastes 'iphicratéens' ?
      La conception de N. V. Sekunda 4
      I. 1. 3. La création de la phalange macédonienne, une adaptation contemporaine
      aux réformes d'Iphicrate ? Les théories de C. A. Matthew 5
   I. 2. Quelque vraisemblable filiation 6
   I. 3. Les réformes militaires de Philippe II selon les sources littéraires 8
      I. 3. 1. Les sources directes 8
      I. 3. 2. Les enseignements des textes 9
   I. 4. La phalange macédonienne à l'époque d'Alexandre : des textes riches de leçons ... 10
      I. 4. 1. La phalange macédonienne lors de la prise de Thèbes (335/4 av. J.-C.) ... 11
      I. 4. 2. La phalange macédonienne lors de la bataille d'Issos (333 av. J.-C.) 13
      I. 4. 3. La phalange macédonienne à la bataille de l'Hydaspe (326 av. J.-C.) 15
      I. 4. 4. La phalange d'Antipater 16
   I. 5. La phalange et un épisode des guerres des diadoques 18
   I. 6. La question de la sarisse à l'époque d'Alexandre 18
      I. 6. 1. Les positions de la vieille école allemande 18
      I. 6. 2. Des interprétations contestables 19
          I. 6. 2. 1. La sarisse selon Mixter, Manti ou Devine 19
          I. 6. 2. 2. La position de F. Lammert 24
      I. 6. 3. Un témoignage iconographique fondamental 26
      I. 6. 4. D'Alexandre aux diadoques 26
      I. 6. 5. La sarisse des phalangites d'Alexandre : une arme d'hast qui pouvait être
      maniée à une main ? 29
      I. 6. 6. Retour aux données iconographiques 31
          I. 6. 6. 1. Préambule : une confrontation aux données de l'armement byzantin
          et médiéval 32
          I. 6. 6. 2. La 'mosaïque d'Alexandre' 36
          I. 6. 6. 3. Les témoignages iconographiques numismatiques 37
      I. 6. 7. Des sources littéraires inexploitées ? 39
          I. 6. 7. 1. Une scholie d'un manuscrit de l'Iliade 39
          I. 6. 7. 2. Un paragraphe des Excerpta de POLYEN 42
          I. 6. 7. 3. Un passage du Περὶ Στρατηγίας 42
          I. 6. 7. 4. Un autre regard sur un passage de la Τέχνη Τακτική d'ARRIEN 45
              I. 6. 7. 4. 1. Des lances de 16 pieds ou de 16 coudées ? 45
              I. 6. 7. 4. 2. Des lances maniées à une main 46
              I. 6. 7. 4. 3. Le manuel d'infanterie macédonien comme source des traités
              des tacticiens ? 48

  I. 6. 7. 4. 4. La question de la saillie des lances de 16 pieds 49
I. 7. Quant fut introduite la phalange de piquiers, c'est-à-dire 'la phalange macédonienne' de la vulgate ? 50
I. 8. Conclusions.. 57
  I. 8. 1. Première conclusion. Les sarisses des phalangites des armées de Philippe II et d'Alexandre étaient encore des lances maniées à une main 57
  I. 8. 2. Deuxième conclusion. Des sarisses de différentes longueurs 58
  I. 8. 3. Troisième conclusion. Des sarisses qui étaient encore des lances et des sarisses qui devinrent des piques ? Puis des sarisses qui ne furent plus que des piques ?.. 60
  I. 8. 4. Quatrième conclusion. Les premier, deuxième voire troisième rangs de la phalange étaient lourdement armés 61
  I. 8. 5. Cinquième conclusion. Des fantassins de la phalange représentés sur ledit 'sarcophage d'Alexandre' ? 66
  I. 8. 6. Sixième conclusion. L'infanterie de la phalange des Argéades, une infanterie multifonctionnelle 66
  I. 8. 7. Septième conclusion. 'La phalange macédonienne' : ou quand la science recule 67
I. Appendice. Les sources relatives à la 'phalange macédonienne' selon Hammond et Markle : un inventaire fallacieux 69
I. App. 1. Les références invoquées par Hammond... 69
I. App. 2. Les références invoquées par Markle 73
I. 9. Bibliographie 75
  I. 9. 1. Sources littéraires 75
  I. 9. 2. Études.. 81

II. *Antigonid Redcoats*. L'infanterie d'élite de l'armée du royaume de Macédoine à l'époque hellénistique. Histoire et iconographie 94
II. 1. Les *Hypaspistes* 94
  II. 1. 1. Nature des *Hypaspistes* 94
    II. 1. 1. 1. Les *Hypaspistes*, infanterie d'élite sous Alexandre le Grand 94
    II. 1. 1. 2. Les *Hypaspistes*, 'gendarmes' macédoniens à l'époque hellénistique 95
    II. 1. 1. 3. L'armement des *Hypaspistes* antigonides 99
  II. 1. 2. Iconographie des *Hypaspistes*... 104
    II. 1. 2. 1. Des *Hypaspistes* sur la frise de la tombe d'Hagios Athanasios? 104
    II. 1. 2. 2. *Hypaspistes* et autres *sômatophylakes* dans la peinture pompéienne... 108
II. 2. L'infanterie de bataille 'royale' : les Peltastes 112
  II. 2. 1. L'*Agèma* (des Peltastes) 113
    II. 2. 1. 1. L'*Agèma* (des Peltastes). Définition 113
    II. 2. 1. 2. Deux *Agèmata* ? 113
    II. 2. 1. 3. Le recrutement de l'*Agèma* (des Peltastes). Classes sociales et classes d'âge..116
    II. 2. 1. 4. Les *Nicatores* de Persée : un nouveau nom pour l'*Agèma* ?............ 119
  II. 2. 2. Les autres Peltastes 120
  II. 2. 3. L'iconographie des Peltastes... 125
II. 3. Conclusion. *Hypaspistes* et autres Peltastes, the **Antigonid redcoats** 136

II. 4. Bibliographie 145
    II. 4. 1. Sources épigraphiques 145
    II. 4. 2. Sources littéraires 146
    II. 4. 3. Études 150

III. 'Infanterie lourde' : une notion entre armement et ordonnance tactique. Le cas de la phalange macédonienne 161
III. 1. De l'ambiguïté entre les notions d'armement et d'ordonnance 162
III. 2. Exemples tirés de l'histoire militaire grecque 164
    III. 2. 1. *Generalia* 164
    III. 2. 2. Leçon polybienne 164
    III. 2. 3. D'autres illustrations tirées des historiens de l'Antiquité 166
III. 3. Conclusion 169
III. 4. Bibliographie 169
    III. 4. 1. Sources littéraires 169
    III. 4. 2. Études 170

IV. Remarques philologiques et historiques sur l'ambivalence de termes relatifs aux institutions militaires macédoniennes chez les historiens de l'Antiquité ... 173
IV. 1. De l'ambivalence des mots σωματοφύλαξ, σωματοφυλακία et ὑπασπιστής et sur quelques confusions qui en dérivent chez les historiens d'Alexandre le Grand 173
    IV. 1. 1. Σωματοφύλαξ et σωματοφυλακία 174
        IV. 1. 1. 1. Signification civile et militaire de σωματοφύλαξ et σωματοφυλακία 174
        IV. 1. 1. 2. L'institution royale des σωματοφύλακες (les 'Gardes du corps') 175
    IV. 1. 2. Ὑπασπιστής 179
        IV. 1. 2. 1. Un terme non moins ambivalent 179
        IV. 1. 2. 2. Ὑπασπιστής· βοηθός. δορυφόρος. ὑπηρέτης 181
    IV. 1. 3. Ὑπασπιστής, σωματοφύλαξ et σωματοφυλακία: des termes polysémiques 182
IV. 2. La signification des syntagmes *cohors regia* et *custodes corporis* chez TITE-LIVE et chez QUINTE-CURCE rapportés aux institutions militaires macédoniennes 184
    IV. 2. 1. *Custodes corporis* 185
    IV. 2. 2. *Regia cohors* 190
        IV. 2. 2. 1. *Regia* 190
        IV. 2. 2. 2. La *regia cohors*: une troupe ad hoc? 191
        IV. 2. 2. 3. *Regia cohors* sous la plume de QUINTE-CURCE 191
        IV. 2. 2. 4. *Regia cohors* sous la plume de TITE-LIVE 194
            IV. 2. 2. 4. 1. *Regia cohors* = la βασιλικὴ ἴλη antigonide 194
            IV. 2. 2. 4. 2. *Regia cohors* = les *Argyraspides* séleucides 195
            IV. 2. 2. 4. 3. *Regia cohors* : des *Argyraspides* séleucides aux *Hypaspistes* antigonides ? 196
IV. 3. *Custodes corporis* et *regia cohors* : l'éclaircissement de la description livienne de la cérémonie de lustration de l'armée antigonide 197

IV. 2. 3. Conclusion 199
IV. Appendice. Le statut du récit historique chez les historiens de l'Antiquité 200
IV. 4. Bibliographie 205
    IV. 4. 1. Sources littéraires 205
    IV. 4. 2. Études 209

V. Deux nouvelles armes défensives de l'époque hellénistique 213
    V. 1. Une cuirasse particulière : la φοινικίς 213
    V. 2. Un nouveau type de casque : le 'morion macédonien' 219
        V. 2. 1. Catalogue : l'iconographie du 'morion macédonien' 221
            V. 2. 1. 1. Dans l'iconographie religieuse 221
                V. 2. 1. 1. 1. Statuettes de terre cuite trouvées à Pella représentant Athéna casquée 221
                V. 2. 1. 1. 2. Terre cuite. Tête casquée d'Athéna exhumée sur l'agora de Thessalonique 224
                V. 2. 1. 1. 3. Terre cuite représentant Athéna casquée 225
                V. 2. 1. 1. 4. Statuettes et figurines de terre cuite d'origine lagide représentant Athéna casquée 225
                V. 2. 1. 1. 5. Figurines de terre cuite exhumées à Pompéi représentant Athéna Alkis, Museo Archeologico Nazionale de Naples 233
                V. 2. 1. 1. 6. Trois figurines de terre cuite provenant d'Asie Mineure et représentant Athéna casquée 235
                V. 2. 1. 1. 7. Peinture pompéienne 236
                V. 2. 1. 1. 8. Fresque murale de Dilberdjin (Bactriane) représentant Athéna-Anahita, époque kushano-sassanide 244
                V. 2. 1. 1. 9. Gemme représentant Mars, conservée au Musée du district de Caracal (Roumanie), n° d'inv. 1807 245
                V. 2. 1. 1. 10. Figurine fragmentaire 246
                V. 2. 1. 1. 11. Bouton de bronze représentant une tête d'Athéna casquée provenant de la tombe de Basse-Selce (Albanie) 246
                V. 2. 1. 1. 12. Fragment d'une figurine de terre cuite provenant d'Antinoé (Égypte) et représentant Arès. 246
                V. 2. 1. 1. 13. Éros de terre cuite de provenance inconnue 247
            V. 2. 1. 2. Dans l'art funéraire 247
                V. 2. 1. 2. 1. Peinture de la tombe de Lysôn et Kalliklès 247
                V. 2. 1. 2. 2. Stèle funéraire de Démétrias 247
                V. 2. 1. 2. 3. Stèle funéraire de marbre trouvée en Bulgarie méridionale . 248
                V.2.1.2.4. Stèle funéraire du soldat Salmas, trouvée à Sidon............ 249
                V. 2. 1. 2. 5. Cippe funéraire trouvé à Sélénétitsa (l'antique Nymphaion d'Apollonia d'Épire) représentant un soldat (IIe-Ier siècle av. J.-C.) 251
            V. 2. 1. 3. Dans l'art profane 253
                V. 2. 1. 3. 1. Tintinnabulum en forme de cavalier casqué et cuirassé chevauchant un phallus 253
                V. 2. 1. 3. 2. Figurine de terre cuite provenant d'Aboukir et représentant un guerrier (ou un gladiateur ?) 254

V. 2. 1. 3. 3. Figurines de terre cuite représentant des cavaliers en armes. Égypte ptolémaïque. Collection de l'Ägyptischen Museum de Berlin... 255
V. 2. 1. 3. 4. Figurine de terre cuite provenant d'Égypte représentant un guerrier casqué portant le bouc 256
V. 2. 1. 3. 5. Figurines de terre cuite provenant d'Égypte au type de la tête caricaturale de guerrier (voire de gladiateur?) casqué............................ 256
V. 2. 1. 3. 6. Antikensammlung des Archäologischen Instituts de l'Université de Tübingen.. 257
V. 2. 1. 3. 7. Antikensammlung des Archäologischen Instituts de l'Université de Tübingen 257
V. 2. 1. 3. 8. Peinture pompéienne représentant deux pygmées casqués. 258
V. 2. 1. 3. 9. Peinture pompéienne représentant un doryphore 259
V. 2. 1. 3. 10. Miniatures byzantines s'inspirant d'originaux hellénistiques (Ilias Ambrosiana) 259
V. 2. 1. 3. 11. Fragment de fresque alexandrine.. 259
V. 2. 2. Interprétation historique : le 'morion' macédonien, un casque spécifique du temps de la Macédoine antigonide 260
V. 3. Bibliographie 263
V. 3. 1. Sources littéraires 263
V. 3. 2. Études.. 266

Liste des figures

II. *Antigonid Redcoats*. L'infanterie d'élite de l'armée du royaume de Macédoine à l'époque hellénistique. Histoire et iconographie

Fig. 1 : *Casa del Menandro* à Pompéi, détail 101
Fig. 2 : Statuette d'Athéna découverte à Pella 104
Fig. 3a : Détail de la frise de la tombe d'Hagios Athanasios 105
Fig. 3b : *Idem*.. 105
Fig. 4 : Revers d'un tétradrachme du roi péonien Patraos figurant l'affrontement d'un cavalier (qui incarne vraisemblablement le roi lui-même) avec un fantassin armé d'un 'bouclier macédonien', d'une lance et coiffé de la *kausia* 106
Fig. 5 : Peinture pompéienne figurant une scène de cour hellénistique. Nous pensons y voir une caricature d'origine macédonienne. Les deux gardes pourraient figurer des *Hypaspistes* antigonides 109
Fig. 6 : Détail d'une peinture pompéienne figurant une scène du cycle troyen (Achille à Skyros, chez Lycomède, travesti en femme, est démasqué par Ulysse). Le doryphore aux armes colorées de rouge est sans nul doute à l'image des gardes du corps des souverains hellénistiques 110
Fig. 7 : Peinture pompéienne (*regio* VI, *insula* 6, *casa* 9) figurant Aphrodite présentant un bouclier à Arès 110
Fig. 8 : Peinture pompéienne (*regio* IX, *insula* 3, *casa* 5, Cubicolo [4]) figurant Aphrodite présentant un bouclier peint en rouge à Arès 112
Fig. 9 : L'*aspis* de bronze de la tombe de Lysôn et Kalliklès 126
Fig. 10 : La pelte à l'étoile 'macédonienne' de la tombe de Lysôn et Kalliklès 126
Fig. 11 : Pelte à l'étoile 'macédonienne' d'un fragment de peinture pompéienne 127
Fig. 12 : Détail d'une peinture pompéienne montrant un trophée qui pourrait être un trophée d'armes macédoniennes, et dans ce cas spécialement d'armes propres aux Peltastes ou aux *Hypaspistes* 128
Fig. 13 : Détail du tympan de la face nord dudit 'Sarcophage d'Alexandre' où nous pensons voir deux '*Hypaspistes* royaux' 139
Fig. 14 : Détail de la face est dudit 'Sarcophage d'Alexandre' représentant à notre avis un '*Hypaspiste* royal' 140
Fig. 15 : Détail de la face nord dudit 'Sarcophage d'Alexandre' où nous pensons voir deux *Hypaspistes* représentés dans la nudité 'héroïque' 141

V. Deux nouvelles armes défensives de l'époque hellénistique

Fig. α : Le monument aux cuirasses et boucliers alternés de la rue centrale de Dion 217
Fig. β : Le monument aux cuirasses et boucliers alternés de la rue centrale de Dion. Détails ... 217
Fig. γ : Détail de la frise de la tombe d'Hagios Athanasios. Trois soldats macédoniens coiffés de la *kausia* sont revêtus de corselets uniformément de couleur pourpre 219
Fig. 1 : Statuette d'Athéna découverte à Pella 221
Fig. 2 : Statuette d'Athéna découverte à Pella 222
Fig. 3 : Statuette d'Athéna découverte à Pella 223
Fig. 4 à 11 : Statuette d'Athéna découverte à Pella 225
Fig. 12 : Terre cuite représentant Athéna en armes découverte au sud des Rhodopes 226
Fig. 13 : Figurines de terre cuite d'origine lagide représentant Athéna casquée 227
Fig. 14 : Figurines de terre cuite d'origine lagide représentant Athéna casquée 228
Fig. 15 : Figurine d'Athéna découverte en Basse-Égypte 229
Fig. 16 : Figurine d'Athéna découverte à Alexandrie lors des fouilles von Sieglin 229
Fig. 17 : Fragment d'une statuette d'Athéna 231
Fig. 18 & Fig. 19 : Figurines de terre cuite exhumées à Pompéi représentant Athéna Alkis 234
Fig. 20 : Trois figurines de terre cuite représentant Athéna casquée exhumées en Asie Mineure 235

Fig. 21 : Peinture pompéienne représentant peut-être une allégorie de quelque victoire pergaménienne sur les troupes antigonides 237
Fig. 22 : Détail de la peinture de la tombe de Lysôn et Kalliklès.. 247
Fig. 23 : Stèle funéraire de Démétrias 248
Fig. 24 : Stèle funéraire trouvée en Bulgarie méridionale... 249
Fig. 25 & Fig. 26 : Stèle funéraire du soldat Salmas, trouvée à Sidon, et détail 250
Fig. 27 : Cippe funéraire trouvé à Sélénétitsa, l'antique Nymphaion d'Apollonia d'Épire.......... 252
Fig. 28 & Fig. 29 : Tintinnabulum au cavalier casqué et cuirassé ('Tintinnabulum Wandallis') 253
Fig. 30 & Fig. 31 : Figurine de terre cuite provenant d'Aboukir et représentant un guerrier ou un gladiateur 255
Fig. 32 : Figurines de terre cuite représentant des cavaliers en armes. Égypte ptolémaïque 256
Fig. 33 : Peinture pompéienne représentant deux pygmées casqués 258

Avant-propos

Ces cinq études résultent essentiellement de développements présentés dans notre manuscrit doctoral, *L'Armée du royaume de Macédoine à l'époque hellénistique (323-148 av. J.-C.). Les troupes « nationales »*, présenté en Sorbonne le 11 janvier 2007. Nous avions eu pour idée de les publier sous forme d'articles. Mais ce projet se heurtait à une difficulté. Ces textes se faisant écho, il s'avèrerait difficile d'attendre la diffusion du premier d'entre eux pour présenter les suivants tout en faisant exactement référence à un voire à plusieurs textes en cours de publication.

Aussi avons-nous glissé vers l'idée de les réunir en un recueil dont la cohérence est assurée par un thème commun : l'histoire et l'archéologie militaire de l'époque hellénistique, et tout particulièrement dans le cadre de la Macédoine des Antigonides.

Bondy, le 24 août 2016

Nos remerciements chaleureux vont particulièrement :

À Monsieur le Professeur Goukowsy, Membre de l'Institut de Académie des Inscriptions & Belles-Lettres, pour avoir eu l'amabilité de bien vouloir se pencher sur notre quatrième essai.

À Paul Morillon pour son amicale contribution à nos réflexions sur la question du maniement de la 'sarisse'.

À notre vieux camarade Michel Pringuet pour son soutien technique tout au long des nombreuses années qu'a demandé la mise en forme de ces essais.

I. La nature de la phalange macédonienne ou quand la science recule

« La phalange macédonienne, création de Philippe II » (Garlan 1972 : 96) ; « Traditionally, the introduction of both infantry sarissa and cavalry sarissa is attributed to Philip » (Müller 2010 : 168).[1] L'opinion commune attribue en effet au père d'Alexandre une véritable 'révolution militaire'.[2] Il aurait mis sur pied la phalange des piquiers laquelle, par l'avantage conféré par ses lances immenses,[3] aurait sonné le glas de la vieille phalange des hoplites, incapable à présent de venir en découdre avec une formation ainsi équipée, une sorte de hérisson inabordable.[4] À l'occasion de la diffusion de deux articles fondateurs de

---

[1] Müller s'appuyait ici sur Hatzopoulos (1996 1 : 268), lui-même suivant les importantes pages que Griffith avait dévolues à la question dans la synthèse fameuse que le savant britannique avait publiée avec Hammond (Griffith 1979 : 420-6).

[2] *Contra* Matthew (2015 : 45) lequel, au terme d'un long inventaire, a émis une conception pour le moins originale : « Based upon a review of the available evidence, it seems that there was no Macedonian 'creation' of the pike-phalanx at all, only a Macedonian 'adoption' of it under Alexander II (and possibly begun previously under Amyntas) based upon the reforms of Iphicrates of 374BC (sic !) ». Cette conception, basée sur un échafaudage d'hypothèses souvent irrecevables en méthode n'a guère pour elle, à notre sens, que son originalité... Nous y reviendrons.

[3] Ainsi voit-on représentée la phalange d'Alexandre comme une phalange de piquiers dans tous les bons ouvrages illustrant l'art de la guerre macédonienne. En voici un florilège : Warry (1981 : 73) ; Connolly (1998 : 66) ; Griffith (1982 : 68-9) ; au sein, encore, de l'article de Devine (1989 : 118-9).

[4] Signalons l'article d'archéologie vivante de Guillén (2014) qui illustre l'impossibilité pratique de l'engagement entre un hoplite armé d'une lance de quelque 2 m et un 'sarissophore' armé d'une pique au moins deux fois plus longue ; *idem* chez Matthew (2015 : 376 ; fig. 56). Dès lors, tant l'illustration en double page de la bataille de Chéronée (vue panoramique) contenue dans l'article de Domínguez Monedero (2014 : 46-7) que les réflexions de Matthew (2015 : 375-9) sur la confrontation entre piquiers et hoplites armés de la vieille manière paraissent peu crédibles — on relèvera d'ailleurs que Matthew, pour sortir de cette aporie, avançait l'hypothèse que les récits de la bataille de Chéronée n'aient pu être que des « literary motifs to both emphasize the ability of the hoplites and, by default, glorify the Macedonians who defeated them » (Matthew 2015 : 378).

Nota bene
À l'abord de cette étude, il sera utile sans doute de préciser ce que les Anciens mettaient sous le terme de 'phalange', un terme de fait polysémique. Si l'on a tendance à penser que la 'phalange' désigne spécifiquement, à l'époque classique, la troupe des hoplites rangés en bataille et, à l'époque hellénistique, la phalange macédonienne armée de piques, le mot avait en réalité une acception bien plus large, générique. On en trouve une bonne définition dans un traité militaire byzantin anonyme, le Περὶ Στρατηγίας (15, ll. 3-4) : « Φάλαγξ δέ ἐστιν ἀνδρῶν ἐνόπλων ποιὰ σύνταξις εἰς ἐχθρῶν ἄμυναν. » « A phalanx », selon la traduction de l'édition de référence qui se trouve au sein du recueil de Dennis (1985 : 47), « is a formation of armed men designed to hold off the enemy ». Indiquons que ce traité, qui avait été publié de longue date par Köchly et Rüstow (1855 2), date du VIe siècle, et plus précisément du règne de Justinien, point sur lequel l'accord règne parmi les savants (Dennis 1985 : 2-3). Cette acception générale du mot 'phalange' avait été vue par Tarn (1948 : 142) au début de son appendice intitulé « The Phalanx » : « There was no such formation in Alexander's army as 'the phalanx'; both in Greek and English it is only a convenient expression for the sum total of the battalions of the πεζέταιροι, the heavy infantry of the line, each being a territorial battalion of 1,500 men with a separate commander

Markle (1977 = Markle 1999a ; Markle 1978 = Markle 1999b),[5] c'est Hammond qui, rebondissant sur les travaux de son collègue, s'était fait, au sein de la littérature spécialisée de la fin du XXe siècle, un des derniers et principaux défenseurs de cette conception.

Quelles avaient donc, tout d'abord, été les positions de Markle ? Pour celui-ci, premièrement, les « sources anciennes n'attestent pas clairement que Philippe inventa la phalange d'infanterie armée de sarisses ou l'employa dans les batailles » (Markle 1999b : 186) ; et, deuxièmement, « [p]armi les batailles majeures d'Alexandre, une étude conjointe des sources littéraires et de la topographie montre que l'infanterie n'employa pas la sarisse au Granique et

---

(phalanx-leader) ». Avant Tarn, l'ambiguïté potentielle du terme avait déjà été signalée dans un article à présent fort ancien, mais que l'on consultera toujours avec profit : « the term φάλαγξ is one moment used properly of one of the six brigades of the Macedonian army, or in its fuller technical significance of the whole heavy-armed mass » (Hogarth 1888 : 20). Mais c'est en fait dès le début du *makedonischen Heerwesen* que J. G. Droysen avait déjà offert la définition la plus précise du terme, en se référant spécifiquement au texte d'ARRIEN : « Das Wort Phalanx bedeutet bei Arrian 1) die Schlachtordnung insgesamt [références]; 2) die gesamte Infanterie en bataille mit Ausschluß der ψιλοί [références]; 3) die Hopliten en bataille [références] (...); 4) jede einzelne Taxis der hopliten en bataille » (Droysen 1877 : 246 = Droysen 1894 : 226). F. Lammert, dans son long article sur la phalange de la *Pauly-Wissowa* qui reste une contribution des plus valables, avait aussi mis en exergue ces différentes acceptions (Lammert 1938 : col. 1635-6).

Ce rappel des significations possibles du terme φάλαγξ est d'autant plus utile qu'une note d'érudition du plus fameux traducteur, en anglais, de l'*Anabase*, Brunt (dans la 'Loeb'), illustre les erreurs dans lesquelles les meilleurs spécialistes peuvent tomber sur ce point. À l'occasion du passage d'ARRIEN (Ἀνάβασις Ἀλεξάνδρου, V, 17, § 3) décrivant, lors de la bataille de l'Hydaspe, combien la phalange criblait de javelots les cornacs et les éléphants (« ἡ φάλαγξ αὐτὴ τῶν Μακεδόνων ἀντεπῄει πρὸς τοὺς ἐλέφαντας, ἔς τε τοὺς ἐπιβάτας αὐτῶν ἀκοντίζοντες καὶ αὐτὰ τὰ θηρία περισταδὸν πάντοθεν βάλλοντες. καὶ ἦ τὸ ἔργον οὐδενὶ τῶν πρόσθεν ἀγώνων ἐοικός· τά τε γὰρ θηρία ἐπεκθέοντα ἐς τὰς τάξεις τῶν πεζῶν, ὅπῃ ἐπιστρέψειεν, ἐκεράϊζε καίπερ πυκνὴν οὖσαν τὴν τῶν Μακεδόνων φάλαγγα » : « the Macedonian phalanx for its part boldly advanced to meet the elephants, hurling javelins at their drivers, and, forming a ring round the animals, volleyed upon them from all sides.[1] And the action was now without parallel in any previous context, for the beasts charged into the line of infantry and whichever way they turned, began to devastate the Macedonian phalanx, dense through it was » traduisait Brunt), le savant britannique introduisait une note (que nous avons indiquée dans la citation) qui s'avère peu pertinente : « 'Phalanx' is misleading; the Macedonian foot could not have kept their dense formation it they had formed rings round the elephants, and they had no javelins; QC. [VIII] 14, 24 rightly refers to Agrianians and Thracians. D. [XVII] 88 and QC. [VIII] 14, 18 ff. emphasize the confusion. (In 23, 2 A. means by 'phalanx' soldiers normally arrayed in phalanx-formation, even though they had lost that formation.) » (Brunt 1983 : 50-1, n. 1). Or, on l'aura compris au vu de ce qui précède, le terme φάλαγξ désigne dans cet extrait le corps de bataille macédonien pris dans son ensemble.

[5] Ces articles furent fondateurs tant leur postérité 'scientifique' (cf. ces traductions en français) que par le nombre de travaux qu'il suscitèrent à la suite, notamment critiques. Cf. notamment l'article de Manti (1994), à ce titre le plus radical, qui concluait de la sorte : « If this paper alerts future researchers to the hazards of any reliance on Markle's articles, it will served its purpose » (Manti 1994 : 91). On continue pourtant à trouver des références aux travaux de Markle, sans critique et comme s'ils formaient sur ces questions d'incontestables références : cf. en dernier lieu, par exemple, sous la plume de Jarva (2013: 410).

à Issos, mais s'en servit avec de bons résultats et à Gaugamèles et à l'Hydaspe contre Poros » (Markle 1999b : 190).[6] Quant à lui Hammond (1980b = 1993a) d'une part plaçait chronologiquement, plus haut cette réforme[7] tout en, d'autre part, attribuant à cette nouvelle formation la raison première des succès militaires de Philippe II, succès qui donnèrent au roi de Macédoine l'hégémonie sur la Grèce : « The use of the Macedonian's sarissa against the Greek hoplite's spear was demonstrated at the Battle of Chaeronea in 338 B.C. » (Hammond 1980b : 60 = 1993a : 208).

I. 1. Leçons oubliées et leçons retrouvées

I. 1. 1. *Les enseignements de la vieille école allemande*

Du point de vue du *scholarship*, les positions de Markle comme celles de Hammond ont ceci d'étonnant qu'elles ignoraient si ce n'est superbement, mais du moins presque complètement, tout ce qui avait pu être pensé et écrit par la vieille école allemande.[8] Or nous allons voir que l'on y trouvait des conceptions à la fois subtiles et profondes.

---

[6] Au sujet de la bataille du Granique, outre l'article de Hammond (1980a = 1994a), on signalera en passant la monographie de Nikolitsis. Briant (1975 : 366) en avait mis en exergue les limites : « Ce qui est écrit sur les sources (…) ne sort pas des généralités (…) l'examen des études antérieures n'est pas exhaustif. » On soulignera en particulier que Nikolitsis, bien paradoxalement, ne s'était pas du tout occupé, pour les onze questions (essentiellement de tactique) qu'il avait voulu explorer, de l'armement des combattants, aspect pourtant ô combien fondamental en ce qui concerne l'examen des tactiques d'adversaires différemment équipés. En somme, le savant grec n'avait pas saisi la pertinence de la méthode d'un Delbrück qu'il avait pourtant invoqué dans sa bibliographie. Car pour ce véritable père fondateur de l'histoire militaire que fut Delbrück, si l'historien militaire « connaissait le type des armes et des équipements employés, il pourrait reconstruire la tactique de la bataille de façon logique, puisqu'il était possible d'établir des lois tactiques pour chaque arme donnée » (Craig 1980 : 300). Aussi la monographie de Nikolitsis, par la force des choses, ne pouvait-elle être que dans bien des aspects superficielle.

[7] Les réformes rapportées par POLYEN (*Στρατηγικά*, IV, 2, § 7) durent prendre place, selon le savant britannique, en 359/8 av. J.-C. (Hammond 1980b : 56 = 1993a : 204). Plus récemment, Anson (2010a : 51) était arrivé à une conclusion similaire à celle de son prédécesseur : « This paper will conclude that Philip introduced the *sarisa* into the ranks of both his infantry and cavalry by the winter of 359/8 BC ».

[8] Si Markle, à l'abord de son premier article sur la 'sarisse' (Markle 1977), avait bien mentionné, à sa première note, l'article de synthèse de F. Lammert (1938) sur la question, sa référence, bien générale à cet endroit de son étude, porte à croire qu'il ne l'avait pas proprement lu. Dans aucun de ses deux articles ne sont en tout cas mentionnées les conceptions résultant des travaux des Lammert, Delbrück ou Steinwender que nous invoquons ci-dessous. Matthew (2015), dans sa récente synthèse « destined to become the definitive work on the pike-phalanx (sic) » selon les mots de R. A. Gabriel qu'on lit en dos de couverture de la jaquette de couverture, ignorant lui aussi l'article de synthèse de Lammert comme l'étude de Steinwender, n'invoquait la grande œuvre de Delbrück (dans sa première édition d'ailleurs) que pour un point mineur, celui de la question de la différence des longueurs des lances qui auraient permis aux fers de saillir tous à la même hauteur (Matthew 2015 : 81, n. 180 = 2012b : 99, n. 81).

Pour F. Lammert (1938 : col. 1638-9), « [u]nter dieser P. [*id est* la phalange macédonienne créée par Philippe II] darf aber nicht (...) jene berühmte Spezialwaffengattung des 2. vorchristl. Jhdts. verstanden werden; wenn schon der Ursprung auch für diese in Philipps Truppe lag, so war doch bis zu ihr noch ein weiter Weg. Ändererseits ging Philipp II. in den von den Griechen und zuletzt von Epameinondas vorgezeichneten Bahnen weiter. » Pour ce spécialiste des questions militaires grecques, « [n]ach allem (...) ist es nicht wahrscheinlich, daß sie bereits jener Spezialwaffe ähnelte, die wir dann bei Sellasia und Kynoskephalai antreffen » (Lammert 1938 : col. 1639). Mais c'est peut-être sous la plume de Delbrück que l'on trouvait les réflexions et les hypothèses les plus perspicaces sur la phalange macédonienne créée par Philippe II : « Wie im einzelnen die Sarissen-Phalanx der klassischen macedonischen Zeit [c'est-à-dire le temps des derniers Argéades] organisiert war, wissen wir nicht, im besonderen auch nicht, wie lang die Sarisse damals gemacht wurde. Ich vermute, daß das vorderste oder die beiden vorderen Glieder der Phalanx nach wie vor den handlichen Hoplitenspieß und nur die hinteren den Langspieß getragen haben, der aber doch wohl nicht länger, als daß er noch mit einer Hand regiert werden konnte. » (Delbrück 1920 : 192). En somme, étant donné la pauvreté des sources, doit-on croire que Philippe II aurait instauré en Macédoine une phalange essentiellement de type grec, avec quelque innovation comme des rangs arrière dotés de lances plus longues ?

I. 1. 2. La phalange créée par Philippe II, une phalange de peltastes 'iphicratéens' ? La conception de N. V. Sekunda

Récemment, plutôt que de voir dans la phalange créée par Philippe II la naissance de cette phalange de piquiers que l'on désigne sous l'expression de 'phalange macédonienne', Sekunda a développé l'idée que la phalange de Philippe II aurait été l'avatar ultime des réformes d'Iphicrate (Sekunda 2013b : 380).[9] Cette conception avait été déjà exprimée par ce savant, mais brièvement, dans la somme *A Companion to Ancient Macedonia* : les fantassins organisés par Philippe « do not carry the standard weapons of the hoplite: no cuirasses, lighter *peltai* instead of the normal hoplite shields, and no greaves, hence a cheaper range of weapons improvised during a crisis. Philip equipped his infantry as 'peltasts' of the 'Iphicratean' type. » (Sekunda 2010 : 449) — la nature de l'armement ici décrit provient d'un passage de POLYEN que nous reproduisons et analysons ci-dessous.

---

[9] La nature des réformes d'Iphicrate telle qu'exposée par le savant britannique (Sekunda 2013b : 371-7) tire son origine de réflexions d'Anderson (cf. Sekunda 2013 : 371, n. 9). On indiquera une étude qui n'a pas été invoquée par Sekunda, et qui exposait déjà la conception qu'il développe ici en détail : « This introduction of the peltast phalanx can hardly have escaped Philip's attention » avait ainsi écrit Rahe (1981 : 87).

I. 1. 3. La création de la phalange macédonienne, une adaptation contemporaine aux réformes d'Iphicrate ? Les théories de C. A. Matthew

Tout récemment, Matthew est allé plus loin dans cette voie. Dans un chapitre intitulé « Who Invented the Pike-Phalanx » (Matthew 2015 : 1-46), sa conclusion était, au terme d'une longue discussion de la question, la suivante : « Based upon a review of the available evidence, it seems that there was no Macedonian 'creation' of the pike-phalanx at all, only a Macedonian 'adoption' of it under Alexander II (and possibly begun previously under Amyntas) based upon the reforms of Iphicrates of 374BC. » (Matthew 2015 : 45).

Mais cette conception pour le moins révolutionnaire fait fond sur deux erreurs fondamentales. En premier lieu l'assimilation du terme de *pézhétaire* à celui de phalangite (au sens de piquier). Ceci conduisait l'auteur australien à discuter, à la considération de ce célèbre fragment d'ANAXIMÈNE de Lampsaque transmis par HARPOCRATION qui a fait couler tant d'encre,[10] de la possible introduction de la phalange de piquiers par Alexandre Ier de Macédoine (!) pour, *in fine* la mettre en relation avec l'obscur roi Alexandre II et Iphicrates du fait des relations privilégiées entre l'homme de guerre athénien et la maison royale macédonienne (Matthew 2015 : 16). Que le *pézhétaire* eût pu désigner, du temps d'Alexandre, un phalangite, est possible. Mais l'étymologie même du mot n'eût-elle pu en elle-même mettre en garde contre cette interprétation ? Il faut croire que cette évidence n'avait pas, malgré ses propres remarques,[11] proprement frappé Matthew, lequel continuait, malgré les progrès sur ce point, à répéter la vieille assimilation *pézhétaire*-phalangite « in terms of armament at least, the members of *pezhetairoi* in the time of Alexander the Great and the pike-wielding phalangite are one and the same. » (Matthew 2015 : 6).[12]

---

[10] « Ἀναξιμένης ἐν ἀ Φιλιππικῶν περὶ Ἀλεξάνδρου λέγων φησίν· Ἔπειτα τοὺς μὲν ἐδνοξοτάτους ἱππεύειν συνεθίσας ἑταίρους προσηγόρευσε, τοὺς δὲ πλείστους καὶ [τοὺς] πεζοὺς εἰς λόχους καὶ δεκάδας καὶ τὰς ἄλλας ἀρχὰς διελὼν πεζεταίρους ὠνόμασεν, ὅπως ἑκάτεροι μετέχοντες τῆς βασιλικῆς ἑταιρίας προθυμότατοι διατελῶσιν ὄντες. » Nous avons reproduit l'édition de Goukowsky (2009 : 135) dont voici à présent, à la suite, la traduction : « Anaximène, dans le livre I des *histoires Philippiques*, parlant d'Alexandre, dit : Ensuite, après avoir accoutumé les plus nobles à servir comme cavaliers (*hippeis*) il leur donna le titre de Compagnons (*hetairoi*) ; quant au plus grand nombre, à savoir les fantassins, après les avoir répartis en compagnies (*lochoi*), décuries et autres unités, il les nomma compagnon à pied (*pezhetairoi*), afin que les uns et les autres, participant au compagnonnage royal, fussent constamment pleins du plus grand empressement (*prothymia*) ». Pour l'état de la question à ce jour, cf. Juhel (2017 : 82, n. 172).

[11] « Troops are also collectively referred to as 'infantry' (πεζοί) or fighters (πυκνότητα) (sic !) in more generalized terms – which may or may not be including pikemen. » (Matthew 2015 : xxvi). Matthew (2015 : 34) répétait plus bas cette traduction très personnelle du mot πυκνότητα, « warriors »...

[12] Cette assimilation, contestable, est très courante, notamment dans la littérature anglo-saxonne sur la question. On la trouve par exemple sous la plume de Sekunda (1984 : 28-9) ou encore sous celle de Devine (1989 : 105). Mais Bosworth (1973) avait montré que dans les manuscrits d'ARRIEN, pour une majorité des occurrences, la leçon « πεζέταιροι » avait été inutilement

Or, sur cette fondation branlante, l'historien des antipodes ajoutait un élément de non moins mauvais aloi. Dans le passage de DIODORE relatif à la réforme de l'armement initié par Iphicrate, et notamment en ce qui concerne l'allongement de la lance alors prescrit (XV, 44, § 3), croyant pouvoir traduire « ηὔξησε γὰρ τὰ μὲν δόρατα ἡμιολίῳ μεγέθει » par « he doubled the length of the spear », « Iphicrates », selon l'historien australien, « created a new spear sixteen Greek feet (around 512 cm) in length » (Matthew 2015 : 11). Cette arme étant selon lui longue de plus de 5 m, « it is important to note », soulignait-il, « that while the weapon of the Iphicratean *peltast was* shorter than the Macedonian pike, it was still twice the length of the spear carried by the classical hoplite and had to be used in the same manner as the phalangite's *sarissa* » (Matthew 2015 : 11). Voici donc que les peltastes d'Iphicrate « bore all the hallmarks of the Hellenistic phalangite ». Dès lors la conclusion à en tirer, bien que révolutionnaire, était obvie : « It can subsequently be concluded that the pike-phalanx common to the Macedonian armies of the Hellenistic period was not actually invented by a Macedonian at all but was, in fact, created by an Athenian » (!) (Matthew 2015 : 16). Or on l'aura sans doute déjà compris : « ἡμιολίῳ » ne peut être traduit par « doubled » mais, comme toutes les éditions de ce passage le livrent, « de moitié » (Vial 1977 : 55), « by half » (Sherman 1952 : 71). Quand Matthew signale, à l'appui de son interprétation, que ἡμιόλιος peut signifier « *as large again* », il n'a pas compris la notice de Liddell et Scott (1996 : 773) qui livre « *containing one and a half, half as much* or *as large again* », qu'il faut ici lire, pour le second syntagme, « *[half] as large again* ». Pour qui connaît un minimum de grec, le préfixe ἡμι-, « demi » (Chantraine 1970 : 413), ne pouvait, évidemment, que faire comprendre ἡμιόλιος que comme signifiant « formé d'un entier et demi, *c.-à-d.* d'une moitié en sus » (Bailly 1950b) — ainsi que l'ensemble des lexicographes et interprètes de ce passage l'ont compris.

I. 2. Quelque vraisemblable filiation

Si les théories de Matthew sont donc **absolument** à rejeter, la voie empruntée par Sekunda était, quant elle, séduisante. Mais elle conduit à s'interroger sur la compatibilité entre une phalange qui aurait été composée de peltastes 'iphicratéens' et la formation dite du συνασπισμός ('en boucliers serrés'), formation que l'auteur lui-même mettait en exergue à la suite d'une scholie peu connue d'EUSTATHE de Thessalonique relative à cette formation de combat

---

introduite en lieu et place du terme ἀσθέταιροι (depuis cet article important pour le *makedonischen Heerwesen*, de nombreuses études ont été dévolues à cette question des ἀσθέταιροι — sur ce sujet, voir en dernier lieu Anson 2010b). Malgré la très importante restitution de Bosworth « [o]n continua néanmoins », comme l'avait souligné de longue date Goukowsky (1987 : 240), « à tenir ces "compagnons à pied" pour des fantassins de la phalange, lors que rien, sinon l'inertie, n'autorise pareille interprétation » — avec justifications à la suite par l'analyse des trois seuls passages où subsiste le terme de πεζέταιρος.

— cette formation, étant de lointaine origine spartiate, était donc inhérente à la vieille phalange des hoplites grecs.[13] Des fantassins plutôt légèrement armés pouvaient-ils proprement avoir été organisés en une troupe devant combattre dans un ordre compact ? Les longues lances seules qui, si nous suivons bien la logique du savant britannique, auraient outrepassé celles de leurs opposants 'hoplitiques', auraient-elles permis de les faire combattre, malgré tout, en bataille, en ordre serré ?

En tout état de cause, nous pencherons à nous placer dans les pas des hypothèses des savants allemands ou de celle de Sekunda, eux qui croyaient à quelque filiation avec une organisation militaire antérieure. Elle nous paraît *a priori* plus vraisemblable que celle, défendue par Markle ou Hammond, d'une révolution radicale qui aurait créé *ab ovo* ladite 'phalange macédonienne', celle des piquiers aux armes démesurées. Car Philippe II aurait-il armé ses meilleures troupes d'un armement totalement nouveau, jamais testé, face à la phalange hoplitique traditionnelle, la formation militaire qui resta le noyau de l'ordonnance grecque jusqu'à Chéronée ? Seules de grandes catastrophes militaires ont apporté des changements radicaux et c'est alors le modèle du vainqueur qui est copié : « La guerre a toujours pour résultat l'imitation du vainqueur par le vaincu » avait justement écrit Bouthoul (1970 : 406) dans un court mais très suggestif chapitre intitulé « Guerre et imitation » (Bouthoul 1970 : 406-7). *A contrario*, jamais un chef d'armée n'oserait prendre le risque d'une innovation totale sans se réserver une période d'expérimentation où les formes anciennes (qu'il s'agisse de dispositions tactiques ou d'armement) seraient maintenues en partie, en guise de garantie contre ce saut dans l'inconnu que constitue la mise en service d'une arme nouvelle — le conservatisme militaire a pour raison première la validité empirique des vieux outils.[14]

---

[13] « Ἑρμόλυτος δὲ ὁ τακτικός φησιν ὅτι Λυκοῦργος μὲν ἐνομοθέτσε Λακεδαιμονίοις ὕστερον τὸν τοιοῦτον συνασπισμὸν, Λύσανδρος δὲ ὁ Λάκων ἐν ἔργοις αὐτὸν ἐδίδαζε, καθὰ καὶ Ἐπαμινώνδας Θηβαίους καὶ Χαρίδημος Ἀρκάδας τε καὶ Μακεδόνας. [Hermolyte le tacticien dit que Lycurgue instaura chez les Lacédémoniens, plus tard, ce *synaspisme*, que Lysandre le Laconien l'enseigna dans ses œuvres, tout comme Épaminondas aux Thébains et Charidème aux Arcadiens et aux Macédoniens.] » (EUSTATHE de Thessalonique, Παρεκβολαὶ εἰς τὴν Ὁμήρου Ἰλιάδα, 924, ll. 1-5 ; cf. Van der Valk 1979 III : 449). Remarquons que cette source avait déjà été mentionnée par F. Lammert (1932 : col. 1329), ce que le savant britannique n'indiquait pas.
Dans le Λυκοῦργος de PLUTARQUE (XXII, § 5), la seule allusion au συνασπισμός se trouve, sauf erreur de notre part, dans le passage suivant : « (...) καταπληκτικὴν τὴν ὄψιν εἶναι, ῥυθμῷ τε πρὸς τὸν αὐλὸν ἐμβαινόντων καὶ μήτε διάσπασμα ποιούντων ἐν τῇ φάλαγγι » — « c'était un spectacle à la fois majestueux et effrayant de les [les hoplites spartiates] voir s'avancer en cadence au son de la flûte, sans disloquer les rangs de la phalange. » (Chambry et al. 1964 : 153).
[14] Le cas le plus exemplaire est sans doute celui de l'empereur Napoléon Ier qui, tout au long de son règne, refusa de façon quasiment systématique toute les innovations techniques qu'on put lui soumettre. Ses outils militaires étaient ainsi des armes mises au point cinquante ans plus tôt, sous le règne de Louis XV.

I. 3. Les réformes militaires de Philippe II selon les sources littéraires

Cette conception d'une vraisemblable filiation entre la réforme instaurée par Philippe II et les organisations antérieures trouverait-elle au sein des sources plus de fondement que celle, contraire, qui verrait dès le règne du père d'Alexandre la naissance de la phalange des piquiers 'sarissophores' ?

I. 3. 1. *Les sources directes*

Les sources littéraires les plus directes des réformes militaires de Philippe sont au nombre de trois. Comme l'a écrit récemment Sekunda (2013b : 380), ces données « have been discussed innumerable times ». Pour ce qui touche strictement à l'organisation tactique et l'armement de la phalange, ces passages sont les suivants :

1°) DIODORE, XVI, 3, § 2 : « ἐπενόησε δὲ καὶ τῆς φάλαγγος πυκνότητα καὶ κατασκευήν, μιμησάμενος τὸν ἐν Τροίᾳ τῶν ἡρώων συνασπισμόν, καὶ πρῶτος συνεστήσατο τὴν Μακεδονικὴν φάλαγγα. » — « Il conçut la compacité[15] et l'équipement de la phalange, imitant l'ordre serré des héros de Troie, et fut le premier à organiser la phalange macédonienne. »[16]

---

[15] Plutôt que par 'épaisseur', nous préférons traduire πυκνότητα par 'compacité'. Dans la traduction en anglais du passage en question, Sekunda (2013b : 380) usait de « compact order ».
[16] La référence relative au συνασπισμός exhumée par Sekunda (cf. ci-dessus n. 13) quant à l'introduction de cette formation de bataille en Macédoine tend à donner raison à la critique que Markle (1999b : 175-6) avait formulé pour ce qu'il en serait de la relation de la phalange macédonienne avec les formations d'infanterie des héros de la Guerre de Troie : « l'affirmation de Diodore " Philippe conçut l'ordre compact et l'équipement de la phalange sur le modèle de *sunaspismos* des héros de la guerre de Troie " ne veut pas dire que le roi avait armé son infanterie de sarisses et de petits boucliers. La célèbre description d'Homère (*Il*. 13.131-33, 16.215-17) pourrait servir à dépeindre n'importe quelle infanterie combattant en ordre serré et n'a pas plus de rapport avec le style hoplitique aux boucliers imbriqués qu'avec la formation armée de sarisses, dont la densité résultait des cinq piques pointant au-delà du premier rang entre chaque paire de soldats. La source de Diodore pour ce passage est peut-être Ephore – en tant qu'élève d'Isocrate, il aurait sans nul doute affectionné des comparaisons littéraire et superficielles de ce type. 9. Polybe (18.29.6) se réfère également à ce passage d'Homère pour décrire l'ordre serré de la phalange macédonienne à sa propre époque, et le récit que propose Tite-Live de la bataille de Cynoscéphales (33.8.14) lui fait écho. Néanmoins, je ne suis pas d'accord avec F. W. Walbank, *A Historical Commentary on Polybius* (Oxford 1967) II, 587, quand il écrit : « Il existait une tradition qui reliait la phalange de Philippe II à Homère » [cette remarque se trouvait déjà au sein de l'article de Reinach (1911 : 1076)]. Tout Grec instruit aurait pu citer cette description d'Homère pour illustrer un combat d'infanterie en ordre serré ; elle a été très imitée, notamment par Tyrtée, fr. 8.31-34 (Diehl) et Eurip. *Héracl*. 836-37. A Snodgrass, *Early Greek Armour and Weapons* (Edinburgh 1964), 176-77, indique bien que chez Homère, il ne s'agit pas d'un combat hoplitique. »
Indiquons également que Markle émettait à la suite (1999b : 176) un autre commentaire qui vaut la peine, nous semble-t-il, d'être entièrement rapporté : « Diodore ajoute, pour finir, que Philippe "organisa le premier la phalange macédonienne". On doit souligner qu'ici, Diodore utilise le mot *sunestèsato*, et pas *epenoèse*. Il affirme peut-être simplement que Philippe a organisé l'infanterie macédonienne ; le mot *sunestèsato* tend à le prouver. Si cette interprétation est exacte, les dires de

2°) POLYEN, Στρατηγικά, IV, 2, § 10 : « Φίλιππος ἤσκει τοὺς Μακεδόνας πρὸ τῶν κινδύνων, ἀναβαλόντας τὰ ὅπλα τριακόσια στάδια πολλάκις ὁδεύειν φέροντας ὁμοῦ κράνη, πέλτας, κνημίδας, σαρίσας » — « Philippe habitua les Macédoniens aux périls de la guerre en leurs faisant prendre les armes et marcher 300 stades tout en portant casques, boucliers, cnémides, sarisses ».

3°) FRONTIN, *Strategemata*, IV, 1, § 6 : « *Philippus, cum primum exercitum constitueret, (...) equitibus non amplius qua m singulos calones habere permisit, peditibus autem denis singulos* » — « Philippe, au moment où il constituait sa première armée (...) n'accorda qu'un seul valet à chaque cavalier et un seul valet pour dix fantassins » (Laederich 1999 : 210).

I. 3. 2. Les enseignements des textes

Comme on le constate, ces extraits sont bien elliptiques. Quels enseignements positifs en tirer ?

Du témoignage de DIODORE, on retiendra l'idée que Philippe réforma l'organisation tactique de la phalange, autrement dit ce que l'on nommait dans l'art de la guerre à l'époque moderne l'ordonnance (sur ce concept ramené à l'art de la guerre antique, cf. ci-dessous notre étude **'Infanterie lourde' : une notion entre armement et ordonnance tactique. Le cas de la phalange macédonienne**) ; de celui de FRONTIN, que la section de l'infanterie macédonienne était de dix hommes — un détail dans lequel Sekunda (2010 : 448) avait vu, avec une grande justesse selon nous, l'influence achéménide : « *dekas* being a term for a file of ten men, which is never attested for any Greek army and is completely Achaemenid » ; et de celui de POLYEN, enfin, la spécificité de l'armement alors en dotation, et dans lequel Sekunda voyait, nous l'avons déjà indiqué plus haut, la preuve de l'équipement des fantassins de Philippe selon les critères de la réforme d'Iphicrate.

On pourrait à première vue lui opposer que l'occurrence, dans le texte de POLYEN, du mot sarisse, semblerait affaiblir considérablement sa position. Des piques pourraient-elles avoir été les armes d'hast de soldats imités des peltastes d'Iphicrate ? Un passage de TITE-LIVE ne prouverait-il pas explicitement la nature de ce que les Anciens nommaient sarisses, ce que nous désignerons dans notre étude, par allusion aux armes des formations de la Renaissance, 'piques' ? Lors du siège mis par Persée devant Ambracie, les défenseurs usent de « *praelongae hastae, quas sarissas uocant* », de « très longues lances qu'on appelle sarisses » (TITE-LIVE, XXXVIII, 7, § 12). Mais en réalité, Noguera Borel (1999), retrouvant d'ailleurs une conception déjà exposée bien avant lui par Delbrück,

---

Diodore se trouvent confirmés par d'autres témoignages. »

a montré que σαρίσα était un mot macédonien désignant toute sorte de lance,[17] et ceci nonobstant que le terme « passed into general Greek usage to mean the long pike typically used by the Macedonian phalanx » (Sekunda 2010 : 450), ainsi que cet extrait livien l'illustre. *In* fine, l'élément le plus frappant est donc l'absence, dans l'énumération de POLYEN, d'un élément incontournable de la panoplie de l'hoplite de la période classique : la cuirasse.

I. 4. La phalange macédonienne à l'époque d'Alexandre : des textes riches de leçons

Les mesures de Philippe semblent donc avoir combiné une réforme de l'ordonnance plus un armement qui ne semble pas, de fait, être celui de l'hoplite traditionnel mais d'un type allégé qui, dès lors, pourrait bien avoir été en effet dans la filiation des peltastes d'Iphicrate. Mais quant à notre question centrale, à savoir si oui non, dès l'époque de Philippe voire de celle d'Alexandre, la phalange macédonienne était une phalange de piquiers maniant leurs très longues lances à deux mains, les sources directes que nous venons d'étudier, autrement dit ces passages de DIODORE, de POLYEN et de FRONTIN ne permettent pas, comme nous venons de le constater, de trancher la question.

Markle et surtout Hammond avaient cru pouvoir induire, au constat des grands succès militaires des deux plus fameux Argéades, l'indication que leur infanterie de bataille relevait déjà, dans cette seconde partie du IVᵉ siècle av. J.-C., de la célèbre 'phalange macédonienne'. Néanmoins, comme Markle l'avait relevé (cf. ci-dessus) mais sans oser peut-être aller jusqu'au bout de sa démarche,[18] il

---

[17] « Ob das Wort »Sarisse« von je einen Langspieß bedeutet hat oder ursprünglich neben den vielen anderen Namen (δόρυ, λόγχη, αἰχμή, κοντός, ξυστόν, ἀκόντιον, σαύνιον, ὑσσός, παλτόν) nur im allgemeinen Spieß (wie wir ja auch Spieß, Speer, Lanze, Pike, Ger, Gleve, Pinne haben), ist unsicher. Strabo X, 1, 12 (C 448) sagt »διττὴ γὰρ ἡ τῶν δοράτων χρῆσις, ἡ μὲν ἐκ χειρός, ἡ δ᾽ ὡς παλτοῖς, καθάπερ καὶ ὁ κοντὸς ἀμφοτέρας τὰς χρείας ἀποδίδωσι· καὶ γὰρ συστάδην καὶ κοντοβολούντων, ὅπερ καὶ ἡ σάρισσα δύναται καὶ ὁ ὑσσός« Wenn diese Angabe so aufzufassen ist, daß auch die Sarisse als Wurfspieß verwendet werden konnte, so kann diese nicht übermäßig lang gewesen sein. » (Delbrück 1920 : 479 — Livre VI, chapitre 1er) — le texte grec de STRABON reproduit dans l'édition Nikol Verlagsgesellschaft mbH & co. KG contenant quelques erreurs, nous l'avons corrigé en nous basant sur l'édition de Lasserre (1971).
Sarisse, terme que l'on assimile à la longue lance tenue à deux mains, c'est-à-dire, l'arme que l'on nomme en français 'pique' ('pike' en anglais) n'était donc qu'un mot macédonien désignant toute sorte d'arme d'hast. Nous emploierons donc cette forme, 'sarisse', quand nous userons du mot dans le sens, que nonobstant le caractère générique du terme, la vulgate historique lui donne, c'est-à-dire celui de très longue lance maniée à deux mains, autrement dit une arme qu'il vaudrait mieux désigner, pour lever toute ambiguïté, par le terme de pique.
[18] « Il est donc bien possible que le milieu de la phalange macédonienne ait porté la sarisse. Cependant, nous n'avons aucune preuve certaine à ce sujet » écrivait Markle (1999b : 197), au sujet de la bataille de Chéronée, dans l'*addendum* de son article. Si l'*addendum* fut écrit suite à la visite du champ de bataille, on a l'impression que Markle exprimait quelques nouvelles réserves suite aux critiques que ses conceptions reçurent lors de la préparation même de son article (cf. Markle 1999b : 173, n. **).

faut insister sur le fait qu'aucune des sources que les deux savants invoquèrent ne sont sur ce point explicites.[19] Comme l'avait fort bien vu Delbrück, « Arrian gibt nirgends eine deutliche Charakterisierung der Sarisse als Langspießes » (Delbrück 1920 : 480) ; et, de même, « [i]n den Schlachtschilderungen Diodors finden wir nichts, woraus über den eigentümlichen Charakter der Sarissenphalanx etwas zu entnehmen wäre » (Delbrück 1920 : 481).

Ajoutons ici une remarque qui à notre connaissance n'a pas été proprement faite : certains récits de bataille de cette période paraissent témoigner de furieux corps à corps entre les Macédoniens et leurs adversaires. Or, en aurait-il été ainsi si ces derniers avaient été confrontés à une phalange de piquiers et non à une phalange de soldats armés d'une arme d'hast d'une longueur moindre, en l'occurrence d'une arme, comme le suggérait Delbrück, encore tenue à une main ? *A contrario*, on se rappellera ici le sort des légionnaires de Paul-Émile à Pydna, un moment incapables d'aborder la phalange et parfois même renversés par la puissance de la charge des piquiers.[20] Examinons donc ces récits.

I. 4. 1. *La phalange macédonienne lors de la prise de Thèbes (335/4 av. J.-C.)*

Selon DIODORE (XVII, 11, §§ 4-5), la bataille qui devant Thèbes aboutit à la prise de la ville par Alexandre, lors de l'année 335/4 av. J.-C., aurait été d'une grande violence : « πάντων εἰς τὴν ἀπὸ τοῦ ξίφους μάχην συμπεσόντων μέγας ἀγὼν συνίστατο. Οἱ μὲν γὰρ Μακεδόνες διὰ τὸ πλῆθος τῶν ἀνδρῶν καὶ τὸ βάρος τῆς φάλαγγος δυσυπόστατον εἶχον τὴν βίαν, οἱ δὲ Θηβαῖοι ταῖς τῶν σωμάτων ῥώμαις ὑπερέχοντες καὶ τοῖς ἐν τοῖς γυμνασίοις συνεχέσιν ἀθλήμασιν, ἔτι

---

[19] Voir l'appendice à cet essai où nous en passerons la revue de détail.
[20] « Γινομένης δὲ τῆς ἐφόδου παρῆν ὁ Αἰμίλιος καὶ κατελάμβανεν ἤδη τοὺς ἐν τοῖς ἀγήμασι Μακεδόνας ἄκρας τὰς σαρίσας προσηρηρεικότας τοῖς θυρεοῖς τῶν Ῥωμαίων καὶ μὴ προσιεμένους εἰς ἐφικτὸν αὐτῶν τὰς μαχαίρας » (PLUTARQUE, *Αἰμίλιος Παῦλος*, XIX, § 1) — « Au moment où l'attaque se produisait, Paul-Émile s'avança et s'aperçut que les Macédoniens du corps d'élite avaient déjà enfoncé les pointes de leurs sarisses dans les boucliers des Romains et les empêchaient ainsi d'arriver jusqu'à eux avec leur épées. » (Chambry et Flacelière 1966 : 92). « Οἱ μὲν γὰρ ἐκκρούειν τε τοῖς ξίφεσι τὰς σαρίσας ἐπειρῶντο καὶ πιέζειν τοῖς θυρεοῖς καὶ ταῖς χερσὶν αὐταῖς ἀντιλαμβανόμενοι παραφέρειν· 4 οἱ δὲ τὴν προβολὴν κρατυνάμενοι δι' ἀμφοτέρων καὶ τοὺς προσπίπτοντας αὐτοῖς ὅπλοις διελαύνοντες, οὔτε θυρεοῦ στέγοντος οὔτε θώρακος τὴν βίαν τῆς σαρίσης, ἀνερρίπτουν ὑπὲρ κεφαλὴν τὰ σώματα τῶν Πελιγνῶν καὶ Μαρρουκίνων κατ' οὐδένα λογισμόν, ἀλλὰ θυμῷ θηριώδει πρὸς ἐναντίας πληγὰς καὶ προῦπτον ὠθουμένων θάνατον. 5 Οὕτω δὲ τῶν προμάχων διαφθαρέντων ἀνεκόπησαν οἱ κατόπιν αὐτῶν ἐπιτεταγμένοι » (PLUTARQUE, *Αἰμίλιος Παῦλος*, XX, §§ 3-5) — « Les uns s'efforçaient d'écarter les sarisses avec leur épées, de les abaisser avec leurs boucliers et de les détourner en les empoignant même avec leurs mains ; 4 les autres affermissaient leurs piques avec les deux mains et transperçaient les assaillants à travers leur armure même, car ni leur bouclier ni leur cuirasse ne pouvait les protéger contre la force de la sarisse, et ils culbutaient, la tête la première, les corps des Péligniens et des Marruciens, qui, sans rien calculer, se précipitaient avec une ardeur sauvage au-devant des coups et d'une mort certaine. 5 Ainsi, les combattans du premier rang une fois tués, ceux qui étaient rangés derrière eux furent repoussés » (Chambry et Flacelière 1966 : 94).

δὲ τῷ παραστήματι τῆς ψυχῆς πλεονεκτοῦντες ἐνεκαρτέρουν τοῖς δεινοῖς. 5 Διὸ καὶ παρ' ἀμφοτέροις πολλοὶ μὲν κατετιτρώσκοντο, οὐκ ὀλίγοι δ' ἔπιπτον ἐναντίας λαμβάνοντες πληγάς. Ὁμοῦ δ' ἦν κατὰ τὰς ἐν τοῖς ἀγῶσι συμπλοκὰς μυγμὸς καὶ βοὴ etc » — « tout le monde en vint au corps à corps. Un grand carnage commença alors. Il était en effet difficile de résister à la pression des Macédoniens, en raison de leur nombre et du poids de la phalange. Mais les Thébains demeuraient fermes face au danger, car ils l'emportaient par la force physique et la pratique assidue des luttes du gymnase, leur courage désespéré constituant d'ailleurs pour eux un avantage. 5 Aussi les blessés étaient-ils nombreux de chaque côté, tandis que beaucoup de combattants tombaient morts, de blessures reçues par devant. Au cours des corps à corps auxquels la bataille donnait lieu, tout n'était que grondements et cris etc » (Goukowsky 1976 : 21). Devra-t-on considérer, avec Hammond (Hammond et Walbank 1988 : 61), que « the narrative in D.S. 17.9-13 is a hotch-potch of rhetorical fictions » ?[21]

Le récit parallèle d'ARRIEN (Ἀνάβασις Ἀλεξάνδρου, I, 8, § 5) offre des différences notoires. Plus précis, il semble, de fait, plus véridique. Et, notamment, il ne rapporte pas qu'il y eut proprement une bataille rangée devant les murs de Thèbes. Le seul moment qui paraît y ressembler est ce bref instant où les Thébains, ayant repoussé les Macédoniens qui avaient pénétré dans les premiers retranchements, abordèrent la phalange du roi rangée en bataille : « κἂν τούτῳ Ἀλέξανδρος τοὺς μὲν αὑτοῦ φεύγοντας κατιδών, τοὺς Θηβαίους δὲ λελυκότας ἐν τῇ διώξει τὴν τάξιν, ἐμβάλλει ἐς αὐτοὺς συντεταγμένῃ τῇ φάλαγγι· οἱ δὲ ὠθοῦσι τοὺς Θηβαίους εἴσω τῶν πυλῶν· » — « Alors Alexandre, voyant que les siens étaient en fuite et que les Thébains, en les poursuivant, avaient perdu leurs formations, les fait charger par la Phalange rangée en bataille : elle refoule les Thébains, en les poursuivant à l'intérieur des portes. » (Savinel 1984 : 28). L'historien originaire de Nicomédie raconte ensuite comment les Macédoniens investirent peu à peu la ville, atteignant l'agora. Alors, rapportait ARRIEN (Ἀνάβασις Ἀλεξάνδρου, I, 8, § 7), « ὀλίγον μέν τινα χρόνον ἔμειναν οἱ τεταγμένοι τῶν Θηβαίων κατὰ τὸ Ἀμφεῖον· » — « [p]endant un temps assez court, les Thébains en formation de combat résistèrent près de l'Amphéion » (Savinel : 28-9). Dans ces deux moments, peut-on vraiment imaginer que les phalangites eussent été armés de très longues piques ? Il nous paraît au contraire évident, d'une part, qu'ils n'auraient pu suivre les Thébains dans la ville qu'en déposant leurs armes encombrantes pour empoigner une simple lance ; ou plutôt, puisque ni ARRIEN ni DIODORE ne rapportent un tel changement d'armement en pleine bataille (qui serait tout à

---

[21] L'opposition entre des soldats entraînés physiquement, par leurs exercices du gymnase, avec des soldats entraînés militairement, par leur formation, fait en tout cas songer à une réalité bien concrète qu'avait dégagée Hatzopoulos (2007 : 93-4) relativement à l'armée macédonienne plus tardive, celle de la propre époque hellénistique : « c'était au sein de l'armée même, et non pas du gymnase, que les jeunes recrues apprenaient les rudiments du combat de phalange ».

fait invraisemblable à notre sens), qu'en abandonnant leurs piques pour tirer l'épée. Mais alors, dans ce cas, les Thébains qui firent face de nouveau, un instant, près de l'Amphéion, « en formation de combat », n'auraient-ils pas retrouvé un grand avantage tactique puisqu'on peut croire que, quant à eux, ils avaient alors leur équipement complet ? On retire donc de ces récits que les phalangites macédoniens, devant Thèbes, devaient être peu ou prou armés, notamment quant à leurs armes offensives, comme les hoplites grecs leur faisant face.

I. 4. 2. La phalange macédonienne lors de la bataille d'Issos (333 av. J.-C.)

Invoquons à présent un épisode de la bataille d'Issos. Alors que les troupes perses commençaient déjà à fléchir, « οἱ δὲ κατὰ μέσον τῶν Μακεδόνων οὔτε τῇ ἴσῃ σπουδῇ ἥψαντο τοῦ ἔργου καὶ πολλαχῇ χρημνώδεσι ταῖς ὄχθαις ἐντυγχάνοντες τὸ μέτωπον τῆς φάλαγγος οὐ δυνατοὶ ἐγένοντο ἐν τῇ αὐτῇ τάξει διασώσασθαι, — ταύτῃ ἐμβάλλουσιν οἱ Ἕλληνες τοῖς Μακεδόσιν ᾗ μάλιστα διεσπασμένην αὐτοῖς τὴν φάλαγγα κατεῖδον. καὶ τὸ ἔργον ἐνταῦθα καρτερὸν ἦν, τῶν μὲν ἐς τὸν ποταμὸν ἀπώσασθαι τοὺς Μακεδόνας καὶ τὴν νίκην τοῖς ἤδη φεύγουσι σφῶν ἀνασώσασθαι, τῶν Μακεδόνων δὲ τῆς τε Ἀλεξάνδρου ἤδη φαινομένης εὐπραγίας μὴ λειφθῆναι καὶ τὴν δόξαν τῆς φάλαγγος, ὡς ἀμάχου δὴ ἐς τὸ τότε διαβεβοημένης, μὴ ἀφανίσαι. » (ARRIEN, Ἀνάβασις Ἀλεξάνδρου, II, 10, §§ 5-6) — « au centre, les Macédoniens ne s'étaient pas mis à la besogne avec une telle impétuosité et, tombant sur une rive qui comportait beaucoup d'à-pic, ils n'avaient pas été capables de garder l'alignement de la phalange ; ces Grecs, donc [il s'agit de l'infanterie mercenaire grecque de Darius, mentionnée plus haut] attaquèrent les Macédoniens là où ils avaient observé que se trouvait la plus large brèche dans la formation de la Phalange. 6 Et sur ce point l'action était chaude : les Grecs s'employaient à repousser les Macédoniens dans le fleuve et à préserver la possibilité de vaincre pour ceux de leur camp qui se mettaient déjà à fuir, les Macédoniens à ne pas se laisser écraser par la comparaison avec Alexandre, dont le succès était déjà manifeste, et à ne pas ruiner la réputation de la Phalange, célébrée partout alors comment absolument invincible. » (Savinel 1984 : 66).

Cet épisode fait immanquablement songer à celui de la bataille de Pydna, déjà évoqué ci-dessus, où Paul-Émile, désespérant d'entamer la haie impénétrable des piques de la phalange macédonienne, mais apercevant soudain une brèche dans la formation ennemie, y dirigea des pelotons de légionnaires :

7 Ἐπεὶ δὲ τῶν τε χωρίων ἀνωμάλων ὄντων καὶ διὰ τὸ μῆκος τῆς παρατάξεως οὐ φυλαττούσης ἀραρότα τὸν συνασπισμόν, κατεῖδε τὴν φάλαγγα τῶν Μακεδόνων κλάσεις τε πολλὰς καὶ διασπάματα λαμβάνουσαν, ὡς εἰκὸς ἐν μεγάλοις στρατοῖς καὶ ποικίλαις ὁρμαῖς τῶν μαχομένων, τοῖς μὲν ἐκθλιβομένην μέρεσι,

τοῖς δὲ προπίπτουσαν, 8 ἐπιὼν ὀξέως καὶ διαιρῶν τὰς σπείρας ἐκέλευεν εἰς τὰ διαλείμματα καὶ κενώματα τῆς τῶν πολεμίων τάξεως παρεμπίπτοντας καὶ συμπλεκομένους μὴ μίαν πρὸς ἅπαντας, ἀλλὰ πολλὰς καὶ μεμιγμένας κατὰ μέρος τὰς μάχας τίθεσται. 9 Ταῦτα τοῦ μὲν Αἰμιλίου τοὺς ἡγεμόνας, τῶν δ᾽ ἡγεμόνων τοὺς στρατιώτας διδασκόντων, ὡς πρῶτον ὑπέδυσαν καὶ διέσχον εἴσω τῶν ὅπλων, τοῖς μὲν ἐκ πλαγίου κατὰ γυμνὰ προσφερόμενοι, τοὺς δὲ ταῖς περιδρομαῖς ἀπολαμβάνοντες, 10 ἡ μὲν ἰσχὺς καὶ τὸ κοινὸν ἔργον εὐθὺς ἀπωλώλει τῆς φάλαγγος ἀναρρηγνυμένης, ἐν δὲ ταῖς καθ᾽ ἕνα καὶ κατ᾽ ὀλίγους συστάσεσιν οἱ Μακεδόνες μικροῖς μὲν ἐγχειριδίοις στερεοὺς καὶ ποδήρεις θυρεοὺς νύσσοντες, ἐλαφροῖς δὲ πελταρίοις πρὸς τὰς ἐκείνων μαχαίρας ὑπὸ βάρους καὶ καταφορᾶς διὰ παντὸς ὅπλου χωρούσας ἐπὶ τὰ σώματα κακῶς ἀντέχοντες ἐτράποντο. (PLUTARQUE, *Αἰμίλιος Παῦλος*, XX, §§ 7-10).

« 7 Mais comme le terrain était inégal et que la ligne de bataille était trop longue pour garder une parfaite cohésion, Paul-Émile s'aperçut que la phalange macédonienne offrait des brèches et des intervalles en plusieurs endroits, comme il est naturel dans les grandes armées où l'élan des combattants est variable ; sur certains points la phalange était resserrée, sur d'autres elle dépassait la ligne. 8. Dès lors, il parcourt vivement les rangs, divise les cohortes et leur ordonne de se jeter dans les intervalles et les vides de la ligne ennemie, pour combattre, non pas en masse contre tous, mais par fractions en multipliant les attaques de divers côtés. 9. Paul-Émile ayant donné ces instructions à ses officiers, et ses officiers à leurs hommes, ceux-ci se glissèrent et pénétrèrent à l'intérieur de l'armée ennemie, attaquant les uns obliquement sur les partie découvertes et courant pour tourner les autres. 10 Dès lors c'en fut fait aussitôt de la force et de l'efficacité globale de la phalange rompue. Dans cette lutte où chacun se battait contre un seul ou contre quelques-uns, les Macédoniens, frappant avec leurs petits poignards les boucliers solides des Romains qui descendaient jusqu'aux pieds, avaient peine à soutenir avec leurs boucliers légers la décharge (sic) ['la botte' est le terme adéquat] des pesantes épées qui traversaient toute leur armure pour atteindre leur corps. Aussi furent-ils mis en déroute. » (Chambry et Flacelière 1966 : 94-5).

Si la phalange d'Alexandre, à Issos, avait été armée comme celle de Persée à Pydna, les mercenaires grecs de Darius, soldats très vraisemblablement dotés de la panoplie traditionnelle de l'hoplite (et en tout cas de lances), ne lui auraient-ils pas fait subir le sort de celle du dernier roi antigonide ? Dans cette hypothèse, les phalangites d'Alexandre, comme leurs épigones, auraient nécessairement dû déposer leurs piques pour, protégés de leurs peltes ou de leurs 'boucliers macédoniens', combattre avec leurs épées des fantassins dotés de lances et s'abritant de surcroît derrière des *aspides* de plus grande taille. Nous ne doutons pas que, dans ce cas, la phalange macédonienne, comme à Pydna, se serait peu à peu désintégrée. Or, comme l'exposait ARRIEN, les Macédoniens se défendirent pied à pied : preuve, selon nous, qu'ils n'étaient pas alors équipés de la terrifiante mais encombrante pique, une arme inutilisable pour peu que l'adversaire pouvait pénétrer les rangs de la phalange 'sarissophore'.[22]

I. 4. 3. La phalange macédonienne à la bataille de l'Hydaspe (326 av. J.-C.)

Mentionnons enfin, plus brièvement, un dernier extrait d'ARRIEN (Ἀνάβασις Ἀλεξάνδρου, V, 16, § 1), cette fois-ci relatif aux prodromes de la bataille de l'Hydaspe : « ὡς δὲ καὶ ἡ φάλαγξ αὐτῷ δρόμῳ συνάψασα ὁμοῦ ἤδη ἦν, ὁ δὲ οὐκ εὐθὺς ἐκτάξας ἐπῆγεν, ὡς μὴ καματηρούς τε καὶ πνευστιῶντας ἀκμῆσι παραδοῦναι τοῖς βαρβάροις » — « Lorsque la Phalange, approchant au pas de course, eut rejoint le reste de l'armée, il [Alexandre] ne la mit pas tout de suite en ligne pour la conduire au combat, ne voulant pas livrer aux Barbares frais et dispos ses propres fantassins fatigués et essoufflés » (Savinel 1984 : 171). Cette phalange arrivant au pas de course,[23] et qu'Alexandre doit laisser souffler, pouvait-elle être une lourde phalange de piquiers ? QUINTE-CURCE, dans l'évocation de cet épisode, avait mis en vis-à-vis la pesanteur des chars indiens, incapables de manœuvrer sur un terrain détrempé, avec la souple mobilité de l'infanterie macédonienne.[24] Invoquons de surcroît ici une remarque critique de Hogarth (1888 : 5) qui apportera de l'eau à notre moulin : « for if anyone is inclined to agree with Mr Grote that even a specially-trained, athletic man-at-arms can make easy play with a 21-foot pike, held either three or six feet from the butt, let him try to poise for even a quarter of an hour a puntpole double the usual length, and furnished with a heavy iron head ». Si Hogarth

---

[22] QUINTE-CURCE, dans son récit de la bataille (III, 11, notamment aux §§ 4-6), semble très imprécis. Sa description de la lutte paraît toute formelle (au point que son exposé semble passer incidemment du récit du combat de cavalerie à celui, tout rhétorique, de l'affrontement général — et donc du choc des phalanges. Quant à DIODORE, il n'avait pas rapporté la péripétie qui nous intéresse. Ainsi que l'avait relevé Markle (1999b : 192, n. 3), « [l]es autres sources à propos d'Issos, Diod. 17.32.2-34.4 ; Quinte-Curce 3.8.13-11.15 ; Just. 11.9.1-9 ; Plut. *Alex.* 20.1-5, ne contiennent rien de pertinent à ce sujet », à savoir l'éclaircissement de la question de l'armement de la phalange par les récits de la bataille d'Issos — on soulignera que la voie empruntée par Markle n'était pas tout à fait la nôtre car il avait cherché, dans ces récits des historiens anciens, la trace de la mention de la 'sarisse', y croyant pouvoir y trouver la preuve de l'existence de la phalange des piquiers : mais c'était ignorer l'équivocité du mot, suggérée par Delbrück et dégagée par Noguera Borel, comme nous l'avons rappelé ci-dessus (cf. notre n. 17) — ainsi, par exemple, dans ce passage de DIODORE, XVII, 88, § 2, où il pensait trouver dans l'occurrence du mot sarisse un élément à l'appui de sa thèse : cf. cette citation que nous avons rapportée ci-dessous à l'avant-dernier paragraphe de l'appendice à cet essai (Markle 1999b : 194).
[23] « Again we frequently read of an advance δρόμῳ, at Gaugamela in company with the cavalry, and in Persia in the wildest mountain work. » avait en outre relevé, fort justement, Hogarth (1888 : 6).
[24] « *grauesque et propemodum inmobiles currus inluuie ac uoraginibus haerebant. Contra Alexander expedito ac leui agmine strenue inuectus est.* » (QUINTE-CURCE, VIII, 14, §§ 4-5) — « Les chars, lourds et à peu près incapables de bouger, étaient pris dans la boue et les fondrières. Par *contraste*, Alexandre avec une armée légère et mobile, chargea avec vigueur. » (Bardon 1948 : 338).

(1888 : 6) jugeait ce type d'armes comme l'illustration de « the last resort of military incompetency », du moins, quoi qu'on en pense, avait-il mis l'accent sur le caractère extrêmement encombrant de la longue pique macédonienne, une arme qui, selon nous, n'aurait certainement pas permis à la phalange, à la bataille de l'Hydaspe, de monter en ligne au pas de course.

I. 4. 4. La phalange d'Antipater

L'expédition lointaine d'Alexandre suscita deux tentatives des vieilles puissances grecques pour secouer le joug macédonien. Nous trouverons, dans des extraits de DIODORE relatant ces évènements, des éléments soutenant notre thèse.

En 330 av. J.-C., mettant à profit tant les difficultés thraces du régent de la Macédoine Antipater que, peut-être, la nouvelle de l'éloignement d'Alexandre qui venait de remporter la victoire d'Arbèles (1er octobre 331 av. J.-C.), le roi de Sparte Agis tenta de pousser les avantages de l'antique puissance péloponnésienne (qui, rappelons-le, visant à contrer l'hégémonie macédonienne, était alors alliée de la Perse). Après quelques premiers succès des Spartiates, Antipater arriva dans le Péloponnèse avec toute son armée : « Γενομένης δὲ παρατάξεως μεγάλης ὁ μὲν Ἆγις μαχόμενος ἔπεσεν, οἱ δὲ Λακεδαιμόνιοι πολὺν μὲν ἐκθύμως χρόνον ἀγωνιζόμενοι διεκαρτέρουν » (DIODORE, XVII, 63, § 2) — « Une grande bataille rangée eut lieu. Agis tomba en combattant et les Lacédémoniens, qui résistaient obstinément, luttèrent longtemps avec acharnement. » (Goukowsky 1976 : 89). Si l'historien sicéliote ne livra qu'un résumé de cette bataille décisive finalement perdue par les Spartiates et leurs alliés, la férocité d'un combat où au moins 1000 Macédoniens tombèrent[25] ne montre-t-il pas la possibilité de l'engagement des deux phalanges adverses, une chose à notre avis impossible si la vieille phalange hoplitique avait été confrontée à une phalange de piquiers ? Aussi ne croyons-nous pas recevable la conception que Hammond se faisait de ce combat : « the Macedonian pikeman outfought the Spartan hoplite » (Hammond et Walbank 1988 : 78).

Dans les débuts d'une guerre dont Athènes fut l'âme de la coalition grecque, ladite Guerre Lamiaque (323-322 av. J.-C.), l'historien sicéliote rapporta

---

[25] Quant aux pertes des deux côtés, cf. Hammond (Hammond et Walbank 1988 : 78, avec références). En ce qui concerne la férocité de la confrontation, un mot d'Alexandre rapporté par PLUTARQUE (Ἀγησίλαος, XV, § 6) en témoigne : « Ἀλέξανδρος δὲ καὶ προσεπέσκωψε πυθόμενος τὴν πρὸς Ἆγιν Ἀντιπάτρου μάχην εἰπών « "Ἔοικεν, ὦ ἄνδρες, ὅτε Δαρεῖον ἡμεῖς ἐνικῶμεν ἐνταῦθ', ἐκεῖ τις ἐν Ἀρκαδίᾳ γεγονέναι μυομαχία" » — Alexandre alla jusqu'à plaisanter en apprenant le combat d'Antipatros contre Agis : "Il paraît, mes amis, dit-il, que, pendant qu'ici nous battions Darios, là-bas, en Arcadie, s'est livrée une bataille de souris." » (Chambry et Flacelière 1973 : 113). Le choix du mot « souris » par les traducteurs de la CUF est malheureux. Il faut évidemment traduire « rats », ainsi que l'avait fait Latzarus (1955 : 369) et comme l'avait bien vu Goukowsky (1976 : 89, n. 3).

comment les coalisés connurent quelques brillant succès : « Τῇ δ' ἱππομαχίᾳ λαμπρῶς τῶν Ἑλλήνων νενικηκότων Μένωνος ἱππαρχοῦντος τοῦ Θετταλοῦ, εὐθὺς ἡ τῶν Μακεδόνων φάλαγξ φοβουμένη τοὺς ἱππεῖς ἀπεχώρησεν ἐκ τοῦ πεδίου πρὸς τὰς ὑπερκειμένας δυσχωρίας καὶ τῇ τῶν τόπων ὀχυρότητι τὴν ἀσφαλείαν περιποιήσατο. » (DIODORE, XVIII, 15, § 4) — « Quand les Grecs, sous le commandement du Thessalien Ménon, eurent remportés une splendide victoire dans ce combat équestre, la phalange macédonienne, par crainte des cavaliers, abandonna aussitôt la plaine et gagna les hauteurs accidentées dont la forte position assura sa sécurité. » (Goukowsky 1978 : 24-5). Dans cet épisode, si la phalange macédonienne avait été équipée de longues piques, eût-elle craint d'être abordée par la cavalerie thessalienne ? Et eût-elle gagné, armée de la sorte, à occuper une position accidentée ? Le lendemain Antipater rejoignait le camp macédonien avec de troupes fraîches. « Il décida », poursuivait l'historien sicéliote, « pour l'heure, de demeurer tranquille et, voyant l'ennemi supérieur en cavalerie, il renonça à faire retraite en terrain plat. » (Goukowsky 1978 : 25).[26]

N'a-t-on pas là un autre indice, *a contrario*, que la phalange macédonienne de l'époque n'était pas encore dotée de très longues lances ? Car comme l'avait écrit Tarn (1930 : 73), « cavalry could not charge the heavily-armed spearman [remarquons qu'il aurait néanmoins mieux fallu écrire 'spearmen'] ».[27] Ultérieurement, les opérations, pour les coalisés, prirent un tour moins favorable. Ils furent forcés à une seconde bataille. Mais leur infanterie, « [n]e pouvant soutenir ni la poussée, ni le nombre des ennemis, les Grecs se replièrent aussitôt vers un accident de terrain tout en préservant soigneusement leur bon ordre. C'est pourquoi, s'étant emparés des hauteurs, ils repoussaient facilement les

---

[26] « Οὗτος δὲ κρίνας ἐπὶ τοῦ παρόντος ἡσυχίαν ἔχειν καὶ θεωρῶν τοὺς πολεμίους ἱπποκρατοῦντας τὴν μὲν διὰ τῶν ὁμαλῶν ἀποχώρησιν ἀπέγνω. »

[27] Invoquons encore un passage de l'édition française des *Memorie della guerra* du feld-maréchal autrichien Montecuccoli (1712 : 38 — au sein du Livre Premier. « *Principes de l'Art Militaire en général* », Chapitre 2) « Un gros de piques ſerré eſt impenetrable à la cavalerie dont elles ſoutiennent d'elles-mêmes le choc à vingt-deux pieds (sic) [l'original dit 12 pieds ; cf. ci-dessous] de diſtance ». On trouve plus haut la description de la pique et des piquiers selon ce grand général du XVIIe siècle († 1681) : « Les piques doivent être fortes, droites & longues de quinze, ſeize & dix-ſept pieds avec des pointes en langue de carpe. Il faut les couvrir par deſſus de lames de fer. » (Montecuccoli 1712 : 30). Indiquons que la pique disparut de l'infanterie occidentale dans les débuts du XVIIIe siècle. Précisons également, cette fois-ci quant à ces *Mémoires* qui connurent une grande vogue au XVIIIe siècle, que cet ouvrage avait pour titre premier *Aforismi dell'arte bellica* : cf. Luraghi (1988 : 116-7). Nous indiquons à toutes fins utiles ces citations dans l'original selon l'édition de Faccioli (1973 : 17 — *Capitolo secondo. Titolo primo. XXI* ; puis 13 — *Capitolo secondo. Titolo primo. XVI*) : « Un nodo di picche ben serrato insieme si rende impenetrabile alla cavalleria: esse sostengono il di lei urto dodici piedi lunghi da sé » ; « Le picche deono essere forti, diritte, di 15, 16 in 17 piedi lunghe, con punte a lingua di carpa, e di lame di ferro nella parte di sopra per lo lungo ricoperte ». Enfin, la même considération était émise dans le *Trattato della guerra* : « Fra l'infanteria si usano oggidì le picche, regine dell'armi, propriissime per resistere alla cavalleria, perché parecchie giunte insieme fanno un corpo solidissimo e difficilissimo ad esser rotto per la testa » (Luraghi 1988 : 201 — I, 4 « De' soldati »).

Macédoniens, attendu qu'ils occupaient une position dominante. » (Goukowsky 1978 : 28 — traduisant DIODORE, XVIII, 17, § 4). Mais ces derniers n'auraient-ils pu les chasser s'ils avaient été dotés de longues piques ?

I. 5. La phalange et un épisode des guerres des diadoques

En 319/8 av. J.-C., lors de la bataille de Crétopolis livré entre Antigone *Monophtalmos* et Alkétas, « ὁ μὲν Ἀντίγονος ἔχων ἱππεῖς ἑξασκισχιλίους ἀπὸ κράτους ἤλαυνεν ἐπὶ τῶν ἐπαντίων φάλαγγα » (DIODORE, XVIII, 44, § 4) — « Antigone, avec six mille cavaliers, chargea alors impétueusement la phalange adverse » (Goukowsky 1978 : 63). Or cette phalange devait aligner largement autant de soldats que l'imposante cavalerie du vieux borgne, puisque DIODORE (XVIII, 45, § 1) nous révèle plus bas que toute l'infanterie d'Alkétas comptait 16 000 fantassins. Encore une fois, la cavalerie menée par Antigone se serait-elle résolument jetée sur une phalange de piquiers ?

I. 6. La question de la sarisse à l'époque d'Alexandre

L'ensemble de ces extraits nous paraît explicitement montrer que jusqu'à la Guerre Lamiaque au moins, la phalange macédonienne n'était pas encore une phalange de piquiers mais bien plus vraisemblablement une phalange de fantassins armés essentiellement de sarisses courtes, brandies à une main seulement. Il faudra donc ici rouvrir rouvrir le dossier épineux de la sarisse à l'époque d'Alexandre.

I. 6. 1. *Les positions de la vieille école allemande*

Cette question relève d'une difficulté inhérente au *makedonischen Heerwesen*, ainsi que nous l'avons déjà évoqué plus haut par le biais d'une citation de Delbrück (1920 : 192 — livre III, chapitre 1er) : « wissen wir nicht, im besonderen auch nicht, wie lang die Sarisse damals gemacht wurde »[28] avait entre autres énoncé l'éminent historien militaire. Ce point de vue avait été déjà émis d'une façon plus générale par Steinwender (1909 : 1) à l'abord de son étude fort technique : « Über Konstruktion und Beschaffenheit der mazedonischen Stoßlanze (σάρισσα) sind wir fast gänzlich auf Vermutungen angewiesen; den weder hat sich ein Exemplar erhalten, noch geben die Kriegsschriftler des griechisch-römischen Altertums hinlänglichen Aufschluß. » Le chercheur allemand avait précisé à la suite que les sources anciennes ne nous apprennent que « [w]ir hören da nur, daß die Länge der Waffe (...) zwischen 8 und 16 Ellen geschwankt hat und zuletzt aus Gründen der Zweckmäßigkeit wiederum auf 14 verkürzt wurde. » (Steinwender 1909 : 1). Si cette position avait été ultérieurement adoptée par Berve, celui-ci

---

[28] Une difficulté non moins bien mise en exergue par Tarn (1930 : 14) : « The length of the spear used by the phalanx, the *sarissa*, is a well-known difficulty. »

allait plus loin car c'était une arme longue de douze coudées qu'il choisissait de mettre entre les mains des phalangites d'Alexandre : « Das von den größten und stärksten Männern (Anaxim. frg. 7 = Schol. Demosth. Ol. II, 17) gebildete Fußvolk war schwer bewaffnet und zwar nach Polyaen. II, 2, 10 mit Helm, Schild, Beinschienen und namentlich der σάρισσα, der, wie Theophrast behauptet (hist. plant. III, 17 (sic) [la référence exacte est III, 12, 2], 2), 12 Ellen (= 5½ m) langen Stoßlanze, die mit beiden Händen regiert werden mußte (vgl. H. Droys. Unter. 40). » (Berve 1926 : 113).[29] Comme on le constate, l'origine d'une telle conception se trouve chez H. Droysen. Portons-nous donc à la source même : « Bewaffnung und Ausrüstung der einzelnen Truppentheile des Heeres sind uns nur sehr ungenügend bekannt. Die Bewaffnung der Pezetairen [toujours assimilés, pour beaucoup de savants, aux phalangites — cf. notre n. 12 ci-dessus] wird uns mehrfach angegeben: Polyaen 4, 2, 10 nennt als die Waffenstücke von Philipps makedonischem Fussvolk: Helm, Schild, Beinschienen, Sarissen, wobei das Fehlen des Schwertes woh nur zufällig ist; für die Alexanders nennt Curtius (9, 7, 19) in einer nicht unbedenklichen Geschichte, dem Zweikampf des Dioxippos und Korragos, ehernen Schild, Schwert, Sarisse, Wurflanze, letztere drei bei derselben Gelegenheit auch Diodor 17, 100, 6, wobei nur nicht recht abzusehen ist, wie der Mann das alles mit seinen zwei Händen hat halten und gebrauchen können. » (Droysen 1885 : 40). D'un côté H. Droysen repoussait gratuitement les témoignages relatifs au duel entre le Macédonien Koragos et l'athlète athénien Dioxippos (voir ci-dessous pour ceux-ci) ; de l'autre Berve validait pour l'époque d'Alexandre des données issues d'un texte plutôt datable du début du IIIe siècle av. J.-C. : cette façon d'écrire l'histoire n'est-elle pas par principe discutable ?

I. 6. 2. *Des interprétations contestables*

I. 6. 2. 1. La sarisse selon Mixter, Manti ou Devine

Dès lors, si, à l'exemple de Delbrück et Steinwender, on prête attention aux sources contemporaines elles-mêmes (et en l'espèce à leur caractère à la fois lacunaire et ambigu), nous allons constater que les articles plus récents que Markle, Mixter (1992), Manti (1992 ; 1994) ou encore Devine (1994 ;

---

[29] En ce qui concerne la date des sources, si importante pour le point que nous essayons d'éclairer, il faut souligner que, relativement au témoignage de THÉOPHRASTE (*Historia plantarum*, III, 12, § 2), « Τὸ δ' ὕψος τοῦ ἄρρενος δώδεκα μάλιστα πηχέων, ἡλίκη τῶν σαρισῶν ἡ μεγίστη » (« La hauteur de l'arbre " mâle " est au plus de douze coudées — la taille de la plus longue sarisse — », Amigues 1989 : 34-5), des « allusions (…) à des faits historiques bien datés permettent d'affirmer que Théophraste travaillait encore à l'*Historia plantarum* après 301 » (Amigues 1988 : XII). Plus précisément, cette éditrice de l'*Historia plantarum* considérait que « le volume global de ces ouvrages implique pour le premier d'entre eux une rédaction d'ensemble beaucoup antérieure à 301 » et qu'il était « possible, quoique indémontrable, que la date de 314 avancée par Pline corresponde à l'année où Théophraste inaugura son cours de botanique, en présentant la première rédaction de son *Historia plantarum*, très incomplète par rapport au texte transmis. » (Amigues 1988 : XX).

1996) consacrèrent à la sarisse n'offrent souvent que des spéculations et des conclusions parfois non recevables.

Pour l'arme qui nous occupe, si Mixter (1992 : 22) avait justement remarqué que « it may be conjectured that Polybius and Polyaenus' statements as to the length of the sarissa may be accurate for a period before, or during their lifetimes, but not necessarily accurate as to the time of Philip and Alexander »,[30] il concluait pourtant de façon quelque peu paradoxale que « from the literay sources alone we may conclude that the Macedonian infantry sarissa did in fact vary from fifteen to twenty-four feet in length over the period the weapon was in use in Greek warfare. However, during the time of Philip and Alexander, the infantry sarissa was between fifteen and eighteen feet in length » Mixter (1992 : 23). C'est que l'auteur américain avait invoqué ce passage important de THÉOPHRASTE qui nous apprend qu'un cornouiller mesure au plus 12 coudées, « or eighteen feet » précisait Mixter (1992 : 22 — une coudée correspondait toujours à un pied et demi), ce qui est « la taille de la plus longue sarisse » (référence à notre n. 29). Mais si Mixter (1992 : 22, avec références) avait souligné que THÉOPHRASTE « lived during the reign of Philip and Alexander » et qu'il « visited Macedon during Philip's reign », il négligeait de prendre en compte l'époque effective de la vraisemblable rédaction de l'*Historia plantarum* tout comme de rappeler que son auteur mourut une cinquantaine d'années après Philippe II, données factuelles et

---

[30] Un des premiers savants de l'école anglo-saxonne, Dodge (1880 I : 140-1), était tombé dans ce travers courant, l'anachronisme. Car il mettait, sans critique, l'arme décrite précisément par POLYBE dans les mains des fantassins d'Alexandre : « They [« the pezetæri »] bore a spear, the *sarissa*, which, according to Polybius, was fourteen cubits, ot twenty-one feet, long (the drilling spear being two cubits longer, thus making the enormous length of twenty-four feet) (...) Some of the best military critics have doubted the accuracy of Polybius in this particular, and have sought to read *feet* for *cubits*; but there is no good reason to doubt the fact as stated, particularly in view of the lenght of spear carried by other nations and of the results attained by the *sarissa*-armed phalanx. Grote has discussed this point at length. » — sur la contribution de Grote (1866), cf. ci-dessous, ainsi qu'à nos n. 57 et n. 87. L'énorme bouclier, de type hoplitique, que Dodge donnait de surcroît aux *pézhétaires* d'Alexandre ne milite pas pour le bon sens historique de l'auteur américain — « a shield of such size as to cover the entire person of a kneeling soldier, fixed to hang over the shoulder so as not to monopolize the left arm » (Dodge 1880 : 140) ; cf. les dessins d'un « sarissa Bearer » (Dodge 1880 : 140 ; 143) doté de cet énorme bouclier et d'une immense pique. On songe ici au commentaire quelque peu persifleur des conceptions de Grote (1866) que fit Hogarth (1880 : 4-5). Déjà cité partiellement ci-dessus, revenons-y plus longuement : « if anyone is agreed with Mr. Grote that even a specialy trained man-at-arms can make easy play with a 21-foot pike, held either three or six feet from the butt, let him try to poise from even a quarter of an hour a puntpole double the usual length, and furnished with a heavy iron head : and he will perhaps agree that such a weapon must have been the last resort of military incompetency. Remember also that the longest Swiss pike was never more than 17 feet, and its bearer was encumbered with neither shield nor sword, whereas the Macedonian hoplite has both. » (Dodge connaissait-il l'article de Hogarth ? Bien que son ouvrage fût évidemment puisé aux meilleures sources, on ne peut en jurer car il est dépourvu tant d'apparat critique que d'une bibliographie). L'inventaire de l'arsenal de Berne dressé en 1687 confirme l'assertion de Hogarth. Les piques les plus longues mesuraient de 5 à 5 m 30, autrement dit un peu plus ou un peu moins que ces 17 pieds britanniques : cf. Wegeli (1939 : 139).

chronologiques qui, nécessairement, mènent à changer radicalement la donne. Quant aux leçons de l'archéologie, étant tirées des travaux de Markle, elles sont à rejeter étant donné le caractère extrêmement contestable des conclusions de ce savant, ainsi que Manti l'avait mis en relief par de rudes critiques (Manti 1994).[31]

Quant à ce savant-ci, après avoir passé en revue les sources littéraires (Manti 1992 : 31-2 ; 40), il tentait d'en harmoniser les leçons et d'en dépasser les contradictions en supposant que THÉOPHRASTE et ASCLÉPIODOTE auraient tout deux utilisés la coudée attique[32] — et non la coudée macédonienne qui, selon ses hypothèses, auraient été l'étalon de POLYBE, POLYEN, ARRIEN et ÉLIEN (Manti 1992 : 40),[33] coudée spécifique que, à la suite de Tarn, il croyait longue des trois quarts de la coudée attique (Manti 1992 : 41).[34] Mais outre que rien n'indique la nature de la

---

[31] Cf. ci-dessus à notre n. 5. Voir aussi Juhel (2017 : 12-3, n. 20).
[32] Noguera Borel (1999 : 840, n. 3), indiquait 462.4 mm pour la coudée attique (et donc 308.3 mm pour le pied attique), suivant en cela la somme longtemps de référence de Hultsch (1882). Mais ces dimensions avaient été dénoncées de longue date, comme l'avait mis en exergue, à la suite d'autres savants, F. Lammert (1920 : col. 2515), pour lequel la coudée attique n'aurait été longue que de 443.5 cm. En fait, comme le montrent des publications plus récentes, la métrologie antique reste un champ d'investigation où les réponses paraissent incertaines, et spécialement pour la métrologie attique de l'époque d'Alexandre le Grand : cf. ci-dessous notre n. 35.
[33] Sur ce point, les considérations de Matthew (2012b : 151 — n. 3 du chapitre 12) sont superficielles.
[34] Comme le rappelait Manti (1992 : 39, n. 20), cette hypothèse avait d'abord été formulée par Tarn (1930 : 15-6). C'était dans l'appendice n° 2 de la section « Military » du volume II de son *Alexander the Great*, « The Short Macedonian Cubit » (Tarn 1948 : 169-71), que l'imaginatif savant britannique pensait avoir mis à jour une métrologie spécifiquement macédonienne où, en l'espèce, la coudée aurait mesuré environ 13 pouces et demi. Il est bon de reprendre cette hypothèse pour en exposer les faiblesses. Tarn, dans son appendice n° 2, « The Short Macedonian Cubit » (Tarn 1948 : 170), partant de la constatation que tant Arrien (Ἀνάβασις Ἀλεξάνδρου, V, 19, § 1) que Diodore (XVII, 88, § 4) donnaient au roi indien Poros une taille de 5 coudées (Manti 1992 : 39, n. 20, avait en outre remarqué qu'ARRIEN, Ἀνάβασις Ἀλεξάνδρου, V, 4, § 4, donnait cette taille a beaucoup d'Indiens), qu'ARRIEN semblait avoir eu pour source ou bien Ptolémée, ou bien Aristobule, et que DIODORE, pour son livre XVII, ce même Aristobule, Tarn, donc, arrivait à la déduction suivante : « It is obvious that these statements cannot refer to the Greek (Attic) cubit of 18¼ in.; 'most' Indians were not 7 ft. 7 in. high, neither was Porus, who is represented as a very strong man and a great fighter. We get the proof, as regards Porus, in Plutarch (*Alex*. LX), who, from some different source, calls him 4 cubits (Greek cubits here) and a span, 6ft. 8½ in. » Au terme de ses remarques et de ses calculs, Tarn (1948 : 170) était ainsi conduit à cette estimation : « 14 in. may be a little long for the Macedonian cubit; 13½ in. would be nearer the mark ». Mais, par principe méthodologique, n'est-ce pas une extrapolation par trop forcée que de tirer d'une ou deux mentions d'ARRIEN et de DIODORE une métrologie spécifique ? Surtout quant on sait que, à « l'époque d'Arrien, et tout particulièrement dans le *Roman d'Alexandre*, l'Inde était l'objet de pures fabulations. » (Vidal-Naquet, dans Savinel 1984 : 382). Certes, si « [c]e n'est pas le cas dans Arrien », indiquait Vidal-Naquet, « du moins », précisait-il, « la fabulation est-elle plus discrète » (Vidal-Naquet, dans Savinel 1984 : 382). En somme l'extraordinaire n'est pas totalement absent du récit de l'historien de Nicomédie quand il touche à cette contrée exotique. Et nous considérons donc d'autant plus périlleux de déduire de ces deux mentions de tailles prodigieuses (voire invraisemblables) des indices bien solides permettant d'aller jusqu'à la révélation d'une métrologie macédonienne spécifique.
De fait Hammond (1996 = 1997) avait fait choir cette conception hasardeuse de Tarn en s'appuyant sur des données plus concrètes, en l'occurrence le bouclier découvert par l'archéologue grecque Adam-Véléni à Végora. « All Greek states », rappelait le savant britannique (Hammond 1996 : 365 = Hammond 1997 : 273) « used the same table of measures. Four finger-breadths (δάκτυλοι) made

métrologie utilisée par l'un ou l'autre de ces écrivains,³⁵ il faudra souligner que

---

one palm (παλαστή), and four palms made one foot (πούς). But states gave different sizes to this table, so that the foot varied between 294 and 333 mm ». Constatant que sur le bouclier de Végora, on retrouve régulièrement, dans la décoration, un intervalle de 2 cm, Hammond en déduisait que cette mesure était le δάκτυλος. Et de là « the 'palm' was 8 cm and the 'foot' was 32 cm, i.e. 320 mm. Although the shield is fragmentary, the radius is preserved and measures 33 cm, so that the diameter would be approximately 66 cm.5. Adam-Veleni (n. 1), 19, gives the diameter more precisely as 0.656 m. This is slightly more than the eight palms which Asklepiodotos gave as the diameter of the Macedonian shield. We thus come to the conclusion that the Macedonian 'foot' was a length of *about* 320 mm. » (Hammond 1996 : 365 = Hammond 1997 : 273). « The theory of Tarn, for instance, that the Macedonians used a short foot, is not now tenable. » concluait-il (Hammond 1996 : 365 = Hammond 1997 : 273) ; cf. aussi Matthew (2015 : 71-7 = 2012b : 83-94) qui au terme d'une longue argumentation repoussait lui aussi l'hypothétique pied de Tarn. Mais en ce qui concerne la longueur possible du pied macédonien en usage à l'époque d'Alexandre, voir encore la note suivante.

³⁵ POLYBE était Achaïen, ARRIEN Bithynien, THÉOPHRASTE Athénien : si ce dernier pouvait avoir utilisé le pied attique, le second avait pu prendre comme unité de mesure ledit pied de Philétairos, de 330 mm. Mais quant au premier ? Renvoyons à la contribution de Pryce, Lang et Vickers (2012 : 917), où l'on verra que la plus petite coudée comptait 18 δακτύλους (on la dénommait πυγμή) et la plus grande 27 (c'était la coudée royale, πήχυς βασιλήιος). La coudée ordinaire se divisait en 24 δακτύλους. Nous invoquerons également l'article toujours utile de Tannery (1914), spécialement la partie « Détermination des étalons de mesures dans l'antiquité » (Tannery, 1914 : col. 1729b-31a), lequel, néanmoins, empruntait l'essentiel de sa science aux travaux de Hultsch. Cet article montre en tout cas toute la difficulté de la question, surtout lorsque l'on retient que « chaque cité à un système de mesures de longueurs et de surface » (Tannery, 1914 : col. 1729b). Plus récemment, la contribution de Dekoulakou-Sideris (1990) a fait progresser la question de la métrologie attique. Mais il apparaît qu'elle se complique, et notamment pour la question de la coudée à laquelle se référait THÉOPHRASTE. Car l'archéologue grecque aboutissait aux conclusions suivantes. D'une part, elle indiquait que « we find two different metrical systems on the Salamis relief. One uses the rule equal to a foot of 0.322 m as a unit of measure. This foot is 0.0045-0.005 m shorter than Dinsmoor's Doric foot of 0.3265-0.327 m and 0.0016 m longer than the Peloponnesian foot of 0.3204 to which Broneer referred. The length of this Salamis foot is not so far known from any actual building measurements. On the other hand, the foot of 0.301 m shown at the right-hand edge of the Salamis relief is almost exactly equal to the foot of 0.302 m found by Broneer in his measurements of the stadia and tempels of the Hellenistic period. » Dekoulakou-Sideris (1990 : 450) ; et de l'autre, cette fois-ci du point de vue de la chronologie et non de la métrologie, « The Salamis relief offers no stylistic evidence by which to date it. Consequently any attempt to do so must rely solely on estimates of how long the metrical systems continued in use and on the appearance in the relief of the new systems that have been revealed by the measurements of dated buildings. The earliest terminus post quem for the relief is given by the use of the new foot of 0.301 m established in the period of Alexander, which Broneer calculated from his measurements of fourth-century B.C. stadia and buildings. On the other hand, it is apparent from the measurements of the Arsenal of Philon that the Doric foot remained in use until at least the third quarter of the fourth century B.C. The Salamis relief must therefore have been made at a time when both of the feet were employed. » (Dekoulakou-Sideris 1990 : 451). Ainsi, en particulier, quelle coudée THÉOPHRASTE, qui écrivait dans cette période charnière, utilisa-t-il donc dans ce passage où il mentionnait que les plus longues sarisses mesuraient 12 coudées au maximum ? Matthew (2015 : 71 = 2012b : 85) avait cru pouvoir trancher la question et se ralliait à une coudée de 48 cm. Celle-ci, tout en semblant pouvoir être quasiment basée tant sur le pied dorique étudié par Dinsmoor que sur ce pied de 32 cm 20 mm que l'on trouve sur le relief de Salamine, aurait tendu à devenir universelle sous l'influence d'Athènes, à l'époque de l'empire athénien. « Thus », en déduisait Matthew, « it is this unit of measure that is most likely the system that the ancient writers were using in their references to the length of the *sarissa*. Theophrastus for example, can only have been basing his comparison of the height of the Cornelian Cherry tree and the length of

la longueur de cette coudée macédonienne n'est pas positivement connue et que l'estimation de Manti était basée sur les deux coudées de différence entre le front des 'sarisses' saillantes d'un rang donné par rapport à celui qui le suivait, deux coudées qui devaient correspondre, selon lui, à la longueur exacte du fer de lance et de la douille exhumés par Andronicos à Vergina. Car, de la sorte, pour le savant américain, toutes les piques des cinq rangs qui pouvaient faire saillir leurs fers de lance au-delà du premier rang offraient un front d'acier absolument inabordable pour des ennemis qui, comme les Romains à Pydna, auraient voulu briser les hampes à grands coups d'épées (Manti 1992 : 38-9). Mais pour ingénieuse qu'elle fût, cette conception reposait à la fois sur un contresens et sur des données matérielles fausses.

En effet, d'une part, contrairement aux lansquenets de première ligne de la Renaissance dont Manti rappelait le rôle sur le champ de bataille (briser les piques avec leurs spectaculaires *Zweihändern*),[36] c'est dans l'improvisation que les Romains tentèrent de faire face à la haie des 'sarisses'.[37] L'histoire de ces armes montre qu'elles n'avaient évidemment pas été conçues pour résister à des troupes armées d'épées, mais pour contrecarrer d'autres troupes armées de lances — en l'espèce les vieilles phalanges hoplitiques. D'autre part, si l'on se

---

the *sarissa* on a contemporary local unit of measure that his audience would readily understand ». Mais nous remarquerons que si Matthew connaissait l'article de Dekoulakou-Sideris (1990), il n'en utilisait pas des conclusions, qui, comme on l'a vu, repoussent l'idée que, à l'époque d'Alexandre le Grand, il faille croire à l'adoption d'une métrologie universelle. Si certes cette simplification aiderait de beaucoup l'éclaircissement de la question de la longueur des piques macédoniennes, elle n'est pas recevable en méthode.
Nota bene
En matière de méthode, force est de souligner la surprenante façon dont Matthew, après, comme nous l'avons vu, avoir forgé à sa guise une source majeure (DIODORE, XV, 44, § 3 — la réforme d'Iphicrates), prétend au travail historique. « In an investigation of ancient construction techniques, Broneer identifed what he called a 'Hellenistic foot' of 30.2cm – so named because it was believed to have come into use during the time of Alexander the Great » (Matthew 2015 : 70 = 2012b : 84 — avec référence). Mais plus bas, ne pouvant recevoir cette donnée qui n'entrait pas dans sa conception d'un pied 'universel' d'origine athénien, voilà que, au terme d'un échafaudage d'hypothèses auxquelles nous renvoyons, par un renversement chronologique spectaculaire, il n'hésitait pas à postuler : « Consequently, Broneer's 'Hellenistic foot' should actually be relabeled as an 'early-Attic foot' instead. » (sic !). Que penser d'une étude présentée comme « a scholarly work of enormous importance » (R. A. Gabriel, en dos de couverture de la jaquette du livre de Matthew) où les sources, tant littéraires qu'archéologiques, sont purement et simplement manipulées à la guise des hypothèses de l'auteur, et sur des points cruciaux ?

[36] « It was their task [aux lansquenets de première ligne] to advance in front of the company swinging their two-handed swords, to cut down the pike shafts of the oncoming enemy and establish a lodgement by penetrating the front ranks of the enemy's line of battle while the remaining Landsknechts followed them up, consolidating their position in the gap. » (Miller 1976 : 11). Ces lansquenets de première ligne étaient les *Doppelsöldner*, ainsi nommé parce que les risques qu'ils prenaient leur donnaient droit à une double solde. Ils font inmanquablement penser aux διμοιρίται macédoniens (cf. le début de l'appendice à la suite de cet essai).
[37] Cf. le passage de PLUTARQUE, Αἰμίλιος Παῦλος, XIX, § 1 que nous avons rapporté ci-dessus à notre n. 20.

porte cette fois-ci aux vestiges archéologiques, l'analyse révèle premièrement que le fer de lance et la douille présentés par Andronicos n'avaient rien à faire avec une arme réelle, alors que, deuxièmement, la fonction de cet objet dont Manti avait dénoncé l'interprétation évidemment absurde avancée par Markle,[38] et qu'il interprétait quant à lui comme un manchon (« foreshaftguard of tubular iron ») visant à protéger la hampe sous le fer de lance n'est, pour le moins, pas du tout assurée (Manti 1992 : 36 ; 39). De surcroît, et enfin, ni l'une ni l'autre des deux très longues lances des deux personnages gardant la tombe d'Hagios Athanasios ne montrent un fer de lance et une douille de deux coudées.[39]

En somme, nous rejoignons le point de vue de Sekunda (2001 : 13), pour qui, d'une part, « I find myself unable to agree with many of the solutions proposed » et qui, d'autre part, jugeait que la plupart des « aspects of the *sarisa* [were] dealt with satisfactorily by [F.] Lammert and his predecessors » — toutes opinions qu'il réaffirma une douzaine d'années plus tard d'ailleurs (Sekunda 2013a : 78).

I. 6. 2. 2. La position de F. Lammert

Quelle était donc la position de ce savant ? Dans son article de la *Realencyclopädie der Altertumswissenschaft* souvent invoqué mais manifestement désormais peu lu, F. Lammert (1920)[40] avait exprimé un point de vue que l'on trouvera ultérieurement sous la plume de Mixter : « Theophrast war ein Zeitgenosse Alexanders d. Gr. Seine Bemerkung bezeugt also, daß es bereits unter Alexander S. von 12 Ellen Länge gegeben hat, und daß dies damals deren größte Länge gewesen ist » (Lammert 1920 : col. 2515).[41]

---

[38] « He [Mixter (1992)] accepts as well Markle's misidentification of the iron foreshaftguard of the infantry *sarissa* as a coupling device for *sarissa* shaft of two parts: a mechanical absurdity, as no shafter shock weapon could perform its expected battle functions if made in pieces. » (Manti 1994 : 91). Car certes une arme d'hast ne pouvait être montée comme une canne à pêche... Quant aux interprétations à notre sens largement erronées qu'Andronicos fit du matériel qu'il découvrit à Vergina, cf. Juhel (2017 : 9). Voir aussi la critique de Sekunda (2013a : 53-4).
[39] Sur ce très important monument, cf. l'édition *princeps* de Tsimbidou-Avloniti (2005). On signalera aussi le commentaire ultérieur que l'on trouve dans la somme non moins primordiale de von Mangoldt (2012 I : 71-4), entrée B4 du catalogue du savant allemand.
Nota bene
Comme van Mangoldt le met en exergue (2012 I : 45-8 et 66-76), ce sont à ce jour six 'tombes macédoniennes' qui ont été découvertes à Hagios Athanasios. Pour des raisons de commodité, celle que nous désignerons dans notre texte comme « la tombe d'Hagios Athanasios » est celle richement ornées de frises et de peintures à sujets militaires. Von Mangoldt, qui l'a placée sous l'entrée B4 de son catalogue, la nomme « Agios Athanasios/Άγιος Αθανάσιος III ».
[40] Indiquons donc la structure de cette importante contribution : « I. Geschichte der Sarissen » (col. 2515-6) ; « II. Handhabung und Gewichtsverhältnisse » (col. 2516-9) ; « III. Die Sarissen im Kampfe. 1. Auslage mit Sarissen von gleicher Länge » (col. 2519-22) ; « III. Die Sarissen im Kampfe. 2. Auslage mit Sarissen von ungleicher Länge » (col. 2522-7) ; « IV. Das Fechten mit der Sarisse » (col. 2527-30).
[41] On la trouve reprise dans le manuel de Kromayer et Veith (1928 : 108) : « Die längsten Sarissen

Nous avons vu combien cette position courait le risque de l'anachronisme. Et pourtant F. Lammert avait voulu l'appuyer par un argument où ce risque était pourtant plus grand encore. Partant du constat qu'ASCLÉPIODOTE paraît confirmer l'indication de THÉOPHRASTE,[42] il arrivait à la conclusion que, si l'on ne connaissait l'époque exacte où vécut le tacticien,[43] « seine Angabe einem aus der Zeit Alexanders stammenden Lehrbuche der Taktik entnommen hat » (Lammert 1920 : col. 2515). Mais cette hypothèse-ci ne paraît guère recevable quand on note, dans le texte d'ASCLÉPIODOTE (VIII, § 1), des éléments qui indiquent que ce traité ne pouvait remonter proprement à l'époque du grand conquérant : car ce n'est que sous les diadoques que les armées alignèrent des chars et des éléphants de guerre,[44] armes spectaculaires dont le tacticien écrit de surcroît en toutes lettres que « nous constatons que l'on n'utilise que rarement les chars et les éléphants » (« Τῶν δὲ ἁρμάτων καὶ ἐλεφάντων εἰ καὶ τὴν χρῆσιν σπανίζουσαν εὑρίσκομεν ») — ce qui laisse supposer une rédaction à l'époque hellénistique, comme l'avait noté Rebuffat.[45]

Il est donc selon nous périlleux d'induire de données textuelles remontant au plus haut au début de l'époque hellénistique des indications pour celle de Philippe II et d'Alexandre. Et la question reste des plus ardues car force est de souligner que, depuis le début du XXe siècle, il n'y a pas eu de progrès quant aux sources. Comme du temps de Steinwender ou des Lammert, les données contemporaines, tant littéraires qu'archéologiques, manquent tout à fait — à une exception notable près, comme nous le détaillerons ci-dessous. Aussi des conclusions comme celles de l'article de Noguera Borel (1999 : 840-1), « [l]a sarisse de la phalange d'Alexandre mesurait donc 5 m. de moyenne » ne relèvent que d'extrapolations par trop généralisatrices et de surcroît basées sur des sources souvent bien postérieures

---

waren zu Alexanders Zeit 12 Ellen (d. i. 5,5 Meter) lang (Theophr. pl. III 17, 2), sie mußten also mit beiden Händen gefaßten werden ».
Nota bene
Poznanski (1992 : 42 — n. a de la page 10 de son édition du traité d'ASCLÉPIODOTE), avait, « à la suite de F. Lammert (Gnomon, VI, 1920, pp. 592-599) », rappelé « que la partie grecque de J. Kromayer n'est en grande partie qu'une simple copie d'A. Bauer. Ainsi ceux qui se réfèrent dans leurs travaux à des phrases de J. Kromayer citent la plupart du temps, sans le savoir, son «modèle» A. Bauer ». De fait, ce passage-ci se trouve en effet à l'identique dans le manuel de von Müller et Bauer (1893 : 425).
[42] « δόρυ δὲ αὖ οὐκ ἔλαττον δεκαπήχεος (...) οὐ μὴν οὐδὲ μείζονα θέσαν <δύο> καὶ δέκα πήχεων » (ASCLÉPIODOTE, V, § 1) ; « quant à la lance, elle n'a pas moins de dix coudées (...) mais tout de même pas plus de douze » (Poznanski 1992 : 11).
[43] « Wann Asklepiodot gelebt hat, it unsicher », écrivait F. Lammert (1920 : col. 2515 — contrairement à l'avis de Kromayer, ici rapporté). Sur ce qui peut être dit de l'époque d'ASCLÉPIODOTE et de son traité, cf. Poznanski (1992 : IX-XIII), et également ci-dessous, n. 45.
[44] La première occurrence du couple chars/éléphants nous semble apparaître au sein de l'armée que Séleucos réunit en vue de la confrontation finale des diadoques coalisés contre les Antigonides, en 302 av. J.-C. : cf. DIODORE, XX, 113, § 4.
[45] Cf. les trois indices mentionnés par Poznanski (1992 : XIII), qui pourtant n'ont pas emporté sa conviction. Nous nous rangeons quant à nous au point de vue de Rebuffat.

à l'époque du conquérant — mais dont, en tout cas, il est juste d'indiquer que cet article avait voulu opérer un relevé exhaustif.

I. 6. 3. Un témoignage iconographique fondamental

Néanmoins, depuis tous ces travaux anciens, un monument a livré une représentation assez explicite de la sarisse macédonienne : cette tombe d'Hagios Athanasios déjà mentionnée ci-dessus. En effet, la porte d'entrée de la tombe est comme gardée par deux Macédoniens s'appuyant chacun sur une longue lance. Or, d'une part, les deux armes, ce qui est exceptionnel étant donnée la longueur des hampes, sont ici totalement représentées ; alors que, d'autre part, le réalisme de la composition autorise à notre sens quelques déductions concrètes. Tsimbidou-Avloniti (2005 : 142) avait précisé que le personnage de gauche mesurait 1 m 45, son arme ayant été peinte sur 2 m 60 (Tsimbidou-Avloniti 2005 : 144).[46] Quant à la figure de droite, elle est représentée sur une hauteur de 1 m 52 alors que sa lance mesure 2 m 50 (mais la peinture de la base de l'arme est effacée et l'inclination de la lance fait que son talon pouvait tout juste avoir été peint : cf. πίν. 37).

Comme on le contaste avec ces deux représentations, la rapport entre la taille des deux Macédoniens et la dimension de leurs sarisses est quasiment de un pour deux. Dès lors, si l'on imagine des hommes d'une taille moyenne de 1 m 70, leurs piques auraient mesuré 3 m 40. À supposer qu'ils fussent plus grands (1 m 80), leurs armes auraient atteint quelque 3 m 60. Quoi qu'il en soit, dans tous les cas, il est difficile de voir ici des sarisses longues de 4 m ou plus : on reste donc bien en-deçà des piques démesurées mentionnées par les sources littéraires tant hellénistiques que postérieures, des armes de dix à seize coudées, soit 4 m 62 à 7 m 40 (Noguera Borel 1999 : 840).

I. 6. 4. D'Alexandre aux diadoques

Faudrait-il pour autant croire avoir ici trouvé une représentation fiable des sarisses en usage dans la phalange d'Alexandre voire dans celle de Philippe II ? La tombe d'Hagios Athanasios a été datée « με ασφάλεια [assurément] » du dernier quart du IVe siècle av. J.-C. par son découvreur (Tsimbidou-Avloniti 2005 : 108), une datation à laquelle se rangeait von Mangoldt (2012 I : 74).[47] Mais plutôt vers 325 ou bien plutôt vers 300 av. J.-C. ? La question est primordiale. Car, du point de vue de l'histoire militaire, cet intervalle est considérable : en

---

[46] Mais signalons une vraisemblable erreur dans les dimensions livrées par l'archéologue grecque car la lance du personnage est à l'évidence légèrement deux fois plus longue que lui (cf. Tsimbidou-Avloniti 2005 : πίν. 36).
[47] L'archéologue allemand indiquait en outre de façon synthétique que « [d]iese Datierung wird durch stratigraphische Beobachtungen am Grabhügel untermauert, in den wenig später weitere kleinere Gräber gesetzt wurden. » (von Mangoldt 2012 I : 74).

effet, on se situerait soit vers la fin du règne d'Alexandre († en 323 av. J.-C.), soit au terme d'une vingtaine d'années de guerres fratricides entre les diadoques, une génération complète plus tard (ainsi la bataille d'Issos, en 301 av. J.-C., qui marque la fin du projet impérial d'Alexandre repris à leur compte par les Antigonides, est une autre borne majeure de l'histoire hellénistique). Aussi, à supposer que le monument eût été érigé encore du vivant d'Alexandre, ou très peu de temps après sa mort, on pourrait en effet penser y voir représentées les sarisses en usage dans son corps de bataille. Mais si la tombe datait plutôt de la fin du IVᵉ siècle, serait-il bien légitime de croire que ces deux sarisses seraient à l'image de celles en service dans les armées de Philippe ou de son fils ? Comme l'avait fort judicieusement remarqué Noguera Borel (1999 : 841), « les guerres qui eurent lieu entre les diadoques pour dépecer l'empire d'Alexandre virent pour la première fois dans l'histoire l'affrontement de phalanges macédoniennes entre elles. Avec un armement égal la victoire dépendait du nombre, de la qualité des troupes et du général qui les commandait. Il serait logique d'en conclure que les sarisses eurent certainement tendance à se prolonger (sic) afin d'acquérir un avantage sur la phalange adverse ».[48] Dès lors, c'est certes bien dès le temps des guerres des diadoques qu'il faudrait considérer la possibilité de ces évolutions de l'armement dont le résultat, s'il faut en croire un extrait de POLYEN, se laissait voir dès 274 av. J.-C. au plus tard.[49] Le tacticien mentionnait en effet, dans le récit d'un stratagème du général spartiate Cléonyme, l'existence de piques de rien moins que 16 coudées, ainsi longues de quelque 7 m 05 à presque 8 m selon la coudée utilisée par POLYEN[50] — la longueur inférieure, déjà considérable, porte à croire que POLYEN se référait à une coudée basée sur un pied d'environ 30 cm, peut-être donc ce pied de 301 mm introduit du temps d'Alexandre le Grand.[51]

En l'état de la documentation, on ne peut en tout cas pas écarter l'hypothèse que cette évolution releva non pas du dernier quart du IVᵉ siècle av. J.-C. mais du premier quart du siècle suivant, une époque où les guerres entre les successeurs continuaient de plus belle. Pour cette période-ci, PLUTARQUE rapporta tant l'activité militaire ingénieuse de Pyrrhos (Πύρρος, VIII, § 3) que celle de Démétrios Poliorcète (Δημήτριος, XX, § 1 ; §§ 5-9 ; XLIII, §§ 3-4). Les qualités plus techniques du fils d'Antigone le Borgne (alors que Pyrrhos semble avoir surtout

---

[48] Cette judicieuse conception d'un processus historique avait déjà été émise, dans la partie que Kromayer et Veith (1928 : 134) avaient consacré à l'armement de la 'phalange macédonienne' (« daß in der Zeit von Alexander bis Polybios verschiedene Versuche angestellt worden sind »). Cette conception avait été auparavant énoncée par Bauer, dans le manuel qu'il rédigea avec von Müller (von Müller et Bauer 1893 : 447). Il est intéressant de souligner que la logique avait été la même dans les cas des Suisses, à la fin XVᵉ siècle et au début du siècle suivant (Taylor 1921: 38-9).
[49] POLYEN, Στρατηγικά, II, 29, § 2, analysé par Noguera Borel (1999 : 841).
[50] Sur POLYEN, voir par exemple l'article de Buraselis (1993-1994 : 121, n. 1 notamment pour diverses études relatives à cet auteur macédonien d'époque impériale).
[51] Sur ces différentes coudées, voir ci-dessus nos n. 34 et 35.

excellé dans les aspects tactiques ou stratégiques de la science militaire) en feraient un candidat possible à quelque modification de la sarisse.

En résumé, quant à la longueur possible des lances macédoniennes du temps des derniers Argéades ramenée à la leçon iconographique de l'entrée de la tombe d'Hagios Athanasios, nous sommes conduits à ce point de notre investigation aux hypothèses suivantes :

1. Ou bien sont ici représentées des sarisses de la fin du règne d'Alexandre, des armes qui mesuraient, selon ces représentations, environ 3 mètres et demi, autrement dit quelque douze coudées si l'on voulait prendre pour étalon la coudée basée sur ce pied de 301 mm introduit du temps d'Alexandre, ou bien quelque huit coudées si l'étalon avait été la coudée attique de 444 mm.
2. Ou bien, si le monument est plutôt à dater de la fin du IVe siècle et si les sarisses sont d'un type ayant déjà évolué par rapport aux armes en usage dans les phalanges des Argéades (*id est* si elles avaient déjà été allongées), les sarisses des phalangites combattant pour Philippe et son fils pouvaient avoir été plus courtes. En ce cas, l'hypothèse de Delbrück, selon laquelle, sous les Argéades, la sarisse « noch mit einer Hand regiert werden konnte » aurait assurément été juste.

Nous privilégierons la première de ces deux hypothèses dans la mesure où les sources poussent à attribuer Philippe II la paternité de l'armement 'à la macédonienne', alors qu'elles n'indiquent, ultérieurement, nous l'avons souligné, des innovations en la matière qu'à l'époque de Pyrrhos et de Démétrios Poliorcète. En outre, n'est-il pas logique de considérer que les diadoques guerroyèrent en faisant fond sur des outils militaires qui avaient donné aux Macédoniens la prédominance sur la Grèce et sur l'Orient ? Si réforme militaire macédonienne il y eut après les Argéades, il serait peu conséquent, à la considération de l'histoire militaire, de la placer dans la foulée même de leurs extraordinaires succès, et ce d'autant plus si l'on se rappelle que la réforme voulue par Alexandre à Babylone au printemps 324 av. J.-C. (ARRIEN, Ἀνάβασις Ἀλεξάνδρου, VII, 23, §§ 3-4), et sur laquelle nous avons glosé ci-dessus, était morte dans l'œuf. D'ailleurs, d'une façon plus générale, ne sait-on pas le conservatisme des Macédoniens qui entrèrent souvent en conflit ouvert avec les prétentions d'Alexandre à faire de son empire à l'image du monde nouveau que son extraordinaire conquête avait fait émerger ? Et non pas à leur donner le rang supérieur auquel ils aspiraient, eux qui lui avaient donné l'empire du monde, ou presque ?[52]

---

[52] Pour les grandes lignes du conservatisme macédonien, et notamment de la troupe, voir par exemple Will (1982 : 21 ; 25-6) ou encore Hammond (Hammond et Walbank 1988 : 88-9 ; 93).

I. 6. 5. La sarisse des phalangites d'Alexandre : une arme d'hast qui pouvait être maniée à une main ?

De fait, si nous avons déjà exposé plus haut combien divers récits relatant les engagements de la phalange, soit du temps d'Alexandre, soit dans les premiers moments des guerres de succession, portent à croire, par induction, que les phalangites étaient dotés d'armes d'hast qui n'étaient pas encore de longues piques (ou du moins pas toutes ?), certains autres témoignages plus directs encore, car relatifs à l'armement même, viendront renforcer cette conception.

ARRIEN relata (Ἀνάβασις Ἀλεξάνδρου, III, 26, § 3), le complot fomenté contre le roi par Philotas, le propre fils de Parménion. Celui-là fut confondu. « Ptolémée ajoute » rapportait ARRIEN, en citant là sa source première, « que Philotas tomba percé des javelots [κατακοντισθῆναι] des Macédoniens » (Savinel 1984 : 115). Lors d'un autre épisode dramatique, Alexandre, rendu fou par les insultes d'un Clitos devenu totalement ivre au cours d'un festin en l'honneur de Dionysos, aurait frappé à mort son compagnon d'armes d'une « javeline » (l'original donne λόγχην). Mais, précisait ARRIEN (Ἀνάβασις Ἀλεξάνδρου, IV, 8, §§ 8-9), οἱ δὲ σάρισσαν παρὰ τῶν φυλάκων τινὸς καὶ ταύτην, « d'autres disent que c'est une sarisse qu'il prit à un des gardes » (Savinel 1984 : 130) — *telo a satellite rapto* selon JUSTIN (XII, 6, § 3), « arrachant un javelot à l'un des ses gardes » traduisaient Chambry et Thély-Chambry (s. d. [1936] : 253). Or ces gardes, dans un espace clos, auraient-ils pu, comme l'avait remarqué il y a longtemps déjà Hogarth (1880 : 5),[53] être dotés de piques ?

Mais c'est chez deux autres historiens de l'expédition d'Alexandre, DIODORE et QUINTE-CURCE, que l'on trouve l'information à notre sens la plus décisive. Ces données apparaissent à l'occasion de la relation de l'épisode du duel qui eut lieu dans l'armée entre le Macédonien Koragos et l'athlète athénien Dioxippos. C'est l'historien latin (QUINTE-CURCE, IX, 7, § 19) qui décrivit le plus précisément l'armement de Koragos : *Macedo iusta arma sumpserat, aerum clypeum, hastam, quam sarisam uocant, laeua tenens, dextera lanceam gladioque cinctus* — « Le Macédonien avait pris son équipement réglementaire ; de la main gauche, il tenait un bouclier d'airain et la lance appelée sarisse ; de la droite, une pique (sic) ; au côté, une épée. » (Bardon 1948 : 378).[54] L'emploi du terme « pique » par Bardon est inapproprié. Car n'avait-il pas lui-même écrit en note au sujet de « *lanceam* : terme assez vague qui semble désigner une pique moins longue de la sarisse » (Bardon 1948 : 377, n. 2) ? Comme l'on voit, lors du premier moment

---

[53] Même remarque chez Noguera Borel (1999 : 846).
[54] Indiquons que la traduction de Bardon pour *iusta arma*, « son équipement réglementaire » est peut-être un peu trop forte. Mais de fait Gargiulo (Atkinson et Gargiulo 2000 : 325), avait également choisi « suo armamento regolare » ; Rolfe (1946 : 429) livrait seulement « his usual arms ».

du duel, le Macédonien lancer sa « pique » sur son adversaire, cette arme-ci est évidemment un javelot ou une javeline (QUINTE-CURCE, IX, 7, § 21). De son côté, DIODORE avait donc aussi raconté ce combat : les deux armes dans les mains du Macédonien étaient nommées, par l'historien sicéliote, d'une part σάρισσα, de l'autre λόγχη. Si ces termes avaient été plus heureusement traduits par le traducteur du livre XVII de DIODORE dans la *Collection des Universités de France*, « pique » pour le premier, « javeline » pour le second, (Goukowsky 1976 : 137),[55] son interprétation portait sa traduction un pas trop loin : « Koragos reprenait ensuite sa marche, tenant étendue devant lui sa longue pique macédonienne ». Car la lettre du texte était la suivante : « Εἶθ' ὁ μὲν τὴν Μακεδονικὴν σάρισαν προβεβλημένος ἐπεπορεύετο. » L'épithète « longue » est donc de trop dans la traduction de Goukowsky, et cette observation nous portera à la remarque suivante : si Koragos, dans un premier temps, lança un javelot sur son adversaire, c'est qu'il ne pouvait tenir dans sa main gauche qu'une arme qui, comme aurait dit Monsieur de La Palice, ne nécessitait pas les deux mains pour être tenue : en somme, la lance de Koragos ne pouvait pas être, contrairement à la traduction inexacte de Goukowsky, la « longue pique macédonienne ».[56] Cet épisode, relaté par trois historiens anciens, est des plus importants pour notre hypothèse selon laquelle la sarisse, encore du temps d'Alexandre, pouvait être une arme maniée à une main, autrement dit une lance.[57]

---

[55] Goukowsky (1976 : 238) rapportait encore un troisième témoignage antique sur cet épisode, mais sans intérêt pour la question qui nous occupe.

[56] Indiquons que ceci avait été vu par Hollenback (2009 : 29, n. 3 : « The σάρισα or *hastamque sarisam vocat* mentioned here is probably not the extremely long, heavy, cumbersome infantryman's pike meant for two-handed use in massed formation, as such as weapon would be particularly ill-suited for single combat. (…) A B Bosworth was of the opinion that the accounts of the duel between Coragus and Dioxippus were evidence that the *sarissa* mentioned therein was "a light weapon that could be managed on foot with one hand." Cited in Markle 1978:491, n.43; Markle himself, however, takes a dissenting view. » Une fois encore, on constatera donc en passant le peu de pertinence des analyses de Markle.

[57] Il est ainsi révélateur que Berve (1926 I : 113) ait repoussé d'un revers de la main des témoignages qui n'entraient pas dans la conception traditionnelle, soit que la sarisse était par définition une longue pique tenue à deux mains : « Ob der Hoplit außerdem noch eine Wurflanze (ἀκόντιον) führte, wie nach Curt. IX, 7, 19 u. Diod. [XVII] 100, 6 scheinen könnte, muß bei der Unzuverlässigkeit der dortigen Angaben fraglich bleiben. » Celui-ci s'inscrivait dans une tradition historique qui, une fois de plus, remontait aux pionniers du *makedonischen Heerwesen*, Rüstow et Köchly — cf., en guise de parallèle, Juhel (2011), pour ce 'district' macédonien, une hypothèse qui trouve également son origine chez les deux savants allemands et qui n'est plus recevable en l'état de la documentation. Parmi les grands devanciers, Grote (1866 : 119-21), dans un appendice au chapitre II, « Sur la longueur de la *sarissa* ou pique macédonienne », avait soulevé le problème de la 'sarisse' considérée comme une simple lance. Mais, comme on le constate, il se rangeait vite, sur ce point-ci, à l'opinion des spécialistes allemands : « On pourrait croire à la vérité », écrivait-il, « que l'assertion de Polybe, bien que vraie pour son temps, ne l'était pas pour celui de Philippe et d'Alexandre. Mais il n'y a rien à l'appui d'un pareil soupçon, — qui de plus est expressément désavoué par Rüstow et Koechly. » (Grote 1866 : 120). Comme Tarn l'avait indiqué (1948 : 171, n. 2), il semblerait que ce fût Hogarth (1880 : 4-5) qui, le premier, avait défendu l'idée, minoritaire au vu de la production savante, que la sarisse des hoplites d'Alexandre était une arme

Sur le trait court et la lance comme éléments de l'armement réglementaire du phalangite d'Alexandre, on trouve chez DION CASSIUS (LXXVII, 7, § 2) une information inattendue. L'historien nous apprend que Caracalla, nouvel Alexandre, avait reconstitué pour une campagne en Orient une « φαλαγγά τά τινα ἐκ μόνων τῶν Μακεδόνων ἐς μυρίους καὶ ἑξακισχιλίους συντάξαι (...) καὶ τοῖς ὅπλοις, οἷς ποτὲ ἐπ' ἐκείνου ἐκέχρηντο ὁπλίσαι· ταῦτα δ' ἦν κράνος ὠμοβόειον, θώραξ λινοῦς τρίμιτος, ἀσπὶς χαλκῆ, δόρυ μακρόν, αἰχμὴ βραχεῖα, κρηπῖδες, ξίφος. » — « (...) une phalange de seize mille hommes tous Macédoniens (...), l'arma des armes en usage dans le temps de ce prince, c'est-à-dire d'un casque en cuir de bœuf cru, d'une cuirasse de lin en triple tissu, d'un bouclier d'airain, d'une longue lance, d'un trait court, de sandales et d'une épée. » (Gros et Boissée 1870 : 339). Si l'historicité de cet équipement et spécialement du double armement javeline/longue lance, est confirmé par ce récit du duel entre Koragos et Dioxippos,[58] si la longue lance décrite par DION CASSIUS est évidemment une sarisse,[59] ce témoignage tardif n'indique malheureusement pas positivement la longueur précise de l'arme d'hast macédonienne sous Alexandre, et ne permet donc pas de déduire à lui seul que la troupe, ou du moins une partie d'entre elle, pouvait être équipée d'une lance qui, bien que « μακρόν », aurait pu être brandie à une main seulement.

I. 6. 6. *Retour aux données iconographiques*

C'est ici qu'il nous faut revenir aux données iconographiques. En premier lieu à nos deux personnages de la tombe d'Hagios Athanasios et en l'espèce pour ce point précis : leurs lances, que nous avons estimées, pour la plus courte, mesurer quelque 3 m 50 et, pour la plus longue, 4 m au grand maximum, pouvaient-elles être des armes maniées à une main ?

---

maniable à une main — on trouvera dans cet article-ci (Hogarth 1880 : 2-4), l'exposé critique des productions des auteurs des temps modernes ayant, jusqu'à lui, touché au sujet.
[58] Il nous semble hors de doute que les fantassins de la phalange macédonienne étaient dûment entraînés à utiliser ce trait court à la lecture de l'anecdote suivante. ARRIEN (Ἀνάβασις Ἀλεξάνδρου, I, 21, § 1) nous rapporte en effet que « δύο τῶν Μακεδόνων ὁπλῖται ἐκ τῆς [ὕστερον] Περδίκκου τάξεως », « deux hoplites macédoniens du bataillon de Perdiccas » (Savinel 1984 : 45), se sont évidemment armés de javelots dans la lutte qu'ils ont décidé d'offrir, seuls, aux défenseurs des remparts d'Halicarnasse. Assaillis par des ennemis sortis de la ville au devant des téméraires, les deux Macédoniens, évidemment des combattants éprouvés, « τοὺς μὲν ἐγγὺς πελάσαντας ἀπέκτειναν, πρὸς δὲ τοὺς ἀφεστηκότας ἠκροβολίζοντο », « tuèrent ceux qui s'étaient approchés jusqu'à eux et tirèrent sur ceux qui s'étaient éloignés » (ARRIEN, Ἀνάβασις Ἀλεξάνδρου, I, 21, § 2 ; traduction Savinel 1984 : 45). À la suite d'H. Droysen (1885 : 11), on soulignera que « le bataillon de Perdiccas » (le terme plus général 'd'unité' conviendrait mieux) était l'une des sept grandes formations régulièrement présentes dans la ligne de bataille macédonienne lors de l'anabase d'Alexandre. Berve (1926 I : 114-5) s'était spécialement penché sur cette organisation spécifique des grandes unités de l'infanterie d'Alexandre désignée par le nom de leur commandant.
[59] « Σάρισσα· δόρυ μακρόν » est la définition même que l'on trouve dans le *Lexicon* d'HÉSYCHIUS d'Alexandrie (Hansen 2005 : 268).

I. 6. 6. 1. Préambule : une confrontation aux données de l'armement byzantin et médiéval

D'après Markle (1999a : 150, n. 2), « [p]our manier une arme de cette taille [de 4 m environ, selon une hypothèse de Tarn], il aurait tout de même fallu les deux mains ». Mais cette pétition de principe paraît devoir être infirmée par ce que l'on sait de l'armement byzantin. Selon Aussaresses, du temps de l'empereur Maurice (582-602 ap. J.-C.), « [o]n porte la lance sur le dos ou à la main droite (…). Sa longueur est d'environ 3ᵐ60 ».⁶⁰ « Zur Länge der Speere des byzantinischen Heeres im 10. Jahrundert finden wir wertvolles Informationsmaterial in unseren Quellen » exposait le grand spécialiste de l'armement byzantin Kolias (1988 : 192). « Nach der *Sylloge Tacticorum* waren die δόρατα der schwerbewaffneten Infanteristen 8-10 Ellen » ajoutait-il, « d. h. 3,75-4,70 m lang, vorausgesetzt, man zieht den kleineren πῆχυς (46,8 cm) in Betracht und nicht den größeren (62,46 cm), woraus sich eine übertrieben große Länge des Speeres ergäbe (5m bis 6,25 m) » (Kolias 1988 : 192, avec références).⁶¹ On ajoutera aux références invoquées par ce savant un extrait d'un traité anonyme, *Ad Leonis Augusti Tactica*, tiré d'un chapitre intitulé « Ὁπλισμὸς πεζῶν κατὰ Ῥωμαίους [Armement des fantassins chez les Romains (*id est* les Byzantins)] », que, sauf erreur de notre part, il n'avait pas utilisé. Il conforte tout à fait le début de son propos rapporté ci-dessus : « Δόρατα δὲ αὐτοῖς ἔστωσαν δεκαπήχη ἢ καὶ ὀκταπήχην τὸ ἔλαττον, τὰς αἰχμὰς ἔχοντα σπιθαμῆς μιᾶς πρὸς τῇ ἡμισείᾳ [Que leurs lances soient de dix coudées ou bien au minimum de huit, les fers étant d'un empan à un empan et demi] » (Migne 1863 : col. 1104).⁶²

Ainsi la lance byzantine, longue d'un peu plus de 4 m 50 au maximum semble-t-il, maniée à une main, s'opposait, pour les tacticiens de Constantinople, à la pique des Anciens qui, quant à elle longue de 5 m à 7 m environ, était une arme si encombrante qu'ils la considéraient comme inopérante : « ἦσαν δέ ποτε Ῥωμαίοις καὶ Μακεδόσι κοντάρια ἄχρι πηχῶν δεκαὲξ ἅπερ ἡ νῦν χρεία

---

⁶⁰ Aussaresses indiquait en outre entre parenthèses, mais sans référence, « (Les lances françaises ont 3m25.) » (Aussaresses 1909 : 51, n. 3).
⁶¹ C'était notamment au sein de la somme de Schilbach (1970 : 20-1), que Kolias avait tiré ces informations relatives aux deux coudées byzantines. Le savant grec avait également remarqué un passage des *Praecepta militaria* qui tendrait à montrer que même des lances aussi longues que des piques auraient encore pu être maniées à une main : « τὰ δὲ κοντάρια αὐτῶν εἶναι αὐτὰ παχέα καὶ ἰσχυρὰ ἀπὸ τριάκοντα σπιθαμῶν εἴτε καὶ ἀπὸ εἴκοσι πέντε τὸ μῆκος. [Leurs lances (des fantassins) sont épaisses et robustes et ont une longueur de 25 à 30 empans (cet empan mesurait quelque 23 cm et demi : cf. Schilbach 1970 : 19)] », *Praecepta militaria*, § 3 (« Περὶ πεζῶν »/« Des fantassins »). Ce texte provient d'un *codex* conservé en Russie (cf. Kulakovskij 1908). Mais pour Kolias, dans le juste selon nous, « daß Fußvolk dicke und starke Speere mit einer Länge von 5,85m bis 7 m trug, nicht der Wahrheit entsprochen haben, zumal der Soldat auch einen großen Schild zu tragen hatte. » (Kolias 1988 : 192, n. 42). Le passage de la *Tactique* de LÉON VI que nous rapportons immédiatement ci-dessous (appel de notre n. 63) paraît mettre hors de doute cette critique.
⁶² Ce traité fut dénommé par les érudits spécialistes des traités de tactique le *Περὶ πολεμικῆς* : cf. Vieillefond (1932 : XLVII).

οὐ καλεῖ, τὸ γὰρ κατὰ τὴν ἑκάστου τῶν μεταχειριζομένων δύναμιν ὅπλον σύμμετρόν τε καὶ χρήσιμον » (LÉON VI, *Tactica*, V, § 2) — « At one time, though, the Romans and the Macedonians had spears up to sixteen pecheis long, but those are not called for in present circumstances. A weapon is appropriate and serviceable if it matches the strength of the person who is to wield it. » (Dennis 2010 : 75).[63]

---

[63] Il est important d'indiquer que l'on trouve au sein d'un traité de la fin du XVIe siècle la même conception, à savoir que la pique empêchait quasiment, en pratique, l'emploi de toute autre arme, non seulement d'un bouclier proprement dit, mais même d'une simple targe, désignée dans l'extrait suivant sous le terme de 'rondelle' : « Aucūs Auteurs diſent, qu'outre le Pauois ſuſdit ils [les Romains] portoient encor vne Picque, meſmement les ſoldas Grecs: mais cela ſemble impoſſible, d'autāt qu'il euſſet eſté aſſez empeſchés de s'aider de l'vne de ces armes à part, & q[ue] de s'ayder bien de toutes deux enſemble ſeroit mal aiſé: car la Pique toute ſeule requiert les deux mains: & d'autre part le Pauois ſert tant ſeulement à ſe coeurir, à cauſe qu'il n'eſt point fort maniable, & meſmes la Rondelle ne pourroit eſtre maniée bonnement: ains ſeroit quaſi inutile, ſinon qu'au commencement de la bataille ou s'aydaſt de la Pique ayant la Rondelle ſur le dos, & que venāt à s'entr'approcher de ſi pres que ladite Pique ne ſeruiſt plus de rien, l'on la laiſſaſt pour prendre la Rondelle de laquelle les ſoldats s'aydaſſent apres, & de l'Eſpée parmy la preſſe. Et ie dy cecy de ceux qui ſe voudroient ayder d'vne Pique ne pl⁹ ne moins q[ue] s'ils n'auoiēt autre choſe à porter » (du Bellay 1592 : feuillet n° 20, recto).

Ces remarques confortent à notre sens une conception que nous avions défendue dans notre thèse (Juhel 2007 : 233-4 ; pl. XLII, fig. 119) et que nous reproduisons ci-après avec quelques modifications (de forme avant tout). Nous écrivions alors : « on trouve dans le champ d'un tétradrachme au type de l'Héraklès/Zeus assis, un type monétaire né du temps d'Alexandre le Grand (de ces monnaies aussi dénommées, pour les émissions posthumes, 'pseudo-Alexandre') dont Price (1991) avait fourni la grande synthèse, une, selon les mots du numismate britannique, "Athena l. with shield and spear" (Price 1991 1 : 159 n° 703b ; cf. Price 1991 2 : pl. XXXVIII, où la figure est bien plus visible que sur l'exemplaire n° 702). À y regarder de près, cette "Athena" ne ressemble pas aux incontestables Athéna des frappes de ce même type, c'est-à-dire aux Athénas *promachos* que l'on reconnaît, sans l'ombre d'un doute, sur des exemplaires frappés dans le Péloponnèse du temps du règne d'Antigone Gonatas (Price 1991 1 : 164, nn° 757-760 ; Price 1991 2 : pl. XXXIX, n° 759). Avec l'exemplaire en question, notre "Athena" semble bien équipée en phalangite. » Nous avons pensé, dans un premier temps, à la considération du meilleur des exemplaires publiés par Price, qu'il pouvait s'agir de la représentation même d'un phalangite. Mais d'autres exemplaires conservés à Berlin et publiés par Newell et Noe (1950), notamment les nn° 60. 5 et 60.6 de leur catalogue mettent hors de doute qu'il s'agit bien d'une figure féminine. La déesse est ici comme armée à la mode macédonienne, et à la mode de l'armement macédonien lourd tardif : car elle manie à l'évidence la pique alors que le bouclier rejeté dans le dos illustre à notre sens ce passage de la *Vie de Paul-Emile* de PLUTARQUE (Αἰμίλιος Παῦλος, XIX, § 2) où les phalangites, lors de la bataille de Pydna ont « τὰς τε πέλτας ἐξ ὤμου περισπασάντων », « détachés leurs boucliers légers de leurs épaules » (Chambry et Flacelière : 1966 : 92). Le verbe περισπάω possède en effet un sens propre qui s'appliquait à l'habillement ou bien à l'équipement : « ôter en tirant autour de soi », Bailly (1950c [I, 2] — la notice donne deux exemples pertinents par rapport à l'emploi du verbe dans le passage plutarquien : « ξίφος, Eur. *I.T. 296*, une épée ; χλαμύδιον, DS. *19,9*, une petite chlamyde »).

Précisons enfin que cette monnaie, et le trésor dont elle était issue, « has been », selon Price (1991 1 : 156), « plausibly linked with the payment made to the troops of Philip V at Corinth in 218 BC. » Il suivait en cela les thèses de Troxell (références). Comme nous l'avons déjà mentionné plus haut à la suite de F. Lammert (1938 : col. 1639), on se situe à une époque où, après Sellasie, l'emploi de la pique dans l'armée macédonienne est certain.

Sur cette question de la longueur maximale de la lance maniable à une main par un fantassin, qu'en est-il d'autres temps voire d'autres sphères géographiques ? Pour l'armement des Germains, on trouve sous la plume de Delbrück (1921 : 47) l'affirmation suivante : « Waren die Spieße nur 12–14 Fußlang, so daß sie noch mit einer Hand regiert werden konnten und der Mann noch einen Schild tragen konnte ». Delbrück n'ayant ici invoqué aucune source spécifique, devrait-on douter de son assertion ? Pour éclairer notre question, portons-nous donc à une période où les sources seront plus nombreuses, l'époque médiévale : « Der Spiess des 13. und 14. Jahrhunderts hat in Frankreich die Länge von höchstens 10 Fuss. ²⁾ ⁽ᴳᵒᵈᶠʳ·ᵈᵉ ᴮᵒᵘⁱˡˡᵒⁿ ²⁶, ⁵⁹⁷: „Et de picques qui bien ont x piés (de long) en estant A ung fier afilé qu'ils avoient devant."⁾ » (Köhler 1887 : 101). Des lances de fantassins de plus de 3 m étaient donc la norme au cœur du Moyen-Âge. Et à en croire quelques éléments invoqués par Ch. Buttin (1936 : 24-5), les hampes, au siècle suivant, pouvaient encore être de plus grandes dimensions. « Au XVᵉ siècle, cette longueur se réglait à peu près sur celle de la lance de l'homme d'armes : "1451. — ceux du lez vers Courtray.... se meirent en belle bataille et vindrent la pluspart chacun une pique en la main qui est ung baston de la longueur d'une lanche d'homme d'armes ; mais elle est plus menue ferrée et acherrée a debout, et sont très dangereux bastons." » Ch. Buttin (1936 : 24) citant ici les *Mémoires* d'un certain Jacques du Clerq (référence).⁶⁴

Or, en ce milieu du XVᵉ siècle, la longueur de la lance de l'homme d'armes et du chevalier est très précisément indiquée par un autre document, de cinq ans plus récent que le témoignage de Jacques du Clerq : « la longueur de la lance », selon un « manuscrit [anonyme] de 1446 sur le costume militaire des Français (…) était de quinze pieds au maximum et ne pouvait être augmentée, l'arme devant être maniée d'une seule main » (Ch. Buttin 1936 : 25). Cette dimension de quinze pieds au maximum relève en réalité d'une légère extrapolation de Ch. Buttin qui, pour parvenir à cette dimension, avait là estimé les quelques dizaines de cm que devaient ajouter à la hampe et le fer et le talon de lance. La lettre de ce manuscrit de 1446 est en effet la suivante : « quant eſt des lances, les plus convenables raiſons de longueur entre grappe et rochet [c'est-à-dire le fer de la lance de joute], at auſſy celles de quoy on uſe plus communuement eſt de treze piez ou de treze piez et demy de long » (de Belleval 1866 : 11). Pour apporter de l'eau à notre moulin, allons pour finir jusqu'au début du XVIᵉ siècle. F. Buttin (1965 : 176) avait rapporter que chez les « Estradiots… la zagaye qu'ils

---

⁶⁴ On remarquera ici que cet exemple met en exergue une particularité propre au lexique de l'armement médiéval. La lance de l'homme d'armes, c'est-à-dire du cavalier, se distingue de la pique du piéton. Cette catégorisation stricte est parfois reprise par certains puristes, qui réserve le mot 'lance' à l'arme d'hast des cavaliers, et 'pique' à celle des fantassins (Pétard 1995 : 11). Mais nous ne pensons pas, à la considération de l'histoire globale des armes d'hast, qu'il faille s'y tenir absolument, du moins en dehors du cadre médiéval.

appelloient arzegaye au poing longue de dix à douze pieds, [était] ferrée par les deux bouts. » Du Bellay (1592 : feuillet n° 51, verso — cité dans une forme modernisée par F. Buttin 1965 : 175), qui confirmait ces dimensions, avait précisé que « [c]es Eſtradiots peuuent ſeruir pour les Eſcarmouches, & font grand eſchec de gens deſarmez, & de cheuaux auec leurdite Zagaye: & aucuneſfois s'il faut mettre Pié à terre, peuuent faire le meſme effect que les Piquiers ».

Le pied en question dans ces textes du milieu du XVe siècle ou des débuts de la Renaissance devait sans nul doute être le pied de roi, qui mesurait quelque 326 mm (Guilhiermoz 1913 : 277-8). Il est attesté dès le XIIIe siècle (Guilhiermoz 1913 : 282).[65] Il y a peu à douter que le pied servant d'étalon à ces lances longues de 15 pieds au maximum fût le 'pied de roi' car, outre le thème militaire, Guilhiermoz (1913 : 273) avait d'une part rapporté que « [l]'étalon du pied de roi était une toise de 6 pieds dont l'existence au Châtelet de Paris est attestée dès 1394 [avec référence à un arpentage pour l'abbaye de Chaalis] » alors que, d'autre part, si la longueur du pied de roi fut manifestement révisée, ce ne fut pas avant le XVIe siècle (Guilhiermoz 1913 : 272). En somme, ces lances évoquées dans ce manuscrit de 1446 sur le costume militaire des Français devaient avoir pour dimension, dans toute leur longueur, quelque 4 m 20 à quelque 4 m 90 au plus.

Ces éléments bien concrets extraits tant de l'armement byzantin que de celui de l'occident médiéval assurent de la fausseté de l'affirmation de Markle invoquée au début de ce chapitre, affirmation que nous avons retrouvée sous la plume, plus récemment, de van Wees (2004 : 197) selon lequel des « spears of such length, 10-15 feet, could only wielded with both hands ». Nous renverrons à Bertosa (2014 : 121-2) pour les conséquence nécessairement faussées dont des historiens de l'art de la guerre dans la Grèce ancienne, marchant dans les pas de van Wees où de quelques autres, ont cru devoir tirer de l'impossibilité de combattre avec des lances de dix à quinze pieds maniées d'une main seulement — ceci dans le cadre de la question des réformes d'Iphicrate et de ses possibles relations avec la création de la phalange macédonienne.

Dès lors, il est donc bien clair que nos deux sarisses figurées à l'entrée de la tombe d'Hagios Athanasios, dont la plus longue ne paraît pas avoir mesuré quatre mètres, devaient pouvoir être maniées à une main. Qu'on soit là en présence ou d'armes propres à la phalange d'Alexandre ou bien peut-être, selon l'hypothèse développée ci-dessus, d'armes déjà allongées si la peinture illustrait des temps déjà légèrement postérieurs, nous pouvons donc nous porter à la conclusion suivante : il paraît donc, si l'on ramène ce témoignage aux inductions provenant

---

[65] Soulignons que le pied en question dans ces textes du Moyen-Âge pourrait donc, peut-être, avoir exactement correspondu au pied utilisé à l'époque macédonienne ; ou bien, selon ce qui pourrait en avoir été de ce dernier, avoir mesuré 25 cm de plus (cf. notre n. 35 ci-dessus).

de l'analyse des sources littéraires, que la sarisse des phalangites de Philippe II et d'Alexandre était une longue lance seulement, et non une pique nécessitant absolument l'emploi des deux mains.

I. 6. 6. 2. La 'mosaïque d'Alexandre'

La mosaïque d'Alexandre[66] évoque, dans l'arrière-plan, la phalange hérissée de piques — ou de lances ? Dans cette composition qui, plus vraisemblablement, reproduit une peinture originale figurant la bataille d'Issos,[67] il est difficile de déduire quelque donnée positive sur la nature des armes d'hast. Si l'on distingue, à droite comme à gauche de Darius, les casques de quelques fantassins sans doute macédoniens,[68] il serait hasardeux de vouloir en déduire la longueur de

---

[66] Sur ce monument (Naples, Museo Archeologico Nazionale n° d'inv. 10020), la littérature est très abondante. Indiquons, sans prétention à l'exhaustivité, quelques études de référence : Winter (1909) ; Bijvanck (1955) ; Andreae (1977). Signalons également deux articles inconnus du monde scientifique, car publiés dans un périodique d'histoire militaire destiné à un large public : Robichon (1988) ; Breffort, (1988) — ces deux articles, et spécialement le second, visaient à éclairer des questions militaires à partir des détails de la mosaïque. Contre toute interprétation historicisante précise, cf. Cohen (1996), laquelle ne voyait pas dans la mosaïque un épisode précis, mais « [r]ather, what seems to underlie the Mosaic is a larger, synthetic history of essentials and grand, long-term political visions – a rather philosophical sense of history and human suffering, but history nonetheless, even if it does not dwell on the detailed recording of minor military incidents and manœuvers. » (Cohen 1996 : 202). Sur cette mosaïque, voir en dernier lieu, et surtout, la somme de Pfrommer (1998), qui étudiait la mosaïque sous un angle particulièrement utile à notre approche.

[67] On a émis l'hypothèse que la mosaïque aurait été inspirée d'un original d'Apelle (Reinach 1902 : 156 — qui suite à un lapsus mentionnait la « mosaïque d'Herculanum »). L'hypothèse semble d'autant plus douteuse qu'aucun des nombreux témoignages relatifs à la production de ce peintre réunis par Reinach (1921 : 314-60) n'y fait allusion. C'était pourtant celle que Moreno (2001) avait défendue avec vigueur. Quoi qu'il en soit, Reinach avait réuni et les témoignages, et les commentaires des érudits de son époque quant au possible original. Il aurait pu provenir, outre donc de la production d'Apelle, soit respectivement de celles de Philoxénos d'Érétrie ou d'Aristeidès de Thèbes, ou soit, encore, de celle d'Hélène fille de Timon l'Égyptien (cf. Reinach 1921 : 270-2, n. 8, n° 345 ; 274-5, n. 1, n° 347/2 ; 403-4, n. 2, n° 536). S'il nous semble plus vraisemblable que la bataille évoque Issos, où Alexandre et Darius furent physiquement face à face, un détail fait en outre pencher la balance du côté d'Hélène : « la mosaïque était entourée d'un bandeau à *paysage nilotique* ; il est donc probable que le modèle avait été exécuté en Égypte. » (Reinach 1921 : 404 [fin de la n. 2 de la p. précédente]). Ce point de vue avait été exprimé par Pfuhl (1912 : col. 2837) à la suite de travaux déjà anciens de Welcker et d'Overbeck. C'était en tout cas l'opinion à laquelle avait abouti Rizzo (1926) : « La célèbre mosaïque de la bataille d'Issos, retrouvée dans la Casa del Fauno à Pompéi, a maintes fois inspiré l'art italique et romain (…) Le peintre de la bataille d'Alexandre n'est pas, toutefois, Philoxène d'Érétrie, mais bien plutôt, ainsi que Ptolémée d'Héphaestion l'a affirmé, Hélène fille de Timon » — selon le résumé de cet article donné dans le sixième tome de *L'Année philologique* (1931 : 263). On indiquera enfin que, bien sûr, Pfrommer (1998) avait consacré une grande partie de son ouvrage à ces questions d'origine : cf. son chapitre II, « Das Mosaik und seine Quellen » (Pfrommer 1998 : 131-60) ainsi que son chapitre III, « Historische und ikonographische Bezüge » (Pfrommer 1998 : 161-214) ; et déjà la quatrième partie de son premier chapitre, « Philoxenos und Helena » (Pfrommer 1998 : 13-9).

[68] On signalera à cette occasion l'article de Rumpf (1962). Car le savant allemand avait souligné que « ist schon lange beobachtet worden, daß die Köpfe, die sicher mit diesen Sarissen verbunden

leurs longues armes d'hast, d'autant que certaines de celles-ci semblent comme 'sorties de nulle part' : où se trouve donc, ainsi, la partie inférieure de la hampe de la lance qui apparaît dans le dos du cocher de Darius (elle devrait ressurgir à droite, devant son torse) ? Ou encore les deux hampes qui sont placées derrière la tête du soldat casqué se trouvant à droite du cheval qui se cabre (elles devraient, de même, réapparaître sur la gauche de sa tête) ?[69] Ces longues lances semblent donc relever d'un effet de composition peu soucieux de réalisme[70] ce qui, dès lors, limitent les déductions concrètes que l'on aurait souhaité tirer de cette œuvre, déductions qui auraient de toutes les façons été bien compliquées du fait de la composition même — les lances et les soldats qui les portent sont à l'arrière-plan, dissimulés par les personnages du premier, en l'espèce Darius, son char, et les Perses qui l'environnent.

I. 6. 6. 3. Les témoignages iconographiques numismatiques

Plus riches d'enseignements seront les témoignages iconographiques numismatiques. On trouve en effet sur des monnaies du roi péonien Patraos (environ 340-environ 315 av. J.-C.)[71] un soldat macédonien vaincu par un cavalier, à l'évidence Patraos lui-même. Coiffé d'une *kausia*,[72] ce soldat est doté

---

werden können, alle griechische Helme tragen » (Rumpf 1962 : 231). Faudrait-il alors, s'interrogeait-il, voir dans ces bouts de lances l'évocation des mercenaires grecs qui combattirent du côté perse ? Non car, selon lui, puisque ces lances ne pouvaient que faire penser aux symboliques 'sarisses' macédoniennes (selon Rumpf, c'était même précisément des 'sarisses', assertion qui nous semble quelque peu aventureuse), « [d]er Künstler will den Betrachter doch nicht mit Rätseln necken. » (Rumpf 1962 : 231). « Hätte ein Maler », poursuivait le savant allemand, « sie ausnahmsweise als eine von den Persern übernommene Waffe darstellen wollen, so hätte er mindestens einem als solcher deutlich kenntlichem Perser einem *Sarissa* in die Hand geben müssen » (Rumpf 1962 : 231). Cette argumentation emporte la décision et c'est pour cette raison que nous considérons que ces lances symbolisaient les armes fameuses de la phalange macédonienne, ici comme encerclant un Darius par ailleurs assailli frontalement par Alexandre lui-même.

[69] Sauf erreur de notre part, Pfrommer (1998) ne paraît pas avoir relevé ces détails, ni là où il abordait le cas de la lance dans son chapitre « Die Realien des Alexandersmosaiks im Überblick » (Pfrommer 1998 : 120), ni là où, à la suite d'un article de Nylander, l'auteur allemand s'interrogeait sur l'imprécision de quelques détails (Pfrommer 1998 : 110-1), et non plus que dans le commentaire (Pfrommer 1998 : 128) autour de ce soldat dont on ne voit que la tête casquée (c'est le Nr. 19 du catalogue des figures de la mosaïque dressé par Pfrommer). Les deux hampes manquantes dans la composition se remarquent particulièrement à la Tafel 4 de cette monographie.

[70] C'était aussi là la conclusion de Kramer (2005 : 108) : « Zusammenfassend ist das Alexandermosaik nicht nur als das grandiose Gesamtkunstwerk einmalig, sondern es nimmt auch – von vereinzelten Ausnahmen abgesehen – hinsichtlich des Details der Länge der Waffe Alexanders eine Sonderstellung ein. Diese Form der Darstellung ist am ehesten als Chiffre für die Unmittelbarkeit der Gefahr für den Perserkönig zu deuten. Mit dieser Interpretation verliert das Mosaik etwas von dem normalerweise vorausgesetzten Realitätsbezug – oder, anders ausgedrückt: Es wird ein wenig mehr von dem Korsett von zu sehr auf Realismus bedachten Ausdeutungen befreit ».

[71] Cf. ci-dessous notre n. 169 (au sein de notre de notre étude **Antigonid Redcoats**) pour plus de références sur ce dynaste avant tout connu par sa production numismatique.

[72] 'Marqueur' par excellence du caractère macédonien : sur la *kausia*, cf. la partie « Des *Hypaspistes* sur la frise de la tombe d'Hagios Athanasios? » de notre étude suivante **Antigonid Redcoats**.

d'un 'bouclier macédonien'.[73] Il est armé 'à la légère' puisqu'on constate, sur les meilleurs exemplaires du type, qu'il brandit dans sa main droite une lance évidemment courte, qui, à l'analyse, nous paraît être un javelot à courroie (Imhoof-Blumer 1883 : 57-9).[74] Le 'bouclier macédonien' indique qu'il s'agit bien ici du fantassin macédonien figuré dans son équipement léger (cf. Sekunda 2013c pour la pertinente analyse des variantes de la représentation de ce fantassin dans le cadre de ces frappes monétaires). Il y a tout lieu de penser que cette arme caractéristique fut introduite à l'époque de la création de la « Philip's new Model Army »,[75] comme l'extrait de DION CASSIUS rapporté ci-dessus conduit aussi à le penser (cf. l'ἀσπὶς χαλκῆ de sa description de l'armement réglementaire sous Alexandre), avec en parallèle des πέλτας pour certains corps du moins,[76] et donc de concert avec des lances plus longues qu'à l'ordinaire. De fait, on trouve le 'bouclier macédonien' à l'épisème au foudre sur des monnaies de bronze attribuées au règne

---

[73] Sur le 'bouclier macédonien', voir en premier lieu Liampi (1998a), spécialement le « Numismatischer Katalog » et les quatre exemplaires de monnaies de Philippe II (Liampi 1998a : 99-100, nn° M 1 à M 4) qui montrent que déjà sous le règne du père d'Alexandre le 'bouclier macédonien' était en usage.

[74] C'est sur le plus bel exemplaire du type du catalogue d'Imhoof-Blumer (1883 : 57-8, n° 6, reproduit Pl. C, n° 9) que l'on distingue ce détail, que le numismate n'avait pas décelé — Imhoof-Blumer (1883 : 58) ne voyait qu'un « javelot ».

[75] Selon le titre d'un des chapitres de l'ouvrage de Fuller (1958 : 47-54).

[76] Cf. l'extrait de POLYEN (Στρατηγικά, IV, 2, § 10) cité in extenso ci-dessus. Remarquons que ce sont de fait des peltes que l'on voit sur la frise de la tombe d'Hagios Athanasios (cf., après Hatzopoulos (2001 : 64 — citation à l'appel de notre n. 176), Tsimbidou-Avloniti (2005 : πίν. 35β). Il ne s'agit certainement pas là, évidemment, de « Hoplite shields » comme le pensait Anson (2010b : 81) : car si l'on prête attention à la dimension de ces armes ramenée aux personnages qui les portent (que nous pensons de surcroît être des adolescents, des valets d'armes portant l'équipement de trois des personnages de plus haute taille, coiffés quant à eux de la *kausia*, que l'on voit sur leur gauche — la différence de taille se distingue fort bien entre ceux-ci et les deux premiers des personnages armés, ces derniers ayant une tête de moins environ), on remarque que, *contrairement* au bouclier hoplitique, elles ne pouvaient descendre jusqu'au niveau du genou si elles reposaient sur l'épaule (cf. notamment le 'valet d'armes' que l'on voit de profil, celui armé d'un bouclier dont la teinte est à présent d'un crème clair). Il s'agit là d'armes de quelque deux pieds macédoniens, soit environ 70 cm de diamètre (cf. ci-dessus notre n. 34). *A contrario*, le bouclier hoplitique, une arme de quelque 90 cm de diamètre, descendait quant à lui jusqu'au genou, lequel était couvert par la cnémide gauche. En outre, le dessin des boucliers figurés sur la frise de la tombe d'Hagios Athanasios achève de confirmer qu'il s'agissait bien là de peltes. En rappelant une scholie aristotélicienne quelque peu oublié depuis un article de F. Lammert (1937), Sekunda (2007 : 327) l'a mis en exergue : πέλτη ἀσπίς ἐστιν ἴτυν οὐκ ἔχουσα, la « *peltê* [is] a shield without a rim » — l'ensemble de ces scholies autour de la pelte avait été réuni par Rose (1886 : 315, n° 498) ; Sekunda (2013a : 83) a ultérieurement rappelé cet important point relatif à l'armement défensif hellénistique. En ce qui concerne le bouclier hoplitique, qui montre toujours et cette bordure caractéristique et une dimension supérieure à la pelte, voir par exemple les vestiges d'Olympie publiés par Bol (1989 — cf. Taf. 6 notamment). L'archéologue allemand avait rappelé les particularités de cette arme : « Der Durchmesser der Schilde ergab sich aus ihrer Funktion und der Größe ihrer Besitzer. Er schwankt daher zwischen 80 und 100 cm. Sie haben einen 5-9 cm breiten Rand, der gerade oder schräg absteht und oft eine mehr oder weniger stark ausgeprägte Schwellung besitzt. » (Bol 1989 : 3).

d'Alexandre, en pleine époque de son expédition asiatique,[77] mais également déjà au début de son règne semble-t-il.[78] Ceci témoigne vraisemblablement de l'état de l'équipement de l'armée quand il hérita du trône, autrement dit d'une armée dont Philippe II avait été le κτίστης.

I. 6. 7. Des sources littéraires inexploitées ?

Deux sources littéraires inexploitées pourraient apporter de l'eau à notre moulin, à savoir que la phalange des Argades était non pas formée de piquiers comme on le croit en général, mais consistait en une phalange de lanciers portant longues lances maniées à une main.

I. 6. 7. 1. Une scholie d'un manuscrit de l'Iliade

En premier lieu, attachons-nous à une scholie du vers 130 du chant XIII (= chant N) de l'Iliade d'HOMÈRE du *codex Marcianus*, une glose autour du syntagme φράξαντες δόρυ. Invoquée par F. Lammert (1920 : col. 2523) à la suite de Köchly et Rüstow (1855 2 : 256), nous pensons qu'il n'en avait pas tiré tout le profit possible. Reproduisons le passage qui, à notre avis, sera susceptible d'éclairer notre thèse :

πάντες μὲν ἐν ἀσπίσι καὶ θώραξι καὶ κράνεσι καὶ λόγχαις. τούτων δὲ οἱ μὲν πρωτοστάται κατὰ μέτωπον ἦσαν, πάντες ὁμοίως τὰ δόρατα κατὰ προβολὴν ἔχοντες· κατόπιν δὲ τούτων οἱ δευτεροστάται, κατὰ δεξιὰ πλευρὰ τῶν πρωτοστατῶν παραβεβληκότες δόρατα μείζω δυσὶ πήχεσιν· καὶ οἱ τρίτοι παρ' ἀμφοτέρους ὁμοίως ὥστε εἰς τρεῖς ἄκρας[79] ἀνέχειν τὰ δόρατα· οἱ τέταρτοι

---

[77] « If (...) the shield with thunderbolt coinage is the inaugural issue of 'shields', it is thus likely be earlier of 325 BC and to coincide with the first years of the campaigns of Alexander, from 334 BC onwards » concluait Liampi (1998b : 253).
[78] Cf. la monnaie conservée à Berlin et qui fut donnée par Löbbecke en 1906. Selon Le Rider (1977 : 50-1, n° 383, pl. 16), elle avait été frappée à Pella entre 336/5 et 329/8 av. n. è.
[79] L'archétype de quatre manuscrits livre « ὥστε εἰς τρεῖς ἀρχὰς ». Mais serait-il bien légitime de placer sous le mot ἀρχή la signification ici évidente au vu du contexte, à savoir celle de rang ? En effet, le grec des tacticiens n'usait pour ce mot que de ζυγόν (cf. par exemple ASCLÉPIODOTE, II, § 5 ; V, § 2 ; X, § 1 ; ARRIEN, Τέχνη τακτική, VIII, § 1 ou encore dans le chapitre intitulé Περὶ ὁπλίσεως du Περὶ Στρατηγίας, traité anonyme de l'époque de Justinien que nous invoquons ci-dessous). Nous avons constaté que l'usage du mot ἀρχή dans le contexte militaire paraît se restreindre à une signification générique, à ne comprendre que dans le sens du mot « unité » (cf. ci-dessus notre n. 10 et cet extrait d'HARPOCRATION nous ayant transmis un fragment d'Anaximène de Lampsaque), un sens que l'on retrouve en outre dans la bible des Septantes, « division d'une armée, compagnie » (Bailly 1950a), « conjunto de tropas *unidad* » (Adrados 1991 : 540).
F. Lammert (1920 : col. 2523), qui avait vu la difficulté, avait substitué αἰχμὰς à ἀρχὰς. Mais cette restitution ne nous paraît pas pertinente car comme on le constate juste à la suite avec une seconde occurrence du mot αἰχμάς, le scholiaste use du mot au sens de 'lances' et non de 'fers de lance' — car ce ne sont que les lances qui peuvent être « ὀρθὰς ». Le scholiaste aurait-il employé, dans un même mouvement, deux significations différentes pour un même mot, et surtout au sein d'une glose visant à éclaircir un passage d'HOMÈRE ? Nous ne le pensons pas. Selon l'édition d'Erbse (1974 : 424), le mot plus adéquat serait ἀκμή. Mais cette restitution-ci impliquerait encore,

δὲ καὶ πέμπτοι τὰς αἰχμὰς εἶχον ὀρθὰς, ὡς εἴ τι κενοῖτο τῆς παρατάξεως[80] τιτρωσκομένων ἢ φονευομένων τοῦτο πληροῦν.

Nota bene
Le texte est basé, sauf pour un point (cf. notre n. 79) sur son édition la plus récente, celle d'Erbse (1974 : 424).

Nous comprenons comme suit :

« Tous avec boucliers, cuirasses, casques et lances. Parmi ceux-ci, les *prôtostates* étaient sur le front, ayant tous pareillement leurs lances abaissées vers l'avant ; derrière eux, les hommes du second rang avaient couché leurs lances, plus longues de deux coudées, sur le côté droit des *prôtostates*. Celles des hommes du troisième rang *idem* le long des uns et des autres [c'est-à-dire des hommes des deux premiers rangs], de façon à ce que les lances saillissent jusqu'à trois pointes. Les quatrième et cinquième rangs avaient les lances verticales ; de sorte que chaque fois que quelque vide se produisait dans le front de bataille quand les hommes étaient tués ou blessés, ils le remplissaient. »

Si, comme le supposait avec beaucoup de vraisemblance F. Lammert, cette scholie remonte à ARISTARQUE,[81] faudrait-il y voir une illustration indirecte de la phalange des armées lagides du IIe siècle ?[82] Et en tout cas la description d'une

---

d'une part, la suppression de la préposition εἰς alors que, d'autre part, nous trouvons à cette solution quelque difficulté à la considération d'une occurrence que l'on trouve sous la plume de POLYBE (XV, 16, § 3), « ἀχρειῶσαι δὲ τὰς ἀκμὰς τῶν ὅπλων διὰ τὸ πλῆθος τῶν φονευομένων », « émousser ses armes à force de carnage » (Foulon *et al.* 1995 : 63 ; « τὰς ἀκμὰς τῶν ὅπλων » aurait à notre avis dû être traduit ici « le fil des armes »).
Ces difficultés étant exposées, la leçon l'originale ἀρχὰς ne pourrait-elle pas donc être quelque *lapsus calami* pour ἄκρας ? Car lors de la bataille de Pydna, Paul-Émile « κατελάμβανεν ἤδη τοὺς ἐν τοῖς ἀγήμασι Μακεδόνας ἄκρας τὰς σαρίσας προσερηρεικότας τοῖς θυρεοῖς τῶν Ῥωμαίων » (PLUTARQUE, Αἰμίλιος Παῦλος, XIX, § 1), « s'aperçut que les Macédoniens du corps d'élite avaient déjà enfoncé les pointes de leurs sarisses dans les boucliers des Romains » (Chambry et Flacelière 1966 : 92). Dès lors, il ne nous semble pas impossible qu'il faille porter, en lieu en place de la leçon des manuscrits « ὥστε εἰς τρεῖς ἀρχὰς », le syntagme « ὥστε τρεῖς ἄκρας » — je remercie l'éminent philologue P. Goukowsky pour avoir bien voulu se pencher sur ces difficultés et pour m'avoir notamment évité, en ce qui concerne la dernière phrase de cette scholie, un contresens (cf. note suivante).
[80] On mettra en parallèle cette dernière partie de notre scholie avec le syntagme « ὡς, εἴ τι ἐλλιπὲς γένοιτο τῆς τάξεως » que l'on trouve dans un passage des *Excerpta* de POLYEN (cf. notre partie suivante), qui vient de surcroît juste après la proposition « μετὰ δὲ τοὺς τρίτους χρὴ τὰ δόρατα ἔχειν ὀρθὰ ». Nos interrogations sur la signification du syntagme, voire sur le caractère peut-être corrompu de ce passage-ci de la scholie, ont été levées par P. Goukowsky — nous le remercions donc ici vivement pour ses éclaircissements.
[81] « Das Scholion geht jedenfalls auf Aristarch zurück » (Lammert 1920 : col. 2523). Cet ARISTARQUE (de Samothrace) fut un érudit alexandrin (217-145 av. J.-C.), également précepteur des enfants de Ptolémée VI Philométor et directeur de la Bibliothèque d'Alexandrie (sur le personnage, cf. encore Buchwald, Hohlweg et Prinz 1991 : 73).
[82] Que l'infanterie lourde des Lagides, comme d'ailleurs celle des Séleucides, fût devenue une

troupe de piquiers reste une question ouverte. En la matière, il est intéressant de rapporter le point de vue, concis, exprimé par Bar-Kochva (1979 : 54) dans sa synthèse sur l'armée séleucide : « References to the Seleucid army do not contribute very much to the extremely complicated question of the equipment of the phalangites. Their *sarissa* was certainly the long variety, 21 feet in length, attributed to the Antigonids, and not the shorter type of Alexander's time.2 Neither the Seleucids nor the Ptolemies could afford to lag behind their western rivals. » Dans cette note 2 que nous avons indiquée dans le corps de cette citation, on constate que l'auteur israélien n'avait pas manqué d'exploiter les études les plus pertinentes, celles de Delbrück et de F. Lammert notamment : « The best summary of the various problems connected with the *sarissa* is Lammert, *RE, s.v. Sarissa* (sic), 2515-30 » (Bar-Kochva 1979 : 231-2). Mais comme il le constatait, « Polybius' excursus on the phalanx and its equipment (18.29), since it is an appendix to Cynoscephalae, may refer chiefly to the Antigonid phalanx. » (Bar-Kochva : 232). Et de fait, sauf erreur de notre part, il n'existe pas de témoignage explicite sur les armes d'hast des infanteries lourdes séleucide ou lagide. Signalons néanmoins que sur une mosaïque nilotique de Palestrina, un fantassin lourd (pour nous évidemment lagide) est armé d'une longue lance, d'environ le double de la taille du soldat, soit entre 3 m et 3 m 50 sans doute. Pour des reproductions, cf. Schmidt (1929, Taf. IV) qui, bien que s'étant attardée sur l'armement des soldats (Schmidt 1929 : 62), ne s'était pas arrêtée sur le cas de cette lance — en outre que, « [d]ie Soldaten sind römisch, wahrscheinlich Besatzungstruppen » écrivait-elle (Schmidt 1929 : 61), est une opinion qui nous semble très douteuse si l'on compare l'armement romain à l'armement hellénistique ; cf. également Gullini (1956), qui indiquait, précision importante, que la « scena con il soldati sotto la tenda (*Tav. XVII*) è in gran parte antica nella sua metà di sinistra guardando, mentre ha figure interamente rifatte nella parte destra » Gullini (1956 : 21). Or le soldat dont la lance nous paraît donner des informations intéressantes est justement dans la partie droite, alors que le savant italien (1956 : Tav. XXVIII) n'avait reproduit en détail que la partie gauche. Et il n'est pas possible, au vu des reproductions ici fournies, de juger si ce soldat relève des figures refaites ; et si oui jusqu'à quel point il le serait, ou non, précisément.

Mais mis à part cet indice iconographique, les sources explicites, c'est-à-dire écrites, font défaut. Ainsi quand POLYBE, dans sa description de la campagne qui mènera à la bataille de Raphia (217 av. J.-C.) et lors de son récit de l'affrontement lui-même, mentionne des troupes 'armées à la macédonienne' (POLYBE, V, 79, § 4 et 82, § 10 pour celles du côté séleucide ; V, 82, § 4 pour celles combattant pour la cause des Ptolémées), et la sarisse elle-même (V, 84, § 2 ; 85, § 8), on ne décèle aucun indice permettant de juger si ces sarisses étaient absolument, dans ces deux armées, des piques maniées à deux mains. On rappellera que c'était très peu d'années auparavant que Cléomène avait réformé l'infanterie lourde spartiate en l'équipant de telles armes. Au plus tôt (ce qui est le plus vraisemblable) dès la révolution de 227 av. J.-C., et au plus tard peu avant la bataille de Sellasie, en 223 av. J.-C. (cf. PLUTARQUE, Κλεομένης, XXXII, § 1) — nous remercions ici J. Christien pour son opinion autorisée ; nous rapporterons en outre et pour finir le point de vue exprimé il y a longtemps déjà par Klatt (1877 : 52) : « Wann diese Reformen ausgeführt sind, ob noch während der Strategie des Aratos oder während der des Hyperbatas, is nicht zu entscheiden. »

En somme, l'interprétation reçue généralement, soit que, pour reprendre les mots de Bar-Kochva (1979 : 54) rapportés ci-dessus, « [t]heir *sarissa* [des phalangites séleucides et lagides] was certainly (sic) the long variety », ne relève que d'une hypothèse de la science historique. Si, comme l'exprimait le savant israélien, elle paraît vraisemblable, elle reste douteuse et nécessiterait de recevoir la confirmation de quelque source papyrologique ou archéologique. Soulignons d'ailleurs *in fine* l'information que l'on lit sous la plume d'APPIEN, Ῥωμαϊκά [*Histoire romaine*]. Livre XI. Συριακή [*Le livre syriaque*], 32, § 161 : avant la bataille de Magnésie du Sipyle (190 av. J.-C.), Antiochos III arma ses soldats de la phalange « ἐς τὸν Ἀλεξάνδρου καὶ Φιλίππου τρόπον », « à la façon des soldats de Philippe et d'Alexandre » (Goukowsky 2007 : 32). Ceci porterait à croire, à prendre cette formule au pied de la lettre, que la phalange séleucide, alors, n'était pas armée comme la lourde phalange antigonide mais bien plutôt comme cette phalange des Argéades où nous pensons que l'arme principale était encore une longue lance maniée à une main. De fait Goukowsky (2007 : 121, n. 385) avait remarqué que « [s]ans doute tirait-il [Antiochos] la leçon de la défaite de Philippe V

phalange qui, projetant seulement trois pointes de lance en avant du front, ne nous ramène-t-elle pas à notre hypothèse ?

I. 6. 7. 2. Un paragraphe des Excerpta de POLYEN

De fait, un paragraphe des *Excerpta* de POLYEN offre une seconde occurrence décrivant une phalange où trois rangs font saillir leurs lances vers le front :

Ὅτι τὸ τῆς φάλαγγος εἶδος οὕτως ὀφείλει παρατάττεσθαι τῶν πρωτοστατῶν καὶ ἐπιστατῶν καὶ τῶν τρίτων τὰ δόρατα ἀναλογοῦντα κατὰ τὴν ἑκάστου στάσιν ἐν ἴσῳ τὰς αἰχμὰς προάγεσθαι, μετὰ δὲ τοὺς τρίτους χρὴ τὰ δόρατα ἔχειν ὀρθά, ὡς, εἴ τι ἐλλιπὲς γένοιτο τῆς τάξεως, ἀναπληρώσουσιν αὐτοί, εἰ δὲ κύκλωσις γένηται, στραφέντες εἰς τοὐπίσω ποιήσουσι τὴν φάλαγγα ἀμφίστομον. (*Excerpta Polyaeni e codice tacticorvm florentino*, 18, § 8 selon l'édition de Melber 1887 : 455)

« The form of the phalanx ought to be deployed as follows : let the spears of the first-rankers, the second-rankers, and the third-rankers be proportionate according to their ranks in the phalanx, so as for all their spearheads to present an even front. Those behind the third-rankers must hold their spears upright so that they will fill any gap in the formation, and if encirclement occurs, with a turn to the rear they will make a two-face phalanx. » (Krentz et Wheeler 1994 : 905).

Cet 'extrait' ne se retrouvant en fait pas dans l'oeuvre de POLYEN, faudrait-il y voir la description non d'une phalange antique mais l'insertion, dans les *Excerpta*, de celle d'une formation byzantine ? Matthew (2015 : 79 = 2012b : 97) l'avait aussi suggéré. En rappellant que la description de lances devant saillir du front à hauteur égale rappelle les prescriptions des tacticiens hellénistiques,[83] nous allons en tout cas constater que les Byzantins, du moins au début de leur histoire, prescrivaient une formation de lanciers où quatre rangs, et non seulement trois, pouvaient engager l'ennemi.

I. 6. 7. 3. Un passage du Περὶ Στρατηγίας

En-deçà de la question de la 'phalange' byzantine, un écho frappant à notre hypothèse d'une phalange macédonienne formée non de piquiers mais de lanciers se trouve dans une source négligée par les historiens du *makedonischen Heerwesen*. En l'occurrence, au sein d'un traité anonyme de l'époque de Justinien,

---

à Cynoscéphales, en revenant à une division de la phalange en *taxeis* autonomes, comme c'était le cas à l'époque de Philippe II et d'Alexandre ». Faudrait-il donc voir dans cet extrait, en sus d'une organisation tactique inspirée des formations argéades, un indice supplémentaire qui pousserait à induire un armement de la phalange séleucide revenu à ses sources, autrement dit à un armement semblable à celui de ses grands prédécesseurs macédoniens ?

[83] Cf. F. Lammert (1920 : col. 2519-22), et ci-dessous notre n. 112 pour les sources elles-mêmes.

intitulé Περὶ Στρατηγίας, et plus précisément au seizième chapitre qu'il vaudra la peine de reproduire ci-dessous en grande partie (ll. 31-58) — avec la traduction en anglais de l'édition désormais de référence.

<Περὶ ὁπλίσεως>

(...)

Τὰ δὲ δόρατα ἔχειν μῆκος ὁπόσον ἂν ἕκαστος αὐτῶν φέρειν δύναται, ὡσαύτως δὲ καὶ τοὺς κατὰ τὸν δεύτερον ζυγὸν καὶ τρίτον καὶ τέταρτον τεταγμένους, ὥστε τὰ τῶν τεσσάρων ζυγῶν δόρατα προπίπτειν τοῦ παντὸς στρατεύματος, καὶ τὰ μὲν τοῦ πρώτου ζυγοῦ πρὸς τὰ τοῦ δευτέρου τοσοῦτον προέχειν ὁπόσον καὶ ὁ πρῶτος ζυγὸς τοῦ δευτέρου καὶ ἐφεξῆς ὁμοίως ἕως τοῦ τετάρτου ζυγοῦ· συμβαίνει δὲ ὡς τὰ πολλὰ τοῦτο πυκνουμένης τῆς φάλαγγος ἀνὰ πῆχυν ἕνα. ἡ μὲν οὖν τοιαύτη σύνταξις τῶν δοράτων λέγεται Μακεδονική· ταύτῃ γὰρ τοὺς Μακεδόνας φασὶ χρήσασθαι.

Τινὲς δὲ τὰ δόρατα τοῦ δευτέρου ζυγοῦ ἐπὶ τοσοῦτον μακρότερα τοῦ πρώτου ἐποίησαν ὥστε τὴν προβολὴν τῶν δοράτων τοῦ τε πρώτου ζυγοῦ τοῦ τε δευτέρου ἴσην εἶναι διὰ τὸ δύο δόρατα καθ' ἑνὸς ἀγωνίζεσθαι τῶν ὑπεναντίων. τοὺς δὲ μετὰ τὸν τέταρτον ζυγὸν τεταγμένους οἱ μὲν καὶ αὐτοὺς κατέχειν ἐπέτρεψαν δόρατα πλὴν τῶν προτέρων ἐλάττονα, οἱ δὲ ἴσως ἄμεινον βουλευσάμενοι οὐ | [M f. 114ᵛ] δόρατα, μᾶλλον δὲ δοράτια καὶ ἀκόντια καὶ ὅσα διὰ χειρὸς βάλλεσθαι κατὰ τῶν ἐχθρῶν δύνανται—πλὴν τῶν ἄκρων στίχων τῆς φάλαγγος καὶ τῶν προσεχῶς παρακειμένων αὐτοῖς ἄχρι τριῶν στίχων, ἔτι δὲ καὶ τῶν οὐραγῶν καὶ τῶν προσεχῶς παρακειμένων αὐτοῖς ἄχρι τριῶν ζυγῶν· δεῖ δὲ τοὺς ἐπὶ τοῦ πρώτου καὶ δευτέρου ζυγοῦ τεταγμένους τὸν αὐτὸν καθοπλισμὸν ἔχειν οὐ μόνον τοὺς οὐραγοὺς ἀλλὰ καὶ τοὺς ἄκρους στίχους τῶν πλευρῶν—τί γὰρ ἂν καὶ ὠφελήσαιεν τοὺς πρωτοστατοῦντας εἰς χεῖρας ἐχθρῶν ἥκοντας τὰ δόρατα τῶν κατὰ μέσου τῆς φάλαγγος τεταγμένων.

Καὶ ἡ μὲν τῶν ὅπλων χρῆσις τοιαύτη. εἰ δὲ μὴ πάντες οἱ τῆς φάλαγγος ἔχοιεν θώραξιν καὶ περικνημῖσιν χρήσασθαι, ἀλλὰ πάντως οἵ γε κατὰ τὸν πρότερον καὶ δεύτερον ζυγὸν καὶ τὸν τελευταῖον καὶ τῶν στίχων οἱ ἄκροι περιβα | [A f. 9] λοῦνται ταῦτα διὰ τὰς εἰρημένας αἰτίας.

« [Armament.]

The spears should be as long as can be carried by an individual in the second, third, or fourth rank of the formation. The spears of the first four ranks should stick out in front of the whole army. Those of the first rank will be out in front of those of the second by the same distance that the first rank stands ahead of the second, and so on through the fourth rank. When the phalanx is closed up, then, the distance should generally be about two-thirds of a meter [« une coudée » selon le texte grec]. This type of formation with spears is called the Macedonian, for they are reputed to have made use of it.

Some have made spears of the second rank longer than those of the first, so that the forward thrust of the spears of the first and second ranks would be equal and twice as many spears could be employed at one time against the enemy. Some have thought that the men stationed in the rank behind the fourth should also be armed with spears, although shorter than those of the men in front of them. Others have recommended, perhaps with better reason, that they should not have regular spears but javelins, light spears, and other weapons that can be thrown against the enemy. The files on the edges of the phalanx, however, and the three files in line next to them, as well as the rear guards and the three ranks right in front of them, should have the long spears. The rear guards and the files along the edges of the flanks should have the same armament as the troops stationed in the first and second ranks. What use will a set of spears in the middle of the phalanx be to the prostates who are engaged in hand-to-hand fighting with the enemy?

This is the manner of distributing the armament. If everyone in the phalanx cannot be equipped with breastplates and shin guards, at least the men in the first, second, and last ranks and those in the files on the flanks should certainly wear them for the reasons given above. » (Dennis 1985 : 54 pour l'original ; 55 pour la traduction en anglais).

Ce texte rapporte donc principalement que cette phalange 'justinienne', où les quatre premiers rangs ont des lances suffisamment longues pour saillir au-delà du premier rang, est dénommée macédonienne puisque « l'on dit que les Macédoniens l'employèrent » (« ἡ μὲν οὖν τοιαύτη σύνταξις τῶν δοράτων λέγεται Μακεδονική· ταύτῃ γὰρ τοὺς Μακεδόνας φασὶ χρήσασθαι »). Faudrait-il y voir seulement une vague et imprécise allusion à l'Antiquité macédonienne ? Y retrouvant les aspects que nos analyses nous ont fait dégager, nous sommes évidemment poussés, **au contraire**, à y voir la description d'une troupe de lanciers à l'image de la phalange macédonienne par excellence, celle mise sur pied par Philippe II. À supposer que cette piste soit juste, on remarquera que s'il fallait voir dans cet exposé la description même de la phalange macédonienne, alors notre hypothèse à laquelle nous conduisait notre compréhension de la réforme réalisée par Alexandre à Babylone au printemps 324 av. J.-C. serait partiellement à réviser :[84] ce n'aurait pas été sur trois mais sur quatre rangs que la phalange des Argéades pouvait avoir projeté ses sarisses vers l'ennemi.

---

[84] Décrite par ARRIEN (Ἀνάβασις Ἀλεξάνδρου, VII, 23, §§ 3-4), cette réforme avortée avait prescrit une organisation où trois rangs de phalangites macédoniens devaient être suivis de plusieurs

Il est en tout cas intéressant de retrouver également ici, pour cette phalange armée de longues lances maniées à une main, l'affirmation que le deuxième rang pouvait avoir des armes plus longues, de façon à qu'elles saillissent également avec les fers de lance du premier rang, menaçant par là chaque adversaire doublement. On rappellera, à ce titre, que les lances des deux 'gardiens' de la tombe d'Hagios Athanasios paraissent de longueurs nettement différentes, et en l'espèce semble-t-il d'une coudée, soit la distance entre deux rangs dans la formation la plus compacte possible, aussi bien à l'époque hellénistique (cf. ci-dessous à notre appel de n. 93) que, comme nous venons de le constater avec cet extrait du Περὶ Στρατηγίας, dans la phalange byzantine du temps de Justinien.

I. 6. 7. 4. Un autre regard sur un passage de la Τέχνη Τακτική *d'ARRIEN*

C'est au terme de cette investigation qu'il nous faut faire retour sur un écrit fondamental pour qui s'occupe d'art militaire hellénistique en général, et des questions relatives à la phalange en particulier : la Τέχνη Τακτική d'ARRIEN.

I. 6. 7. 4. 1. Des lances de 16 pieds ou de 16 coudées ?

Un passage de ce traité décrit la longueur qui doit être celle des sarisses : τὸ δὲ μέγεθος τῶν σαρισῶν πόδας ἐπεῖχειν ἑκκαίδεκα. (ARRIEN, Τέχνη Τακτική, 12, § 7). Sestili, qui a fourni récemment une édition nouvelle de ce texte avec une traduction qui, dans l'attente de celle que publiera bientôt Pierre-Olivier Leroy, peut servir à ce jour de référence, comprenait comme suit : « e la lunghezza delle sarisse raggiungeva sedici piedi » (Sestili 2011 : 52). D'un côté ces seize pieds amenèrent Köchly et Rüstow à corriger les seize ou quatorze coudées indiquées entre autres par POLYBE (XVIII, 29, § 2) pour la longueur de l'arme en seize ou quatorze pieds (Köchly et Rüstow 1855 2 : 238, n. 17) — ils ne croyaient pas en la possibilité de piques aussi longues.[85] Mais d'un autre côté, pour Walbank (1967 : 587), *a contrario*, « Arrian, who reckons with a 16-cubit sarisa πόδας must be emended to πήχεις, to match the other evidence [c'est-à-dire POLYBE et ÉLIEN] ». Néanmoins, comme l'avait souligné Hogarth (1880 : 4), « the earliest and best edition of Aelian's Tactica, that namely which has come down to us under the name of Arrian, definitely gives feet and not cubits » ;

---

rangs de lanceurs de traits perses : cf. ci-dessous le second paragraphe de l'appendice joint à cet essai, où nous l'avons exposée plus en détail.
[85] Les fondateurs du *makedonischen Heerwesen* croyaient en effet les manuscrits de POLYBE, ARRIEN, POLYEN etc. corrompus pour la raison d'une confusion entre l'abréviation, en grec, des mots pied et coudée : «Fuß und Elle im Griechischen auf gleiche Weise in der Abkürzung mit π. (πῆχυς und πούς) bezeichnet werden. » (Köchly et Rüstow 1855 2 : 238, n. 17). Surtout, ils ne pensaient pas que des armes de quatorze ou seize coudée fussent possibles, car selon eux elles eussent été bien trop lourdes, particulièrement pour des hommes qui, à la différence des piquiers de la Renaissance, étaient encore armés du bouclier (Köchly et Rüstow 1855 2 : 238-9). Le premier de ces arguments est quelque peu gratuit, cf. ci-dessous notre n. 87 ; en ce qui concerne le second, cf. ci-dessous notre n. 63.

« the MSS. may be altered », ajoutait au même endroit le savant britannique, « but there is the reading ».[86] Si l'on comprend que pour mettre en harmonie ARRIEN, POLYBE, ÉLIEN le Tacticien voire POLYEN ou les tacticiens byzantins tardifs, Köchly et Rüstow (Köchly et Rüstow 1855 2 : 238-9, n. 17 — débutant en 238) aient voulu corriger les coudées en pieds,[87] alors qu'E. Lammert (1889 : 19)[88] puis plus tard, donc, Walbank (1967 : 587), aient cru, à l'inverse, devoir remplacer des pieds par des coudées, on pourra s'étonner qu'aucun savant n'ait souligné, à ma connaissance, qu'il pourrait paraître plus logique que, en s'en tenant uniquement au texte d'ARRIEN, ce fût la mention de πήχεσι du § 6 du douzième chapitre de sa Τέχνη Τακτική qui eût dû, plutôt, être corrigée.[89] Et en l'espèce en 'ποσί'. Car à la suite de l'occurrence de πήχεσι, il y en a quatre du mot πούς, où le pied est l'étalon tant de la longueur de la sarisse que des intervalles d'un rang à l'autre de la phalange. Ne devrait-on donc pas croire que ce πήχεσι était un lapsus d'ARRIEN, ou bien plutôt, quelque erreur du copiste du manuscrit byzantin ayant réalisé le *codex* du Xe siècle qui est à la base de notre version de la Τέχνη Τακτική (Roos et Wirth 1968 : XX-XXI), pour ποσί ?

I. 6. 7. 4. 2. Des lances maniées à une main

Quoi qu'il en soit de ce point-ci, un détail tendrait à prouver que les manuscrits ne sont pas ici fondamentalement corrompus. Le passage d'ARRIEN de la Τέχνη Τακτική rapporté ci-dessus (XII, § 7) se continuait en effet comme suit : « καὶ τούτων οἱ μὲν τέσσαρες <ἐς> τὴν χεῖρα τε τοῦ κατέχοντος καὶ τὸ ἄλλο

---

[86] Quant au propre texte d'ÉLIEN le Tacticien, 14, § 2, il suit donc les dimensions données par POLYBE.
[87] Leur correction avait été tôt critiquée par Grote (1866 : 119-20), puis par Kromayer et Veith (1928 : 134 *sqq.*, n. 3), suivant en cela Bauer (cf. von Müller et Bauer 1893 : 447, n. 1), lequel s'appuyait lui-même sur E. Lammert (1889 : 19) : « Lammert a. a. O. S. 19 hat gezeigt, » avait résumé Bauer, « dass Rüstow und Köchly mit Unrecht an den überlieferten Angaben gezweifelt und die Ellen durch „Fuss" ersetzt haben ». Il précisait à la suite « Polybios (XVIII 29) sagt ausdrücklich, dass die Sarisse κατὰ τὴν ἐξ ἀρχῆς ὑπόθεσιν sechzehn κατὰ δὲ τὴν ἁρμογὴν τὴν πρὸς τὴν ἀλήθειαν vierzehn Ellen lang sei. » Même critique de Schöne (1912 : 204). Une des raisons principales de cette conception était la comparaison avec l'armement de la Renaissance pour la question relative au poids des sarisses de quatorze pieds décrites par POLYBE, impossiblement trop lourd pour eux. Dans un article de la première partie de sa carrière, Kromayer (1900 : 226-7) avait sur ce point conclu de la sorte : « Wenn ich zum Schlusse noch hinzufüge, dass die längsten Speere der Landsknechte, die uns bekannt sind, nur um 36 cm hinter den 14 elligen des Polybius zurückbleiben,3) Die Spiesse der Lansdknechte betrugen 18 Fuss nach Montecuculi (sic) *Mém.* p. 26, Macchiavelli a. a. O. II S. 232 u. a.; 14 polybianische Ellen sind 6,21 m (falsch Daremberg 7,20 Lit. H. p. 36), 18 alte pariser Fuss sind 5,85, da der betr. Fuss 0,325 beträgt. Behm. geogr. Jahrbuch I S. XLI. — Volle 14 Ellen würden nach Jähns a. a. O. S. 756 auch für die Lansdknechte heraus kommen. Er spricht von Piken von über 6 m. Länge, aber leider ohne Beleg. so glaube ich auch von dieser Seite her die Existenzmöglichkeit der Polybianischen Sarissen erwiesen und somit jeden Einwand, der von dieser Seite her gegen den Gliederabstand von drei Fuss erhoben werden kann, aus der Welt geschafft zu haben. »
[88] « Dass einige Handschriften Arrians Kap 14, 4 [de la numérotation de Köchly et Rüstow = 12, §§ 8-9] πόδες statt πήχεις aufweisen, ist auf einen Irrtum des Schreibers zurückzuführen ».
[89] « ἀνὴρ γὰρ ὁπλίτης εἱστήκει αὐτοῖς κατὰ πύκνωσιν ἐν δύο πήχεσι μάλιστα. » — « In realtà, l'oplita occupava all'incirca, in formazione compatta, lo spazio di due cubiti. » (Sestili 2011 : 53).

σῶμα ἀπετείνοντο, οἳ δώδεκα δὲ προεῖχον πρὸ τῶν σωμάτων ἑκάστου τῶν πρωτοστατῶν. » (« quattro dei quali erano impegnati dalla mano e dal resto del corpo ci chi impugnava la sarissa, mentre gli altri dodici si protendevano davanti ai corpi di ognuno dei soldati schierati nella prima linea. » Sestili 2011 : 53). Ainsi, selon ce passage, ce serait ici à la main que la sarisse serait portée — et non au moyen des deux mains. On constate que le « <ἐς> τὴν χεῖρα » de cet extrait d'ARRIEN s'oppose au passage parallèle de POLYBE (XVIII, 29, § 3), « τούτων [*id est* des quatorze coudées que mesure l'arme selon l'historien achaïen] δὲ τοὺς τέτταρας ἀφαιρεῖ τὸ μεταξὺ τοῖν χεροῖν διάστημα », « dont il faut retrancher 4 représentant la distance entre les deux mains du porteur et la partie qui fait, à l'arrière, contrepoids à la partie antérieure » selon la traduction de Garlan (1972 : 98) — même information chez ÉLIEN le Tacticien (XIV, § 3).

Nous sommes donc conduits à penser qu'ARRIEN décrivait ici la phalange des Argéades, celle où la sarisse était encore maniée à une main,[90] alors que POLYBE (XVIII, 21-7), là, présentait en détail la lourde formation de piquiers des armées antigonides tardives (à l'occasion, rappelons-le, de son exposé de la bataille de Cynoscéphales). Et, par voie de conséquence, notre hypothèse que l'occurrence de πήχεσι du § 6 du douzième chapitre de la Τέχνη Τακτική d'ARRIEN dût être corrigée en ποσί nous semble devoir être reçue, car la cohérence de l'entièreté des §§ 6-10, l'imposerait : puisque, du premier au sixième rang, les pointes des sarisses saillissent avec un décalage de deux pieds (ARRIEN, Τέχνη Τακτική, XII, §§ 8-9), l'intervalle entre les hommes, d'un rang à l'autre, ne pouvait être deux coudées,[91] comme indiqué au § 6 — mais bien de deux pieds.[92] Et puisque l'intervalle minimum, dans la phalange des piquiers, était d'une coudée, ou

---

[90] On se rappellera que selon ce manuscrit anonyme de 1446 sur le costume militaire des Français (cf. ci-dessus à notre appel de n. 64), la lance la plus longue, pour pouvoir être brandie à une main, ne devait pas dépasser les 15 pieds de roi, soit 15 x 326 cm (sur cet étalon, cf. ci-dessus à notre appel de n. 65). Si le pied qui avait servi d'étalon à ARRIEN était le nouveau pied long de 301 mm introduit au temps d'Alexandre (cf. ci-dessus notre n. 35), alors, selon la leçon du tacticien antique, ces *contraintes* physiques seraient respectées. Les armes décrites auraient ici mesuré 4 m 816 et là 4 m 89. Tout ceci plutôt théoriquement sans doute, comme tendrait à le montrer un inventaire de l'arsenal de Berne daté de 1687 où l'on constate le peu d'uniformité des hampes des piques des XVIe et XVIIe siècles — cf. Wegeli (1939 : 140 *sqq.*). En tout cas, cette leçon tirée de ce manuscrit de la fin du Moyen-Âge paraît bien invalider une nouvelle assertion de Matthew (2015 : 15) selon lequel « a weapon doubled in length from eight to sixteen Greek feet could not have been wielded one-handed ».

[91] Comme indiqué chez POLYBE (XVIII, 29, § 7) ; ÉLIEN le Tacticien (XIV, § 4) ou ASCLÉPIODOTE (V, § 1) — dans la formation intermédiaire, ἡ πύκνωσις.

[92] E. Lammert justifiait ainsi l'erreur qu'il pensait déceler (cf. ci-dessus notre n. 88), pour la raison suivante (cette citation-ci vient juste à la suite, dans l'original, de celle rapportée *supra* en cette n. 88) : « denn 14, 1 werden die Rotten- und Gliederabstände wieder richtig nach Ellen berechnet. » (Lammert 1889 : 19).

un pied et demi,[93] cet intervalle-là, de deux pieds seulement, ne serait en rien inconcevable. Nous pensons d'ailleurs en trouver quelque confirmation au sein du Περὶ Στρατηγίας, ce traité anonyme rédigé du temps de Justinien que nous avons évoqué ci-dessus, et notamment au sein du premier paragraphe. La 'phalange' protobyzantine, organisée de façon à ce que les rangs fussent distants d'une coudée,[94] pouvait faire saillir quatre fers de lance. Ici ces armes, si l'on suit la leçon du traité de l'empereur MAURICE de peu postérieur, étaient longues, comme on l'a vu, de quelque 3 m 60. Or, puisque les lances de 16 pieds d'ARRIEN paraissent devoir être portées à quelque 4 m 80 (cf. notre n. 90), la différence, 1 m 20, correspond quasiment exactement à quatre pieds selon l'étalon qui nous semble pouvoir avoir été utilisé par ARRIEN, ce nouveau pied de 301 mm introduit du temps d'Alexandre (cf. notre n. 35). Autrement dit à deux fois ces deux pieds de quelque 30 cm chacun ce qui correspond, selon nous, à l'espace de deux rangs supplémentaires qui, dans la description de la phalange selon l'historien de Nicomédie, pouvaient encore faire saillir leurs fer de lance (ARRIEN, Τέχνη Τακτική, XII, §§ 9-10).

I. 6. 7. 4. 3. Le manuel d'infanterie macédonien comme source des traités des tacticiens ?

Si l'on suit cette interprétation, comment dès lors rendre compte, nous objectera-t-on peut-être, de l'extrême similitude entre, d'une part, le traité d'ARRIEN (les lances font seize pieds et l'intervalle entre les rangs serait selon notre hypothèse de deux pieds), avec, outre le passage de POLYBE sur la phalange macédonienne, ceux d'ÉLIEN le Tacticien et d'ASCLÉPIODOTE où les 'sarisses' ont une longueur maximale de 16 coudées, l'intervalle étant de deux coudées ? Cette extrême similitude ne justifierait-elle pas les corrections des savants qui, comme nous venons de le voir, ont voulu amender l'un (ARRIEN) par les autres (POLYBE et al.), ou les autres (POLYBE et al.) par l'un (ARRIEN) ?

Avançons ici une explication possible : si ARRIEN décrivait plus la phalange originelle, celle où les longues lances macédoniennes étaient encore maniées à une main, les tacticiens ultérieurs, ceux nous présentant une phalange macédonienne étant désormais devenue une phalange de piquiers, n'auraient traduit qu'une évolution du règlement de l'infanterie lourde macédonienne, dont la version dernière, celle décrivant l'organisation d'une phalange de piquiers, découlait nécessairement de celle qui précédait, c'est-à-dire d'un règlement destiné à des lanciers maniant de très longues lances. Les formations, que les hoplites eussent manié des lances ou bien des piques *stricto sensu*, étaient fort similaires.

---
[93] ASCLÉPIODOTE (IV, § 1) ; ÉLIEN le Tacticien (XI, § 2). Il s'agit de la formation dite du συνασπισμός.
[94] Qui dès lors pourrait être la longue coudée byzantine de quelque 62 cm ? Cf. ci-dessus à notre appel de n. 61.

Nous ne pensons donc pas invraisemblable que la similitude *a priori* attribuable à quelque erreur des manuscrits entre les deux séries de descriptions, porte en fait la trace de deux moments différents (donc décrits différemment dans les manuels d'infanterie originaux) mais néanmoins similaires du fait d'une filiation inhérente au développement de la phalange macédonienne. Ne faudrait-il pas voir dans cette origine commune, en l'espèce le manuel d'infanterie macédonien considéré dans ses évolutions, l'analogie entre des textes dont les différences paraissent parfois irréductibles ? Et plutôt qu'uniquement dans quelque texte originaire commun transformé (voire déformé) par la transmission, conception à laquelle la *Quellenforschung* semble avoir abouti ?[95]

I. 6. 7. 4. 4. La question de la saillie des lances de 16 pieds

On remarquera en tout cas que cette phalange de lanciers où la sarisse était tenue à une main aurait pu, selon du moins la description du traité d'ARRIEN et dans son ordre le plus compact, engager l'ennemi non pas sur trois ou quatre rangs comme nous le suggérions-ci dessus mais sur six rangs (ARRIEN, *Τέχνη Τακτική*, XII, §§ 9-10). Ne serait-ce pas trop puisque les piquiers macédoniens, quant à eux armés d'armes de 14 coudées (ou 21 pieds), n'étaient présumés présenter à l'ennemi que les fers des cinq premiers rangs ?[96]

Mais il faut ici se rappeler que selon l'ordonnance 'polybienne' chaque rang était séparé l'un de l'autre, dans l'ordre de bataille ordinaire, de deux coudées.[97] Autrement dit, la distance du premier au cinquième rang était de 8 coudées, soit 12 pieds. Alors que si, comme nous le croyons, l'intervalle minimal de la phalange macédonienne initiale, celle où les sarisses étaient encore maniées à une main et dont ARRIEN porte trace, était de deux pieds, ou une coudée un tiers, la distance entre le premier et le sixième rang était de 10 pieds, soit 6 coudées 2/3. On comprend donc que cette distance-ci, étant inférieure, eût permis de faire saillir encore les armes du sixième rang, et en l'espèce de deux pieds — alors que si les armes du septième ne pouvait saillir, c'est qu'elles étaient

---

[95] Sur la *Quellenforschung* relative aux traités d'ARRIEN et d'ÉLIEN le Tacticien, voir tout spécialement les travaux de Dain. Celui-ci était arrivé à la conclusion (Dain 1946 : 32), que ces deux traités, ainsi que les *Definitiones*, sont « trois travaux distincts utilisant continuement la même source » — cf. également le parlant schéma que l'érudit philologue avait publié (Dain 1946 : 39).
Nota bene
Definitiones n'est qu'un titre donné par Dain. Les *Definitiones* correspondent à ce texte publié par Köchly et Rüstow (1855 2 : 217-33) sous son titre grec, Ἑρμηνεία τῶν ἐπὶ στρατευμάτων καὶ πολεμικῶν παρατάξεων φωνῶν.
[96] Voir le début du passage du livre XVIII de POLYBE que nous avons reproduit dans notre étude ci-dessous, **'Infanterie lourde' : une notion entre armement et ordonnance tactique. Le cas de la phalange macédonienne** (à l'appel de notre n. 262).
[97] C'est la formation dite πύκνωσις : cf. ASCLÉPIODOTE (IV, § 1) et ÉLIEN le Tacticien (XI, § 2).

trop courtes pour cela, car la lance décrite par ARRIEN mesurait au maximum 16 pieds dont quatre faisait, vers l'arrière, contrepoids.

En somme, les données paraissent s'accorder. Cette phalange de lanciers à très longues lances de 16 pieds, dont le sixième rang aurait encore pu aborder l'ennemi, paraît crédible. Néanmoins, et selon ARRIEN lui-même (Τέχνη Τακτική, XII, § 10), il faut croire qu'en pratique les hommes du sixième rang jouaient plus par leur masse que par leur capacité de frapper l'ennemi par la pointe de leurs lances : « καὶ οἱ τῷ ἕκτῳ δ' ἐφεστηκότες εἰ μὴ καὶ αὐταῖς ταῖς σαρίσαις τῷ γε βάρει τῶν σωμάτων ξυνεπήρειδον τοῖς πρὸ σφῶν τεταγμένοις » — « Coloro che erano schierati nella sesta linea, se non proprio con il sarisse, premevano con il peso del loro corpo su quelli schierati davanti » (Sestili 2011 : 52).

I. 7. Quant fut introduite la phalange de piquiers, c'est-à-dire 'la phalange macédonienne' de la vulgate ?

Si donc, à l'analyse des sources tant littéraires qu'archéologiques, nous sommes portés à la conception d'une phalange macédonienne où, sous les Argéades, les fantassins, en formation de bataille, n'étaient pas encore armés de la pique nécessitant les deux mains (ou du moins pas tous), on est évidemment amené à s'interroger : quand donc aurait été introduite la 'phalange macédonienne', c'est-à-dire cette formation de piquiers si bien décrite par les tacticiens et, en premier lieu, par POLYBE ?

L'appellation de troupes 'armées à la Macédonienne' apparaît à divers endroits du livre XIX de DIODORE.[98] Mais aucun des passages en question ne nous enseigne la nature de cet armement. Comme on pourra remarquer en outre que, sauf erreur de notre part, on trouve la première occurrence de cette façon d'armer des troupes non-macédoniennes pour la troupe des Perses épigones mis sur pied par Alexandre lui-même,[99] on peut supposer, au vu de nos analyes, qu'il ne faut pas mettre sous l'expression ce que la vulgate croit comprendre, *id est* que les fantassins εἰς τὰ Μακεδονικὰ καθωπλισμένοι étaient des piquiers.

---

[98] « οἱ καθωπλισμένοι (...) εἰς τὰ Μακεδονικὰ » (DIODORE, XIX, 27, § 6), « armés (...) à la macédonienne » selon la traduction de Bizière (1975 : 43). On trouvera la même expression en 29, § 3 et une expression similaire en 14, § 5 : cf. encore Anson (2010b : 264 – n. 2 de la p. 81), qui en outre avait relevé une autre occurrence, en 40, § 3.
[99] ARRIEN (Ἀνάβασις Ἀλεξάνδρου, VII, 6, § 1 ; avec écho en 8, § 2) ; DIODORE (XVII, 108, §§ 1-2). Sur cet épisode, cf. la riche note d'érudition de Goukowsky (1976 : 265) — qui d'ailleurs n'a pas été, par erreur, marquée d'une étoile dans le corps du texte, selon la règle éditoriale choisie par la *Collection des Universités de France*.

Aucun des récits conservés des guerres des diadoques ne paraît éclairer la question.[100] Ultérieurement, les campagnes de Pyrrhos en Italie (280-275 av. J.-C.) tendent à prouver, selon Delbrück, que les phalangites n'étaient pas encore à cette époque des piquiers. Car d'après une analyse selon nous des plus pertinentes, l'alternance, dans la ligne de bataille du roi épirote, d'unités italiques et macédoniennes (ou d'unités 'armées à la macédonienne')[101] montre que la phalange de Pyrrhos ne pouvait être pas encore être une phalange de piquiers,[102] elle qui ne tirait sa force que de sa masse laquelle, entièrement serrée, formait un bloc irrésistible.[103]

---

[100] « Auch unter den nächsten Nachfolgern Alexanders kann die polybianische Sarissenphalanx kaum schon existiert haben. » (Delbrück 1920 : 471 — Livre VI, chapitre 1er).

[101] « Πύρρος γε μὴν οὐ μόνον ὅπλοις, ἀλλὰ καὶ δυνάμεσιν, Ἰταλικαῖς συγκέχρηται, τιθεὶς ἐναλλὰξ σημαίαν καὶ σπεῖραν φαλαγγιτικὴν ἐν τοῖς πρὸς Ῥωμαίους ἀγῶσιν. ἀλλ' ὅμως οὐδ' οὕτως ἐδύνατο νικᾶν, ἀλλ' ἀεί πως ἀμφίδοξα τὰ τέλη τῶν κινδύνων αὐτοῖς ἀπέβαινε. » (POLYBE, XVIII, 28, §§ 10-11). « 10. Quant à Pyrrhos, il employa non seulement des armes mais aussi des troupes italiennes. Dans les batailles livrées par lui aux Romains, il rangeait alternativement les manipules et les compagnies de phalangites. 11. Et malgré cela, il n'a pas réussi à les vaincre et toutes ces batailles ont eu un résultat plutôt douteux. » (Roussel 1970 : 970).

[102] « Es wird uns aber ausdrücklich berichtet, daß er in Italien Italiker mit italischer Bewaffnung in sein Heer einstellte, und zwar abwechselnd ein Fähnlein Epiroten und ein Fähleïn Italiker. Das ist nur möglich bei einer Bewaffnung, die, wenn auch an sich verschieden, doch auf eine analoge Kampfesart angelegt ist. (...) Nun kann allerdings, wie mir der praktische Versuch gezeigt hat, eine kleine Abteilung auch mit Langspießen eine Attacke mit Marsch-Marsch machen, dennoch bleibt natürlich ein Temperamentunterschied zwischen einem Fähnlein mit Langspießen und einem mit Kurzspießen, und dabei verlieren die Sarissenträger, was ihnen schlechterdings unentbehrlich ist die gesicherten Flanken. » (Delbrück 1920 : 471 — Livre VI, chapitre 1er).

Ces judicieuses remarques conduisent alors à se demander comment, même avec une phalange groupée en masse, résoudre la question de la protection de ses flancs découverts. Mais on peut penser que dans le cas d'une bataille idéale, la phalange de piquiers aurait renversé la ligne de bataille adverse avant que de risquer de se voir menacer sur ses propres flancs, quant à eux en théorie couverts : « Die Sarissenwaffe (...) auf den Flügeln durch andere Truppen gedeckt sein muß » avait ainsi indiqué Delbrück (1920 : 472 — Livre VI, chapitre 1er). Ces « andere Truppen » auraient été par principe des unités de cavalerie (la cavalerie était régulièrement, dans l'ordre tactique, placée sur les ailes), unités qui, dans le cas de cette bataille idéale, auraient évidemment été en charge de la poursuite d'un ennemi balayé du champ de bataille.

En tout cas, nous nous rallions à la pertinence de la vision de Delbrück : si Pyrrhos avait alterné, dans sa ligne de bataille, des unités italiques dotées d'armes d'hast courtes, et des *sarissophores* équipés de piques, sa phalange aurait couru le grand risque d'être désunie, de n'avoir aucune tenue d'ensemble. Mais les très durs affrontements que le roi livra aux Romains à Héraclée (280 av. J.-C.), à Asculum (279 av. J.-C.) et Bénévent (275 av. J.-C.) montrent au contraire que sa ligne de bataille était très solide.

Connolly (1998 : 106-12), avait offert une bonne vision d'ensemble de l'armement italique de cette époque : « To summarise », écrivait cet excellent compilateur (Connolly 1998 : 112), « the southern Italian highland warrior in the 4th century was a fairly lightly armed javelineer or spearman using a light body shield similar to the scutum. All soldiers probably wore helmets and belts, though metal cuirasses and greaves would have been restricted to the wealthier classes ». Ajoutons que les analyses iconographiques menées par Saulnier (1984 : 84), « montrent que l'on pratiquait l'escrime à la lance et que, souvent, on se munissait de lances de réserve ; ces constatations confirment ce que suggérait le mobilier funéraire ». Comme, en outre, « l'adoption d'armes grecques marque, aux Ve et IVe s., l'apparition d'une infanterie lourde chez les peuples osques » (Saulnier 1984 : 86), nous sommes portés à croire que la nature des troupes d'infanterie mises en ligne contre les Romains par Pyrrhos était similaire : Macédoniens (on rappellera que, selon JUSTIN, XVII, 2, § 13, Ptolémée

Faudrait-il dès lors voir avec cette mention de POLYEN (Στρατηγικά, II, 29, § 2) d'une pique de seize coudées (lors d'un événement qui, comme nous l'a exposé ci-dessus, est à dater de 274 av. J.-C.) une borne indiquant qu'à cette époque la phalange macédonienne avait été dotée de « Langspießen », c'est-à-dire de 'sarisses' selon la signification ordinaire que les historiens modernes donnent au mot (= 'piques') ? « Es wäre auch möglich », remarquait une nouvelle fois avec grande pertinence Delbrück (1920 : 481 — Livre VI, chapitre 1er) au sujet des plus longues sarisses de 12 coudées évoquées par THÉOPHRASTE, que « der Philosoph mit der »längsten Sarisse« keine Feldwaffe, sondern eine im Belagerungskrieg, bei der Mauerverteidigung oder aus den Schiffen gebrauchte, im Auge gehabt hat. » Cette remarque ne s'appliquerait-elle pas *a fortiori* pour ces immenses piques de seize coudées, autrement dit de quelque 7 m si l'on prend comme étalon la coudée la plus courte, mais presque de 8 m dans le

---

— Kéraunos selon nous ; contra cf. Hammond 1988 = Hammond 1994b — avait offert pour deux ans un renfort de 5000 fantassins, 4000 cavaliers et 50 éléphants à Pyrrhos), Épirotes, Tarentins ou soldats italiques, il devait s'agir là de fantassins peu ou prou équipés comme des hoplites de l'âge classique, maniant la lance et protégés par un bouclier. Indiquons enfin qu'Hamburger (1927) n'avait pas exploré la question de l'armement de la phalange de Pyrrhos et que quant à lui Lévêque, dans son ouvrage de référence, dans l'école française, sur le roi épirote, avait exposé un point de vue qui s'oppose diamétralement à celui de Delbrück mais dont les arguments montrent le caractère superficiel : « Disposition souple et habile, que Pyrrhos utilisait alors pour la première fois (à Héraclée il n'avait pas encore l'appui de ses alliés italiques) et qui poursuivait un double but : encadrer les Barbares d'Italie de troupes grecques jugées plus solides ; mais aussi balancer ce que la phalange pouvait avoir de trop massif et de trop raide par les manipules (σημαία) des Italiques, habitués à combattre comme les Romains. » (Lévêque 1957 : 392-3). Précisons enfin ici que Lévêque (1957 : 393, n. 2) donnait bien aux phalangites de Pyrrhos 'l'armement macédonien', c'est-à-dire la pique, suivant en cela Wuilleumier (1939 : 186). Car ce dernier faisait implicitement de cet 'armement macédonien' un armement de piquiers puisqu'il considérait « cet armement, d'origine macédonienne » à la lumière d'un passage de TITE-LIVE (XLIV, 41, § 2) relevant de la Troisième Guerre de Macédoine (Wuilleumier 1939 : 186, n. 4 — si ce passage ne fait que référence à la phalange 'leukaspide' de Persée à Pydna, en tout état de cause, à cette époque-ci, comme nous l'exposerons ci-dessous, la phalange macédonienne était incontestablement une phalange de piquiers).

[103] « Die Sarissenphalanx [il faut ici comprendre 'la phalange des piquiers'], so lange sie in Ordnung bleibt, drückt alles vor sich nieder. » (Delbrück 1920 : 471). Les premières péripéties de la bataille de Cynoscéphales et de celle de Pydna confortent absolument cette conception. À Cynoscéphales, une fraction de la phalange délogea tout d'abord les Romains de leur position (cf. POLYBE, XVIII, 25, § 2 ; 26, § 3 ; TITE-LIVE, XXXIII, 8, §§ 9-10 ; PLUTARQUE, Τίτος, VIII, § 4, avait aussi évoqué combien la phalange macédonienne avait tout d'abord renversé l'adversaire) ; à Pydna, PLUTARQUE (Αἰμίλιος Παῦλος, XVIII, §§ 8-9) nous montre les *Chalcaspides* refoulant leurs adversaires au point que leurs premiers morts tombèrent très près du camp romain (ἀπὸ δυεῖν σταδίων — « à deux stades » selon la traduction de Chambry et Flacelière 1966 : 92). Si l'on se réfère au plan de la bataille donné par Hammond (Hammond et Walbank 1988 : 554), ceci donnerait à penser que les *Chalcaspides* auraient repoussé leurs opposants sur plus de 500 m — cf. Hammond et Walbank (1988 : 550) pour la localisation précise du camp romain, mais étonnemment, sans justification ; selon Jal (1976 : 144-5, n. 9 de 44, § 9), la localisation du camp romain paraît difficile à établir, du fait de la confusion dans laquelle les sources sont ici tombées à ce sujet. TITE-LIVE avait rappelé le caractère irrésistible de la formation macédonienne, « *cuius confortae et intentis horrentis hastis intolerabiles uires sunt* », « dont les forces sont irrésistibles quand ses rangs sont serrés et quand elle présente un front hérissé de piques » (TITE-LIVE, XLIV, 41, § 6).

cas où l'information fournie par POLYEN aurait eu comme unité de mesure le pied de Philétairos (dimension excessive d'autant moins probable que, comme l'avait indiqué Bailly [1950d], ce pied de Philétairos avait été « employé surtout en Asie à partir du IIIe siècle av. J.-C. ») ? Et sachant en outre que l'anecdote rapportée par POLYEN (Στρατηγικά, II, 29, § 2) vient prendre place durant un siège, celui d'Édesse, conduit par l'aventurier spartiate Cléonyme ?

Il nous faut ici revenir à la lettre du stratagème :

Κλεώνυμος Ἔδεσσαν πολιορκῶν, τοῦ τείχους πεσόντος, τῶν πολεμίων ἐπελθόντων σαρισοφόρων — ἑκάστη σάρισα πηχῶν ἦν ἑκκαίδεκα — ἐπύκνωσε τὴν αὑτοῦ φάλαγγα ἐς βάθος· τοὺς δὲ πρωτοστάτας καὶ τοὺς τούτων ἐπιστάτας ἄνευ δοράτων ἔταξε παραγγείλας, ἂν συμμίξωσιν οἱ σαρισοφόροι, διαλαβεῖν ἀμφοτέραις ταῖς χερσὶ τὴν σάρισαν καὶ κατέχειν, τοὺς δὲ ἑπομένους παρὰ πλευρὸν ἑκάστου παρελθόντας ἐνεργεῖν τὴν μάχην. οἱ μὲν ἐλάβοντο τῶν σαρισῶν (οἱ δὲ) ἀνθέλκοντες, οἱ δὲ κατόπιν παρελθόντες ἀνεῖλον τοὺς σαρισοφόρους, καὶ ἄχρηστον ἠλέγχθη τὸ σάρισης μέγεθος τῇ Κλεωνύμου δεινότητι.

Krentz et Wheeler (1994 : 201-3) avaient traduit ce passage comme suit :

« Cleonymus was besieging Edessa. After the wall fell and the enemy came out carrying sarissas—each sarissa was sixteen cubits long—he compacted his phalanx and made it deep. He arranged the first two ranks without spears and ordered them, when the sarissa-bearers engaged, to seize the sarissa with both hands and hold tight, and he ordered the men behind to go past them and carry on the fight. The former grabbed the sarissas and pulled, while the men coming up from behind killed the sarissa-bearers. The sarissa's length proved useless due to Cleonymus' cleverness. ».

Comme on le constate, c'est à travers l'éboulement (τοῦ τείχους πεσόντος) que les défenseurs d'Édesse font une sortie, armés de leurs longues piques.[104] Celles-ci seraient-elles donc ici des *Feldwaffen* ?[105] Rien n'est moins certain à notre avis mais si l'on se rangeait à cette hypothèse, ceci porterait à croire qu'à

---

[104] Indiquons un épisode fort similaire relaté en détails par TITE-LIVE (XXXII, 17, §§ 11-17) au siège d'Atrax, en 198 av. J.-C. Mais cette fois-ci les légionnaires romains ne purent entamer les piquiers.
[105] *Contra*, peut-être, le fait que ces *sarissophores* semblent, à la lecture du stratagème mis en œuvre par Cléonyme, s'être mis sur deux rangs (puisque Cléonyme leur avait opposé deux rangs dépourvus de lances, chargés de se saisir des piques de leurs adversaires). Et manifestement dans un ordre ouvert si ce n'est lâche, ce qui ne ressemble guère à la formation réglée des lourdes formations de piquiers de Philippe V et de Persée. Mais peut-être était-ce dû au caractère improvisé d'un combat engagé au travers d'un éboulement ? En tout cas, cette improvisation et cette formation hasardeuse furent infructueuses, à l'inverse de l'épisode du siège d'Atrax mentionné à notre note précédente.

cette époque, autrement dit à l'abord du deuxième quart du IIIe siècle av. J.-C., la phalange macédonienne était alors devenue une phalange de piquiers.[106]

En tout cas, si l'année 274 av. J.-C. semble certes fournir un *terminus post quem* pour voir la 'sarisse' (= la pique) en usage dans la phalange macédonienne, quand pouvait-elle avoir été introduite ? Ne pourrait-on y voir une conséquence de l'invasion gauloise de 280/279 av. J.-C. et de l'effondrement de l'armée macédonienne menée par Ptolémée Kéraunos, puisque les grandes catastrophes militaires provoquent en règle générale des réformes radicales ? Mais comme nous l'avons vu à la suite de Bouthoul (1970 : 406), ce sont alors les armes victorieuses qui sont imitées. Or la tactique gauloise n'était semble-t-il pas basée sur des unités de lanciers combattant en ordre serré, mais sur des *warbands* se précipitant sur l'ennemi la lance et/ou l'épée à la main.[107] Il paraît donc peu probable que la pique eût été introduite dans la phalange macédonienne entre 279 et 274 av. J.-C. Ne faudrait-il donc pas plutôt, nous l'avons déjà suggéré ci-dessus, y voir une innovation de l'inventif Poliorcète ? Elle aurait alors pu être réalisée lors de ses armements de 290-287 av. J.-C., armements auxquels Démétrios procéda en vue du dernier avatar du grand projet antigonide, à savoir la reconstitution, au profit de cette dynastie, de l'empire d'Alexandre (Juhel et Temelkoski 2011 : 189 — selon PLUTARQUE, Δημήτριος, XLIII, § 3-XLIV, § 3). Dans cette hypothèse, le Poliorcète aurait instauré cette réforme en vue des grandes batailles à venir contre les phalanges des armées séleucides, lysimachides et lagides. Son goût pour les armes extraordinaires militerait certes en ce sens.

---

[106] Delbrück (1920 : 708-20), sauf erreur de notre part et au vu de son index « Namen- und Sachregister », paraît avoir manqué cette importante source, de même que l'indication de PLUTARQUE (Κλεομένης, XI, § 3) où est rapporté que le roi spartiate « ὁπλίτας τετρακισχιλίους ἐποίησε, καὶ διδάξας αὐτοὺς ἀντὶ δόρατος χρῆσθαι σαρίσῃ δι' ἀμφοτέρων καὶ τὴν ἀσπίδα φορεῖν δι' ὀχάνης, μὴ διὰ πόρπακος », « forma un corps de quatre mille hoplites, et leur apprit à se servir, au lieu de la lance, de la sarisse, que l'on tient à deux mains, et à porter le bouclier par une courroie, et non pas une poignée » (Chambry et Flacelière 1976 : 52). Aussi Delbrück (1920 : 472 — Livre VI, chapitre 1er) descendait-il aussi bas que l'époque du règne de Philippe V pour voir la naissance de la phalange des piquiers macédoniens, ce qui est donc manifestement erroné.

[107] Deyber (2009 : 316-22), dans son chapitre « L'infanterie, " reine des batailles " », a tenté de faire la part des choses entre récits littéraires et 'archéologie vivante'. Si pour lui « [i]l est absurde de soutenir de nos jours, comme certains le font encore, que les Celtes se rendaient au champ de bataille dans la pagaille et combattaient en désordre », (Deyber 2009 : 316), étant donné que la formation en ordre serré, mentionnée dans les sources littéraires (pour laquelle il usait du terme même de « phalange » — Deyber 2009 : 317), semble peu convenir à la réalité technique de l'armement du fantassin gaulois, il faut croire que leur tactique réelle relevait d'une « formation ouverte » (Deyber 2009 : 320) à partir de laquelle l'host gaulois se lançait « au pas de course » (Deyber 2009 : 322) sur l'ennemi.
En somme, l'imitation possible, par les Grecs et les Macédoniens, de l'art de la guerre des Gaulois ne saurait se trouver de ce côté-ci et il a plutôt été vu dans l'introduction du *thyréos*, une arme qui fleurit au IIIe siècle av. J.-C. dans le monde gréco-macédonien : cf. par exemple Couissin (1932 : 76).

Mais un autre candidat nous semble possible, et en l'espèce à favoriser : Antigone Dôsôn. Nous avons remarqué que Cléomène avait réformé l'infanterie spartiate selon l'ordonnance macédonienne entre 227 et 223 av. J.-C. (et plutôt dès 227 av. J.-C. — cf. notre n. 82). Or c'est aussi vers cette époque qu'il faut placer, selon les toutes dernières recherches, une réforme de l'infanterie béotienne inspirée, selon ces mêmes lignes, de l'infanterie de bataille du puissant voisin du nord. À l'occasion du compte-rendu du livre d'A. S. Chankowski sur l'éphébie à l'époque hellénistique, Knoepfler (2012 : 574) avait tout d'abord indiqué que l'auteur « a dressé la liste des catalogues susceptibles d'être placés avant ce qu'il est convenu d'appeler la réforme militaire, c'est-à-dire l'adoption de la tactique macédonienne [et en premier lieu de l'armement]. Il rappelle que, si cette réforme était placée aux lendemains de la défaite de 245 par M. Feyel (1942), P. Roesch préférait la mettre très précisément en 251 déjà, sur la base d'arguments que Ch. n'a pas tort de juger peu convaincants ». Or, ajoutait Knoepfler, « [o]n relèvera dès à présent que ce débat sera de toute façon rendu caduc par les conclusions auxquelles, sur la base de documents nouveaux, est parvenu Y. Kalliontzis dans sa thèse de doctorat sur la Béotie hellénistique, car la réforme militaire ne saurait guère avoir eu lieu avant 230 ». Si les Lacédémoniens et les Béotiens, dans l'antépénultième décennie du IIIe siècle av. J.-C., réformèrent leur infanterie de la bataille en s'inspirant de la phalange de piquiers, 'sarissophore', macédonienne, ne peut-on légitimement croire qu'ils adoptèrent rapidement et un armement, et une ordonnance, fraîchement instaurés par les Antigonides ? L'histoire militaire fourmille d'exemples de la mise en service d'armements nouveaux pour répondre à des menaces bien réelles, éprouvées ou craintes. Il nous semble ainsi bien plus plausible que l'instauration, dans l'infanterie de ligne macédonienne, de la phalange de piquiers dut se placer peu avant celles de leurs imitateurs. Et en l'occurrence le contexte historique s'y prête puisque le règne du prédécesseur d'Antigone Dôsôn, Démétrios II, « s'achevait en débâcle », et en l'espèce en débâcle militaire, du fait des Dardaniens. Le roi fut « battu par les barbares, tué au combat peut-être » (Will 1979 : 353). Or l'infanterie de bataille dardanienne, au témoignage de VÉGÈCE (*Epitoma rei militaris*, II, 2, § 1), s'organisait, comme celle des Grecs ou des Macédoniens, en phalange. Ne pourrait-on en induire que lors de cet affrontement la phalange dardanienne eut le dessus sur son homologue macédonienne ? Ce qui aurait pu, alors, conduire cette dernière à se réformer sous les auspices d'un Dôsôn pour, devenant alors une phalange de piquiers, retrouver sur le champ de bataille cette supériorité sur des adversaires dotés de longues lances certes, mais désormais plus courtes ?

Quelle que fût la date de l'instauration de la phalange de piquiers au sein de l'armée antigonide, la logique imposerait qu'à un certain moment de son développement, la phalange macédonienne mixa des rangs où la lance était maniée à une main avec des rangs, ceux de l'arrière, où les soldats auraient été dotés de piques tenues des deux mains — plutôt que d'une révolution radicale où l'on aurait vu tous les hoplites macédoniens abandonner leurs très longues lances pour être tous rééquipés de piques. Ne pourrait-on trouver dans un passage du trentième chapitre de la *Sylloge tacticorum* publié et commenté par Dain une allusion et à cet armement mixte, et au fait que Philippe II (plus qu'Alexandre à la considération des sources directes exposées ci-dessus — DIODORE, XVI, 3, § 2 ; POLYEN, Στρατηγικά, IV, 2, § 10 ; FRONTIN, IV, 1, § 6) introduisit la pique au sein de la phalange macédonienne ?

30. Ὁπλισμὸς πεζῶν κατὰ Μακεδόνας τοὺς περὶ Φίλιππον καὶ Ἀλέξανδρον καὶ τοὺς λοιποὺς Ἑλλήνων. (...) 2 (...) Δόρατα τε ἔφερον ὀκταπήχη, καὶ μακρότατα δ' ἕτερα πήχεων οὐκ ἐλάττω δεκατεσσάρων· ταῦτα δὲ καὶ σαρίσσας ἐκάλουν· οἱ μὲν οὖν τέσσαρες πήχεις ὄπισθεν ἦσαν, οἱ δέκα δὲ ἔμπροσθεν ὑπελείποντο. Καὶ οὕτω μὲν οἱ ὁπλῖται. [30. Armement des fantassins chez les Macédoniens de Philippe et Alexandre et chez les autres Grecs (...) Ils portaient des lances de huit coudées, les plus longues n'en en ayant pas moins de quatorze : celles-ci étaient appelées sarisses ; quatre coudées étaient laissées en arrière et les dix autres projetées en avant. Et il en était ainsi des hoplites.] (Dain 1946 : 131 — pour le texte grec seul ; traduction de l'auteur).

Ici δόρατα longues de 8 coudées, là σάρισσα mesurant jusqu'à 14 coudées : la différence du lexique ne traduisait-elle pas aussi une différence de la nature des armes, d'autant que, comme on l'a vu (cf. à notre appel de n. 62), la lance proto-byzantine mesurait de 8 à 10 coudées ?

Faisons enfin une dernière remarque. Il nous semble aussi vraisemblable que l'invention de la pique macédonienne résulta non seulement, comme nous l'avons vu à la suite de Noguera Borel (1999 : 841), du besoin de frapper le premier l'adversaire mais aussi, non moins, d'enseignements tout empiriques. On avait sans doute dû constater, dans le cours des combats, que des soldats armés des plus longues lances (ceux des rangs arrières) avaient fini, contraints par quelques péripéties, par empoigner leurs armes des deux mains pour frapper plus énergiquement l'adversaire. Bien des découvertes et innovations techniques furent le fruit du hasard et de l'improvisation, d'« accidents heureux » comme Mumford (1950 : 63) l'exprimait au sujet du verre, et plus encore, comme à notre sens ici, de besoins bien concrets.[108] Dans le cas de la 'sarisse', ces besoins pouvaient donc avoir tenu tant dans le désir de l'avantage d'une arme permettant d'aborder le premier l'adversaire que dans la nécessité empirique de manier plus facilement des lances dont la longueur rendait de plus en plus difficile leur utilisation avec une main seulement.

---

[108] « Le besoin reste son moteur le plus évident » écrivait Bouthoul (1930 : 53) au sujet de l'invention technique dans la monographie issue de sa thèse de doctorat.

I. 8. Conclusions

Au terme de notre enquête, nous aboutissons donc aux conclusions suivantes.

I. 8. 1. Première conclusion. Les sarisses des phalangites des armées de Philippe II et d'Alexandre étaient encore des lances maniées à une main

À l'époque de Philippe II et d'Alexandre, et sans doute encore lors des guerres des diadoques, l'infanterie macédonienne, en bataille, était armée, pour ce qui est des principales armes défensives et offensives, de peltes ou de 'boucliers macédoniens' et de longues lances maniées à une main, des armes vraisemblablement longues de quelque 3 m 50, voire un peu plus, comme l'attestent les deux personnages gardant la porte de la tombe d'Hagios Athanasios.[109] Elles ne pouvaient en tout cas pas, pour des raisons simplement pratiques, être plus longues que 4 m 80 (environ seize pieds, ou douze coudées), ce qui fait que seuls, vraisemblablement, les trois[110] ou quatre premiers rangs[111] pouvaient aborder l'ennemi.

---

[109] Ainsi, par des voies différentes, nous rejoignons des positions exprimées parfois de longue date, comme celle de Tarn qui, par le biais de son hypothèse d'un pied macédonien spécialement court (dont la fausseté a été établie comme nous l'avons vu), avait été amené à conclure : « Because the contemporary Theophrastus gave the length of the longest spears used by Alexander's phalanx as 12 cubits (sic) [comme nous l'avons exposé, c'est là une extrapolation: on ne connaît pas l'époque exacte de rédaction de ce passage],[1. *Hist. Plant.* III, 2, 2] a common assumption has been that they were some 18 ft. long, which makes nonsense of Alexander's tactics [cf. nos relevés qui certes appuient cette conception]; his phalanx was a very different body from the later Macedonian phalanx with 21 ft. spears described by Polybius. It can now be seen that the longest spears used by Alexander's men were from 13 to 14 ft. » (Tarn 1948 : 170-1). Rappelons que c'était Hogarth (1880 : 5) qui le premier avait défendu l'idée d'une sarisse qui, dans les armées d'Alexandre, « must (…) be one-handed (…) and if 14 feet long, would not be unlike the Cossack lance of the present day. » Enfin, suite à l'article de Guillén (2014), nous avons pris contact avec l'auteur qui nous a assuré que le maniement d'une lance de 3 m 60 dotée d'un σαυρωτήρ ne posait pas de difficulté, et sans nécessiter de surcroît une condition physique exceptionnelle.

[110] Cf. ce que nous évoquons ci-dessous (deuxième paragraphe de l'appendice joint à cet essai) à la considération de la réforme avortée de la 'médisation' de la phalange rapportée par ARRIEN (Ἀνάβασις Ἀλεξάνδρου, VII, 23, § 3), qui appuierait l'idée d'une phalange macédonienne où trois rangs de lances abordaient l'ennemi. Cf. encore cette citation de l'écrivain de la Renaissance italienne Cicogna que nous rapporterons ci-dessous (I. App. 1.). Ainsi que le traduisait Ch. Buttin (1936 : 25), « au-dessous de quinze pieds, seuls les trois premiers rangs étaient d'effet utile ; les pointes des rangs postérieurs ne dépassaient pas ». Comme nous l'avons dit, le pied en question ici, le 'pied de roi', mesurait 326 mm. Il est donc intéressant de ramener cette limite supérieure de 15 pieds, qui est aussi la limite supérieure, nous l'avons vu, pour une arme d'hast maniée à une main, à la métrologie antique. Le pied grec variant de 294 à 333 mm — cf. cette citation de Hammond (1996 : 365 = Hammond 1997 : 273) rapportée ci-dessus n. 34 —, de simple calculs montrent que ces quinze pieds français étaient l'équivalent d'environ 11 coudées (à étalon de 294 mm) ou d'environ 9 coudées trois quarts (pour la coudée basée sur le pied de 333 mm). On remarquera que l'on se situe toujours dans limite indiquée par la source la plus proche, chronologiquement, de la phalange des Argéades, autrement dit THÉOPHRASTE qui, nous l'avons vu, donnait 12 coudées comme la dimension maximale de la sarisse.

[111] C'est cet extrait du seizième chapitre du traité byzantin Περὶ Στρατηγίας, reproduit ci-dessus, qui porterait à croire que c'était quatre rangs qui pouvaient directement combattre.

Trois ou quatre rangs ? Quoi qu'il en soit, il n'en reste pas moins vrai que ces longues lances pouvaient bien déjà, et avant qu'elles ne devinssent des piques tenues à deux mains, justifier l'expression que l'on trouve sous la plume d'ARRIEN (Ἀνάβασις Ἀλεξάνδρου, III, 14, § 3) pour la bataille d'Arbèles, celle de « phalange hérissée de sarisses » (Savinel 1984 : 100 — « φάλαγξ ἡ Μακεδονικὴ πυκνὴ καὶ ταῖς σαρίσσαις πεφρικυῖα »). Une phalange armée de lances de 3 m 50 (ou du moins en partie : cf. ci-dessous) pouvait bien déjà donner cette impression de hérisson. Et de fait, c'est l'image que suggère la mosaïque d'Alexandre.

I. 8. 2. Deuxième conclusion. Des sarisses de différentes longueurs

Ces sarisses devaient être de différentes longueurs. Non seulement les deux armes soigneusement peintes de la tombe découverte par Tsimbidou-Avloniti mais encore celles figurées dans l'arrière-plan de la mosaïque d'Alexandre nous portent à cette conception. De surcroît, les sources littéraires apportent de l'eau à notre moulin : « Ἔνιοι δὲ τὰς τοῦ μετώπου προπιπτούσας ἀκμὰς ἐξιοῦσθαι βουλόμενοι τὰ δόρατα τῶν ὀπίσω ζυγῶν αὔξουσιν. » (ASCLÉPIODOTE, V, § 2). « Il y en a cependant qui, » traduisait Poznanski (1992 : 12), « pour uniformiser la saillie des pointes en avant du front, allongent les lances des rangs arrières ». Ceci pour ce qui est des piques,[112] alors que le seizième chapitre du Περὶ

---

[112] On soulignera la *contra*diction dans laquelle le tacticien paraît entrer si l'on compare cette information avec ce qui est exposé au chapitre précédent, à savoir que les piques devaient être de dix à douze coudées maximum et que chaque rang, jusqu'au cinquième, pouvait faire saillir son arme au-delà du premier rang. Car, selon l'hypothèse d'ASCLÉPIODOTE, chaque rang se succédant à un intervalle de deux coudées, les piques du cinquième rang saillissent de deux coudées, celle du quatrième de quatre, celle du troisième de six, celle du quatrième de huit, celle du premier de dix, ceci avec des armes de dix coudées alors qu'avec des piques de douze coudées, le cinquième rang pouvait faire saillir ses pointes de deux coudées supplémentaires, soit à quatre coudées (remarquons que l'on pourra induire de cet exposé que pour le tacticien, implicitement, deux coudées étaient réservées, en bout de hampe, à la prise de l'arme à deux mains ; la prise était dès lors différente, pour ASCLÉPIODOTE, de celle décrite par POLYBE ou ÉLIEN).

Dès lors, proprement, c'eût été non pas en allongeant les lances des rangs arrières mais en raccourcissant celles de devant que l'on pouvait arriver à faire saillir de façon égale les armes des cinq rangs. Puisque dans l'hypothèse où, selon l'information donnée par ASCLÉPIODOTE lui-même (V, § 1), les lances du premier rang n'eussent « pas moins de dix coudées, de façon à ce que la partie saillante n'ait pas moins de huit coudées » (« δόρυ δὲ αὖ οὐκ ἔλαττον δεκαπήχεος, ὥστε τὸ προπῖπτον αὐτοῦ εἶναι οὐκ ἔλαττον ἢ ὀκτάπηχυ »), celles du cinquième rang, si on avait allongé les armes pour les faire saillir de façon à ce qu'elles rejoignissent les pointes des lances du premier, auraient dû mesurer jusqu'à dix-huit coudées, une longueur évidemment impossible en pratique, comme nous l'avons vu — cf. encore sur ce point l'utile tableau donné par Matthew (2015 : 69) synthétisant les différentes longueurs des 'sarisses' selon les tacticiens.

Dans la Τακτικὴ θεωρία d'ÉLIEN le Tacticien, la chose paraît mieux exposée. En son douzième chapitre, ÉLIEN indiquait tout d'abord : « δόρυ δὲ μὴ ἔλαττον ὀκταπήχους, τὸ δὲ μήκιστον μέχρι τοῦ δύνασθαι ἄνδρα κρατοῦντα χρῆσθαι εὐμαρῶς ». « The spear is not less than eight cubits; the longest is no longer than a strong man conveniently use and wield ». Signalons une évidente coquille dans l'article de Devine (1989 : 48), dont nous utilisons ici la traduction, puisque celui-ci livrait « The spear is not less than ten cubits long and extend beyond the rank not less than eight cubits; the longest is no longer than a strong man conveniently use and wield ». Le

I. LA NATURE DE LA PHALANGE MACÉDONIENNE 59

grec ne pose pas de difficulté. Köchly et Rüstow (1855 1 : 311) ayant traduit : « der Spieß nicht kürzer als 8 Ellen, höchstens so lang, daß der Mann ihn in der Gewalt hat und leicht führen kann. ». Quant à la traduction de Matthew (2012a : 37), elle est ici quelque peu approximative, traduisant δόρυ notamment par « pike ». En tout cas ÉLIEN précisait plus bas (XIV, § 2) que « τὸ δὲ τῶν σαρισῶν μέγεθός ἐστι κατὰ μὲν τὴν ἐξ ἀρχῆς ὑπόθεσιν ἑκκαίδεκα πηχῶν, κατὰ δὲ τὴν ἀλήθειαν δεκατεσσάρων », « The length of the *sarissa* is, according to the original design, sixteen cubits, but in actuality fourteen. Et il indiquait ensuite (XIV, § 7) : « Ἔνιοι δὲ τὰ τῶν ὀπίσω τεταγμένων ὁπλιτῶν δόρατα μακρότερα τῶν ἔμπροσθεν κατεσκεύασαν, ἵνα καὶ οἱ μέχρι τρίτου ζυγοῦ ἢ τετάρτου τεταγμένοι τὰς ἀκμὰς [lire αἰχμὰς pour Matthew 2012a : 40] ἐξ ἴσου τοῖς ἀντιπαρατεταγμένοις ἐπιφέρωσιν. » : « Some would have the troops posted in the rear equipped with longer spears than those in front, so that the weapon-heads of those stationed as far back as the third or fourth rank will project just as far towards their opponents. » — les traductions en anglais rapportées ci-dessus sont donc celles de Devine (1989 : 49) ; pour ce dernier passage celle de Matthew (2012a : 41) n'offre pas de différence de sens.
Si le quatrième rang était doté des plus longues 'sarisses', celles de 14 coudées, il aurait fallu, pour que tous les fers de lance saillissent à hauteur égale, que le troisième rang eût des armes de 12 coudées, le deuxième de 10 et le premier de 8 (autrement dit 12 pieds, soit quelque 3 m 50, une taille qui nous fait songer aux deux lances représentées à l'entrée de la tombe d'Haghios Athanasios). Ce qui, on le constate, est en harmonie avec les indications des chapitres XII et XVII, § 7. On remarquera que si les piques les plus longues avaient été ces armes pouvant originellement être portées jusqu'à 16 coudées (cf. ÉLIEN le Tacticien, XIV, § 2), le cinquième rang aurait également pu faire saillir la pointe de ses piques à la hauteur de celles du premier rang. En résumé, du fait des contraintes empiriques, un armement uniforme de 'sarisses' de 14 coudées permettait de faire saillir les fers de lance des cinq premiers rangs, mais à hauteur inégale (avec un décalage de deux coudées d'un rang à l'autre). Avec des armes de longueurs différentes, selon le standard d'une longueur pratique d'un maximum de 14 coudées, seuls les quatre premiers rangs pouvaient faire saillir leurs fers de lance, mais en ce cas d'une façon encore plus impressionnante pour l'ennemi, qui se voyait abordé par quatre pointes — indiquons que suite à son analyse de cette scholie concernant le livre XIII de *l'Iliade* que nous avons invoquée en détail dans le corps du texte ci-dessus, F. Lammert (1920) était entré, tout comme avait lui E. Lammert (1889 : 16-8) et Delbrück (1920 : 469) dans l'étude de ces configurations.
En guise de parallèle, rapportons à présent les réflexions de Montecuccoli (1712 : 40-1) relativement aux formations similaires de la Renaissance. Elles témoignent de préoccupations identiques, conduisent à des solutions semblables, et éclairent ainsi le cas de la phalange sarissophore hellénistique : « Que les piques soient si longues, que celles du sixième rang puissent avec leurs pointes atteindre jusqu'à celles du premier : quand un bataillon seroit composé de cent rangs de piquiers, on n'en peut emploïer que quatre ou cinq : parce que posons que la pique ait dix-huit pieds de long, il y en a trois pieds environ occupez par les mains, ainsi il ne reste à la premiere pique que quinze pieds de libre ; la seconde, outre ce qu'elle empoigne, consume encore trois pieds dans l'intervalle qui se trouve entre elle & celle du premier rang : ainsi il ne lui reste que douze pieds de pique qui servent ; il n'en reste que neuf à la troisiéme, six à la quatriéme, & trois à la cinquiéme, & tous les autres rangs sont inutiles pour frapper, mais non pas pour soutenir, & pour remplir les places qui deviennent vuides. I°. C'est pourquoi les ancien faisoient leur piques ou *Sarisses* plus courtes au premier rang, & celles de derriere plus longues de main en main, afin que celles du troisiéme & du quatriéme rang étant abaissées, eussent leur pointes égales à celles du premier et du second rang. Etc. » Signalons que l'on pourra trouver de magnifiques illustrations de cette ordonnance dans la partie intitulée « Brief et svccint enseignement svr les portraitz figvrez, tovchant l'vſage, de tout ce qu'vn Soldat doibt faire au maniement de la Pique, pour les jeunes Soldatz & inexperimentez, lequel ſe pourſuyt par ordre, & correſpond ſur chacune figure. » du recueil de de Gheyn (1608 : pl. 14, 15, 19, 24, 29, 30)
Les *sarissophores* macédoniens, comme on devrait le déduire du texte d'ÉLIEN (XIV, § 3) et comme on le lit en toutes lettres dans celui POLYBE (en XVIII, 29, § 3), n'auraient pas tenu leurs armes par le bout inférieur de la hampe, au contraire de leurs héritiers de la Renaissance. Pour ceux-ci, le fait était clairement énoncé, comme nous venons de le rapporter ci-dessus, par Montecuccoli

Στρατηγίας l'indique pour des lances manifestement maniées à une main. Ces lances de différentes longueurs avaient pour avantage de pouvoir aborder chaque adversaire avec plusieurs fers à une hauteur égale.[113] C'était peut-être là un des premiers avantages de la 'phalange macédonienne' mise sur pied et entraînée par Philippe II : face à des formations d'hoplites grecs uniformément armées de lances de quelque 2 m ou 2 m 50,[114] l'infanterie macédonienne avait un avantage majeur au moment décisif, celui du premier choc.[115]

I. 8. 3. Troisième conclusion. Des sarisses qui étaient encore des lances et des sarisses qui devinrent des piques ? Puis des sarisses qui ne furent plus que des piques ?

La logique inhérente à l'évolution d'un armement d'hast que l'on avait voulu de portée toujours plus grande, plus cet extrait de la *Sylloge tacticorum* rapporté ci-dessus, pourraient certes pousser à voir en Philippe II non seulement l'instaurateur, comme l'indiquent les sources antiques, de la phalange macédonienne, mais encore l'inventeur du type du piquier macédonien. Pour autant, faut-il voir en lui le créateur de ce que la vulgate dénomme la 'phalange macédonienne' — c'est-à-dire d'une phalange entièrement composée

---

(1712 : 40) : « posons que la pique ait dix-huit pieds de long, il y en a trois pieds environ occupez par les mains, ainsi il ne reste à la première pique que quinze pieds de libre ». Mais au témoignage d'ASCLÉPIODOTE (V, § 1), la façon de porter la pique des Anciens ne paraît pas avoir été toujours différente de celle des Modernes car, si, comme nous l'avons déjà évoqué plus haut, « la lance (...) n'a pas moins de dix coudées, de façon à ce que la partie saillante n'ait pas moins de huit coudées, mais tout de même pas plus de douze, pour dépasser de dix coudées » (Poznanski 1992 : 11), il faut en déduire que l'arme pouvait être selon lui brandie en la tenant par son extrémité inférieure, sur ses deux dernières coudées, autrement dit comme on le faisait à la Renaissance. Mais à la différence avec cette époque-ci où le port offensif de l'arme est toujours à l'épaule, ce qui se trouve par exemple illustré sur la planche placée à la fin de la 3e partie du premier livre de l'ouvrage de von Wallhausen (s. d. [*c.* 1615] : entre 62-3, fig. 6, 10, 14), il était à la hanche dans l'Antiquité. Ceci pousse à croire les piques des Modernes moins lourdes que les 'sarisses' des Anciens qui, il est vrai, paraissent avoir été aussi plus longues en général.

[113] On signalera donc sous bénéfice d'inventaire le chapitre de Matthew (2015 : 79-81 = Matthew 2012b : 97-100), « The Even-fronted Phalanx », qui ayant trouvé dans un passage des *Excerpta* de POLYEN que nous avons invoqué ci-dessus (Melber 1887 : 455 ; Krentz et Wheeler 1994 : 905 pour la traduction en anglais) cette même information relative à l'uniformisation de la saillie des fers de lance, pensait pouvoir la rejeter pour des raisons auxquelles nous renvoyons. Certes, 'source unique, source nulle' dit-on. Mais la position de Matthew (2015 : 81 = 2012b : 99), « the passage found in the *Excerpta* of Polyaenus should not be considered factually in any examination of the length of the *sarissa* used during the Hellenistic period » serait à révoquer en doute, pour la raison seule que, à la racine, il ignorait tant le témoignage d'ASCLÉPIODOTE que celui du *Περὶ Στρατηγίας*.

[114] « [T]he hoplite spear (...) reaches a length of about 8 feet » écrivait Sekunda (2013b : 375), suivant ici Anderson (1970 : 37 — « from seven to eight feet »).

[115] Cette remarque avait été faite de longue date par E. Lammert (1889 : 16) : « Die Sarissen wurden daher langer und schwerer [que les « Hoplitenspeere » mentionnées précédemment], die Gliederabstände enger gemacht, damit sich mehrere Kräfte mit vereinigten Speerstosse auf den Gegner werfen konnten. »

de piquiers ? Nous avons vu que cette conception-ci paraît bien devoir être, à l'analyse, abandonnée.

Mais que Philippe II eût été l'inventeur du piquier macédonien, que ce piquier macédonien ait rempli les rangs de la phalange au-delà du troisième rang (par exemple et, dans cette hypothèse, vraisemblablement), cela pouvoir avoir été toute l'originalité de la réforme de Philippe II, celle qui fit la réputation que DIODORE nous rapporte, à savoir qu'il fut « le premier à organiser la phalange macédonienne ». Il n'en reste pas moins vrai qu'une organisation qui aurait constituer à doter la troupe de très longues lances seulement, les plus longues possibles pour être maniées à une main, doublée de l'introduction de la pelte, pouvait avoir suffi à la révolution militaire macédonienne et à conduire à l'expression de fantassins εἰς τὰ Μακεδονικὰ καθωπλισμένοι. Mais tant la réputation de Philippe en la matière, que la nette différence entre une phalange où des soldats eussent été de piques et les formations antérieures (notamment après les réformes d'Iphicrate), voire encore l'indice offert par cet extrait de la *Sylloge tacticorum* ne milite peut-être pas en ce sens. Aussi privilégierons-nous l'hypothèse selon laquelle Philippe créa le type du piquier macédonien, un piquier macédonien qui devait remplir les rangs arrière de chacune des files (hypothèse émise avant nous par Delbrück 1920 : 480-1 ; cf. la citation que nous rapportons ci-dessous après l'appel de notre n. 122). Pour voir ultérieurement, selon les indices que nous avons rapportés, la création de la 'phalange macédonienne' proprement dite (c'est-à-dire celle de la vulgate, la phalange de piquiers), naître ou bien dans le premier quart du IIIe siècle av. J.-C., ou bien dans les débuts du règne d'Antigone Dôsôn seulement.

I. 8. 4. Quatrième conclusion. *Les premier, deuxième voire troisième rangs de la phalange étaient lourdement armés*

Avec la persistance du lancier au sein de la phalange macédonienne, du moins du temps des Argéades et sans doute de celui des diadoques, ne pourrait-on imaginer que le premier rang, celui des lochages, eût été armé de pied en cap comme de lourds hoplites grecs, les rangs suivants, étant armés de lances plus longues, voire donc de piques, devant se contenter d'un équipement *grosso modo* plus léger ?

Le bon sens l'aurait voulu : Philippe aurait pu constater tant l'inutilité des lances des rangs arrières de la phalange thébaine à l'extraordinaire profondeur (cette formation lorsqu'elle attaquait, tirait son avantage du poids que sa profondeur faisait porter sur les premiers rangs), que du surcoût inutile, pour ses finances, de l'équipement de tant d'hoplites dont l'armement défensif, dans la ligne de bataille, n'avait de fonction évidente que pour les premiers rangs (disons pour les deux ou trois premiers rangs si l'on prend en considération les pertes possibles à combler dans le premier).[116] Sekunda (2013b : 380) avait évoqué les conditions financières difficiles qui, semble-t-il, présidèrent à la réforme militaire de Philippe : « When Philip II of Macedon was appointed regent in 359 BC he found himself in command of a large force of infantry but without the resources to equip them as hoplites. » Mais si le nouveau souverain trouva lors de son avènement un royaume affaibli par la défaite militaire, il redressa vite la situation et, comme l'avait dégagé le maître de l'histoire du monnayage de Philippe II, Le Rider, en y mettant immédiatement les moyens financiers.[117] En tout cas, comme l'avait souligné Müller (2010 : 168), « [i]t is not known when he [Philippe II] began or completed his military reforms ». Néanmoins, si 'L'argent est le nerf de la guerre', alors le début des frappes d'or, « émis au plus tôt en 345 et qu'il est même possible de (…) dater de 342-340 » (Le Rider 1982 : 52),[118] nous

---

[116] Une hypothèse exprimée en toutes lettres par ÉLIEN le Tacticien, XIII, § 3.

[117] « Dès 359 (…) Philippe II frappa dans l'atelier de Pella des monnaies d'argent. » (Le Rider 1982 : 52). Au vu des critiques des meilleurs spécialistes de son époque, Le Rider avait repris l'ensemble du dossier pour publier, une quinzaine d'années plus tard, une monographie spécialement dévolue à ce thème (Le Rider 1996). L'apparition des premières monnaies d'argent semble avoir été, dans les dernières conceptions du numismate, légèrement abaissée du point de vue chronologique : « Une conjecture sérieuse, quel que soit le classement général qu'on adopte, est que les premières émissions d'argent aient fait leur apparition vers 356/5, donc quatre ans après le début du règne. » (Le Rider 1996 : 67). Plus loin, Le Rider (1996 : 68) voulait bien reconnaître certains arguments conduisant à croire que « le monnayage d'argent de Philippe II aurait commencé seulement après 356 ». Mais le numismate posait alors des questions très judicieuses : « Dans cette hypothèse, quel numéraire en métal précieux Philippe II a-t-il utilisé au début de son règne ? De quels moyens de paiement s'est-il servi ? Et pourquoi n'a-t-il pas utilisé aussitôt la monnaie pour faire connaître son nom et ses types ? » (Le Rider 1996 : 68). De fait, dans la dernière synthèse en date sur Philippe II, Worthington (2011 : 27-30 ; 37-40) avait exposé l'intense activité de Philippe au début de son règne, lui qui s'était assis sur un trône ébranlé. Bien « que l'on ne sache pas d'où sortit cet argent » écrivait le savant britannique (Worthington 2011 : 27) au sujet du recrutement de mercenaires au début du règne, ceci, outre les autres dépenses, pouvait-il être fait sans numéraire, sans frapper de nouvelles espèces ? La situation historique pousserait donc certes à suivre les premières hypothèses de Le Rider. « [I]l est sans doute erroné de considérer que Philippe a connu des difficultés financières pendant toute la première décennie de son règne » écrivait, dans un article très récent, Rufin Solas (2014 : 79). La savante française avait mis judicieusement en exergue les « prises de guerre sans doute très importantes sur les Illyriens dès 358 » (Rufin Solas 2014 : 78-9), moyen sans doute d'entretenir le trésor royal ; et elle rappelait que, étant donné que Philippe « fut maître d'Amphipolis dès 357 et de Krénidès l'année suivante, soit quelques années à peine après son avènement en 360 ou 359 », « Philippe disposa donc à l'évidence très tôt de revenus considérables » (Rufin Solas 2014 : 78). Mais, dès lors, on est de nouveau obligé de considérer que la question du financement des toutes premières campagnes de l'ambitieux Macédonien, notamment celle qui mena à l'abaissement illyrien de 358 av. J.-C., reste quelque peu obscur. Le roi de Macédoine fit-il alors peu ou prou la guerre à crédit ? Quoi qu'il en soit, toutes considérations strictement numismatiques mises à part, on est certes poussé, du point de vue proprement historique, à se ranger aux premières vues de Le Rider, soit que Philippe entreprit de frapper monnaie dès 359.

[118] Plus bas, le célèbre numismate précisait son interprétation : « Si l'on accepte ma chronologie, et si les premiers statères datent des années 345-340, on observera que c'est probablement à ce moment que la production des tétradrachmes d'argent s'accroît dans les deux ateliers [Pella et Amphipolis] : Philippe II semble avoir eu à cette époque des besoins accrus en numéraire et,

semble fournir un indice chronologique déterminant pour voir la 'révolution militaire' macédonienne mise en œuvre. Peut-être parce qu'à cette époque, et spécialement en 341 av. J.-C., Philippe II s'était résolu à la guerre contre Athènes ? (Müller 2010 : 176 — nombreuses références).

Quoi qu'il en soit, l'accroissement considérable de l'armée macédonienne d'une part,[119] le peu d'utilité de voir des hoplites des derniers rangs parfaitement équipés de l'autre, pouvaient bien avoir conduit le roi de Macédoine à quelques rationnelles mesures d'économie conduisant à ne doter que plus sommairement (en armure notamment) les soldats des rangs arrières de la phalange. Et de fait, si l'on revient au passage de POLYEN (Στρατηγικά, IV, 2, § 10), la dotation de la cuirasse n'est pas indiquée. Les cnémides mêmes (qui elles sont mentionnées), n'auraient-elles pas été superflues pour ces rangs arrières ? On soulignera aussi que des lances plus longues, et *a fortiori* des piques, impliquaient un alourdissement de l'armement d'hast qui ne pouvait conduire, pour ne pas surcharger les fantassins, qu'à un allègement de leur armement défensif. Il faut ici se rappeler ces '*picche seche*' signalées par Montecuccoli, expression qui désignait, au XVIIe siècle, ces piquiers des rangs arrières uniquement armés de leurs piques.[120] Les rangs arrières offraient surtout du poids à l'ensemble de la formation, et les cas où ceux-ci devaient se trouver en première ligne devaient être rares — on rappellera qu'en cas de contre-marche, ou de demi-tour, les permutations s'organisaient de façon telles que toujours le chef de file, le lochage, conservait la tête de sa section.[121]

De fait, Delbrück avait remarqué, dans l'Ἀνάβασις Ἀλεξάνδρου d'ARRIEN, des passages mettant en exergue des différences d'armement parmi les hoplites macédoniens de l'armée d'Alexandre : « Sehr häufig spricht Arrian (I, 27, 8 ;

---

l'augmentation du nombre des monnaies d'argent ne suffisant pas, il aurait décidé de frapper des monnaies d'or. » (Le Rider 1982 : 57).

[119] Lorsque Philippe « envahit l'Illyrie en 358 (voir ci-après), l'armée comprenait dix mille fantassins et six cents cavaliers ; en 352, vingt mille fantassins et trois mille cavaliers ; et, en 334, à la veille du départ d'Alexandre pour l'Asie, le contingent macédonien — au sein d'une armée grecque forte de vingt-quatre mille hommes — était de douze mille fantassins et mille huit cents cavaliers… alors même que le jeune roi laissait douze mille fantassins et mille huit cents cavaliers à Antipater, régent de Grèce en son absence. (…) L'accroissement a dû provenir principalement de l'union des Haute et Basse Macédoine ainsi que de l'intégration de nouvelles régions — et donc de peuples — tandis que le pays agrandissait son territoire au cours de son règne. » (Worthington 2011 : 30).

[120] « Alcuni non si armano di armi difensive e chiamansi picche seche. », *Trattato della guerra*, I, 4 « De' soldati » (Luraghi 1988 : 201).

[121] Cf. par exemple ASCLÉPIODOTE (X, § 13). Nous avons constaté, après la rédaction de ces lignes, qu'E. et F. Lammert (1921 : 477-8) avait eu l'intuition de notre conception : « Ich neig mehr zu der Ansicht, daß hintere Glieder, die im Gefecht doch nur durch ihren Druck wirkten, in ihrer Bewaffnung, insondorheit der Schutzrüstung, minder schwer gewesen sind, etwa wie im 16. Jhdt. Ritterschwadronen hinten mit den Gefolgsleuten der eigentlichen Kämpfer aufgefüllt wurden. »

III, 23, 3 ; IV, 6, 3 ; IV, 28, 8) von den »leichteren Hopliten« (»τῶν ὁπλιτῶν ὅσοι κουφότεροι« »τῆς Μακεδονικῆς φάλαγγος τοὺς κουφοτάτους« »τῆς φάλαγγος ἐπιλέξας τοὺς κουφοτάτους τε καὶ ἅμα εὐοπλοτάτους«) oder umgekehrt (II, 4, 3) von den schwer Bewaffneten »σύν ταῖς τάξεσι τῶν πεζῶν ὅσοι βαρύτερον ὡπλισμένοι ἦσαν« » (Delbrück 1920 : 480).[122] « Da die sonstigen Unterschiede der Bewaffnung innerhalb der Phalanx doch nicht so bedeutend gewesen sein können, » ajoutait l'historien allemand, « so ist das vielleicht in der Hauptsache auf den kurzeren handlichen Spieß der vordern Glieder im Gegensatz zu dem unbeholfenen Langspieß zu beziehen. » (Delbrück 1920 : 480-1). Mais ne faudrait-il pas aussi voir cette différence, d'une part, à l'exemple de ces *'picche seche'* mentionnées par Montecuccoli, dans la relative inutilité d'armer totalement d'armes défensives les rangs arrières ?[123] Tout comme, d'autre part, et *a contrario*, dans la nécessité de présenter au premier rang, celui des lochages, des soldats fortement cuirassés, eux qui étaient les premiers à s'exposer aux coups de l'ennemi. On rappellera ainsi que ces fantassins, les lochages, avaient rang d'*hegemones*,[124] ce qui est une raison de plus pour voir en ceux-ci qui au

---

[122] Ces remarques, et ces références, avaient été reprises par E. et F. Lammert (1921 : 477). Concernant le cas des hoplites légèrement armés, ajoutons aux exemples invoqués par Delbrück quelques autres occurrences. Dans une expédition nocturne où Alexandre vise à emporter de vive force un camp perse, ayant « prit avec lui », pour ce qui est de l'infanterie de bataille, les *Hypaspistes* et « le bataillon de Perdiccas » (et quant à l'infanterie légère, τῶν τοξοτῶν τοὺς κουφοτάτους καὶ τοὺς Ἀγριᾶνας, « les archers les plus légèrement armés, les Agrianes »), l'exposé d'ARRIEN (Ἀνάβασις Ἀλεξάνδρου, III, 18, § 5) porte à croire que ces troupes avaient été légèrement équipées. Car en effet Alexandre « emprunta une route difficile et rocailleuse et, la plupart du temps, il la parcourait au pas de course » — sur ce « bataillon de Perdiccas », cf. ci-dessus, n. 58. Arrivé en Inde, Alexandre, lors d'une expédition en zone montagneuse, « ἀναλαβὼν τοὺς ἱππέας ξύμπαντας καὶ τῶν πεζῶν τῶν Μακεδόνων ἐς ὀκτακοσίους ἐπιβιβάσας τῶν ἵππων ξὺν ταῖς ἀσπίσι ταῖς πεζικαῖς », « prit avec lui toute la cavalerie, environ huit cents fantassins macédoniens, qu'il fit monter sur des chevaux, munis de leur bouclier de fantassin etc. » (ARRIEN, Ἀνάβασις Ἀλεξάνδρου, IV, 23, § 2). Hogarth (1880 : 5) avait relevé deux autres occurrences similaires : en I, 6 [§ 5] et III, 21 [§ 7] — mais la première de ces deux références est ambiguë ; il pourrait plutôt s'agir de cavalerie démontée. On a là en tout cas d'autres éléments indiquant la capacité d'adaptation du fantassin macédonien, lequel n'était évidemment pas, dans ces expéditions d'infanterie montée, doté de l'immense pique.
[123] On rappellera que la phalange macédonienne s'organisa, sur le papier du moins, tout d'abord sur une profondeur de dix rangs ; puis ultérieurement, à l'époque d'Alexandre, de seize rangs (Sekunda 2007 : 330). Ceci fut remarqué dès le début des recherches relatives au *makedonischen Heerwesen* : cf. Hogarth (1880 : 6) ; H. Droysen (1885 : 63 — mais qui n'avait pas vu l'organisation initiale sur dix rangs, la supposant sur huit seulement). Sur cette organisation, cf. ci-dessus en I. 3. 2. à la suite de Sekunda (2010 : 448).
[124] Nous avions exposé dans un de nos articles (Juhel 2002 : 403-4) que 'οἱ ἡγεμόνες' doit être traduit par 'les gradés'. À notre connaissance, c'est Bikerman (1938 : 64, avec références n. 5) qui le premier avait vu que « le mot ἡγεμών, "chef" peut signifier chaque degré de la hiérarchie militaire et (...) les grades n'ont pour la plupart aucune autre désignation que ce mot. » Le commentaire que, ultérieurement, Walbank (1957 : 559) livra du syntagme ἡγεμόνων καὶ στρατιωτῶν qui apparaît sous la plume de POLYBE (V, 26, § 9), « 'officers and other rank': see Launey (i. 26) for the assembled epigraphic evidence for this phrase », est donc non moins erroné que l'interprétation de Launey (1949-1950 : 25) selon laquelle, « [d]ans l'usage épigraphique, le contexte permet de voir dans le στρατιώτης l'homme du rang par opposition à l'officier (ἡγεμών) » — Launey avait

témoignage d'ASCLÉPIODOTE, « doivent l'emporter en taille, en force et en expérience, car ce rang couvre la phalange tout entière et forme comme la "lèvre du sabre" (sic) [l'expression adéquate serait 'le tranchant du sabre', voire 'le fil de l'épée'] » (Poznanski 1992 : 9),[125] des fantassins supérieurement armés. On remarquera que l'on trouvait déjà sous la plume de XÉNOPHON la mention que les soldats du premier rang de l'infanterie lacédémonienne étaient des *hegemones*,[126] et plus encore l'affirmation de la nécessité de faire du front de la phalange une ligne de troupes cuirassées.[127]

In fine, si l'on se rappelle la réforme proposée pour la phalange par Alexandre à la fin de son règne (cf. ci-dessous au début de notre appendice), où le premier rang, formé des *hegemones* chefs de section (les δεκαδάρχαι), était soutenu par deux rangs de soldats d'élite, il paraît logique de considérer que les trois premiers rangs de la phalange macédonienne étaient particulièrement bien armés défensivement. Nous mentionnerons ici, en guise de parallèle certes tardif mais dans une configuration tout à fait similaire, les prescriptions de l'auteur de ce traité de l'époque de Justinien, le Περὶ Στρατηγίας, selon lequel au moins les deux premiers rangs, le dernier, ainsi que les soldats de files des flancs

---

donc manqué la judicieuse remarque de Bikerman.

[125] « τοὺς λοχαγοὺς μεγέθει τε καὶ ῥώμῃ καὶ ἐμπειρίᾳ προὔχοντας τῶν ἄλλων· τοῦτο γὰρ τὸ ζυγὸν συνέχει τὴν φάλαγγα καὶ οἷον τῆς μαχαίρας ἐστὶ τὸ στόμα » (ASCLÉPIODOTE, III, § 5). Passage similaire chez ARRIEN (Τέχνη τακτική, XII, §§ 1-2) et ÉLIEN le Tacticien (XIII, §§ 1-2). L'image de ce premier rang de la phalange qui était comme 'le tranchant du sabre' provient, comme l'avait remarqué le major Bouchaud de Bussy (1757 : 61-2, n. 1) de XÉNOPHON, et en l'espèce de l'Ἱππαρχικός (II, § 3).

[126] εἰσὶ μὲν γὰρ ἐν τῇ Λακωνῇ τάξει οἱ πρωτοστάται ἄρχοντες (XÉNOPHON, Λακεδαιμονίων πολιτεία, XI, 5). « Dans la formation laconienne, les chefs de file sont des commandants » traduisait Casevitz (2008 : 27).

[127] Ἀκοντιστὰς μὲν ἐπὶ τοῖς θωρακοφόροις τάξω, ἐπὶ δὲ τοῖς ἀκοντισταῖ τοξότας· τούτους γὰρ πρωτοστάτας μέντοι ἄν τις τάττοι, οἳ καὶ αὐτοὶ ὁμολογοῦσι μηδεμίαν μάχην ἂν ὑπομεῖναι ἐκ χειρός ; Προβεβλημένοι δὲ τοὺς θωρακοφόρους μενοῦσί τε, καὶ οἱ μὲν ἀκοντίζοντες, οἱ δὲ τοξεύοντες, ὑπὲρ τῶν πρόσθεν πάντων λυμανοῦνται τοὺς πολεμίους. Ὅ τι δ' ἂν κακουργῇ τις τοὺς ἐναντίους, δῆλον ὅτι παντὶ τούτῳ τοὺς συμμάχους κουφίζει. (XÉNOPHON, Κύρου Παιδεία, VI, 3, § 24) — « Je disposerai des tireurs immédiatement derrière les lignes cuirassées, et des archers derrière les tireurs ; le moyen en effet de disposer ces hommes comme soldats de premier rang, à une place où eux-mêmes reconnaissent qu'ils ne peuvent soutenir le corps à corps ? [pour cette proposition-ci, la traduction de Miller (1914 : 185) dans la 'Loeb' nous paraît plus claire : « for why should any one put in the front ranks those who themselves acknowledge that they could never withstand the shock of battle in a hand-to-hand encounter? »] Mais, couverts par les lignes cuirassées, ils tiendront bon et, les uns par leurs javelots, les autres par leurs flèches, ils infligeront, toujours par-dessus les rangs antérieurs, des pertes à l'ennemi. Tout procédé, c'est évident, qui fait du tort à l'ennemi sert intégralement les amis. » (Delebecque 1978 : 32-3). Cet extrait rappelle évidemment la réforme avortée de la phalange macédonienne à la fin du règne d'Alexandre (cf. le corps de notre texte immédiatement après l'appel de cette n. 127 ainsi que le second paragraphe de l'appendice placé à la suite de cette étude). Bosworth (2010 : 96-7), qui s'était penché récemment sur cette réforme (« The Mixed Phalanx of 323 and Its Structure »), n'avait pas vu la relation possible avec l'écrit théorique de XÉNOPHON. Le roi macédonien en aurait-il fait son miel ?

devaient être particulièrement équipés du point de vue des armes défensives (cf. ci-dessus I. 7. 6. 3, au dernier paragraphe de l'extrait rapporté).

I. 8. 5. Cinquième conclusion. Des fantassins de la phalange représentés sur ledit 'sarcophage d'Alexandre' ?

Au-delà des hypothèses qui voient dans ces fantassins macédoniens dudit 'sarcophage d'Alexandre' des *Hypaspistes* d'Alexandre,[128] notre conception ne pourrait-elle conduire à y retrouver des soldats de la phalange macédonienne, et notamment les hommes d'élite de son rang frontal qui, tous *hegemones*, étaient les premiers à tomber sur l'ennemi ? Car comme l'avait remarqué Sekunda, « [t]he 'Alexander Sarcophagus' shows Alexander's phalangites equipped as hoplites [*id est* comme des hoplites grecs de bonne époque] » (Sekunda 2010 : 450) et « [a]ll foot soldiers shown on the 'Alexander Sarcophagus' wear tunics and 'Phrygian' helmets and carry swords and shields of the traditional hoplite type [c'est-à-dire l'*aspis* 'argienne'] » (Sekunda 2010 : 457).[129]

I. 8. 6. Sixième conclusion. L'infanterie de la phalange des Argéades, une infanterie multifonctionnelle

En tout cas, ce double armement du fantassin argéade (longue lance et trait court pouvant manifestement servir de javelot) faisait de l'infanterie macédonienne une infanterie multifonctionnelle : ici fantassin dont le *drill* et les succès de Philippe II en avait fait le meilleur hoplite du monde, là fantassin capable d'opérer sur un mode plus léger. Comme nous l'avons mis en exergue, différents passages des historiens anciens montrent que, bien évidemment, les fantassins macédoniens n'étaient pas, parfois, armés comme de lourds hoplites équipés pour la bataille rangée, et moins encore comme des piquiers ainsi que l'opinion commune les considèrent depuis l'oubli des travaux des 'grands' Allemands.[130] Ce caractère multifonctionnel se manifeste encore du temps des guerres des diadoques. Par exemple, en 312/311 av. J.-C., pour une expédition nocturne visant à surprendre un camp ennemi, Démétrios, « τοὺς δὲ στρατιώτας εὐζώνους παραλαβών » (DIODORE, XIX, 93, § 2), « ayant fait armer ses soldats à la légère » (Bizière 1975 : 126), se mit en marche pour un coup de main qui fut couronné de succès.

---

[128] Pour l'analyse iconographique de ce monument trouvé à Sidon, cf. la Conclusion de notre deuxième étude, **Antigonid Redcoats**.
[129] Messerschmidt (1989 : 77) en avait déjà fait la remarque : « Ein Vergleich der über makedonische Fußtruppen gewonnenen Erkenntnisse mit den Antiquaria in den Sarkophagreliefs lassen nur den Schluß zu, daß am Alexandersarkophag keine Pezhètairoi oder Hyp*aspisten* der makedonischen Phalanx dargestellt sind » — puisque le savant allemand se serait attendu à y voir une représentation des piquiers macédoniens.
[130] Voir à ce titre F. Lammert (1920 : col. 1637), lequel avait d'ailleurs remarqué qu'à l'époque du règne d'Alexandre, la tendance était à l'allègement des hoplites (1920 : col. 1639).

I. 8. 7. Septième conclusion. 'La phalange macédonienne' : ou quand la science recule

Les points essentiels de nos conclusions nous éloignent donc fortement de la vulgate contemporaine relative à 'la phalange macédonienne', une vulgate dont un article d'Anson (2010a) est un des derniers et très représentatif avatar. L'auteur américain, qui connaissait l'article dévolu au sujet de l'introduction de la 'sarisse' dans l'infanterie macédonienne qu'Hammond (1980b) avait produit trente ans plus tôt (mais dont on ne voit pas en quoi il renouvelait les conclusions)[131] procédait selon des lignes malheureusement par trop communes dans la littérature contemporaine, et notamment dans la littérature contemporaine anglo-saxonne : absence de références aux travaux anciens d'une part, ignorance des études publiées dans une autre langue que l'anglais — et ici, notamment en allemand, les études dans cette langue étant si importantes, comme nous l'avons vu, pour tout ce qui touche au *makedonischen Heerwesen*.[132] Anson méconnaissait notamment tant la contribution absolument fondamentale de F. Lammert (1920) que les judicieux passages de la *Geschichte der Kriegskunst* de Delbrück (1920) que nous avons évoqués ici ou là. Quant à Hammond (1980b), il s'inscrivait déjà dans cette 'tradition': il ignorait absolument tout ce qui avait pu être écrit par la vieille école allemande, de Jähns aux Lammert en passant par Steinwender ou Delbrück.[133] Les origines de ces conceptions manifestement insuffisantes se trouvent, sans doute, d'une part dans les pages que Griffith consacra à ces questions dans le second volume de la fameuse somme *A History of Macedonia* ;[134] et, d'autre part, dans les travaux

---

[131] Cf. ci-dessus notre n. 7 pour le rappel des conclusions similaires des deux auteurs. Il est ainsi surprenant que dans l'article d'Anson (2010a), la seule référence à cette contribution de Hammond (1980b) est relative à un point connexe, à savoir que « Hammond states, "[the sarisa] was unsuitable for skirmishing, besieging [ce qui est d'ailleurs faux si l'on se souvient des épisodes que nous avons invoqués des sièges d'Édesse par Cléonyme et d'Atrax par les Romains], street-fighting, ambushing, [and] mountaineering." » (Anson 2010a : 65).

[132] Les deux seules études en allemand invoquées par Anson (2010a) étaient d'une part celle de Liampi sur le bouclier macédonien (Liampi 1998a) et d'autre part celle de Sotiriades (1903) ; en ce qui concerne les études publiées en anglais, qui restent pertinentes malgré leur ancienneté, on soulignera l'absence de l'article de Hogarth (1880) invoqué plusieurs fois dans notre essai, tout comme celle de l'appendice que Grote avait consacré à la 'sarisse' dans sa grande *History of Greece* (1866 : 119-21).

[133] Cf. ci-dessus ce que nous avons exposé à l'appel de notre n. 8, et au sein de la note elle-même. Comme nous l'avons souligné dans le corps du texte de notre essai, outre ses graves défauts de méthode, la monographie récente de Matthew (2015), présentée comme une étude 'définitive', est tombée elle aussi dans ce travers.

[134] Il sera bon de citer ici le début passage que le savant britannique consacrait à l'armement offensif macédonien : « As is well known, » exposait-il, « the characteristic weapon of the Macedonian phalanx was the longer-than-normal pike, the *sarissa*, of up to 18 feet long.2 ». Les références invoquées à cette note 2 étaient les suivantes : « Thphr. *HP* 3. 12. 2.; Asclep. 5. 1; Lammert, *RE* 2 IA (1920) 2515 ff. M. Andronicos, 'Sarisa (sic)', *BCH* 94 (1970) 91 ff., especially 96-107 with Plates at 99 f., shows convincingly that the metal remains (spearhead, butt-spike, and junction socket) of a great spear found at Vergina (Aegeae) belong to a *sarissa*, of a length

célèbres mais ô combien hasardeux, comme nous le pensons à la suite de Manti (cf. notre n. 5), de Markle. Or force est de constater que les conceptions de Griffith comme celles de Markle furent et restent considérées comme des acquis par les savants touchant de près ou de loin à ces questions.[135]

Or c'est sur ces fondations mal assurées que reposent désormais non seulement la littérature de vulgarisation mais encore les travaux savants. À notre connaissance, le dernier avatar est un article d'un spécialiste reconnu de l'armement grec (Pflug 2013), article doublement caractéristique : d'une part de l'ignorance des travaux anciens et d'autre part de l'oubli de sa propre tradition nationale au profit d'une littérature anglo-saxonne (cf. la bibliographie de cet article) qui, pourtant, ne saurait soutenir la comparaison avec les travaux de ceux que nous avons surnommés plus haut les 'grands' Allemands. Nous espérons donc que cette étude de fond renouvellera la question tout en rendant hommage à de 'grands anciens' qui, selon nous, il y plus d'un siècle, avaient déjà plus qu'entrevu ce que devait être, à l'analyse, la vérité factuelle de l'armement et de l'organisation de la phalange macédonienne.

---

corresponding to the 18 ft. of the literary sources cited above. The still longer *sarissa* known to Polybius (18. 29. 2; cf. Polyaen. 2. 29. 2) evidently was not yet known to Theophrastus, contemporary of Alexander the Great. » (Griffith 1979 : 421). Si l'on ne peut accabler Griffith d'avoir été mis sur de fausses pistes à cause des interprétations plus que douteuses qu'Andronicos livra de ses découvertes de Vergina (pour ce point-ci, cf. ci-dessus notre n. 38), ce passage ne fait-il pas écho à ce qu'avait exposé (F.) Lammert et d'autres savants de l'école allemande, à savoir que la 'sarisse' évoquée par THÉOPHRASTE n'était manifestement pas du type des véritables piques décrites par POLYBE ? Or cette remarque, pourtant fondamentale, ne paraît pas avoir été prise en compte par les successeurs de Griffith. Sans doute, à notre impression, parce qu'ils n'avaient pas fait l'effort de lire les écrits, certes déjà anciens, de la science allemande de la Belle Époque, des études où les conséquences à tirer de cette différence avaient été développées en détail.

[135] Outre les référence déjà invoquées, relevons encore le passage que Hatzopoulos (1996 : 268) avait consacré à la phalange macédonienne pour qui, à la suite de Griffith sur lequel il s'appuyait à cet endroit, ce qui touchait au « new armament » introduit par Philippe II « has been repeated only too often » ; et très récemment celui de Jarva (2013 : 410) relatif à l'armement macédonien : « Several sources (Thphr. *CP* 3.12.2; Polyaenus, *Strat.* 2.29.2) report that the Macedonians used the much longer *sarissa* after circa 300 (sic). Markle has argued that the *sarissa* was first used at Chaeronea by Philip II's cavalry and only adopted later by the infantry in the time of Alexander. He has calculated that the long *sarissas* (4.57 and 5.49 m) published by Andronicos from Vergina weighed respectively 5.5 and 6.5 kg, supposing that they were tipped with an iron head (1.235 kg) and butt (1.07 kg). »

I. Appendice
Les sources relatives à la 'phalange macédonienne' selon Hammond et Markle : un inventaire fallacieux

I. App. 1. Les références invoquées par Hammond

Pour étayer la conception selon laquelle l'infanterie de bataille macédonienne relevait déjà, du temps des Argéades, et de celui d'Alexandre en particulier, de la 'phalange macédonienne', c'est-à-dire de la phalange de piquiers, Hammond (1980b : 57, n. 18 = 1993a : 205, n. 18) avait tout d'abord fait fond sur ARRIEN.

Il invoqua en premier lieu la réforme avortée de l'infanterie de bataille d'Alexandre où la file aurait été constituée de 16 fantassins : « δεκαδάρχην μὲν τῆς δεκάδος ἡγεῖσθαι Μακεδόνα καὶ ἐπὶ τούτῳ διμοιρίτην Μακεδόνα καὶ δεκαστάτηρον, οὕτως ὀνομαζόμενον ἀπὸ τῆς μισθοφορᾶς, ἥντινα μείονα μὲν τοῦ διμοιρίτου, πλείονα δὲ τῶν οὐκ ἐν τιμῇ στρατευομένων ἔφερεν· » (ARRIEN, Ἀνάβασις Ἀλεξάνδρου, VII, 23, § 3). Savinel (1984 : 245) traduisait ici : « à la tête d'une section se trouvait un décurion macédonien, ayant à ses côtés un double-solde macédonien et un "dix-statères", ainsi nommé à cause de sa solde inférieure à celle du double-solde, mais supérieure à celle du simple soldat ». Les soldats à la suite étaient des Perses, la section étant formée par un soldat dit serre-file, « Μακεδόνα, δεκαστάτηρον καὶ τοῦτον » (ARRIEN, Ἀνάβασις Ἀλεξάνδρου, VII, 23, § 4), « un Macédonien, "dix-statères" lui aussi », alors que « τοὺς μὲν Μακεδόνας τὴν πάτριον ὅπλισιν ὡπλισμένους, τοὺς δὲ Πέρσας τοὺς μὲν τοξότας, τοὺς δὲ καὶ μεσάγκυλα ἔχοντας », « les Macédoniens étaient dotés de l'armement de leur nation, les Perses étaient les uns archers, les autres armés du javelot à courroie » (Savinel 1984 : 245). Or nous pensons, au contraire de Hammond, que ce passage tendrait à montrer que les premiers rangs de l'infanterie macédonienne n'étaient pas armés de piques. Car, *a contrario*, l'avantage de trois premiers rangs seuls dotés de piques aurait tenu uniquement dans le fait d'outrepasser les lances plus courtes des hoplites 'traditionnels', mais sans offrir cet avantage si bien décrit par Hammond lui-même de présenter à chaque adversaire non pas cinq mais uniquement trois fers de lance : « The pike-man phalanx could contract into tighter formation than the hoplite-phalanx, because the pikeman's shield was smaller, and it then had greater weight when it charged; moreover, it presented five pike-points at the ready against the one spear-point of a hoplite. » (Hammond 1989 : 60 = Hammond 1993b : 435). En outre, et surtout, l'intérêt de trois rangs seulement de piquiers paraît douteux, notamment quant à la capacité de garder l'ordre indispensable à la solidité d'une formation qui ne valait que par le caractère compact de l'ensemble et la puissance que lui donnait, lors du choc, l'engagement des cinq premiers rangs. Outre le stratagème de l'aventurier Cléonyme rapporté par POLYEN qui nous semble venir étayer notre doute (cf. avant l'appel de notre n. 104 pour ce texte, ainsi que notre commentaire n. 105), nous trouvons à l'appui de notre critique un argument supplémentaire dans un traité tactique de la Renaissance : « La picca non deue eſſere nella ſua longhezza manco di quindici piedi (…) però la picca eſſendo manco di piedi quindici, ſi troua, che non può combattere ſe non la prima, ſeconda, & terza fila, ſtando tutti in ordine a i ſoui luochi, & anco diſcommodamente la terza fila potrà combattere, & arriuar fuori con la picca, a ſoccorrer & difendere la prima fila: percioche la diſtanza del terreno da una fila all'altra, in una battaglia, per ſretta & ſerrata ch'ella ſia, uuol pur eſſer anco tanto, che gli huomini ſi poſſano maneggiare, ſenza impedirſi l'uno cō l'altro: adunque è da conſiderare, che la diſtanza del terreno, che é fra una fila & l'altra, ſi porta uia per aſſai longhezza, di modo che ſi uede ragioneuolmente, che la picca deue eſſer lunga quindici piedi, & non manco, che coſi lunga eſſendo, la fanteria in battaglia ſtando in ordine alli ſuoi luochi, potrà commodamente la terza, & anco la quarta fila de i ſoldati, abbaſſendo, arriuare con le ſue picche al ſoccorſo della prima & anteriore fila: & queſto è quanto intorno alla lunghezza della picca per me s'è potuto imaginare: per la ragione del ſoccorſo che la terza & quarta fila darà alle prime dinanzi. » (Cicogna 1583 : 15, recto — dans le « Capitolo 35. Della miſvra della picca »). En résumé, pour cet auteur de la Renaissance, des piques trop courtes, de moins de 15 pieds, ne permettant que l'engagement des trois premiers rangs, ne sont pas à préconiser.[136] Et donc en somme, par comparaison et *a contrario*, cette réforme d'Alexandre morte dans l'œuf ne conduirait-elle pas à voir les trois Macédoniens des premiers rangs, ou du moins les deux premiers d'entre eux, armés de simples lances ?

Venons-en à présent à d'autres extraits des sources anciennes invoqués par Hammond à l'appui de sa thèse. Dans son Ἀνάβασις Ἀλεξάνδρου (I, 4, §§ 1-2), ARRIEN décrivait comment les sarisses portées transversalement couchaient les blés. Hammond (1980b : 59 = 1993a : 207) y trouvait d'autant plus un argument pour sa conception qu'ARRIEN avait usé du mot σαρίσσαις. Mais

---

[136] D'après Malavasi (1842 : 108), le pied vénitien servant ici d'étalon aurait été long de 34 cm 77, une indication que conforte Martini (1883 : 817). Selon Scrofani (1808 : 80, « Tavola terza ») ce pied vénitien de quelque 0,347 m était dénommé « Piede dell'arsenale ». Or comme ce pied était proprement un étalon se trouvant à l'arsenal de la cité des doges (« Piede preso sul tipo dell'arsenale », Scrofani 1808 : 68), on peut penser que c'était proprement ce 'pied de l'arsenal' qui servit d'étalon à Cicogna, étant donné le caractère tout militaire de son traité — mais indiquons que l'on ne trouve trace de cet étalon dans la monographie de Zupko (1981). Ainsi, sous quelque réserve, les piques de 15 pieds minimums préconisées par Cicogna auraient donc été des armes longues d'environ 5 m 20.

comme on l'a vu à la suite de Delbrück et de Noguera Borel (cf. ci-dessus notre n. 17) sarisse n'étant qu'un mot macédonien pouvant désigner toute sorte de lance, le passage n'est pas probant ; en I, 4, § 3 de son même récit de l'aventure d'Alexandre, ARRIEN décrivait la « masse impénétrable » de la phalange macédonienne. Mais l'adversaire étant peu apte à la bataille d'infanterie en ordre serré (il s'agissait des Gètes), quelle leçon Hammond (1980b : 59 = 1993a : 207) pouvait-il bien espérer tirer de ce passage ? Un peu plus loin, l'historien de Nicomédie (Hammond 1980b : 59 = 1993a : 207, invoquant ARRIEN, I, 6, § 2), décrivait comment Alexandre « donna l'ordre aux hoplites de tenir les lances dressées puis, à un signal convenu, de les incliner pour la charge, et ensuite de les orienter tantôt à droite, tantôt à gauche, en les laissant bien groupées ». Ce passage est d'autant moins pertinent pour l'argumentation de Hammond (et selon ses propres principes philologiques) qu'ARRIEN usait bien ici, comme le suggère la traduction de Savinel (1984 : 24), de « τὰ δόρατα » — et non de « αἱ σάρισαι » (ARRIEN, Ἀνάβασις Ἀλεξάνδρου, I, 2, § 6). Hammond (1980b : 59 = 1993a : 207) décrivait ensuite comment la phalange avait enfoncé les Triballes. Mais ceci ne révèle rien sur l'armement de celle-ci. Puis le passage se trouvant en I, 1, § 9 (Hammond 1980b : 59 = 1993a : 207), où l'on voit comment les Thraces tentent de faire dévaler des chars sur la phalange. Comme l'avait remarqué Heckel (2005) qui s'était spécialement penché sur cet épisode (cf. également le commentaire de la planche F de Heckel et Jones 2006 : 62), si l'épisode est véridique, alors les soldats devaient être équipés de la large *aspis* 'argienne', un bouclier de quelque 90 cm de diamètre qui pouvait en effet les couvrir (les Macédoniens se seraient couchés et abrités sous leurs boucliers). Or, dans ce cas, ils ne pouvaient guère être armés de la 'sarisse' tenue à deux mains, ces deux armes ne pouvant, du fait de leur encombrement, être utilisées de concert — raison pour laquelle Heckel pensait que c'était les *Hypaspistes*, armés semble-t-il comme des hoplites grecs de la belle époque, qui avaient dû se trouver alors engagés.

Portons-nous à d'autres occurrences. « On this campaign », avait pourtant remarqué Hammond (1980b : 59 = 1993a : 207), « the sarissa-phalanx operated both on mountainous terrain and on flat ground, but always in collaboration with light-armed infantry and with cavalry (e. g. in 1.2.4 f.) ». N'y a-t-il pas là une contradiction dans les termes, puisque qu'une phalange de piquiers, formation lourde par excellence, n'était évidemment pas faite pour opérer sur des terrains difficiles dont les moindres accidents, les moindres bouquets d'arbres, devaient rompre la formation ? Le savant britannique avait encore tenté de repousser comme suit une importante objection de Markle émise à la lecture d'un passage où ARRIEN écrivait qu'Alexandre « ἐκέλευσε τοὺς Μακεδόνας καὶ τοῖς δόρασι δουπῆσαι πρὸς τὰς ἀσπίδας », « ordonna aux Macédoniens de pousser leur cri de guerre et de faire du bruit en frappant les lances contre les boucliers » (Savinel 1984 : 24) : « Arr. 1. 6. 4. : τοῖς δόρασι δουπῆσαι πρὸς τὰς ἀσπίδας. Markle argues in *AJA* 82. 492 that a man could beat a hoplite spear against a three-foot wide shield fastened to his left arm, but a man could not beat a pike against a two-foot wide shield suspended from his neck over his left shoulder. It seems to me that both are possible in theory; and in practice Diod. 17.57.6 records the beating of the shield with the sarissa [idem en 58, § 3], which could easily be done in one held the shield in one's left hand and clashed it against the upright sarissa in one's right hand; or clashed the sarissa against the shield » (Hammond, 1980b : 59, n. 25 = 1993a : 207, n. 25). Mais « ταῖς σαρίσαις τὰς ἀσπίδας τύπτειν » écrivait DIODORE dans ce passage : dès lors, si c'était en frappant les boucliers (cf. l'accusatif, tout comme chez ARRIEN où de plus πρὸς enlève tout doute — aussi pourra-t-on d'ailleurs se demander comment Bosworth, 1980 : 72, dans son commentaire de l'*Ἀνάβασις Ἀλεξάνδρου* d'ARRIEN [I, 6, § 4], avait-il pu arriver à l'idée suivante : « It was possible to hold the weapon steady with the left hand while the right manipulated the shield ») au moyen des sarisses (cf. le datif, τοῖς δόρασι ici, ταῖς σαρίσαις là), peut-on vraiment croire que celles-ci étaient des armes nécessitant les deux mains pour être maniées ? D'ailleurs, si besoin était, on retrouve une scène identique, exprimée en de même termes, à la fin de l'œuvre de QUINTE-CURCE (X, 7, § 14), quand, après la mort d'Alexandre, l'infanterie prit fait et cause pour le nouveau roi Philippe-Arrhidée et son champion, Méléagre : « *sequitur phalanx, hastis clipeos quatiens* », « la phalange le suit, heurtant les boucliers avec les lances ».

Hammond invoquait ensuite ce passage de la *Vie de Pélopidas* de PLUTARQUE (Πελοπίδας, XVIII, § 7) rapportant que l'on constata, après la bataille de Chéronée, que c'était par l'effet des sarisses que les hoplites du 'bataillon sacré thébain' avaient été détruits : « ἐναντίους ἀπηντηκότας ταῖς σαρίσαις ἅπαντας ἐν τοῖς ὅπλοις » ; « que les sarisses avaient frappé par devant, tous avec leurs armes » avaient traduit Chambry et Flacelière (1966 : 156). Si rien n'est absolument explicite quant à la nature des armes macédoniennes, il faut néanmoins reconnaître que l'on pourrait tirer l'idée de l'expression plutarquienne d'un anéantissement complet de cette troupe d'élite par des armes de portée supérieure, auxquelles elle n'avait pu résister. C'était là le point de vue de Rahe (1981). Mais il ne s'était pas penché sur le détail de la nature de ces armes. On signalera ici que le chapitre consacré à l'armement de l'ouvrage récent de Corvisier (2012 : 78-80), s'il exposait toute la difficulté de la question, conduisait cet auteur à se ranger à « l'interprétation traditionnelle » (Corvisier 2012 : 79). C'est-à-dire celle qui voit dans la phalange macédonienne, ou du moins en partie, une troupe de « porte-sarisses » (Corvisier 2012 : 79). Mais soulignons que, comme chez d'autres historiens, la discussion de l'auteur, et la position qu'il adopta à son terme, étaient de toutes les façons viciées du fait de son ignorance de l'équivocité du mot sarisse.

Désormais définitivement rallié à sa conception, Hammond (1980b : 63 = 1993a : 211) finissait par énoncer que « the *sarissophoroi* formed part of the assault force at the Granicus river (Arr. 1 14. 1) ». Or, que rapportait ici ARRIEN ? L'extrait en question, qui se trouve d'ailleurs dans l'Ἀνάβασις Ἀλεξάνδρου en I, 14, § 2 (et non au § 1), est le suivant : « ἐχόμενοι δὲ τούτων ἐτάχθησαν οἱ ὑπασπισταὶ τῶν ἑταίρων, ὧν ἡγεῖτο Νικάνωρ ὁ Παρμενίωνος· ἐπὶ δὲ τούτοις ἡ Περδίκκου τοῦ Ὀρόντου φάλαξ· ἐπὶ δὲ ἡ Κοίνου τοῦ Πολεμοκράτους· ἐπὶ δὲ ἡ Ἀμύντου τοῦ Ἀνδρομένους· ἐπὶ δὲ ὧν Φίλιππος ὁ Ἀμύντου ἦρχε. ». « Ils », c'est-à-dire « les Péoniens et l'escadron de Socrate » comme on le lit au paragraphe précédent, « étaient flanqués des hypaspistes des Compagnons, sous le commandement de Nicanor, fils de Parménion. Ensuite venait la phalange de Perdiccas, fils d'Oronte, puis celle de Coenos, fils de Polémocrate, puis celle d'Amyntas, fils d'Androménès ; ensuite ceux que commandait Philippe, fils d'Amyntas. » (Savinel 1984 : 35). Mais comme on le constate, il n'est ici nullement mention de la nature des hoplites de la phalange macédonienne.

« It is of course probable that Philip introduced not only the pike for the infantryman but also the long lance for the cavalryman » poursuivait Hammond (1980b : 63 = 1993a : 211). Le savant britannique faisait fond sur le combat de cavalerie mené personnellement par Alexandre au Granique, où le roi brisa sa première lance, ce qui fut relaté par ARRIEN (Ἀνάβασις Ἀλεξάνδρου, I, 15 §§ 6-8). Mais comme on le constate en revenant au texte, les mots utilisés par l'historien ancien pour décrire les deux armes d'Alexandre (la lance qu'il brisa et celle qu'un de ses compagnons lui offrit en remplacement) sont d'une part δόρυ et de l'autre ξυστόν. Enfin, Hammond avait évoqué un extrait du commentaire de DIDYMOS relatif à DÉMOSTHÈNE, dans un passage où était fait mention des trois blessures reçues par Philippe II : « Τ[ρ]ίτον τραῦμα λ[α]μβάνει κατὰ τὴν εἰς Τριβαλλοὺς ἐμβολήν, τὴν σάρισάν τινος τῶν διωκόντων εἰς τὸν δεξίον αὐτοῦ μηρὸν ὠσαμένου καὶ χωλώσαντος αὐτόν » — « La troisième blessure, il la reçoit lors de l'invasion chez les Triballes, d'une sarisse de l'un des poursuivants qui pénétra dans sa cuisse droite, ce qui le rendit boîteux » (Foucart 1906 : 121 = Foucart 1909 : 145). Comme on le constate, c'était, comme le précisait ici Foucart, « par un des siens, et non par l'ennemi, que le roi fut blessé dans le désordre de la poursuite » ; et le contexte ne permet nullement de déterminer qu'elle était la nature de la malencontreuse sarisse.

I. App. 2. Les références invoquées par Markle

Venons-en à présent aux références invoquées par Markle dans ces deux articles (1977 = Markle 1999a ; Markle 1978 = Markle 1999b) dont l'héritage est si important au sein de la littérature spécialisée anglo-saxonne depuis un bon tiers de siècle. Dans le premier de ces deux articles, Markle (1977 : 329, n. 41 =

Markle 1999a : 159, n. 41) renvoyait à un article ultérieur (évidemment celui publié originellement en 1978) pour l'examen des sources. Comme pour le cas de Hammond, portons-nous y donc.

L'auteur américain voyait (Markle 1999b : 193) dans les passages d'ARRIEN (Ἀνάβασις Ἀλεξάνδρου, III, 8, § 7) et de QUINTE-CURCE (IV, 9, § 10), « un terrain idéal pour l'infanterie armée de sarisses ». Mais ce terrain idéal ne déterminait certes pas comment la phalange était armée… Markle invoquait ensuite les descriptions faites par ARRIEN (Ἀνάβασις Ἀλεξάνδρου, III, 12, § 1) et QUINTE-CURCE (IV, 13, §§ 30-32) de la bataille d'Arbèles qui suggèreraient que la création, dans la ligne de bataille macédonienne, d'une force de réserve tendant à indiquer « une nouvelle formation (…) vulnérable aux attaques sur les flancs et les arrières » (Markle 1999b : 193). Néanmoins il faut remarquer que c'est là pousser loin l'induction que d'en conclure que la phalange macédonienne était alors équipée de longues piques. « Quant à la bataille de l'Hydaspe contre Poros, » écrivait plus loin Markle (1999b : 194), « Arrien ne précise pas quelles armes utilisa la phalange macédonienne contre l'infanterie indienne, mais Diodore affirme qu'elle portait la sarisse, et on peut le croire. » Or comme nous l'avons vu, qui dit sarisse ne dit pas pique, ce qui ruine la force de l'argument — les auteurs ayant décrit la bataille de l'Hydaspe invoqués par Markle (1999b : 193, n. 69) étaient les suivants : ARRIEN (Ἀνάβασις Ἀλεξάνδρου, V, 9-18) ; DIODORE (XVII, 87-88) ; PLUTARQUE (Ἀλέξανδρος, LX) ; QUINTE-CURCE (VIII, 13-14).

Rappelons pour finir que la thèse initiale de Markle, critiquée par Hammond, soit que ni à Issos, ni au Granique, la phalange n'avait été armée de piques, tenait avant tout dans l'argument qu'une telle troupe n'aurait pas pu être lancée au travers d'un cours d'eau : « Dans toute l'histoire écrite de l'infanterie armée de la sarisse, on ne connaît qu'un général, le Lacédémonien Machanidas, qui n'ait *à coup sûr* essayé de faire franchir un fossé à de telles troupes alors que l'ennemi était posté en face, et le résultat de cette aventure fut la mort du chef et la destruction de ses hommes. Jamais personne, d'après les documents, n'a fait traverser de cours d'eau à de telles troupes dans ces circonstances, et Polybe, qui avait de l'expérience en la matière, affirme que c'était là chose impossible. » (Markle 1999b : 194-5 ; le passage en question de POLYBE est en XVIII, 31, §§ 2-6). Pour Markle, c'était à partir de la bataille d'Arbèles que la phalange avait combattu armée de longues piques. Mais nous avons exposé dans le corps de notre texte que cette interprétation ne paraît pas plus devoir être reçue que celle de Hammond, quant à elle infondée si l'on se porte à la lettre des sources.

I. 9. Bibliographie

I. 9. 1. Sources littéraires

Adrados, F. R. (éd.) 1991. ἀρχή, ῆς, ἡ. dór. y beoc. ἀρχά. *Diccionario griego-español.* Volumen III. Redactado bajo la dirección de Francisco R. Adrados Profesor Emérito de la Universidad Complutense, Doctor Vinculado del Instituto de Filología del C.S.I.C. por los miembros del C.S.I.C. etc. Madrid, Consejo Superior de Investigaciones Científicás.

Amigues, S. (éd.) 1988. THÉOPHRASTE, Recherches sur les plantes. Tome I. *Livres I-II*, texte établi et traduit par Suzanne Amigues, Professeur à l'Université Paul-Valéry de Montpellier (*Collection des Universités de France*). Paris, Société d'édition « Les Belles Lettres ».

Amigues, S. (éd.) 1989. THÉOPHRASTE, Recherches sur les plantes. Tome II. Livres III-IV, texte établi et traduit par Suzanne Amigues, Professeur à l'Université Paul-Valéry de Montpellier (*Collection des Universités de France*). Paris, Société d'édition « Les Belles Lettres ».

APPIEN, Ῥωμαϊκά [*Histoire romaine*]. Livre XI. Συριακή [*Le livre syriaque*] : cf. Goukowsky (2007).

ARRIEN, Ἀνάβασις Ἀλεξάνδρου [*Anabase d'Alexandre*] : cf. Brunt (1976), (1983) ; Savinel (1984).

ARRIEN, Τέχνη τακτική [*Art tactique*] : cf. Roos et Wirth (1968) ; Sestili (2011).

ASCLÉPIODOTE : cf. Poznanski (1992).

Atkinson, J. E. (éd.) et Gargiulo, T. 2000. *Q. CURZO RUFO. Storie di Alessandro Magno.* Volume II (*Libri VI-X*), a cura di John E. Atkinson. Traduzione di Tristano Gargiulo (*Scrittori greci e latini. Le storie e i miti di Alessandro*). S. l., Arnoldo Mondadori Editore.

Bailly, A. 1950a. ἀρχή, ῆς, (ἡ). *Dictionnaire grec-français*, rédigé avec le concours de E. Egger. Édition revue par L. Séchan et P. Chantraine, avec, en appendice, de nouvelles notices de mythologie et religion par L. Séchan : 281. Paris[16], Hachette.

Bailly, A. 1950b. ἡμι-όλιος, α, ον. *Dictionnaire grec-français*, rédigé avec le concours de E. Egger. Édition revue par L. Séchan et P. Chantraine, avec, en appendice, de nouvelles notices de mythologie et religion par L. Séchan : 902. Paris[16], Hachette.

Bailly, A. 1950c. περισπάω-ω. *Dictionnaire grec-français*, rédigé avec le concours de E. Egger. Édition revue par L. Séchan et P. Chantraine, avec, en appendice, de nouvelles notices de mythologie et religion par L. Séchan : 1537-8. Paris[16], Hachette.

Bardon, H. (éd.) 1948. *QUINTE-CURCE, Histoires.* Tome II. *Livres VII-X*, texte établi et traduit par H. Bardon, Professeur à l'Université des Lettres de l'Université de Poitiers (*Collection des Universités de France*). Paris, Société d'édition « Les Belles Lettres ».

Bardon, H. (éd.) 1961. *QUINTE-CURCE, Histoires.* Tome I. *Livres III-VI*, texte établi et traduit par H. Bardon, Professeur à l'Université des Lettres de l'Université de

Poitiers (*Collection des Universités de France*). Paris², ¹³⁷ Société d'édition « Les Belles Lettres ».

Bizière, F. (éd.) 1975. *DIODORE DE SICILE, Bibliothèque historique. Livre XIX*, texte établi et traduit par Françoise Bizière, Maître-assistant à l'Université de Haute-Bretagne (*Collection des Universités de France*). Paris, Société d'édition « Les Belles Lettres ».

Bosworth, A. B. 1980. *A Historical Commentary on Arrian's History of Alexander.* Volume I. *Commentary on Books I-III.* Oxford, Oxford University Press.

Bosworth, A. B. 1995. *A Historical Commentary on Arrian's History of Alexander.* Volume II. *Commentary on Books IV-V.* Oxford, Oxford University Press.

Bouchaud de Bussy, M. (éd.) 1757. *La milice des Grecs, ou tactique d'Élien ; Ouvrage traduit du Grec, avec des Notes & des Figures, auquel on a joint un Discours sur la Phalange & sur la Milice des Grecs en général ; suivi d'une Dissertation sur le Coin des Anciens.* Tome premier [traduction]. Paris, chez Ch. Ant. Jombert, Imprimeur-Libraire du Roi pour l'Artillerie & le Génie.

Brunt, P. A. (éd.) 1976. *ARRIAN Anabasis Alexandri.* I. *Books I-IV,* with an English Translation by P. A. Brunt, Camden Professor of Ancient History, University of Oxford (*The Loeb Classical Library* 236). Cambridge (Mass.) et London, Harvard University Press.

Brunt, P. A. (éd.) 1983. *ARRIAN Anabasis Alexandri.* II. *Books V-VII,* with an English Translation by P. A. Brunt, formerly Camden Professor of Ancient History, University of Oxford (*The Loeb Classical Library* 269). Cambridge (Mass.), Harvard University Press, et London, William Heinemann Ltd.

Casevitz, M. (éd.) 2008. *XÉNOPHON, Constitution des Lacédémoniens. Agésilas — Hiéron,* suivi de *PSEUDO-XÉNOPHON, Constitution des Athéniens,* traduit et annoté par Michel Casevitz. Préfacé par Vincent Azoulay (*La roue à livres*). Paris, Société d'édition « Les Belles Lettres ».

Chambry, É. et Thély-Chambry, L. (éd.) s. d. [1936]. *Abrégé des histoires philippiques de Trogue-Pompée et Prologues de Trogue-Pompée,* texte latin et traduction nouvelle par É[mile] Chambry & Lucienne Thély-Chambry (*Classiques Garnier*). Paris, Librairie Garnier Frères.

Chambry, É. et Flacelière, R. (éd.) 1966. *PLUTARQUE, Vies.* Tome IV. *Timoléon-Paul-Émile — Pélopidas-Marcellus,* texte établi et traduit par Robert Flacelière, Directeur de l'École Normale Supérieure et Émile Chambry, Professeur honoraire au Lycée Voltaire (*Collection des Universités de France*). Paris, Société d'édition « Les Belles Lettres ».

---

[137] Une impression de 1992 du premier tome de l'œuvre de QUINTE-CURCE dans la *Collection des Universités de France* par Bardon est définie comme un « quatrième tirage revu et corrigé ». Il est indiqué au dos de la page de titre que la première édition fut de 1961. Mais Bardon avait publié pour la première fois cette première partie de l'œuvre de QUINTE-CURCE dans la *Collection des Universités de France* dès 1947. De fait, après vérification, le tirage de 1961 porte bien l'indication « DEUXIEME EDITION ». Celui de 1976, le troisième tirage, confirme cette information, puisqu'il indique un copyright daté 1961. En somme, seule la première partie de la publication de l'œuvre de QUINTE-CURCE dans la *Collection des Universités de France* paraît avoir donné lieu à une seconde édition, et donc en 1961.

Chambry, É. et Flacelière, R. (éd.) 1973. *PLUTARQUE, Vies*. Tome VIII. *Sertorius-Eumène — Agésilas-Pompée*, texte établi et traduit par Robert Flacelière, Membre de l'Institut, et Émile Chambry (*Collection des Universités de France*). Paris, Société d'édition « Les Belles Lettres ».

Chambry, É. et Flacelière, R. (éd.) 1975. *PLUTARQUE, Vies*. Tome IX. *Alexandre — César*, texte établi et traduit par Robert Flacelière, Membre de l'Institut, et Émile Chambry. Paris, Société d'édition « Les Belles Lettres ».

Chambry, É. et Flacelière, R. (éd.) 1976. *PLUTARQUE, Vies*. Tome XI. *Agis-Cléomène — Les Gracques*, texte établi et traduit par Robert Flacelière, Membre de l'Institut et Émile Chambry (*Collection des Universités de France*). Paris, Société d'édition « Les Belles Lettres ».

Chambry, É., Flacelière, R. et Juneaux, M. (éd.) 1964. *PLUTARQUE, Vies*. Tome I. *Thésée-Romulus — Lycurgue-Numa*, texte établi et traduit par Robert Flacelière, Professeur à la Faculté des Lettres de l'Université de Paris, Émile Chambry, Professeur honoraire au Lycée Voltaire & Marcel Juneaux, Professeur au Lycée de Troyes (*Collection des Universités de France*). Paris[2], Société d'édition « Les Belles Lettres ».

Chantraine, P. 1970. *Dictionnaire étymologique de la langue grecque. Histoire des mots*. Tome II. *E-K*. Paris, Éditions Klincksieck.

Dain, A. 1946. *Histoire du texte d'Élien le Tacticien des origines à la fin du Moyen-Âge*. Paris, Société d'édition « Les Belles Lettres ».

Delebecque, É. (éd.) 1978. *XÉNOPHON, Cyropédie*. Tome III. *Livres VI-VIII*, texte établi et traduit par Édouard Delebecque, Professeur à l'Université de Provence. Paris, Société d'édition « Les Belles Lettres ».

Dennis, G. T. (éd.) 1985. *Three Byzantine Military Treatises*. Text, translation, and notes by George T. Dennis (*Corpus Fontium Historiae Byzantinae XXV*). Washington D. C., Dumbarton Oaks.

Dennis, G. T. (éd.) 2010. *The Taktika of Leo VI*. Text, translation, and notes by George T. Dennis (*Corpus Fontium Historiae Byzantinae XLIX*). Washington D. C., Dumbarton Oaks.

Devine, A. M. (éd.) 1989. Aelian's *Manual of Hellenistic Military Tactics*. A New Translation from the Greek with an Introduction. *The Ancient World* XIX/1-2 : 31-64.

DIODORE : cf. Bizière (1975) ; Goukowsky (1976), (1978) ; Sherman (1952) ; Vial (1977).

DION CASSIUS, Ῥωμαϊκὴ ἱστορία [*Histoire romaine*]. Livre LXXVII : cf. Gros et Boissée (1870).

ÉLIEN le Tacticien : cf. Bouchaud de Bussy (1757) ; Matthew (2012a).

Erbse, H. (éd.) 1974. *Scholia Graeca in Homeri Iliadem (Scholia vetera)*, recensuit Hartmvt Erbse. III. *Scholia ad libros K-Ξ continens*. Berlin, Walter de Gruyter & Co.

EUSTATHE de Thessalonique, Παρεκβολαί εἰς τὴν Ὁμήρου Ἰλιάδα [*Commentaires à L'Iliade d'Homère*] : cf. Van der Valk (1979).

Foulon, É., Weil, R. et Cauderlier, P. (éd.) 1995. *POLYBE, Histoires. Livre XIII-XVI*, texte établi par Éric Foulon, Maître de conférences à l'Université d'Angers et traduit par Raymond Weil, Membre de l'Institut, Professeur honoraire à l'Université de Paris-Sorbonne, avec la collaboration de Patrice Cauderlier, Maître de conférences à l'Université de Dijon (*Collection des Universités de France*). Paris, Société d'édition « Les Belles Lettres ».

FRONTIN, *Strategemata* [*Les Stratagèmes*] : cf. Laederich (1999).

GALIEN, Μέθοδος θεραπευτική (*Methodus medendi*) [*De la méthode thérapeutique* ou *Méthode de traitement*] : cf. Kühn (1825) ; Johnston et Horsley (2011).

Goukowsky, P. (éd.) 1976. *DIODORE DE SICILE, Bibliothèque historique. Livre XVII*, texte établi et traduit par Paul Goukowsky, Maître-assistant à l'Université de Nancy II (*Collection des Universités de France*). Paris, Société d'édition « Les Belles Lettres ».

Goukowsky, P. (éd.) 1978. *DIODORE DE SICILE, Bibliothèque historique. Livre XVIII*, texte établi et traduit par Paul Goukowsky, Docteur ès lettres, Maître-assistant à l'Université de Nancy II (*Collection des Universités de France*). Paris, Société d'édition « Les Belles Lettres ».

Goukowsky, P. (éd.) 2007. *APPIEN, Histoire romaine*. Tome VI. *Livre XI. Le livre syriaque*, texte établi et traduit par Paul Goukowsky, Professeur à l'Université de Nancy II (*Collection des Universités de France*). Paris, Société d'édition « Les Belles Lettres ».

Gros, E. et Boissée, V. (éd.) 1870. *DION CASSIUS, Histoire romaine de DION CASSIUS*, traduite en français avec des notes critiques, historiques, etc. et le texte en regard, collationné sur les meilleures éditions et sur les manuscrits de Rome, Florence, Venise, Turin, Munich, Heidelberg, Paris, Tours, Besançon ; par E. Gros, Inspecteur de l'Académie de Paris, ouvrage continué par V. Boissée. Tome dixième [livres soixante-et-onzième à quatre-vingtième]. Paris, Librairie de Firmin Didot frères, fils et c^{ie}.

Hansen, P. A. (éd.) 2005. *Hesychii Alexandrini Lexicon*, editionem post Kurt Latte continuans recensuit et emendavit Peter Allan Hansen. *Volumen III. Π-Σ* (*Sammlung griechischer und lateinischer Grammatiker (SGLG)* 11/3). Berlin et New York, Walter de Gruyter GmbH & Co. KG.

HÉSYCHIUS d'Alexandrie : cf. Hansen (2005).

HOMÈRE, Ἰλιάδος [*L'Iliade*] : cf. Erbse (1974) — scholies à *L'Iliade*.

Jal, P. (éd.) 1976. *TITE-LIVE, Histoire Romaine*. Tome XXXII. *Livres XLIII-XLIV*, texte établi et traduit par Paul Jal, Professeur à l'Université de Paris-X (*Collection des Universités de France*). Paris, Société d'édition « Les Belles Lettres ».

Johnston, I. et Horsley, G. H. R. (éd.) 2011. *GALEN. Method of Medecine. II. Books 5-9*, edited and translated by Ian Johnston et G. H. R. Horsley (*The Loeb Classical Library* 517). Cambridge (Mass.) et London, Harvard University Press.

JULES Africain [*Iulius Africanus, Sextus*], Κεστοί [*Les "Cestes"*] : cf. Vieillefond (1932).

JUSTIN : cf. Chambry et Thély-Chambry (s. d. [1936]).

Köchly, H. et Rüstow, W. (éd.) 1855. *Griechische Kriegsschrifsteller. II. Die Taktiker. 1. Asklepiodotos' Taktik. Aelianus' Theorie der Taktik. Nebst einer Einleitung und zwei Stücken taktischen Inhalts aus Xenophon und Polybios. 2. Des Byzantiner Anonymus Kriegswissenschaft. Nebst einem dreifachen Anhange und den erklärenden Anmerkungen zu den drei Taktikern*. Leipzig, Verlag von Wilhelm Engelmann.

Krentz, P. et Wheeler, E. L. (éd.) 1994. *POLYAENUS. Stratagems of war*. Chicago, ARES PUBLISHERS INC.

Kühn, C. G. (éd.) 1825. *Clavdii Galeni opera omnia. Editionem cvravit D. Carolvs Gottlob Kühn. Tomvs* X. Leipzig, Librairie Car. Cnobloch [réimpression Hildesheim, Zürich et New York 1997, Georg Olms Verlag].

Kulakovskij, J. (éd.) 1908. Стратегика императора Никифора, издалъ Ю. А. Кулаковскій. *Nicephori Praecepta militaria ex codice Mosquensi*, edidit Julianus Kulakovskij (Записки Императорской Академи Наукъ. *Mémoires de l'Académie des Sciences de Saint-Pétersbourg* VIIIe série. По историко-филологическому отдѣленію Томъ VIII N°9. *Classe historico-philologique* Volume VIII N°9). Санкт-Петербургъ/Saint-Pétersbourg, Императорской Академіи Наукъ [Académie Impériale des Sciences] [*editio princeps*].

Laederich, P. (éd.) 1999. *FRONTIN. Les Stratagèmes*. Introduction, traduction et commentaire de Pierre Laederich. Paris, Ed. Economica.

Lasserre, F. (éd.) 1971. *STRABON, Géographie*. Tome VII. *Livre X*, texte établi et traduit par François Lasserre, Professeur à l'Université de Lausanne, Chargé de cours à l'Université de Genève (*Collection des Universités de France*). Paris, Société d'édition « Les Belles Lettres ».

Latzarus, B. (éd.) 1955. *PLUTARQUE, Vies parallèles*. V. *Aratos. — Artoxerxès. — Agis et Cléomène. Tibérius et Caius Gracchus. Lycurgue et Numa. — Lysandre et Sylla. Agésilas et Pompée. — Galba. — Othon*. Paris, Éditions Garnier frères.

LÉON VI, *Tactica* : cf. Dennis (2010).

Ad Leonis Augusti Tactica = Περὶ πολεμικῆς : cf. Migne (1863 : col. 1095-1120).

Liddell, H.-G. et Scott, R. (éd.) 1996. ἡμιόλ-ιος, α, ον, ἀμ, ον (ὅλος) [I]. *A Greek-English Lexicon*, compiled by Henry George Liddell and Robert Scott. Revised and augmented throughout by Sir Henry Stuart Jones with the Assistance of Roderick McKenzie and with the Cooperation of Many Scholars. With a revised supplement : 773. Oxford[9], Clarendon Press [Oxford University Press].

Matthew, Ch. A. (éd.) 2012a. *The Tactics of Aelian or On the Military Arrangements of the Greeks. A New Translation of the Manual that influenced Warfare for Fifteen Centuries*. Barnsley, Pen & Sword Books Limited.

Melber, J. (éd.) 1887. *Polyaeni strategematon libri octo libri octo ex recension Edvardi Woelfflin. Iterum recensvit, excerpta Polyaeni e codice tacticorvm florentino addidit, Leonis imperatoris stratagemata e rvd. Schoellii apographo svbivnxit*. Leipzig, B. G. Teubner.

Migne, J.-P. (éd.) 1863. *Patrologia Græca*, tomus 107. Paris, J.-P. Migne [réimpression Turnhout 1986, Brepols].

Miller, W. (éd.) 1914. *XENOPHON in seven Volumes*. VI. *Cyropaedia* with an English Translation by Walter Miller in two volumes. II. *Books V-VIII* (*The Loeb Classical Library* 52). Cambridge [Mass.] et London, Harvard University Press.

PLUTARQUE, Ἀγησίλαος [(*Vie d'*) *Agésilas*] : cf. Latzarus (1955)

PLUTARQUE, Αἰμίλιος Παῦλος [(*Vie de*) *Paul-Émile*] : cf. Chambry et Flacelière (1966).

PLUTARQUE, Ἀλέξανδρος [(*Vie d'*) *Alexandre*] : cf. Chambry et Flacelière (1975).

PLUTARQUE, Κλεομένης [(*Vie de*) *Cléomène*]: cf. Chambry et Flacelière (1976).

PLUTARQUE, Λυκοῦργος [(*Vie de*) *Lycurgue*] : cf. Chambry *et al.* (1964).

PLUTARQUE, Πελοπίδας [(*Vie de*) *Pélopidas*] : cf. Chambry et Flacelière (1966).
POLYBE : cf. Foulon, Weil et Cauderlier (1995).
POLYEN, *Excerpta Polyaeni e codice tacticorvm florentino* : cf. Melber (1887), Krentz et Wheeler (1994).
POLYEN : cf. Krentz et Wheeler (1994).
Poznanski, L. (éd.) 1992. *ASCLÉPIODOTE, Traité de tactique*, texte établi et traduit par L. Poznanski, Professeur à l'Université Ben Gourion-Beer-Sheva (Israël) (*Collection des Universités de France*). Paris, Société d'édition « Les Belles Lettres ».
Praecepta militaria : cf. Kulakovskij (1908).
QUINTE-CURCE : cf. Atkinson et Gargiulo (2000) ; Bardon (1948), (1961) ; Rolfe (1946).
Rolfe, J. C. (éd.) 1946. *QUINTUS CURTIUS*, with an English Translation by John C. Rolfe, Litt.D. University of Pennsylvania. II. *Books VI-X* (*The Loeb Classical Library* 369). Cambridge [Mass.], Harvard University Press, et London, William Heinemann Ltd.
Roos, A. G. et Wirth, G. (éd.) 1968. *FLAVII ARRIANI qvae exstant omnia*, edidit A. G. Roos. Vol. II. *Scripta minora et fragmenta, adiectae svnt tabvlae geographicae et fragmentvm papyri 1284 societatis italianne*, editio stereotypa correctior addenda et corrigenda adiecit G. Wirth (*Bibliotheca scriptorvm Graecorvm et Romanorvm Tevbneriana*), B. G. Teubner.
Rose, V. (éd.) 1886. *ARISTOTELIS qui ferebantur librorum fragmenta* (*Bibliotheca scriptorvm Graecorvm et Romanorvm Tevbneriana*). Berlin, B. G. Teubner [réimpression Stuttgart 1966, B. G. Teubner].
Savinel, P. (éd.) 1984. *ARRIEN, Histoire d'Alexandre. L'Anabase d'Alexandre le Grand et l'Inde*, traduit du grec par Pierre Savinel, suivi de *Flavius Arrien entre deux mondes* par Pierre Vidal-Naquet. Paris, Les éditions de minuit.
Sestili, A. (éd.) 2011. *Lucio Flavio Arriano, L'arte tattica, trattato di tecnica militare*, a cura di Antonio Sestili, testo greco a fronte (*AREA* 10. *Scienze dell'antichità, filologico-letterarie e storico-artistiche* 721). Roma, Aracne editrice S.r.l.
Sherman, Ch. L. (éd.) 1952. *DIODORUS OF SICILY*. VII. *Books XV. 20-XVI. 65*, with an English Translation by Charles L. Sherman, Professor of History and Political Science, Amherst College (*The Loeb Classical Library* [sans indication de n° dans la collection]). London, William Heinemann Ltd, et Cambridge [Mass.], Harvard University Press.
STRABON : cf. Lasserre (1971).
Περὶ Στρατηγίας : cf. Denis (1985 : 10-136).
THÉOPHRASTE, *Historia plantarum* [*Recherches sur les plantes*] : cf. Amigues (1988), (1989).
TITE-LIVE : cf. Jal (1976).
Van der Valk, M. (éd.) 1979. *Eustathii archiepiscopi Thessalonicensis. Commentarii ad Homeri Iliadem pertinentes*. Leiden, E. J. Brill.
Vial, C. (éd.) 1977. *DIODORE DE SICILE, Bibliothèque historique. Livre XV*, texte établi et traduit par Claude Vial, Maître-assistant à l'Université de Lyon II (*Collection des Universités de France*). Paris, Société d'édition « Les Belles Lettres ».

Vieillefond, J. R. (éd.) 1932, *Fragments des Cestes provenant de la collection des tacticiens grecs. Édités avec une introduction et des notes critiques par J.-R. Vieillefond* (*Nouvelle collection de textes et documents*). Paris, Société d'édition « Les Belles Lettres ».

Walbank, F. W. 1957. *A Historical Commentary on Polybius. I. Commentary on Books I-VI.* Oxford, Oxford University Press.

Walbank, F. W. 1967. *A Historical Commentary on Polybius. II. Commentary on Books VII-XVIII.* Oxford, Oxford University Press.

XÉNOPHON, Κύρου Παιδεία [*Cyropédie*] : cf. Delebecque (1978) ; Miller (1914).

XÉNOPHON, Λακεδαιμονίων πολιτεία [*Constitution des Lacédémoniens*] : cf. Casevitz (2008).

I. 9. 2. Études

Anderson, J. K. 1970. *Military theory and practice in the age of Xenophon.* Berkeley et Los Angeles, University of California Press.

Andreae, B. 1977. *Das Alexandermosaik aus Pompeji.* Recklinghausen, Verlag Aurel Bongers KG Recklinghausen.

Anson, E. M. 2010a. The Introduction of the *sarisa* in Macedonian Warfare. *Ancient Society* 40 : 51-68.

Anson, E. M. 2010b. The Asthetairoi: Macedonia's Hoplites. Dans E. Carney and D. Ogden (éd.), *Philip II and Alexander the Great. Father and Son, Lives and Afterlives* : 81-90. Oxford et New York, Oxford University Press.

Aussaresses, F. 1909. *L'armée byzantine à la fin du VIe siècle d'après le Strategicon de l'empereur byzantin Maurice* (*Bibliothèque des universités du Midi* fascicule XIV). Paris, Feret & fils éditeurs, et Bordeaux, Albert Fontemoing.

Bailly, A. 1950d. Mesures de longueurs attiques. *Dictionnaire grec-français*, rédigé avec le concours de E. Egger. Édition revue par L. Séchan et P. Chantraine, avec, en appendice, de nouvelles notices de mythologie et religion par L. Séchan : 2196. Paris[16], Hachette.

Bar-Kochva, B. 1979. *The Seleucid Army. Organization and tactics in the great campaigns.* Cambridge[2], Cambridge University Press [réimpression m. l. 1989].

Du Bellay, G., seigneur de Langey. 1592. *Discipline militaire, comprises en trois liures, premièrement faite & cōpilee par l'Auteur, tant de ce qu'il leu des Anciens & Modernes, comme Polybe, Vegece, Frontin, Cornatan & autres, que de ce qu'il a veu & pratiqué és armees & guerres de ſon tems. Et nouuellement reueuë & diſpoſée le plus religieuſement que s'eſt peut faire, ſans preiudicier aux merites dudit Auteur.* Lyon, Benoist Rigavd.

Bertosa, B. 2014. Peltast Equipment and the Battle of Lechaeum. Dans N. V. Sekunda and B. Burliga (éd.), *Iphicrates, Peltasts and Lechaeum* (*Monograph Series 'Akanthina'* no. 9). Gdańsk, Foundation for the Development of Gdańsk University for the Department of Mediterranean Archaeology.

Berve, H. 1926. *Das Alexanderreich auf prosopographischer Grundlage. I. Darstellung. II. Prosopographie.* München, C. H. Beck'sche Verlagsbuchhandlung.

Bijvanck, A. W. 1955. La bataille d'Alexandre. *Bulletin van de Vereeniging tot Bevordering der Kennis van de Anticke Beschaving* XXX : 28-34

Bikerman, E. 1938. *Institutions des Séleucides* (Haut-Commissariat de la République française en Syrie et au Liban. Service des Antiquités. Bibliothèque archéologique et historique XXVI). Paris, Librairie orientaliste Paul Geuthner.

Bol, P. C. 1989. *Argivische Schilde* (Olympische Forschungen Band XVII). Berlin et New York, Walter de Gruyter.

Bosworth, A. B. 1973. Ἀσθέταιροι. *The Classical Quarterly* 23 : 245-53.

Bosworth, A. B. 2010. The Argeads and the Phalanx. Dans E. Carney and D. Ogden (éd.), *Philip II and Alexander the Great. Father and Son, Lives and Afterlives* : 91-102. Oxford et New York, Oxford University Press.

Bouthoul, G. 1930. *L'invention* (Bibliothèque sociologique internationale LX). Paris, Marcel Giard, libraire-éditeur.

Bouthoul, G. 1970. *Traité de Polémologie. Sociologie des Guerres.* Paris², Payot.

Breffort, D. 1988 [Mars]. Les compagnons d'Alexandre. *Tradition Magazine* 14 : 21-7.

Briant, P. 1975 [compte rendu de Nikolitsis (1974)]. *Revue des Études Anciennes* LXXVII : 366.

Buchwald, W., Hohlweg, A. et Prinz, O. 1991. Aristarque de Samos. *Dictionnaire des auteurs grecs et latins de l'Antiquité et du Moyen-Age*, traduit et mis à jour par Jean Denis Berger et Jacques Billen. Préface par Jacques Fontaine, Membre de l'Institut : 73. S. l., Brepols.

Buraselis, K. 1993-1994. The Roman World of Polyainos. Aspect of a Macedonian Career between Classical Past and Provincial Present [résumé en grec]. Ἀρχαιογνωσία 8 : 121-40.

Buttin, Ch. (†). [Janvier] 1936. Les armes d'hast. I. La pique. *Bulletin trimestriel de la Société des Amis du Musée de l'Armée* 44 : 21-35.

Buttin, F. 1965. La lance et l'arrêt de cuirasse. *Archaeologia or Miscellaneous Tracts relating to Antiquity* XCIX : 77-178.

Cicogna, G. M. 1583. *Il primo Libro del Trattato militar, nel quale si contengono varie regole, & diversi modi, per fare con l'ordinanza battaglie nuove di fanteria. Con due tariffe, l'una delle ordinanze, & l'altra delle battaglie quadreperfette per ogni faccia : & molti altri ricordi utilissimi ad ogni buon soldato.* Venezia, appresso Camillo Castelli.

Cohen, A. 1997. *The Alexander Mosaic. Stories of Victory and Defeat.* Cambridge, Cambridge University Press.

Connolly, P. 1998. *Greece and Rome at War.* London, Greenhill Books.

Corvisier, J.-N. 2012. *Bataille de Chéronée. Printemps 338. Philippe II, roi de Macédoine, et le futur Alexandre le Grand* (Collection *Campagnes & stratégie*). Paris, Ed. ECONOMICA.

Couissin, P. 1932. *Les institutions militaires et navales* (La vie publique et privée des anciens Grecs VIII). Paris, Société d'édition « Les Belles Lettres ».

Craig, G. A. 1980. Delbrück : l'historien militaire. Dans E. M. Earle (éd.), *Les Maîtres de la Stratégie. 1. De la Renaissance à la fin du XIXe siècle*, préface de R. Aron. Traduit de l'américain par A. Pélissier (Collection « *Stratégies* ») : 295-319. Paris, Berger-Levrault.

Nota bene
L'article original de Craig avait été publié lors de la Seconde Guerre Mondiale [Delbrück: The Military Historian. Dans E. M. Earle (éd.) 1943. *Makers of Modern Strategy*: 260-83. Princeton, Princeton University Press].

Dekoulakou-Sideris, I. 1990. A Metrological Relief from Salamis. *American Journal of Archaeology* 94/3: 445-51.

Delbrück, H. 1920, *Geschichte der Kriegskunst im Rahmen der politischen Geschichte.* I. *Das Altertum.* Berlin³, Verlag von Georg Stilke.

Nota bene
Nous nous sommes référés à l'édition de 2003 intitulée *Geschichte der Kriegskunst. Das Altertum. Von den Perserkriegen bis Caesar*, mit einem Vorwort von Ulrich Raulff und einer Einleitung von Karl Christ. Hamburg, Nikol Verlagsgesellschaft mbH & co. KG.

Delbrück, H. 1921, *Geschichte der Kriegskunst im Rahmen der politischen Geschichte.* II. *Die Germanen.* Berlin³, Verlag von Georg Stilke.

Nota bene
Nous nous sommes référés à l'édition de 2003 intitulée *Geschichte der Kriegskunst. Die Germanen. Vom Kampf der Römer und Germanen bis zum Übergang ins Mittelalter*, mit einer Einleitung von Hans Kuhn und Dietrich Hoffmann. Hamburg, Nikol Verlagsgesellschaft mbH & co. KG.

Devine, A. [M.] 1989. Alexander the Great. Dans J. Hackett (éd.), *Warfare in the Ancient World* : 104-29. London, Sidgwick & Jackson Limited.

Devine, A. M. 1994. The short sarissa. Tactical reality or scribal error? *The Ancient History Bulletin* 8 : 132.

Devine, A. M. 1996. The short sarissa again. *The Ancient World* 27/1 : 52-3.

Deyber, A. 2009. *Les Gaulois en guerre. Stratégie, tactiques et techniques. Essai d'histoire militaire (IIe-Ier siècles av. J.-C.) (Collection des Hespérides).* Paris et Arles, Éditions Errance.

Dodge, Th. A. 1890. *Alexander: a History of the Origin and Growth of the Art of War from the Earliest Times to the Battle of Ipsus, 301 BC, with a detailed account of the Campaigns of the Great Macedonian* [deux volumes]. Boston, Houghton Mifflin Company [réimpression Londres 1993, Lionel Leventhal Company].

Domínguez Monedero, A. J. 2014. Atenas contra Filipo. La batalla de Queronea. *Desperta Ferro (Antigua y Medieval)* 21 : 40-9.

Droysen, H. 1885. *Untersuchungen über Alexander des Grossen Heerwesen und Kriegführung.* Freibourg im Brisgau : Akademische Verlagsbuchhandlung von J. C. B. Mohr (Paul Siebeck).

Droysen, J. G. 1877. Alexander des Grossen Armee. *Hermes* XII : 226-52, article réimprimé dans les *Kleine Schriften* du savant allemand [= Droysen, J. G. 1894. Dans les *Kleine Schriften zur Alten Geschichte von Johann Gustav Droysen.* II. Band : 208-31. Leipzig, Verlag von Veit & Comp.].

Droysen, J. G. 1894 : cf. Droysen (1877).

Faccioli, E. 1973. *Aforismi dell'arte bellica.* Milano, Fratelli Fabbri Editori.

Foucart, P. 1906. *Étude sur Didymos d'après un papyrus de Berlin*. Extrait des *Mémoires de l'Académie des Inscriptions et Belles-Lettres* XXXVIII, 1ère partie. Paris, Librairie C. Klincksieck.
Nota bene
Il s'agit d'un tirage à part des *Mémoires de l'Institut National de France. Académie des inscriptions et belles lettres* XXXVIII, première partie : 27-218, volume qui ne fut publié qu'en 1909.
Foucart, P. 1909 : cf. Foucart (1906).
Fuller, J. F. C. 1958. *The Generalship of Alexander the Great*. London, Eyre & Spottiswoode.
Garlan, Y. 1972. *La guerre dans l'antiquité*. Paris, Éditions Fernand Nathan.
De Gheyn, J. 1608. *Maniement d'armes, d'arqvebuses, mousqvetz et piqves. En conformité de l'ordre de Monſeigneur le Prince Maurice, Prince d'Orange, Comte de Naſſau, Gouverneur et Capitain General de Geldres, Hollande, Zeelande, Utrecht, Overyſſel etc.. Repréſenté par figures par Jaques de Gheÿn. Ensemble les enſeignemens par eſcrit à l'utilité de tous les amateurs des armes, et auſi pour tous Capitaines & commandeurs, pour par cecy pouvoir plus facilement enſeigner à leurs soldatz inexperimentez l'entier et parfait maniement dicelles armes*. Amsterdam, chez Jean Janßen.
Goukowsky, P. 1987. Makedonika. *Revue des Études Grecques* C : 240-55.
Goukowsky, P. 2009. *Études de philologie et d'histoire ancienne*. Tome I. *Macedonica varia* (*Études anciennes* 38). Nancy, Association pour la Diffusion de la Recherche sur l'Antiquité.
Griffith, G. T. 1982. Philippe stratège et l'armée macédonienne. Dans M. B. Hatzopoulos et L. D. Loukopoulos (dir.), *Philippe de Macédoine* (*Bibliothèque des arts*) : 58-77. Fribourg, Office du livre S. A.
Grote, G. 1866. *Histoire de la Grèce depuis les temps les plus reculés jusqu'à la fin de la génération contemporaine d'Alexandre le Grand*, traduit de l'anglais par A.-L. de Sadous, dix-huitième tome. Paris, Librairie internationale, et Bruxelles, Leipzig, Livorno, A. Lacroix, Verboeckhoven et cie, éditeurs.
Guillén, E. 2014. La falange macedónica contra la falange hoplite. *Desperta Ferro (Antigua y Medieval)* 21 : 37-8.
Guilhiermoz, P. 1913. De l'équivalence des anciennes mesures. À propos d'une publication récente. *Bibliothèque de l'école des chartes. Revue d'érudition consacrée spécialement à l'étude du Moyen-Âge* LXXIX : 267-328.
Gullini, G. 1956. *I mosaici di Palestrina* (Volumi di supplemento di *Archeologia Classica* I). Roma, Istituti di Archeologia ed Etruscologia dell'Università di Roma.
Hamburger, O. 1927. *Untersuchungen über den Pyrrhischen Krieg*, Inaugural-Dissertation zur Erlangung der Doktorwürde der Hohen philosophischen Fakultäts der Julius-Maximilians-Universität Würzburg vorgelegt am 25. Juli 1927. Würzburg, Druck von Max Wolff.
Hammond, N. G. L. 1980a. The Battle of the Granicus River. *The Journal of Hellenic Studies* 100 : 73-88, article réimprimé dans les *Collected Studies* du savant britanique [= Hammond, N. G. L. 1994a. Dans N. G. L. Hammond (éd.), *Collected*

Studies III. *Alexander and his Successors in Macedonia* : 93-108. Amsterdam, Adolf M. Hakkert – Publisher].

Hammond, N. G. L. 1980b. Training in the use of a sarissa and its effect in battle, 359-333 B.C. *Antichton. Journal of the Australasian Society for Classical Studies* XIV : 53-63, article réimprimé dans les *Collected Studies* du savant britanique [= Hammond, N. G. L. 1993a. Dans N. G. L. Hammond (éd.), *Collected Studies* II. *Studies concerning Epirus and Macedonia before Alexander* : 201-11. Amsterdam, Adolf M. Hakkert – Publisher].

Hammond, N. G. L. 1988. Which Ptolemy gave troops and stood as protector of Pyrrhus' Kingdom. *Historia. Zeitschrift für Alte Geschichte. Revue d'Histoire Ancienne. Journal of Ancient History. Rivista di Storia Antica* XXXVII : 405-13, article réimprimé dans les *Collected Studies* du savant britanique [= Hammond, N. G. L. 1994b. Dans N. G. L. Hammond (éd.), *Collected Studies* III. *Alexander and his Successors in Macedonia* : 231-40. Amsterdam, Adolf M. Hakkert – Publisher].

Hammond, N. G. L. 1989. Casualties and reinforcements of citizen soldiers in Greece and Macedonia. *The Journal of Hellenic Studies* 109 : 56-68, article réimprimé dans les *Collected Studies* du savant britanique [= Hammond, N. G. L. 1993b. Dans N. G. L. Hammond (éd.), *Collected Studies* I. *Studies in Greek Literature and History, excluding Epirus and Macedonia* : 431-43. Amsterdam, Adolf M. Hakkert – Publisher].

Hammond, N. G. L. 1994a : cf. Hammond (1980a).

Hammond, N. G. L. 1993a : cf. Hammond (1980b).

Hammond, N. G. L. 1993b : cf. Hammond (1989).

Hammond, N. G. L. 1994b : cf. Hammond (1988).

Hammond, N. G. L. 1996. A Macedonian Shield and Macedonian Measures. *The Annual of the British school at Athens* 91 : 365-7, article réimprimé dans les *Collected Studies* du savant britanique [= Hammond, N. G. L. 1997. Dans N. G. L. Hammond (éd.), *Collected Studies* IV. *Further Studies on various topics* : 273-5 Amsterdam, Adolf M. Hakkert – Publisher].

Hammond, N. G. L. 1997 : cf. Hammond (1996).

Griffith, G. T. 1979. Philip and the Army. Dans N. G. L. Hammond et G. T. Griffith, G. T. *A History of Macedonia*. Volume II. *550-336 B.C.* : 405-49. Oxford, Oxford University Press.

Hammond, N. G. L. et Walbank, F. W. 1988. *A History of Macedonia*. Volume III. *336-167 B.C.* Oxford, Oxford University Press.

Hatzopoulos, M. B. 1996. *Macedonian Institutions under the Kings* (ΜΕΛΕΤΗΜΑΤΑ 22). 1. *A Historical and Epigraphic Study*. Αθήνα [Athènes], Κέντρον Ἑλληνικῆς καὶ Ῥωμαϊκῆς Ἀρχαιότητος τοῦ Ἐθνικοῦ Ἱδρύματος Ἐρευνῶν/Research Centre for Greek and Roman Antiquity. National Hellenic Research Foundation.

Hatzopoulos, M. B. 2001. *L'organisation de l'armée macédonienne sous les Antigonides. Problèmes anciens et documents nouveaux* (ΜΕΛΕΤΗΜΑΤΑ 30). Αθήνα [Athènes], Κέντρον Ἑλληνικῆς καὶ Ῥωμαϊκῆς Ἀρχαιότητος τοῦ Ἐθνικοῦ Ἱδρύματος Ἐρευνῶν/Research Centre for Greek and Roman Antiquity. National Hellenic Research Foundation.

Hatzopoulos, M. B. 2007. La formation militaire dans les gymnases hellénistiques. Dans D. Kah et P. Scholz (éd.), *Das hellenistische Gymnasion* (*Wissenkultur und*

Gesselschaftlicher Wandel, herausgegeben vom Forschungskolleg 435 der Deutschen Forschungsgemeinschaft »Wissenkultur und gesellschaftlicher Wandel« Bd. 8) : 91-6. Berlin², Akademie Verlag.

Heckel, W. 2005. *Synaspismos*, sarissas and Thracian wagons. *Acta classica: proceedings of the Classical Association of South Africa* XLVIII : 189-94.

Heckel, W. et Jones, R. 2006. *Macedonian Warrior: Alexander's Elite Infantryman*. Illustrated by Ch. Hook (*Warrior* 103). London, Osprey Publishing Limited.

Hogarth, D. G. 1888. The Army of Alexander. *The Journal of Philology* XVII : 1-26.

Hollenback, G. M. 2009. Understanding ancient combatives : how did Dioxippus take Coragus down ? *Akroterion : tydskrif vir die klassieke in Suid-Africa. Journal for the classics in South Africa* 54 : 29-34.

Hultsch, F. 1882. *Griechisch und römische Metrologie*. Berlin², Weidmannsche Buchhandlung.

Imhoof-Blumer, F. 1883. *Monnaies grecques* (*Verhandeligen der Koninklijke Akademie van Wetenschaften*. Afdeeling *Letterkunde* veertiende deel). Amsterdam, Johannes Müller.

Jarva, E. 2013. Arms and Armor. Part I. Arming Greeks for Battle. Dans B. Campbell et L. A. Tritle (éd.), *The Oxford Handbook of Warfare in the Classical World* : 395-418. Oxford, Oxford University Press.

Juhel, P. [O.] 2002. «On orderliness with respect to the prizes of war»: the Amphipolis Regulation and the Management of Booty in the Army of the Last Antigonids. *The Annual of the British School at Athens* 97 : 401-12.

Juhel, P. [O.] 2007. *L'Armée du royaume de Macédoine à l'époque hellénistique (323-148 av. J.-C.). Les troupes 'nationales'*. Dissertation doctorale inédite (dactylographiée), Université Paris-Sorbonne (Paris IV).

Juhel, P. O. 2011. Un fantôme de l'histoire hellénistique : le 'district' macédonien. *Greek, Roman, and Byzantine Studies* 51 : 579-612.

Juhel, P. O. 2016. *Armes, armement et contexte funéraire dans la Macédoine hellénistique* (*Monograph Series 'Akanthina'* no. 11). Gdańsk, Foundation for the Development of Gdańsk University for the Department of Mediterranean Archaeology, Gdańsk University.

Juhel, P. [O.] et Temelkoski, D. 2011. Découverte de nouveaux « boucliers macédoniens » en Pélagonie (République de Macédoine). Aspects archéologiques et réflexions historiques. Dans J.-Ch. Couvenhes, S. Crouzet et S. Péré-Noguès, *Pratiques et identités culturelles des armées hellénistiques du monde méditerranéen. Hellenistic Warfare 3* (*Scripta Antiqua* 38) : 177–91. Bordeaux, Ausonius Éditions.

Klatt, M. 1877. *Forschungen zur Geschichte des Achäischen Bundes*. Erster Teil: *Quellen und Chronologie des Kleomenischen Krieges*. Berlin, A. Haack.

Knoepfler, D. 2012. [Compte-rendu du livre de Chankowski, A. S. 2010. *L'éphébie hellénistique : étude d'une institution civique dans les cités grecques des îles de la mer Égée et de l'Asie Mineure* (*Culture et cité* 4), Paris, de Boccard]. *Bulletin épigraphique* [supplément de la *Revue de Études Grecques*] : 573-4, n° 186.

Köhler, Generalmajor a. D. G. 1887. *Die Entwicklung des Kriegwesens und der Kriegführung in der Ritterzeit von Mitte des 11. Jahrhunderts bis zu den*

Hussitenkriegen. III. 1. *Die Entwicklung der materiellen Streitkräfte in der Ritterzeit*. Breslau, Verlag von Wilhelm Koebner.

Kolias, T. G. 1988. *Byzantinische Waffen. Ein Beitrag zur byzantinischen Waffenkunde von den Anfängen bis zur lateinischen Eroberung* (Byzantina Vindobonensia XVII). Wien, Verlag der Österreichischen Akademie der Wissenschaften.

Kramer, N. 2005. Überlegungen zur Ikonographie des Alexandersmosaiks und zu den Sarissophoren (u. a. Arr. I 14,1 und IV 4,6). *Thetis. Mannheimer Beiträge zur Klassischen Archäologie und Geschichte Griechenlands und Zyperns* 11-12 : 101-8 [résumé en anglais : 310].

Kromayer, J. 1900. Vergleichende Studien zur Geschichte des griechischen und römischen Heerwesen. *Hermes. Zeitschrift für klassische Philologie* 35 : 216-53.

Kromayer, J. et Veith, G. 1928. *Heerwesen und Kriegführung der Griechen und Römer* (Handbuch der Altertumswissenschaft IV, 3. 2). München, C. H. Beck'sche Verlagsbuchhandlung (Oskar Beck).

Lammert, E. 1889. Polybios und die römische Taktik. *Jahresbericht des Königlichen Gymnasiums zu Leipzig* [für das Schuljahr Ostern 1888 bis Ostern 1889 durch welchen zugleich zu den öffentlichen Prüfungen der Klassen am 5. und 6. April im Namen des Lehrerkollegiums] Progr. No. 513 : 1-24.

Lammert, E. (†) et F. 1921. Schlachtordnung 4. [« Die S. der Makedonen und Diadochen »]. *Paulys Realencyclopädie der classischen Altertumswissenschaft*², II, A,1 : col. 473-81. Stuttgart, J. B. Metzlersche Verlagsbuchhandlung.

Lammert, F. 1920. Sarisse. *Paulys Realencyclopädie der classischen Altertumswissenschaft*², I, A,2 : col. 2515-30. Stuttgart, J. B. Metzlersche Verlagsbuchhandlung.

Lammert, F. 1932. Συνασπισμός. *Paulys Realencyclopädie der classischen Altertumswissenschaft*², IV, A,2 : col. 1328-30. Stuttgart, J. B. Metzlersche Verlagsbuchhandlung.

Lammert, F. 1937. Pelte (πέλτη). *Paulys Realencyclopädie der classischen Altertumswissenschaft*², XIX,2 : col. 406. Stuttgart, J. B. Metzlersche Verlagsbuchhandlung.

Lammert, F. 1938. Phalanx 1) et 2). *Paulys Realencyclopädie der classischen Altertumswissenschaft*², XIX,2 : col. 1624-46. Stuttgart, J. B. Metzlersche Verlagsbuchhandlung.

Launey, M. 1949-1950. *Recherches sur les armées hellénistiques*, réimpression avec addenda et mises à jour en postface élaborés par Y. Garlan, Ph. Gauthier, C. Orrieux [m. l. 1987] (Bibliothèques des écoles françaises d'Athènes et de Rome 169). Paris, de Boccard.

Le Rider, G. 1977. *Le monnayage d'argent et d'or de Philippe II frappé en Macédoine de 359 à 294*. Paris, É. Bourgey.

Le Rider, G. 1982. Le monnayage de Philippe II et les mines du Pangée. Dans M. B. Hatzopoulos et L. D. Loukopoulos (dir.), *Philippe de Macédoine* (Bibliothèque des arts) : 48-57. Fribourg, Office du livre S. A.

Le Rider, G. 1996. *Monnayage et finance de Philippe II : un état de la question* (ΜΕΛΕΤΗΜΑΤΑ 23). Αθήνα [Athènes], Κέντρον Ἑλληνικῆς καὶ Ῥωμαϊκῆς Ἀρχαιότητος τοῦ Ἐθνικοῦ Ἱδρύματος Ἐρευνῶν/Centre de Recherches de l'Antiquité grecque et romaine. Fondation Nationale de la Recherche Scientifique.

Lévêque, P. 1957. *Pyrrhos (Bibliothèques des écoles françaises d'Athènes et de Rome 185)*. Paris, E. de Boccard, éditeur.

Liampi, K. 1998a. *Der makedonische Schild*. Bonn, Dr. Rudolf Habelt GmbH.

Liampi, K. 1998b. A Hoard of Bronze Coins of Alexander the Great. Dans R. Ashton et S. Hurter (éd. [en association avec G. Le Rider et R. Bland]), *Studies in Greek Numismatics in Memory of Martin Jessop Price* : 247-53. London, Spink and Son Ltd.

Luraghi, R. (éd.) 1988. *Le Opere di Raimondo Montecuccoli. I. Trattato della guerra*. Roma, Stato Maggiore dell'Esercito, Ufficio storico.

Malavasi, L. 1842. *La Metrologia italianna ne' suoi scambievoli rapporti desunti dal confronto col sistema metrico*. Modena, Tipografia Vincenzi e Rossi.

Von Mangoldt, H. 2012. *Makedonische Grabarchitektur. Die makedonische Kammergräber und ihre Vorläufer. I. Text. II. Tafeln und Karten*. Tübingen et Berlin, Ernst Wasmuth Verlag GmbH & Co.

Manti, P. A. 1992. The Sarissa of the Macedonian infantry. *The Ancient World* XXIII/2 : 30-42.

Manti, P. A. 1994. The Macedonian sarissa, again. *The Ancient World* XXV/1 : 77-91.

Markle, M. M. 1977. The Macedonian sarissa, spear and related armor. *American Journal of Archaeology* 81 : 323-39, article traduit en français en 1999 [= La sarisse macédonienne, la lance et l'équipement connexe. Dans P. Brulé et J. Oulhen (éd.), *La guerre en Grèce à l'époque classique* : 149-72. Rennes, Presses Universitaires de Rennes].

Markle, M. M. 1978. Use of the sarissa by Philip and Alexander of Macedon. *American Journal of Archaeology* 82 : 483-97, article traduit en français en 1999 [= Utilisation de la sarisse par Philippe et Alexandre de Macédoine. Dans P. Brulé et J. Oulhen (éd.), *La guerre en Grèce à l'époque classique* : 173-97. Rennes, Presses Universitaires de Rennes].

Markle, M. M. 1999a : cf. Markle (1977).

Markle, M. M. 1999b : cf. Markle (1978).

Martini, A. 1883. *Manuale di metrologia ossia misure, pesi e monete in uso attualmente e anticamente presso tutti i popoli*. Torino, Ermanno Loescher.

Matthew, Ch. A. 2012b. The Length of the Sarissa. *Antichton. Journal of the Australasian Society for Classical Studies* 46 : 79-100.

Nota bene

Sauf de menus remaniements de forme, cet article a été reproduit quasiment à l'identique par l'auteur dans sa monographie référencée à la suite (Matthew 2015 : 66-81).

Matthew, Ch. A. 2015, *An Invincible Beast. Understanding the Hellenistic Pike-Phalanx at War (Pen & Sword Military)*. Barnsley, Pen & Sword Books Ltd.

Messerschmidt, W. 1989. Historische und ikonographische Untersuchungen zum Alexandersarkophag. *Boreas. Münstersche Beiträge zur Archäologie* XII : 64-92.

Miller, D. 1976. *The Landsknechts*, colour plates by G. A. Embleton (*Osprey Men-at-Arms Series*). London, Osprey Publishing Limited.

Mixter, J. R. 1992. The length of the Macedonian sarissa during the reigns of Philip II and Alexander the Great. *The Ancient World* XXIII/2 : 21-9.

Montecuccoli, R. 1712, *Mémoires*. Paris, Jean Geoffroy Nyon.

Moreno, P. 2001. *Apelle, «La bataille d'Alexandre»*, traduit par B. Arnal. Milano, Skira Editore S.P.A.

Von Müller, I. et Bauer, A. 1893. *Die griechischen Privat- und Kriegsaltertümer* (*Handbuch der klassischen Altertums-Wissenschaft* IV, 1, 2). München², C. H. Beck'sche Verlagsbuchhandlung (Oskar Beck).

Müller, S. 2010. Philip II. Dans J. Roisman et I. Worthington (éd.), *A Companion to Ancient Macedonia* : 166-85. Chichester, Blackwell Publishing Ltd.

Mumford, L. 1950. *Technique et civilisation*, traduit de l'américain par Denise Moutonnier. Paris, Éditions du Seuil.

Newell, E. T. et Noe, S. P. 1950. *The Alexander Coinage of Sicyon* (*Numismatic studies* no. 6). New York, The American Numismatic Society.

Nikolitsis, N. Th. 1974. *The Battle of the Granicus* (*Skrifter Utgivna av Svenska Institutet i Athen* 4° XXI. *Acta Instituti Aheniensis Regni Sueciae* Series in 4° XXI). Stockholm, Svenska Institutet I Athen.

Noguera Borel, A. 1999. L'évolution de la phalange macédonienne. Le cas de la sarisse. Dans *Ancient Macedonia VI, Papers Read at the Sixth International Symposium Held in Thessaloniki, October 15-19, 1996. Julia Vokotopoulou in memoriam. Αρχαία Μακεδονία. VI, Ανακοινώσεις κατά το έκτο διεθνές συμπόσιο. Θεσσαλονίκη, 15-19 οκτωβρίου, 1996. Στη μνήμη της Ιουλίας Βοκοτοπούλου.* VOLUME 2. ΤΟΜΟΣ 2 (*Ίδρυμα Μελετών Χερσονήσου του Αίμου. Institute for Balkan Studies* 272) : 839-50. Θεσσαλονίκη [Thessalonique], Ίδρυμα Μελετών Χερσονήσου του Αίμου/Institute for Balkan Studies.

Pétard, M. 1995. La pique de Régnier à la campagne de France en 1814. *Tradition Magazine. Armes - uniformes - collections* 105 [décembre 1995] : 11-4.

Pflug, H. 2013. Mit Lanze, Schwert und Eisenhelm. Die Bewaffnung des Alexandersheeres. *AW* 2 [de l'année 2013] : 9-16

Pfrommer, D. 1998. *Untersuchungen zur Chronologie und Komposition des Alexandersmosaik auf antiquarischer Grundlage* (*Aegyptiaca Treverensia. Trierer Studien zum griechisch-römischen Ägypten* Band 8). Mainz, Verlag Philipp von Zabern.

Pfuhl, [E.] 1912. Helene, 7). *Paulys Realencyclopädie der classischen Altertumswissenschaft*, VII, 2 : col. 2837. Stuttgart, J. B. Metzlersche Verlagsbuchhandlung.

Price, M. J. 1991. *The Coinage in the name of Alexander the Great and Philip Arrhidaeus. A British Museum Catalogue. 1. Introduction and Catalogue. 2. Concordances, Indexes and Plates.* Zürich et London, The Swiss numismatic society in Association with the British Museum Press.

Pryce, F. N., Lang, M. L. et Vickers, M. 2012. measures. *The Oxford Classical Dictionary*[4] : 917. Oxford Universtiy Press.

Rahe, P. A. 1981. The annihilation of the Sacred Band at Chaeronea. *American Journal of Archaeology* LXXXV : 85-7.

Reinach, A. J. 1911. Sarissa (Σαρίσσα).[138] *Dictionnaire des Antiquités grecques et romaines d'après les textes et les monuments contenant l'explication des termes qui se rapportent aux mœurs, aux institutions, à la religion, aux arts, aux sciences, au costume, au mobilier, à la guerre, à la marine, aux métiers, aux monnaies, poids et mesures, etc., etc. et en général à la vie publique et privées des anciens Grecs.* IV. Deuxième partie (R-S) : col. 1076a-77b. Paris, Librairie Hachette et c^{ie}.

Nota bene

La publication des articles du *Dictionnaire des Antiquités* se fit à l'origine par fascicules. Les dates de publications portées sur la page de garde de certains volumes du dictionnaire (et d'ailleurs de façon non systématique) ne donnent donc que des indications approximatives quant à ceux-ci. Précisons que selon les renseignements pris auprès de l'Institut Mémoires de l'édition contemporaine, où sont conservées les archives de la maison d'édition qui publia cette somme (Hachette), il semblerait que les dates de publication de tous les fascicules qui composèrent le dictionnaire ne furent pas précisément consignées. Il y a donc des approximations sur ce point relativement à des contributions dont beaucoup, bien qu'anciennes, ont conservé une grande valeur. L'IMEC n'étant pas situé à Paris, il ne nous a pas été possible de pousser plus loin nos investigations sur ces points de bibliographie.

Reinach, A. [J.]. 1921. *Recueil Milliet. Textes grecs et latins relatifs à l'histoire de la peinture ancienne.* Publiés, traduits et commentés sous le patronage de l'Association des études grecques. Avant-propos de S. Reinach, de l'Institut. Paris, Librairie C. Klincksieck.

Reinach, S. 1902. Courrier de l'art antique. XII. *Gazette des Beaux-Arts* 44 [3e période, tome vingt-septième] : 155-8.

Rizzo, G. E. 1926. La «battaglia di Alessandro» nell'arte italica e romana. *Bollettino d'arte del Ministerio per i beni culturali e ambientali* V Serie 2a : 529-46.

Robichon, F. [Février] 1988. Alexandre contre Darius à Issos. *Tradition Magazine* 13 : 6-10

Roussel, D. 1970. *POLYBE. Histoires.* Édition publiée sous la direction de François Hartog, texte traduit, présenté et annoté par Denis Roussel (*Quarto*). Paris, Éditions Gallimard [cette édition faisait reparaître, en 2005, la traduction publiée en 1970 chez le même éditeur et alors présentée dans la *Bibliothèque de la Pléiade*].

Rufin Solas, A. 2014. Philippe II de Macédoine, l'argent et la guerre : les recrutements de guerriers thraces. *Revue des Études Grecques* 127 : 75-96.

Rumpf, A. 1962. Zum Alexander-Mosaik. *Mitteilungen des Deutschen Archäologischen Instituts (Athenische Abteilung)* LXXVII : 229-41.

---

[138] « According to the *Greek-English Lexicon* of Liddell & Scott » comme le rappelle Sekunda (2013a : 78), « the word sarisa was commonly written by the ancient Greeks themselves with two *sigmas* in the middle from ignorance that the ι was by nature long. The word is, therefore, correctly rendered as sarisa. » Cette dernière remarque ne vaut bien sûr que pour la langue anglaise seulement.

Saulnier, Ch. 1984. *L'armée et la guerre chez les peuples samnites (VIIe-IVe s.)*. Paris, Diffusion de Boccard.

Schilbach, E. 1970. *Byzantinisch Metrologie* (Handbuch der Altertumswissenschaft XII, 4). München, C. H. Beck'sche Verlagsbuchhandlung (Oskar Beck).

Schmidt, E. 1929. *Studien zum Barberinischen Mosaik in Palestrina* (Zur Kunstgeschichte des Auslandes Heft 127). Strassburg, Verlag von J. H. Ed. Heitz.

Schöne, R. 1912. Das pompejanische Alexandermosaik. *Neue Jahrbücher für das klassische Altertum, Geschichte und deutsche Literatur und für Pädagogik* XIX, Drittes Heft, erste Abteilung : 181-204.

Scrofani, S. 1808. *Memoria su le misure e pesi d'Italia in confronto col sistema metrico francese*. Paris, Imprimerie Gratiot.

Sekunda, N. [V.] 1984. *The Army of Alexander the Great*, colours plates by Angus McBride (Men-at-arms Series 148). London, Osprey Publishing [réimpression m. l. 1989].

Sekunda, N. V. 2001. The Sarissa [résumé en polonais]. *Acta Universitatis Lodziensis. Folia Archaeologia* 23 : 13-41.

Sekunda, N. V. 2007. Military Forces. A. Land forces. Dans Ph. Sabin, H. van Wees et M. Whitby (éd.), *Greece, the Hellenistic World and the rise of Rome* (Cambridge History of Greek and Roman Warfare Volume I) : 325-57. Cambridge et New York, Cambridge University Press.

Sekunda, N. V. 2010. Macedonian Military Forces. Dans J. Roisman et I. Worthington (éd.), *A Companion to Ancient Macedonia* : 446-71. Chichester, Blackwell Publishing Ltd.

Sekunda, N. V. 2013a. *The Antigonid Army* (Monograph Series 'Akanthina' no. 8). Gdańsk, Foundation for the Development of Gdańsk University for the Department of Mediterranean Archaeology.

Sekunda, N. V. 2013b. The Iphicratean Peltast Reform. Dans A. A. Sinitsyn [А. А. Синицына] et M. M. Kholod [М. М. Холода] (éd.), *KOINON ΔΩPON: Исследования и эссе в честь 60-летнего юбилея Валерия Павловича Никонорова от друзей и коллег/Studies and Essays in Honour of Valery P. Nikonorov on the Occasion of His Sixtieth Birthday presented by His Friends and Colleagues* : 369-80. Санкт-Петербург/St-Petersburg, Филологический факультет, Санкт-Петербургского государственного университета/St-Petersburg State University, Faculty of Philology.

Sekunda, N. V. 2013c. The 'Victory' coinage of Patraos of Paionia. Dans A. Rufin Solas (éd.), *Armées grecques et romaines dans le nord des Balkans*. Édité par Aliénor Rufin Solas. En collaboration avec Marie-Gabielle Parissaki et Elpida Kosmidou (Monograph Series 'Akanthina' no. 7) : 53-67. Gdańsk et Toruń, Fondation Traditio Europae.

Sotiriades, G. 1903. Das Schlachtfeld von Chäronea und der Grabhügel der Makedonen. *Mitteilungen der kaiserlich deutschen archäologischen Instituts. Athenische Abteilung*. XXVIII/1-2 : 301-30.

Steinwender, Th. 1909. *Die Sarissa und ihre gefechtmässige Führung*. Gymnas. Progr. Danzig [Gdańsk], Buchdruckerei Schwital & Rohrbeck.

Tannery, P. 1904. Mensura. *Dictionnaire des Antiquités grecques et romaines d'après les textes et les monuments contenant l'explication des termes qui se rapportent aux mœurs, aux institutions, à la religion, aux arts, aux sciences, au costume, au mobilier, à la guerre, à la marine, aux métiers, aux monnaies, poids et mesures, etc., etc. et en général à la vie publique et privées des anciens Grecs*. III. Deuxième partie (M) : 1727b-31b. Paris, Librairie Hachette et c[ie].

Tarn, W. W. 1930. *Hellenistic military and naval developments*. Cambridge, Cambridge University Press.

Tarn, W. W. 1948. *Alexander the Great*. II. *Sources and studies*. Cambridge, Cambridge University Press [réimpression m. l. 1950].

Nota bene

Lors de la révision de notre manuscrit, nous n'avons eu accès qu'à la réimpression de 1950. Nos références suivent donc la pagination de ce tirage-ci.

Taylor, F. L. 1921. *The Art of War in Italy 1494-1529*. Cambridge, Cambridge University Press.

Tsimbidou-Avloniti, M. 2005. *The Macedonian Tombs at Phinikas and Ayios Athanasios in the Area of Thessaloniki. Contribution of the funerary Monuments of Macedonia* (Δημοσιεύματα του Αρχαιολογικού Δελτίου 91) [en grec ; résumés en anglais et en italien]. Αθήνα [Athènes], Ταμείο αρχαιολογικών πόρων και απαλλοτριώσεων διεύθυνση δημοσιευμάτων [Caisse des ressources archéologiques et des expropriations].

Van Wees, H. 2004. *Greek Warfare. Myths and Realities*. London, Gerald Duckworth & Co. Ltd.

von Wallhausen, J.[-]J. s. d. [c. 1615]. *L'Art militaire pour l'infanterie: auquel est monstré, I. Le maniement du mousquet et de la pique, un chascun en particulier ; II. L'exercice d'une compagnie d'infanterie toute parfaite selon la pratique du... chef de guerre, Maurice, prince d'Orange,... déclaré augmenté et corrigé ; III. Belles et novelles ordonnances de batailles d'une compagnie et d'un régimen tout entier d'infanterie. Novelle invention d'une singulière sorte d'ailes pour une compagnie et entier régimen, comme aussi comment il faut répartir les quartiers pour un camp, le tout avec bon et aise avantage, et ce qu'on doit en outre cognoistre en un régimen ; IV. La discipline militaire de l'infanterie qui jusqu'à présent a esté usitée es régimens ongrois, corrigée et mise en meilleur ordre, selon la nature de la vraye science militaire. Le tout représenté par belles figures gravees en cuivre. Pour le bien et profit non seulement de tous nouveaux soldats mais aussi pour l'instruction du commun peuple & des soldats d'eslite tant es Duches, comme aussi es villes, en general & en particulier. Pratique, & descrit en language allemand par Jean Jaques de Walhausen, Principal Capitaine des gardes, & Capitaine de la louable ville de Dantzig etc. Et traduit nouvellement en françois*. Franeker, Uldrick Balck.

Warry, J. 1981. *Histoire des guerres de l'Antiquité*. Bruxelles, Elsevier Séquoia.

Wegeli, R. 1939. *Inventar der Waffensammlung des Bernischen Historischen Museums in Bern*. Bern, Kommissionsverlag von K. J. Wyss Erben.

Will, É. 1979. *Histoire politique du monde hellénistique (323-30 av. J.-C.)*. Tome I. *De la mort d'Alexandre aux avènements d'Antiochos III et de Philippe V* (Annales de l'Est mémoire n° 30). Nancy[2], Presses Universitaires de Nancy.

Will, É. 1982. *Histoire politique du monde hellénistique (323-30 av. J.-C.)*. Tome II. *Des avènements d'Antiochos III et de Philippe V à la fin des Lagides* (*Annales de l'Est* mémoire n° 32). Nancy², Presses Universitaires de Nancy.
Winter, F. 1909. *Der Alexandermosaik aus Pompeji*, mit drei Tafeln in Farbendruck. Straßburg, Verlag von Schlesier & Schweikhardt.
Winter, F. 1912. *Der Alexandersarkophag aus Sidon*, mit achtzehn Tafeln (*Schriften der wissenschaftlichen Gesellschaft in Strassburg* 15). Straßburg, Karl J. Trübner.
Worthington, I. 2011. *Philippe II, roi de Macédoine : stratège, diplomate, créateur d'empire*, traduit de l'anglais par le général Ph. Voute. Paris, Ed. ECONOMICA.
Wuilleumier, P. 1939. *Tarente, des origines à la conquête romaine* (*Bibliothèques des écoles françaises d'Athènes et de Rome* 148). Paris, E. de Boccard, éditeur.
Zupko, R. E. 1981, *Italian weights and measures from the Middle Ages to the nineteenth century* (*Memoirs of the American Philosophical Society* 145). Philadelphia, American Philosophical Society.

II. *Antigonid Redcoats*
L'infanterie d'élite de l'armée du royaume de Macédoine à l'époque hellénistique.
Histoire et iconographie

Walbank (1940 : 290-3), au sein de son « Appendix II : Notes on the army under Philip V » avait mis en exergue qu'à l'époque hellénistique, dans l'armée du royaume de Macédoine, on distinguait deux corps d'infanterie d'élite : les *Hypaspistes* et les Peltastes.

II. 1. Les *Hypaspistes*

II. 1. 1. Nature des *Hypaspistes*

II. 1. 1. 1. Les Hypaspistes*, infanterie d'élite sous Alexandre le Grand*

Sur les *hypaspistes*, si la littérature est abondante, elle ne concerne principalement que l'époque de Philippe II et d'Alexandre, voire celle des diadoques.[139] C'est que les *Hypaspistes*[140] étaient alors une troupe d'élite, de 3000 hommes environ. Alexandre, dans ses campagnes, l'envoyait toujours de l'avant. Aussi les *Hypaspistes* sont-ils donc souvent mentionnés dans les sources littéraires.[141] À l'époque hellénistique, par contre, on ne parle plus d'*Hypaspistes* utilisés en bataille rangée.[142] À l'évidence, dans l'armée antigonide du moins, les « Peltasts had inherited the role of Alexander's Hypaspists in a set battle. » (Hammond et Walbank 1988 : 542) (voir ci-dessous, dans la conclusion du chapitre II. 1. 1. 2., notre hypothèse quant à la filiation possible des *Hypaspistes* antigonides qui selon nous pourraient avoir été proprement les descendants des 'Hypaspistes royaux' argéades ; nous reviendrons alors sur l'organisation de ceux-ci).

---

[139] Spendel (1915 : 35-53), mais vieilli sur certains points ; Milns (1967) et (1971) ; Ellis (1975) ; Hammond (1978) ; Anson (1981) ; Anson (1985) ; Goukowsky (1987) ; Anson (1988) ; Sirgam (1993) ; Bosworth (1997) ; Hammond (1997 = 2001) ; et *in fine* à ce jour Heckel (2013). Voir aussi ci-dessous notre n. 164 pour d'autres références, notamment au sein de la vieille école allemande qui s'était déjà penchée en détail sur les questions d'armement et de tactique.

[140] Je suggère d'utiliser la majuscule pour distinguer le nom commun 'hypaspiste', 'écuyer' au sens originel, de l'*Hypaspiste*, soldat du corps des *Hypaspistes* (sur cette distinction, cf. Kalléris 1954 : 271-2). *Idem* pour le Peltaste, soldat de la troupe des Peltastes antigonides, à distinguer de ce nouveau type de soldat apparu au début du IVe siècle av. n. è., le peltaste.

[141] Cf. ci-dessous la partie IV. 1. 2. 1. de notre étude **Remarques philologiques et historiques sur l'ambivalence des termes relatifs aux institutions militaires macédoniennes chez les historiens de l'Antiquité** pour les difficultés inhérentes à l'emploi du terme.

[142] Dernière occurrence à ma connaissance : dans l'armée d'Eumène en Gabiène, en 317 av. n. è. Cf. DIODORE (XIX, 40, § 3).

II. 1. 1. 2. Les Hypaspistes, *'gendarmes' macédoniens à l'époque hellénistique*

Aux IIIe et IIe siècle av. J.-C., les *Hypaspistes* ne sont plus qu'un corps restreint. Tout d'abord, du temps des Antipatrides où, au témoignage de POLYEN, ils « sind vielleicht die Leibwächter des Kassander zu verstehen. » (Spendel 1915 : 43, n. 3).[143] Comme l'ont souligné Foulon (1996b : 56, n. 20 = Foulon 1996a : 21, n. 20)[144] puis Hatzopoulos (2001 : 56), « [l]es deux seules mentions d'hypaspistes macédoniens de la période antigonide dans des textes littéraires se lisent dans le livre V et XVIII de Polybe respectivement. » Il s'agit dans les deux cas d'*Hypaspistes* de Philippe V. Tout d'abord lors de la sédition du chef des Peltastes Léontios, où les *Hypaspistes* semblent remplir le rôle de gardes du corps (POLYBE, V, 27, § 3) ;[145] puis après Cynoscéphales, où c'est à un *Hypaspiste* que le roi vaincu donne la mission de détruire la correspondance royale (POLYBE, XVIII, 33, § 2).[146]

Si l'on met en regard ces témoignages à celui que nous rapporte POLYEN évoqué *supra* concernant les *Hypaspistes* de Cassandre et qu'on les confronte aux missions des *Hypaspistes* selon le règlement d'Amphipolis, soit de dénoncer les soldats ayant abandonné leur poste et d'assurer la protection rapprochée du roi,[147] on peut déduire avec quelque certitude que les *Hypaspistes*, dès le temps de Cassandre et sous les Antigonides en tout cas, formaient « a form of military police or bodyguard » (Errington 1990 : 245). Elle est habilitée, notamment, à signaler directement au roi les infractions au sein de l'armée, infractions dont les amendes, comme nous l'enseigne le règlement d'Amphipolis, doivent être reversées *in fine* aux *Hypaspistes*. Ceux-ci, du fait de leur « fonctions de garde du corps et d'une sorte de police militaire » (Hatzopoulos 2001 : 57), relevaient

---

[143] Spendel faisait fond sur POLYEN (Στρατηγικά, IV, 11, § 2) ; écho chez DIODORE (XVIII, 75, § 1).
[144] Nous avons indiqué n. 252 ci-dessous, les autres revues où l'auteur publia, sous divers titres mais avec très peu de différences, ce texte.
[145] Sur ce passage, cf. Walbank (1957 : 560-1 — mais nous pensons erronée son assimilation des *Hypaspistes* antigonides aux σωματοφύλακες : voir sur ce sujet notre étude **Remarques philologiques et historiques sur l'ambivalence des termes relatifs aux institutions militaires macédoniennes chez les historiens de l'Antiquité**).
[146] Ajoutons à ces références littéraires un témoignage épigraphique nous donnant à connaître un « Θεοξένου | [το]ῦ Κλειτίνου ὑπασπιστοῦ » dans une inscription conservée au Musée archéologique de Kozani (n° d'inv. 46), un document daté de 180 av. n. è. : cf. Hatzopoulos (1996 : 42, n° 17, ll. 11-12).
[147] Fragment A, Colonne II, ll. 5-8 où l'on lit qu'en campagne les *Hypaspistes* doivent installer leur bivouac à côté du logement du roi. Pour la dernière édition en date de cette inscription, cf. Hatzopoulos (2001 : 161-2). On signalera à cette occasion l'utile recueil de Martínez Lacy (2008) qui avait traduit de la sorte le passage en question :
« 5 De la construcción del cantón
Cuando terminen el recinto del rey
y el resto del levantamiento de tiendas y surja una distancia,
hagan de inmediato un bivaque para los hipaspistas » (Martínez Lacy 2008 : 23).

d'un corps d'élite, et on peut dès lors les considérer comme les 'Gendarmes'[148] de l'armée antigonide.[149]

Quelle était la force de ce corps ? Le passage de POLYEN évoqué ci-dessus précise que Cassandre fit saisir le commandant de la place forte de Munychie, Nikanôr, par un λόχος ὑπασπιστῶν caché dans une maison. *Lochos* pourrait être compris dans son sens général, c'est-à-dire ici 'un groupe d'*Hypaspistes*', une 'troupe d'*Hypaspistes*'.[150] Néanmoins, sous la plume des historiens grecs, *lochos* correspond à un groupement d'hommes bien particulier. Il désigne une sous-unité déterminée.[151] Plus précisément *lochos*, dans la langue militaire, avait une signification précise. Il signifiait la première unité organique de l'ordonnance hellénistique (ASCLÉPIODOTE, II, § 2),[152] qui comptait entre huit et seize hommes. Et la façon dont est évoqué le recrutement des *Hypaspistes* dans le règlement de conscription (de l'époque de Philippe V) suggère certes une unité militaire (cf. ci-dessous pour le passage en question). Les *Hypaspistes* formaient donc sans nul doute une troupe organisée militairement, une unité de 'Gardes du corps' si l'on veut (POLYBE, XVIII, 33, § 2),[153] ayant principalement, insistons sur ce point, une fonction de police — car ils n'apparaissent dans aucun ordre de bataille. Relativement peu nombreux sans doute, et bien que, comme le constatait Hatzopoulos, on demeure sur cette question dans l'incertitude (Hatzopoulos 2001 : 60), il semble probable que leur effectif ne devait guère dépasser celui de la *speira* (soit quatre tétrarchies de quatre *lochos*), voire de la tétrarchie. Toutes ces remarques pousseraient donc à prendre la leçon de POLYEN au pied de la lettre

---

[148] À titre de comparaison, on peut rappeler que, comme les *Hypaspistes*, les gendarmes de l'armée française étaient à l'origine et au moins jusqu'au XIXe siècle des troupes d'élite. Sous le Premier Empire, la Gendarmerie d'élite était attachée au Grand Quartier Général de Napoléon, dont elle assurait tant la police que la protection. Au Moyen-Âge, les Gendarmes (gens d'armes) étaient l'élite de la cavalerie lourde et ils servirent à la formation des compagnies d'ordonnance, premières formations de l'armée permanente.
[149] Même rôle, semble-t-il, des *Hypaspistes* ptolémaïques. Cf. POLYBE (XVIII, 53, § 5) où on les voit chargés de convoquer Scopas, intriguant à Alexandrie, devant le conseil royal (196 av. n. è.). La vénalité des *Hypaspistes* antigonides trouve un frappant parallèle dans la vénalité de la Gendarmerie française aux colonies, ou du moins aux Marquises au début du XXe siècle, comme l'atteste une lettre de Gauguin à « Messieurs les Inspecteurs des Colonies et de passage aux Marquises » datée de février 1903. On y apprend que les gendarmes y touchaient le tiers des amendes : « Ce tiers d'amende vient tout dernièrement d'être supprimé et pour s'en venger les gendarmes on augmenté le nombre de leur procès verbaux pour prouver sans doute qu'ils ont toujours fait et font ce qu'ils appellent leur devoir. (sic) » (Malingue, M. 1946. *Gauguin, Lettres à sa femme et à ses amis*, recueillies, annotées et préfacées par M. Malingue [*Les Cahiers rouges*, n° 156]. Paris, Éditions Bernard Grasset : 320).
[150] Liddell et Scott (1996b : I. b.) : « *any armed band, body of troops* ».
[151] Liddell et Scott (1996b : I. c.) : « *in historical writers, mostly, a company, etc* » — la suite de la notice met en évidence que cette signification de 'compagnie', à l'époque classique, eut tendance à se réduire à une sous-unité équivalente à celle que l'on déterminerait de nos jours comme la 'section'.
[152] On trouvera un bon résumé de ces questions d'organisation tactique chez Bengtson (1944 : 334).
[153] Nous sommes ainsi amenés à rejeter l'idée qu'ils eussent pu être des « aides-de-camp » selon l'option choisie par les traducteurs du livre XVIII de POLYBE dans la 'Loeb' (Paton *et al.* 2012a : 181).

et à traduire le syntagme « λόχος ὑπασπιστῶν » par 'une section d'*Hypaspistes*'. Quant à la question de leur commandement, hypothétique elle aussi — « On ne sait rien sur les cadres du corps des hypaspistes » écrivait Hatzopoulos (2001 : 60) —, on renverra à ce qu'exposait le savant grec (Hatzopoulos 2001 : 60-1).

Si donc, comme l'avait synthétisé Fernández Nieto (1997 : 236), les *Hypaspistes* formaient une « policía militar, para control de la tropa y de los tetrarcos, y muestra la confianza depositada en sus componentes, (…) la compañía más estrechamente conectada con la persona del rey », le *diagramma* militaire trouvé en deux exemplaires à Drama et Cassandrée révèle les fondements sociologiques de cette unité au travers de détails très précis. Aux ll. 5-8 de la face B de la copie conservée au Musée archéologique de Drama, complétées par des parties préservées de la copie de Cassandrée à présent exposée au Musée archéologique de Thessalonique, ll. 18-19 (ces parties-ci sont ici indiquées par des demi-crochets, '⌊' et '⌋'), se trouve dévoilé leur mode de recrutement : « Ἐγλαμβανέτ[ωσαν δὲ εἰς] | [τοὺ]ς ὑπασπιστὰς^{vac}τοὺς τὰ δοράτια οἴσ[⌊οντας τῶι βασι⌋]-|[⌊λ⌋]εῖ ἀπ'[⌊οἰκ⌋]ιῶν καὶ οὐσιῶν, οὓς ἂν νομίζωσιν ἐπιτ[ηδεί]-ίους εἶ[ναι]. » Nous traduirons comme suit : « Pour les *Hypaspistes*, ceux qui portent les lances courtes pour le roi, ils [les officiels commis au recrutement] lèveront au sein des maisonnées, et selon leurs biens, ceux qu'ils jugeront être aptes ».[154]

Cette norme explicite, où seuls apparaissent des critères censitaires,[155] fait mieux comprendre le pourquoi de cette 'gendarmerie' que formaient les *Hypaspistes* antigonides : de part leurs intérêts mêmes, les hommes les plus capables du sommet de la société macédonienne, nobles et riches propriétaires terriens sans doute, étaient appelés à servir militairement auprès du roi. La pérennité de l'ordre social et politique était ainsi liée au devenir de la royauté macédonienne dont le fer de lance était l'armée (Taylor : 1991 : 101-12 — « Chapter 6- The military character of kingship. »). Cette réalité sociale nous fait mieux comprendre les mesures coercitives prises par les Romains à l'encontre

---

[154] Pour la pierre de Drama et celle de Cassandrée, cf. (respectivement) Hatzopoulos (2001 : 155, ll. 5-8 de la face B ; 158 ll. 18-19). Pour des traductions (dont nous nous sommes éloignés un peu) et des commentaires, cf. Hatzopoulos (2001 : 104-5) — le syntagme « τὰ δοράτια οἴσοντας τῶι βασιλεῖ » était notamment traduit par le savant grec « les gardes du corps du roi », traduction peu heureuse car le grec n'use pas du mot *sômatophylakes*, terme qui comme nous le verrons gardait probablement la signification institutionnelle qui avait été la sienne sous Alexandre. Sur ce document, signalons encore l'article récent de Chrysafis (2014). Il reproduit les deux exemplaires de ce texte avec de nouvelles suggestions, mais sans changement pour le passage considéré, dont il est vrai, la lettre paraît assurée (Chrysafis 2014 : 465 pour l'occurrence dans le texte de Drama ; 466 pour celle de Cassandrée).
[155] Remarquons que ce témoignage épigraphique invalide l'assimilation antérieure de Hatzopoulos, certes séduisante mais qui n'était fondée sur aucune donnée positive, des « *neaniskoi* royaux » aux « σωματοφύλακες et ὑπασπισταί [qui] étaient de jeune nobles, âgés probablement entre 20 et 30 ans » (Hatzopoulos 1994 : 100-1).

de la noblesse macédonienne[156] quand, après Pydna, il fut décidé que le royaume de Macédoine serait rayé de la carte : la noblesse, caste militaire par excellence, était certes le premier soutien de la royauté.

Remarquons en outre, alors que comme nous l'exposerons les héritiers antigonides des *Hypaspistes* 'de bataille' d'Alexandre, les Peltastes, étaient recrutés parmi des hommes d'âge mûr (cf. ci-dessous II. 2. 1. 3.), ce critère d'âge n'apparaît pas pour les *Hypaspistes* antigonides. Si, comme nous le croyons, QUINTE-CURCE (VIII, 11, §§ 9-11), lors de sa relation de l'assaut du roc d'Aornis en Inde, faisait allusion à la « Hypaspistenleibwache », l'unité des *Hypaspistes* spécialement attachée à la protection du roi selon la bonne expression de Berve (1926 I : 122-5 ; nous userons aussi de l'expression '*Hypaspistes* royaux' pour les désigner),[157] il faudrait y trouver un écho et une confirmation de la nature de la

---

[156] La référence essentielle dans les sources littéraires se trouve chez TITE-LIVE (XLV, 32, § 3). Sur ce sujet, cf. Urso (1998) ; pour la déportation de Persée et de sa famille (Urso 1998 : 98), et plus spécifiquement encore sur ce point précis l'article écrit antérieurement par ce même auteur (Urso 1995). Selon l'étude publiée dans *Aevum* (Urso 1998), il ne semble pas qu'il existe dans les sources littéraires d'exposé détaillé de la déportation des élites macédoniennes. Sur cette question, on signalera enfin l'article plus récent de Kuzmin (2011).

[157] La question de la 'Hyp*asp*istenleibwache' de Berve avait été rouverte par Bosworth, qui ne croyait pas à la particularité de cette troupe : « I am taking as the simplest hypothesis that 'the hyp*asp*ists' and 'the royal hyp*asp*ists' are the same unit » (Bosworth 1997 : 54). Mais la position du savant australien semble pouvoir difficilement résister à un passage d'ARRIEN (Ἀνάβασις Ἀλεξάνδρου, V, 13, § 4) que nous tenons pour décisif. Cet extrait relève de la description de la ligne de bataille macédonienne à la bataille de l'Hydaspe : « τοὺς ὑπασπιστὰς τοὺς βασιλικούς, ὧν ἡγεῖτο Σέλευκος, ἐπέταξε τῇ ἵππῳ· ἐπὶ δὲ τούτοις τὸ ἄγημα τὸ βασιλικόν· ἐχομένους δὲ τούτων τοὺς ἄλλους ὑπασπιστάς, ὡς ἑκάστοις αἱ ἡγεμονίαι ἐν τῷ τότε ξυνέβαινον » ; « à côté de la cavalerie, il [Alexandre] rangea les hyp*asp*istes royaux, commandés par Séleucus ; à leur suite venaient la Garde royale puis, au contact de celle-ci, les autres hyp*asp*istes, selon l'ordre de commandement qui leur était échu à ce moment » (Savinel 1984 : 169). Précisons que le syntagme τὸ ἄγημα τὸ βασιλικόν ne peut pas désigner la Garde royale à cheval, puisque celle-ci est mentionnée juste auparavant, au début de ce même paragraphe.

À la suite de Tarn (1948 : 191-2), Bosworth avait cru ce texte probablement corrompu. Marchant dans les pas de leurs devanciers anglo-saxons, cette position avait été reprise par Sisti et Zambrini (2004 : 484) dans l'édition italienne de référence publiée par Arnoldo Mondadori Editore : « Lo schieramento delle forze crea molti problemi e può far pensare a una lacuna nel testo ». Les érudits italiens rapportaient aussi le point de vue de Brunt (1983 : 485-6), qui « giudica la confusa narrazione di Arriano della battaglia dell'Idaspe incoerente con i dati relativi all'esercito forniti in precedenza, e nota che non sempre Arriano riassume accuratamente ciò che trova nelle sue fonti. » (Sisti et Zambrini (2004 : 484).

Mais aucune des éditions savantes de références, ni celle de Wirth (1967) ni celle, plus récente, de Brunt dans la 'Loeb', n'avaient cru devoir amender ce passage — Brunt (1983 : 483-90 — App. XIX, « Military Questions »), n'était pas revenu sur cette question des trois gardes à pied. En méthode, nous ne croyons guère à ces manipulations des sources pour les besoins de la cause, et ce d'autant moins ici que comme l'avait souligné Hammond, « for there is no sign of any corruption of the text and the passage (...) is crystal clear » (Hammond 1997 : 21, n. 3, avec références aux travaux de Bosworth sur ce point). Aussi ne voit-on pas comment repousser l'idée que cet extrait distingue trois unités. Comment, dès lors, considérer comme Bosworth que « τοὺς ὑπασπιστὰς τοὺς βασιλικούς » puissent être assimilables aux « ἄλλους ὑπασπιστάς » ?

Pour autant la position de Hammond ne paraît pas recevable non plus en tant que telle. Pour lui,

composition de cette troupe d'élite antigonide telle que décrite dans le règlement de conscription : composée d'hommes dévoués au Roi, de bonne naissance, il en aurait été de même sous Alexandre, ce passage de QUINTE-CURCE confirmant que ses soldats pouvaient être de tout âge.[158] Tant qu'ils étaient, sans nul doute, selon la lettre des inscriptions de Drama et de Cassandrée, « ἀπ'[ͺοἰκͺ]ιῶν καὶ οὐσιῶν, οὓς ἂν νομίζωσιν ἐπιτ[ηδεί]-ους εἶ[ναι]. »

II. 1. 1. 3. L'armement des Hypaspistes *antigonides*

Quel pouvait être l'armement des *Hypaspistes* ? On a vu que les inscriptions de Drama et de Cassandrée nous révèlent qu'ils étaient dotés de lances courtes

---

en effet, par une lecture littérale de cet extrait d'ARRIEN, il déduisait l'existence de trois corps à pied de la 'Garde' macédonienne : 'Hypaspistes royaux' ; *agèma* (des Macédoniens) ; autres *Hypaspistes* (Hammond 1991 = Hammond 1993b). Car si l'on se souvient de cette définition d'HÉSYCHIUS que nous avons invoquée plus bas (cf. à l'appel de notre n. 191), définition qui avait échappé à la perspicacité du savant britannique, il ne pouvait, par principe, exister deux ἀγήματα d'infanterie. Aussi l'assertion de Hammond selon laquelle cet extrait décisif d'ARRIEN « is fatal to the belief of Tarn and Bosworth that there was no *agema* other than the *agema* of the Hypaspists » (Hammond 1997 : 20-21, n. 3), prête-t-elle non moins le flanc à la critique — c'était déjà dans son article publié dans la quarantième livraison d'*Historia* (Hammond 1991 : 414 = Hammond 1993b : 197) que le savant britannique avait émis la conception d'une unité de « Personal Guardsmen » qu'il croyait désignée chez ARRIEN par le syntagme « τὸ ἄγημα τὸ βασιλικόν » ou bien « τὸ ἄγημα τῶν Μακεδόνων » à distinguer d'une autre unité d'élite quant à elle dénommée dans l'œuvre de l'historien de Nicomédie « τὸ ἄγημα τῶν ὑπασπιστῶν » ou bien « οἱ ὑπασπισταὶ οἱ βασιλικοί ». Mais c'est en se souvenant de l'organisation de l'infanterie d'élite antigonide que, selon nous, on sortira de ces contradictions. Comme nous le verrons, il y avait à l'époque hellénistique, deux corps d'infanterie d'élite. L'un, les *Hypaspistes*, était donc spécialement chargé de la protection du roi. L'autre était une troupe de bataille, les Peltastes, dont les bataillons d'élite formaient l'*agèma*. Comme cette organisation fait écho à ce passage *a priori* difficile d'ARRIEN, nous croyons que celle-ci était déjà celle de l'infanterie d'élite des Argéades. Aux *Hypaspistes* antigonides auraient correspondu les 'Hypaspistes royaux' argéades ; au corps des Peltastes antigonides celui des *Hypaspistes* argéades ; et, enfin, à l'*agèma* des Peltastes antigonide, l'élite de ce dernier corps, l'*agèma* du gros du corps des *Hypaspistes* argéades dont cet *agèma* formait l'élite sous Alexandre le Grand — les 'Hypaspistes royaux' étant donc mis à part. Pourrait-on avancer l'hypothèse que ceux-ci faisait organiquement partie de l'*agèma* des *Hypaspistes* ? En tout cas les données conservées ne permettent pas de l'assurer. Et remarquons, si l'on voulait trouver un parallèle complet avec l'organisation de la pleine époque hellénistique, celle-ci ne militerait pas pour cette interprétation.
En somme, nous l'avons dit, cette division de l'infanterie d'élite argéade en trois corps correspond à l'interprétation qui avait été celle de Berve (1926 I : 122-9), lequel avait déjà distingué la 'Hypaspistenleibwache' du corps de bataille des *Hypaspistes* dont l'unité d'élite était l'*agèma* (des *Hypaspistes*).
[158] « *iuunesque promptissimos ex sua cohorte XXX delegit* » (QUINTE-CURCE, VIII, 11, § 9) — « Il [Alexandre] choisit dans sa compagnie trente jeune gens hardis » (Bardon 1948 : 328). Sur ce passage, cf. encore ci-dessous la partie IV. 1. 2. 1 de notre étude **Remarques philologiques et historiques sur l'ambivalence des termes relatifs aux institutions militaires macédoniennes chez les historiens de l'Antiquité**. Il faut donc croire que les critères de recrutement des 'Hypaspistes royaux' d'Alexandre ne relevaient pas des classes d'âge mais, outre sans doute, comme pour leurs descendants antigonides, des caractères sociaux — cf. l'expression de « ὑπασπισταὶ τῶν ἑταίρων » sous la plume d'ARRIEN, mise en exergue par Berve (1926 I : 122) —, de la valeur militaire.

(*doratia*). Pour ce qui est de leur bouclier, la question est plus épineuse. Puisque le mot ἀσπίς entre dans la composition même de leur nom, il serait à première vue tentant de les doter de l'*aspis* argienne (c'est-à-dire du bouclier traditionnel de l'hoplite grec, de quelque 90 cm de diamètre), et non moins si on les met en regard des Peltastes, quant à eux armés de la pelte (πέλτη).[159] Mais ne devrait-on pas voir également les *Hypaspistes* dotés de ce bouclier-ci, une arme si typiquement hellénistique?

S'il est toujours périlleux de vouloir déduire de l'appellation d'une unité militaire son armement,[160] des monuments archéologiques peuvent de fait conduire à l'une comme à l'autre de ces interprétations. Dans le contexte militaire macédonien hellénistique, Markle (1999b) avait en effet mis en exergue la persistance de la représentation de l'*aspis* dans la décoration figurée des fragments d'un monument de Verria. Il en déduisait l'idée d'un « Macedonian Hoplite Shield » (Markle 1999b : 243-6). Si, prudemment, il remarquait que le « monument may represent styles of shields employed in the past by the Macedonians but no longer in use at the time the monument was set up » (Markle 1999b : 242), le catalogue de l'évolution du bouclier d'Athéna Alkidémos montre le passage du bouclier hoplitique traditionnel vers un type plus bombé typiquement hellénistique (cf. par exemple ASCLÉPIODOTE, V, § 1), évolution qui paraît, en effet, pouvoir être mis au crédit d'une iconographie numismatique réaliste et presque 'photographique'. Car comme le remarquait justement Markle (1999b : 245), le « cult statue of the goddess is shown on coins of different dates as equipped with different types of shields, and it seems most probable that the actual statue was adorned with new kinds of armor as soon as these came into fashion. One reminds oneself that the Greeks commonly washed and renewed the dress of the statues of their gods and goddesses ». Si la déduction automatique des leçons de l'iconographie à l'existence concrète de *Realien* est toujours ardue (Juhel 2009 : 354 ; *ibid.*, n. 58),[161] cette présence

---

[159] Sur la définition de l'*aspis*, cf. notre n. 76. Sur les Peltastes antigonides, cf. ci-dessous.

[160] L'histoire militaire montre que les noms parfois imagés des unités militaires n'ont souvent aucune relation formelle avec la réalité effective de l'armement des troupes considérées. Nous l'avions exposé en détail dans notre thèse soutenue en Sorbonne (Juhel 2007 : 140-2). Les arguments principaux seront exposés à la fin de notre étude à ce jour sous presse (Juhel 2017). Nous en avons donné un exemple ci-dessous (cf. notre n. 231).

[161] Prenons ici pour exemple la peinture pompéienne qui évoque ici ou là, manifestement, le milieu des cours hellénistiques. Certaines représentations ne permettent pas, à l'évidence, une interprétation 'réaliste'. La peinture de la *casa del Menandro*, représentant la *Notte di Troia*, publiée en couleur dès avant la Seconde Guerre mondiale par Maiuri (s. d. [1932] : Tav. VI), donne à voir, derrière Ajax tentant d'arracher Andromède d'un autel où trône une statue d'Athéna et auquel la Troyenne s'agrippe en suppliante, un garde hellénistique **{Fig. 1}**. Celui-ci a une *aspis* à la bordure typique (dont les dimensions en font une arme incontestablement hellénistique). Or la façon de la porter est peu réaliste (pour la présenter ainsi, de face, il faudrait que le soldat eût avancé l'épaule tout en pliant son avant-bras de sorte que son bras gauche fît angle droit — l'avant-bras passant dans le *porpax*, par lequel le bouclier était tenu). D'autres détails semblent peu vraisemblables,

Fig. 1 : *Casa del Menandro* à Pompéi, détail. Extrait de Maiuri (s. d. [1932] : Tav. VI). Droits réservés.

du bouclier hoplitique dans les représentations de l'art macédonien, jusqu'à la pleine époque hellénistique,[162] convainc que l'on peut souscrire à l'idée de sa persistance et de son emploi concret, bien après encore que la phalange macédonienne fût apparue.[163]

Puisque la lance fût sans doute encore l'arme d'hast des *Hypaspistes* d'Alexandre,[164] les *Hypaspistes* antigonides, dotés de lances courtes comme on

---

comme le casque, mal posé sur la tête de son propriétaire et dont les paragnathides trahissent une certaine inauthenticité (*idem* sur les têtes des soldats de l'arrière-plan). Ces particularités font porter quelques doutes sur la validité de déductions strictement historiques que l'on chercherait à tirer de cette scène, à l'exemple de celles avancées par Sekunda (2007 : 339-40, fig. 11.6 ; 2013a : 38-45, fig. 2.14-19). Cette peinture pompéienne illustre à notre sens toute la difficulté qu'il y a à vouloir aller chercher dans l'art antique des renseignements historiques éclairant la nature des *Realien*. Il faut se garder de déductions trop systématiques, et en l'espèce d'interprétations relevant de ce que l'on désigne sous l'expression de 'réalisme naïf'.

[162] Le monument étudié par Markle (1999b) serait à dater de la belle époque hellénistique, ainsi que le rappelle le résumé de son article de *L'Année philologique* (1999 LXX : 884, n° 70-09097), « [t]he shield monument, which depicts a distinctive small shield in use from the mid-4th to the mid-2nd cents. B.C., possibly commemorates Pyrrhos' bloodless victory over Demetrius in 287 ».

[163] Sur ce sujet, voir notre premier article, «La nature de la phalange macédonienne. Ou quand la science recule».

[164] C'est là l'opinion de nombreux spécialistes de l'armée macédonienne sous les Argéades. « Ein Elite-Korps, die Hyp*aspi*sten, war ganz nach Art der alten Hopliten bewaffnet » (Delbrück 1920 : 193 — Livre III, chapitre 1er). Delbrück (1920 : 198) avait rapporté l'opinion des pionniers

des *griechischen Kriegswesen*, Köchly et Rüstow, selon lesquels les *Hypaspistes* auraient été armés de la « Stoßlanze ». C'était aussi l'idée de Küsters (1939 : 49). Berve (1926 I : 126) avait simplement constaté, au sujet des *Hypaspistes* de la « Hypaspistentruppe » (qu'il distinguait de la « Hyp*a*spistenleibwache »), que « sie leichter als die Phalanx bewaffnet war (Arr. II, 4, 3; vgl. Spendel 35) ». Warry (1981 : 72), avait quant à lui fait œuvre de synthèse, ayant rappelé que les « historiens modernes ne donnent pas tous, loin s'en faut la même apparence à l'hyp*a*spiste », les uns penchant pour en faire une sorte d'hoplite macédonien 'de vieux style', les autres le rapprochant du phalangite. Par exemple Milns (1971 : 187-8 — « B. *The Equipment of the Hypaspists* ») avait ainsi mis en relief les difficultés inhérentes à la question. S'inspirant de l'iconographie numismatique (en l'occurrence de monnaies de Patraos), Jähns (1880 : 100) pensait que dans les « späteren makedonischen Heere entsprechen diesen Peltasten [ceux d'Iphicrate] die Hypaspisten (Leibwächter); nur dass sie statt der Pelta den makedonischen Rundschild trugen und das Haupt mit dem nationalen Breithute, der *Kausia*, bedeckten. » Quant à lui Röder von Diersburg (1920 : 36, n. 2) avait relevé des données littéraires explicites indiquant que l'arme d'hast des *Hypaspistes* d'Alexandre était bien la lance : « Die λόγχη, lancea erscheint wiederholt als typische Bewaffnung der Hypaspisten (Armigeri). Koragos führt als nationale Makedonische Waffen neben der Sarisse des Phalangiten die Lanze (Diod. XVII.100,6; Curt. IX.7,19). Die lancea als Abzeichen des armiger Curt. VII.1,18 [« et comme Amyntas priait qu'on lui rendît aussi ses insignes d'écuyer, il (Alexandre) lui fit donner une lance » traduisait ici Bardon (1948 : 224-5)]. » Nous avons utilisé ces extraits riches de leçons pour les armes d'hast au sein de notre première étude, **La nature de la phalange macédonienne** (en I. 6. 5). Qu'ils poussent à devoir considérer que la lance (plus que la pique) était l'arme d'hast réglementaire du fantassin macédonien sous Alexandre semble, au vu d'autres sources tant littéraires qu'iconographiques, peu contestable. Soulignons que sous la plume de QUINTE-CURCE, comme l'affirmait Röder von Diersburg, *armigeri* signifiât de façon univoque 'hypaspistes' est une conception manifestement douteuse. Atkinson (1994 : 252) l'avait mis en exergue dans son commentaire de cette occurrence du livre VII du mot *armiger* : « 1. 18. armigeri. Curtius is inconsistent in his use of this term: at vi, 8. 17 it denotes one of the seven bodyguards, but at vi, 8.19 and v, 4.21 it is used rather of Hypaspists (cf. Berve i, 123). The former is irrelevant here, and the later seems also to be inappropriate, as he [Amyntas] went back to his post as a battalion commander of the *pezhetaeroi* after his return from Macedon (v, 4.20 and 30). The word seems to be used here in a more general sense as the equivalent of *miles*. » — ces remarques avaient été faites avant Atkinson par Bardon : cf. ci-dessous à l'appel de notre n. 282. Quant à Amyntas, Atkinson ne l'indiquait pas ici, mais c'était au sein de l'Ἀνάβασις Ἀλεξάνδρου d'ARRIEN que son commandement (chef d'une unité de l'infanterie de ligne macédonienne) apparaît clairement (voir notamment les occurrences en I, 8, § 2 ; 14, § 2 ; 20, § 5 ; II, 8, § 4 ; III, 24, § 1 ; 25, 6). Amyntas, quels que fussent ses commandements à l'armée, étant « einer der Hetairoi Al.s » (Berve 1926 II : 26), ne pouvait-il non moins être ou avoir été du corps d'élite des *Hypaspistes* ? C'est à notre sens vraisemblable, les hauts commandements devant par principe avoir été donné à des officiers de la plus haute distinction — en ce qui concerne cet Amyntas, voir donc Berve (1926 II : 26-8, n° 57) qui s'était appuyé sur la notice concernant ce personnage rédigée par Kaerst (1898). Berve (1926 II : 27) avait résumé sa carrière comme suit : « Sohn des Andromenes, ein öfters erwähnter Feldherr Alexanders d. Gr., Befehlshaber einer Abteilung der Phalanx, wurde wegen Theilnahme an der Verschwörung des Philotas 330 angeklagt, aber freigesprochen; er fand bald darauf einen rühmlichen Tod bei der Belagerung eines Ortes (Arr. anab. III 27, 1 ff.; Curt. VII 1f. etwas anders). »

Pour revenir à l'arme d'hast des *Hypaspistes* d'Alexandre, ajoutons aux sources invoquées par Röder von Diersburg rapportées ci-dessus ce témoignage de la *Vie d'Eumène* de PLUTARQUE (Εὐμένης, I, § 6). Cet extrait, sur lequel ceux qui se sont penchés sur ce problème n'ont pas toujours fait fond, nous paraît éclairant si ce n'est *in fine* déterminant : l'ἀρχιυπασπιστής Néoptolème se dit porter quant à lui la lance et l'*aspis* (ἀσπίδα καὶ λόγχην) alors qu'Eumène « suivait le roi [Alexandre] avec un stylet et des tablettes ». Ce Néoptolème était le 'colonel-général', le commandant en chef des *Hypaspistes*, « vermutlich nach dem Tode des Hypaspistenführers Nikanor im J. 330 », comme l'écrivit Berve (1935), en s'appuyant sur son *opera magna* (Berve 1926 II : 273, n° 548). Nous pensons donc *in fine* que l'opinion du fin connaisseur des questions militaires de l'Antiquité que

l'a vu, devaient encore être armés comme leurs devanciers argéades de l'*aspis* 'argienne' à une époque où la 'phalange macédonienne' était devenue une phalange de piquiers,[165] ceci notamment parce que le bouclier 'argien' se laisse encore voir dans l'art hellénistique et en particulier en Macédoine. Avançons alors l'idée que les *Hypaspistes* antigonides, dotés du vieux bouclier hoplitique 'argien', auraient non seulement conservé l'allure traditionnelle des *doryphores* princiers mais, de surcroît et de façon plus pratique, auraient bénéficié d'un armement défensif approprié à leur fonction, celle qui en faisaient des 'policiers' de l'armée macédonienne hellénistique, ses 'gendarmes'. De même que le *scutum* romain conféra un avantage décisif aux légionnaires dans leurs duels d'homme à homme avec des phalangites macédoniens armés de boucliers d'une taille plus modeste une fois que ces derniers avaient été contraints de déposer leurs lances à Cynoscéphales comme à Pydna, le bouclier 'argien' pouvait conférer à nos *Hypaspistes* un avantage certain contre des séditieux armés de la pelte,[166] du bouclier macédonien de 60 à 70 cm ou encore du *thyréos* oval aussi utilisé par diverses troupes de l'armée antigonide. En tout état de cause, l'aspis 'argienne' pouvait joindre à la tradition (une dimension souvent propre aux gardes princières si l'on examine l'histoire militaire — on le constate toujours dans les Gardes républicaines ou royales des États contemporains) un avantage technique réel.

Quoi qu'il en soit de la question de leur bouclier, outre leurs lances courtes (*doratia*) et sans doute le rouge pourpre (teinte royale par excellence) comme couleur favorite répandue sur leurs effets d'équipement voire d'armement (cf. ci-dessous sur ce point), nous pensons que les *Hypaspistes* avaient un autre signe particulier très distinctif, en l'espèce le casque. Puisque le *pilos*, ancêtre du *kônos*, fut depuis le temps d'Alexandre au moins le casque réglementaire de l'armée macédonienne (Juhel 2009 : 346-8), et que donc il faudrait voir *a contrario* dans le casque 'phrygien' le casque identifiant les *Hypaspistes* d'Alexandre sur le sarcophage de Sidon conservé à Istanbul (pour l'analyse de ce monument, voir spécialement la conclusion de cette étude), nous inclinons à penser que la troupe la plus proche du roi antigonide se laissait reconnaître également par un couvre-chef bien particulier. À ce titre, peut-être le casque du type des 'Athéna de Pella', si spectaculaire et si caractéristique du 'baroque' de l'art hellénistique,

---

fut Connolly (1998 : 70) est vraisemblablement juste et qu'elle est celle à privilégier : « It seems likely that they [les *Hypaspistes*] were armed as the traditionnal hoplite with the spear and argive shield. »
Nota bene
Le très précis travail universitaire de Röder von Diersburg, qui avait été l'élève de von Domaszewski, ne fut diffusé que par l'emploi qu'en fit son maître (von Domaszewski 1926). Mais son étude, en fait, avait avant tout puisé dans la dissertation de son disciple.

[165] Sur cette question, voir notre première étude.
[166] Nous avons évoqué ci-dessus la sédition des Peltastes au début du règne de Philippe V.

Fig. 2 : Statuette d'Athéna conservée au Musée archéologique de Pella, n° d'inv. E 7188. Le casque seul, vu de face. Photographie de l'auteur. © Υπουργείο Πολιτισμού και Αθλητισμού / Εφορεία Αρχαιοτήτων Πέλλας [Ministère de la Culture et du Sport (de l'État grec) / Éphorie des Antiquités de Pella] & Pierre O. Juhel.

qui selon nous relevait d'un type particulier que nous avons proposé de dénommer le 'morion macédonien',[167] les coiffaient-ils ? Du moins vers la fin de la monarchie car cette arme caractéristique est selon nous, sans nul doute, tardive. {Fig. 2}

II. 1. 2. Iconographie des Hypaspistes.

II. 1. 2. 1. Des Hypaspistes *sur la frise de la tombe d'Hagios Athanasios?*

« La constatation que les hypaspistes antigonides étaient armés du *dory* et non de la sarisse nous suggère de reconnaître une représentation figurée de leurs ancêtres téménides ou antipatrides sur la partie droite de la frise de la tombe macédonienne d'Héraclée sur l'Axios (Hagios Athanasios) nouvellement découverte. Cette hypothèse est confortée par le fait que la moitié des personnages représentés portent la *kausia*, qui semble être le couvre-chef caractéristique des membres de la θεραπεία royale. » (Hatzopoulos 2001 : 62). {Fig. 3a} {Fig. 3b} Ces rapprochements nous paraissent devoir être clarifiés.

Premièrement, nous remarquerons que le δόρυ ne saurait être assimilé au δοράτιον. La première arme était une lance de choc, la seconde, lance légère, pouvait peut-être même être assimilée à un javelot — cf. ce long extrait du Περὶ Στρατηγίας que nous avons reproduit dans notre première étude. Deuxièmement,

---

[167] Cf. la dernière étude de ce recueil, **Deux nouvelles armes défensives de l'époque hellénistique**, « II. Un nouveau type de casque : le 'morion' macédonien ».

Fig. 3a : Détail de la frise de la tombe d'Hagios Athanasios. Selon Tsimbidou-Avloniti (2005, πίν. 35α). © Υπουργείο Πολιτισμού και Αθλητισμού / Εφορεία Αρχαιοτήτων Περιφέρειας Θεσσαλονίκης [Ministère de la Culture et du Sport (de l'État grec) / Éphorie des Antiquités de Thessalonique et de ses environs].

Fig. 3b : Idem. Selon Tsimbidou-Avloniti (2005, πίν. 35β). © Υπουργείο Πολιτισμού και Αθλητισμού / Εφορεία Αρχαιοτήτων Περιφέρειας Θεσσαλονίκης [Ministère de la Culture et du Sport (de l'État grec) / Éphorie des Antiquités de Thessalonique et de ses environs].

Fig. 4 : Revers d'un tétradrachme du roi péonien Patraos figurant l'affrontement d'un cavalier (qui incarne vraisemblablement le roi lui-même) avec un fantassin armé d'un 'bouclier macédonien', d'une lance et coiffé de la *kausia*. Selon le recueil de Imhoof-Blumer (1883, pl. C, n° 9). Droits réservés.

il semble bien que la *kausia* était non pas un attribut spécifiquement royal, mais d'un usage généralisé dans l'armée macédonienne. Cette remarque avait été faite de longue date par Couissin (1932 : pl. XIV, 3).[168] Ultérieurement Launey (1949-1950 : 358, avec références n. 2, *ibid.*) avait souligné son « emploi au combat ». Concrètement, cette affirmation s'appuie tant sur un type monétaire, aux multiples variantes, du roi péonien Patraos[169] **{Fig. 4}** que sur un extrait d'ANTIPATER de Thessalonique (*Anthologie Palatine*, VI, 335)[170] qui précisait sans équivoque : « Chapeau de feutre [καυσίη], autrefois couvre-chef commode des Macédoniens, abri en temps de neige, casque pendant la guerre » (Waltz 1960 : 161-2). On trouve

---

[168] Cf. Head (1879 : 2-3, n° 1-11) ainsi que notre note suivante pour plus de références relativement à ces monnaies du roi péonien Patraos (cavalier abattant un fantassin macédonien coiffé de la *kausia*, armé de la lance et du bouclier bombé).

[169] Sur ce monnayage, voir spécialement le catalogue de la vente aux enchères de la maison Sotheby (Sotheby 1969), dont le n° 390 intégra ultérieurement la collection du Musée Numismatique d'Athènes (= Ἀρχαιολογικόν Δελτίον 28 [1972] Μέρος Β′1 Χρονικά, Πίν. 8, αριθ. 2) et de même pour le n° 535 (= Ἀρχαιολογικόν Δελτίον 28 [1972] Μέρος Β′1 Χρονικά, Πίν. 8, αριθ. 3). Autre monnaie sous le n° 4 de cette dernière planche, mais donnée page 6 sans la référence de la vente Sotheby. Il s'agit là de monnaies fort usées rendant difficile l'analyse iconographique. Pour l'étude des spécimens de ce type conservés à Belgrade, voir l'article de Popović (1992-1993), ainsi que la contribution de Vučković-Todorović (1973-1974), avec la reproduction Pl. I, fig. 1a, d'un revers d'un tétradrachme de Patraos conservé au Musée de Veles. Les dernières études abordant ce sujet sont, à ma connaissance, celle de Ujes (1996) et, plus récemment, celle de Sekunda (2013c).

[170] Antipater de Thessalonique fut un contemporain d'Auguste.

un écho de ce témoignage chez DION CASSIUS (LXXVII, 7, § 2), contemporain de Caracalla, qui mentionnait des « casques de cuir cru [κράνος ὠμοβόειον] » (Gros et Boissée 1870 : 339) équipant les 16 000 Macédoniens organisés en une phalange ressuscitée par l'empereur, véritable 'alexandromaniaque'.[171] En détail, c'était la *kausia* pourpre qui, seule, était un attribut royal, comme en témoigna en toutes lettres PLUTARQUE (Εὐμένης, VIII, § 12).[172]

Deuxièmement, si nous penchons certes pour la conception faisant de l'*Hypaspiste* argéade un hoplite à la mode 'classique', la question de l'armement des *Hypaspistes* d'Alexandre est néanmoins toujours, nous l'avons exposé en détail *supra*, un sujet ouvert.[173]

Troisièmement, il est erroné d'assimiler absolument la sarisse à la longue pique tenue à deux mains.[174]

Quatrièmement, puisque « a gold quarter stater of Philip II supports the dating of the monument to the last quarter of the 4th BC » (Tsimbidou-Avloniti 2005 : 207), n'est-il par principe risqué, et même s'il s'agissait là d'*Hypaspistes* de la fin du règne d'Alexandre, de supposer une permanence de l'armement jusqu'à l'époque des derniers Antigonides ? Étant donné que, comme on l'a exposé ci-dessus, les *Hypaspistes* formaient sous Alexandre un corps d'infanterie de bataille alors que sous les Antigonides ils n'étaient plus qu'une sorte de police militaire (voire, de fait, politique), un policier, par principe et même relevant de la police militaire, pouvait-il avoir comme armement réglementaire celui d'un pur militaire ? À fonctions différentes, armements, du moins logiquement, différents.

Enfin, cinquièmement, par suite, si l'on voulait donc mettre en relation les « hypaspistes antigonides [avec] leurs ancêtres téménides ou antipatrides », il faudrait alors opérer le rapprochement entre les *Hypaspistes* antigonides et ces *Hypaspistes* d'Alexandre que Berve nommait la « Hypaspistenleibwache ». Car comme on l'a vu, les *Hypaspistes* antigonides, eux aussi, formaient une troupe restreinte spécialement attachée au roi. Ce ne serait donc qu'en tant qu'*Hypaspistes* de la 'Hypaspistenleibwache' que les soldats de la frise de la tombe d'Hagios Athanasios, à supposer qu'il s'agisse bien d'*Hypaspistes* du temps des Argéades, qu'ils pourraient avoir été, comme l'écrivait Hatzopoulos, les « ancêtres » des *Hypaspistes* antigonides. Mais dans ce cas seulement puisque,

---

[171] Sur l'alexandromanie à Rome, voir : Ceauşescu (1974) ; Papisca (1999). Et spécialement pour celle de Caracalla, Boteva (1999).
[172] Cf. Prestianni Giallombardo (1991 : 267) : « va sottolineato che (...) la *kausia halourges*, rarissimamente testimonia, è appannaggio sostanzialmente regale ».
[173] Cf. *supra* n. 164.
[174] Cf. notre première étude, **La nature de la phalange macédonienne ou quand la science recule**.

soulignons-le, c'était le corps des Peltastes qui, sous les Antigonides, était proprement le descendant du corps des *Hypaspistes* d'Alexandre. Or même cette interprétation se heurterait à une difficulté : ainsi que nous l'avons exposé, les '*Hypaspistes* royaux' paraissent avoir été dotés de l'*aspis* 'argienne'[175] et non de la pelte, cette arme-ci seule, comme l'avait justement remarqué le savant grec, se laissant distinguer sur la frise de la tombe d'Hagios Athanasios : « il ne s'agit pas de boucliers "argiens" mais de boucliers "macédoniens" (...) les boucliers des guerriers de la frise sont dépourvus de rebord et sont d'un diamètre, qui, quoique difficile à calculer avec précision, est certainement inférieur à 90 centimètres. » (Hatzopoulos 2001 : 64).[176]

II. 1. 2. 2. Hypaspistes *et autres* sômatophylakes *dans la peinture pompéienne*

Plutôt que dans la frise de la tombe d'Hagios Athanasios, c'est dans une peinture de Pompéi que nous croyons pouvoir trouver une image vraisemblable des *Hypaspistes* antigonides. En effet, à l'ombre du Vésuve, les scènes mythologiques reproduites dans la peinture pompéienne dénotent incontestablement une large influence de l'art hellénistique.[177] Sans doute même est-on, pour une large mesure, en présence de copies d'originaux réputés.[178] Aussi l'analyse des *Realien* que l'on y voit représentés pourrait être très fructueuse quant à la question de l'origine de ces compositions.

Dans une de ces peintures (*Pompei* 1991 : 713, n° 76 — photographie en noir et blanc), on voit figurée, caricaturalement, une scène de court hellénistique. Deux pygmées, évidents gardes du corps d'un troisième gnome, un prince bien

---

[175] Cf. ci-dessus et notamment le début de notre n. 164. Voir aussi, poussant à cette interprétation, les éléments iconographiques qui résultent de l'analyse du 'sarcophage d'Alexandre' de Sidon, question que nous avons reprise parmi les conclusions de notre première étude (cf. I. 8. 5.).
[176] Pour de plus amples détails, voir encore, sur ce sujet, notre n. 76 ci-dessus.
[177] Ce fond hellénistique a été depuis longtemps reconnu, comme le montre le titre de l'importante série allemande initiée au début du XXe siècle, *Die hellenistische Kunst in Pompeji*, ou encore la monographie de Rizzo (1929). Signalons quelques autres références en la matière et en premier lieu une étude de Bianchi Bandinelli (1941). Cet auteur-ci avait fait de cette question l'axe essentiel de ses recherches. Parmi son abondante production, on trouve en effet des études aux titres révélateurs. Signalons son chapitre « Tradizione ellenistica e gusto romano nella pittura pompeiana » (Bianchi Bandinelli 1950 : 155-208) et, dans la foulée de ces réflexions, une monographie publiée quelques temps plus tard (Bianchi Bandinelli 1954). Bien d'autres savants s'inscrivirent dans cette perspective de recherche. Rappelons d'abord la série imposante lancée avant la Seconde Guerre mondiale, *Monumenti della pittura antica scoperti in Italia* dont la « Sezione terza » est tout entière consacrée à *La pittura ellenistico-romana*. Pour Herculanum, cf. Cervlli Irelli ([1971]) et Manni ([1974]). Indiquons, parmi les études ultérieures, la monographie de Schefold (1956), l'article de de Vos et Archer (1984), le recueil *L'Italie méridionale* (1998). Parmi les contributions les plus récentes, signalons celle de Virgilio (1999) ou encore celle de Seiler (2010). Selon les spécialistes, cette tradition hellénistique se perpétua jusqu'à l'époque byzantine : cf. Kitzinger (1963).
[178] Cf. nos remarques à ce sujet dans la seconde partie de la dernière étude de ce recueil, **Deux nouvelles armes défensives de l'époque hellénistique**, spécialement dans l'analyse du monument étudié en V. 2. 1. 1. 7., n. 396.

sûr puisqu'il brandit un sceptre, sont armés d'*aspides* (la bordure caractéristique de l'arme se laisse distinguer avec le garde situé à la gauche), de *linothorakes*,[179] de courtes lances. Ils sont coiffés de casques dont les bombes, cuivrées (ce qui selon nous figure le bronze), paraissent rehaussées de rouge cramoisi. Ces casques, de forme très caractéristique, au sujet desquels nous avons proposé une nouvelle typologie,[180] relèvent avant tout de l'aire de la Macédoine hellénistique.[181] Ceci nous a poussé à l'hypothèse conduisant à voir dans cette scène une représentation des *Hypaspistes* antigonides {**Fig. 5**}. Si nous pourrons peut-être y ajouter la peinture pompéienne invoquée à la suite de ce document-ci dans le dernier article de notre recueil (n° du catalogue V. 2. 1. 3. 9. de notre dernière étude, **Deux nouvelles armes défensives de l'époque hellénistique**), il nous paraît surtout intéressant d'ajouter à la liste de ces représentations de possibles *Hypaspistes* antigonides un relief de stuc ornant

Fig. 5 : Peinture pompéienne figurant une scène de cour hellénistique. Nous pensons y voir une caricature d'origine macédonienne. Les deux gardes pourraient figurer des *Hypaspistes* antigonides. © Soprintendenza Speciale per i Beni Archeologici di Napoli e Pompei.

---

[179] On distingue ce détail avec le personnage de gauche (épaulières).
[180] Cf. ci-dessous **Deux nouvelles armes défensives de l'époque hellénistique**, « IV. 2. 1. Un nouveau type de casque : le 'morion' macédonien ».
[181] Cf. *ibid.*

Fig. 6 : Détail d'une peinture pompéienne figurant une scène du cycle troyen (Achille à Skyros, chez Lycomède, travesti en femme, est démasqué par Ulysse). Le doryphore aux armes colorées de rouge est sans nul doute à l'image des gardes du corps des souverains hellénistiques. Museo Archeologico Nazionale de Naples, n° d'inv. 9110. © Soprintendenza Speciale per i Beni Archeologici di Napoli e Pompei & P. O. Juhel.

la tombe des *Pancratii*, à Rome (Wadsworth 1924 : 73-4, pl. XXVI).[182] Ici, outre le 'morion' et l'attitude typiquement hellénistique du *doryphore* déhanché, ces gardes paraissent dotés d'*aspides* à étoile.

D'autres peintures pompéiennes évoquent sans nul doute, si ce n'est des *Hypaspistes* antigonides, du moins les *sômatophylakes* des princes hellénistiques. Dans une de celles-ci, qui a été transportée au Museo Archeologico Nazionale de Naples (n° d'inv. 9110), est représenté un des événements de

Fig. 7 : Peinture pompéienne (*regio* VI, *insula* 6, *casa* 9) figurant Aphrodite présentant un bouclier à Arès. © Soprintendenza Speciale per i Beni Archeologici di Napoli e Pompei & P. O. Juhel.

la vie d'Achille. Le héros se trouve à Skyros, chez Lycomède, travesti en femme. Mais un stratagème d'Ulysse le fait découvrir. Au fond de la composition, un garde casqué arbore un bouclier peint en rouge, dont la bordure et la dimension permettent de l'identifier comme une *aspis* 'argienne', c'est-à-dire la vieille *aspis* hoplitique (Schefold 1956 : pl. n° 3) **{Fig. 6}**. Il est intéressant de rapporter que les commentateurs pensaient pouvoir identifier un original derrière cette

---

[182] Nous avons aussi dressé ce document à notre catalogue du 'morion' macédonien ; cf. notre dernière étude ci-dessous.

composition. Schefold (1956 : [41]) croyait à un « Vorbild um 330-20 v. Chr. » Ce point de vue avait été repris ultérieurement, et précisé, par les spécialistes italiens de Pompéi : « L'esistenza a Pompei di un'altra replica dello stesso soggetto (dalla Casa IX 5, 2), unitamente allo schema compositivo e alla profondità spaziale data dall'intreccio delle figure in primo piano e dal sapiente impiego di luci e ombre, hanno fatto supporre che alla base delle due repliche pompeiane sia un originale greco di IV secolo: ipotesi con cui si accorderebbe il modo di raccontare che non giustappone gli elementi della storia, ma condensa tutta la narrazione nell'episodio più significativo. » (*Pompei* 1993 : 910). L'allure hellénistique du casque de ce garde, à mi-chemin entre le type du *kônos* du IIe siècle et les casques hellénistiques du type 'pseudo-attique' de la typologie de Dintsis que marque de façon significative, pour ce type-ci, la fausse visière,[183] suggère une assez indiscutable origine gréco-macédonienne. Du fait du type du casque, on ne se situe certainement pas à la fin du IVe siècle av. J.-C. mais bien plutôt à la belle époque hellénistique, au IIIe ou au IIe siècle av. J.-C. Signalons que l'on retrouve (de façon significative ?) des *aspides* 'argiennes' peintes en rouge sur d'autres compositions pompéiennes. On distingue ainsi une Aphrodite présentant un bouclier à Arès dans la *regio* VI, *insula* 6, *casa* 9 {**Fig. 7**} de même qu'à la *regio* IX, *insula* 3, *casa* 5, Cubicolo (4), parete O, tratto S (*Pompei* 1999 : 167, fig. 41). {**Fig. 8**} Cette couleur, teinte militaire par excellence,[184] aurait-elle été spécialement celle décorant les armes défensives des *doryphores* des princes hellénistiques[185] et peut-être donc ceux des Antigonides, c'est-à-dire des *Hypaspistes* ? Comme on va le voir,

---

[183] Notamment le n° 357 de la « Beilage 9. » (Dintsis 1986 II) qui reproduit un casque sculpté sur une base circulaire de Délos (n° d'inv. 21871 ; référence sur le monument : cf. Dintsis 1986 I : 286-27) et le n° 207 de la « Beilage 5 : Typologische Darstellung des Konoshelmes » (Dintsis 1986 II), dessin figurant quant à lui un casque représenté sur une gemme conservée au Musée d'Art et d'Histoire de Genève (référence sur cet objet : cf. Dintsis 1986 I : 253) La bombe haute et légèrement penchée sur l'arrière du crâne, de même que la fausse visière, sont des éléments caractéristiques.

[184] Référons-nous simplement aux tuniques pourpres des Spartiates. Sur ce sujet, cf. le livret illustré de Sekunda (1998). H. Droysen (1889 : 155) n'avait pas manqué de remarquer que « [i]n dieser Periode [la période hellénistique] schliesslich finden sich die Anfänge einer Uniformierung ». Et à ce sujet le savant allemand rapportait des références très précises quant à l'uniforme écarlate : chez les Achaïens, « Plut. Philop. 11 στρατιωτικαὶ χλαμύδες und φοινικοῖ ὑποδύται der Achäer auf der Vorstellung in Nemea (vielleicht Kopie der spartanischen Kriegstracht?) » ; et spécialement chez les Macédoniens : « makedonische Logades ἀστράπτοντες ἐπιχρύσοις ὅπλοις καὶ νεουργοῖς φοινικίσιν bei Pydna Plut. Aemil. 18 (allerdings aus Scipio Nasica). » (H. Droysen 1889 : 155-6, n. 2).

[185] La couleur pourpre était la couleur par excellence des personnages de court à l'époque hellénistique. (Reinhold 1970 : 30). Le terme *purpurati* désigna ainsi, chez les auteurs latins, les membres de l'entourage des rois perses puis hellénistiques, remarquable à l'importante proportion de pourpre que l'on voyait dans leurs accoutrements : cf. Reinhold (1970 : 30, n. 4) pour des références dans la littérature latine. Indiquons aussi l'étude plus récente de Blum (1998), et plus spécialement pour notre propos son chapitre 8.2, « Das Antigonidenreich » (Blum 1998 : 218-24). « Alle diese Belege beweisen zur Genüge, daß im Antigonidenreich die Purpurfarbe ein Symbole für die monarchische Herrschaftsgewalt gewesen ist » concluait le savant allemand (Blum 1998 : 224), mais sans que son enquête l'ait porté dans le monde proprement militaire où nous pensons donc pouvoir aussi trouver la pourpre comme symbole des troupes les plus proches du roi.

Fig. 8 : Peinture pompéienne (*regio* IX, *insula* 3, *casa* 5, Cubicolo [4]) figurant Aphrodite présentant un bouclier peint en rouge à Arès. © Soprintendenza Speciale per i Beni Archeologici di Napoli e Pompei & P. O. Juhel.

l'examen de l'autre corps d'élite de l'infanterie antigonide, celui des Peltastes, confortera cette hypothèse.

II. 2. L'infanterie de bataille 'royale' : les Peltastes

« Peltasts had inherited the rôle of Alexander's Hypaspists in a set battle » avait écrit Hammond (Hammond et Walbank 1998 : 542). Au terme d'une analyse brillante, Hatzopoulos (2001 : 73) a remarquablement confirmé que ce corps des Peltastes antigonides était tout simplement l'héritier de celui des *Hypaspistes* d'Alexandre : « En Macédoine, en tout cas, où le terme d'argyraspides peut n'avoir jamais eu cours, le nom d'hypaspistes fut (ou, peut-être, resta) restreint à la garde rapprochée du roi et le corps de troupes d'élite reçut celui de peltastes. »[186] Car comme l'avait justement énoncé au préalable Errington (1990 : 245), « [w]ith the elevation of the *hypaspistai* to being a small group of royal functionaries, the need for an elite unit in the army by no means ceased,

---

[186] Et déjà, pour l'essentiel, dans un ouvrage antérieur (Hatzopoulos 1994 : 100-1).

and certain advantage might then have been seen in the king's elite troops not being integrated into the phalanx organization. »

Si le corps des Peltastes apparaît dans nos sources avec les récits polybiens des guerres d'Antigone Dôsôn, aucun témoignage, à notre connaissance, ne permet de savoir quand il fut créé. « Étant donné que leurs effectifs se présentent toujours en multiple de mille, il est probable qu'ils fussent subdivisés en unités de 1.000 hommes » (Hatzopoulos 2001 : 69), autrement dit en chiliarchies. L'importance première du corps est bien indiquée par le fait que « the post of *peltast*-general was one of the court appointments mentioned by Doson in his testament » (Errington 1990 : 245 ; selon POLYBE, IV, 87, § 8).

II. 2. 1. L'Agèma *(des Peltastes)*

II. 2. 1. 1. L'Agèma *(des Peltastes). Définition*

Un passage livien est essentiel pour la question de l'infanterie d'élite macédonienne sous les derniers Antigonides. Il s'agit de la description de la revue de *Cittium* en 171 av. J.-C. « *Delecta deinde et uiribus et robore aetatis ex omni caetratorum numero duo <milia> erant : agema hanc ipsi legionem uocabant ; praefectos habebat Leonnatum et Thrasippum Euiestas.* » (TITE-LIVE, XLII, 51, § 4). « Parmi les soldats armés d'un petit bouclier, on choisit ensuite ceux dont les forces physiques et la jeunesse étaient les plus vigoureuses pour former un corps de deux <mille> hommes : à ce corps de troupes, ils donnaient eux-mêmes le nom d' "agèma" ; il avait pour chefs Leonnatus et Thrasippe, d'Euia » (Jal 1971 : 112).[187] Il semblerait que l'on ait ici la définition exacte de l'*agèma*, une fois bien entendu que *caetra* dans le texte livien traduit *peltè* (abusivement).[188] Car comme le rappelait Hatzopoulos (2001 : 67), cette définition avait été « donnée par Tite-Live, traduisant ou paraphrasant Polybe ».

II. 2. 1. 2. Deux Agèmata ?

Ainsi que l'avait noté le savant grec, les éditeurs du double *diagramma* de Cassandrée/Drama avaient cru voir dans l'*agèma* mentionné dans l'inscription un autre *agèma* que celui des Peltastes mentionné par TITE-LIVE. Hatzopoulos (2001 : 67-8) avait étudié point à point les arguments des éditeurs. « Y aurait-

---

[187] Indiquons que l'on retrouve manifestement cet *agèma* un peu plus loin dans le texte de l'historien latin (TITE-LIVE, XLII, 58, § 9), lors de la description de l'ordre de bataille macédonien à l'affaire de Kallinikos, qui vit le premier affrontement avec les Romains.
[188] Car la *caetra* désignait en latin un « petit bouclier recouvert de cuir », ou d'osier, comme le rappelait justement Hatzopoulos (2001 : 71), alors que la pelte de l'armement macédonien était une arme recouverte d'une feuille de bronze, ce que confirment diverses inscriptions mentionnant des « πέλτας ἐπιχάλκους » (Hatzopoulos 2001 : 71, n. 3).

il alors deux ἀγήματα ou y a-t-il une erreur dans le passage de l'historien romain ? » se demandait-il (Hatzopoulos 2001 : 67). Quant à l'hypothèse de la possible confusion de l'historien romain, elle ne nous semble pas pouvoir être longtemps maintenue. Rapportant l'argumentation des auteurs de l'édition *princeps*, Hatzopoulos (2001 : 68) écrivait en effet : « En outre, le passage sus-mentionné de Tite-Live, qui décrit la revue de Kyrrhos [ville que le savant grec identifie avec *Cittium*] et qui est le seul à faire état d'un *agéma* des peltastes, parraît (sic) suspect si on le compare à un autre passage du même auteur, la description de la bataille de Kallinikos. En effet, dans le premier, la phalange est sous les ordres d'Hippias, l'*agéma* (des peltastes selon Tite-Live) sous ceux de Léonnatos et de Thrasippos et les peltastes sous ceux d'Aniphilos, alors que dans le second le commandement de la phalange est attribué à Hippias et Léonnatos, ce qui semble indiquer que l'*agéma* faisait partie de cette dernière. Une erreur de Tite-Live n'est pas impossible ».[189] Hatzopoulos (2001 : 68, n. 4) ajoutait à la suite : « Il est peut-être significatif que l'*agéma* est mentionné juste après la phalange et avant les peltastes, et non pas après, comme il aurait été naturel. » En fait, ces remarques nous semblent relever d'une hypercritique des textes. Car d'une part, passant, dans sa description, des troupes de 'ligne' à celles d'élite, on peut trouver tout aussi normal que TITE-LIVE mentionne tout d'abord le corps le plus brillant, soit l'*agéma*. Et, d'autre part, un général pouvait bien passer d'un commandement à l'autre. Il est ainsi tout à fait possible qu'un des chefs des 2 000 soldats de l'*agéma* ait reçu un commandement dans la 'ligne' (*ie* la phalange) une fois débutées les opérations. L'histoire militaire montre souvent ces changements d'affectations.[190]

---

[189] Signalons que le savant grec avait préféré la transcription '*agéma*' et non celle, universellement adoptée en français, soit '*agèma*' : cf. par exemple dans la somme de Launey (1949-1950), dans les traductions d'ARRIEN de Savinel (1984) ou du livre XLII de TITE-LIVE de Jal (1971) que nous invoquons ici ou là, etc. Nous avons adopté quant à nous cette dernière forme.

[190] À titre de parallèle, bien que les maréchaux de Napoléon eussent, pour beaucoup d'entre eux, des commandements honorifiques dans la Garde impériale, ils étaient le plus souvent affectés au commandement d'un corps d'armée (par exemple Mortier, Colonel-général de l'artillerie, des sapeurs et mineurs de la Garde en 1811, et sans interruption à la Grande Armée de 1812 à 1814 où il reçut divers commandements). Lors de la campagne de 1813, les contingences des opérations montrent le maréchal Oudinot en charge de trois commandements très différents entre juillet et septembre, dont un 'aller-retour' à la tête du XIIe corps. Du côté des *militärwesen* macédoniens, rapportons l'exemple de la carrière du lieutenant d'Alexandre, Cratère : « Im makedonischen Heere befehligte er eine Abteilung (τάξις) der Phalanx (...), wurde aber daneben häufig mit dem Befehl über eine größere Heeresabteilung betraut. So führte er bei Issos das Fußvolk des linken Flügels (...), vor Tyros den linken Flügel der Flotte (...), später bei der Belagerung in Abwesenheit Alexanders mit Parmenion zusammen die Oberaufsicht über die Belagerungsarbeiten (...). Bei Gaugamela stand außer dem Fußvolk des linken Flügels auch die bundesgenössische Reiterei unter seinem Befehl » (Geyer 1924 : col. 1038-9). Plus tard, « blieb K. mit zwei Taxeis, einer Anzahl Bogenschützen und Reitern beim Lager zurück etc. » (Geyer 1924 : col. 1039). Ainsi, pour ceux que l'on surnomme dans le jargon militaire français 'les grosses épaulettes', l'histoire militaire fourmille d'exemples de passages d'un commandement à l'autre au sein d'une même campagne. Dès lors, il pouvait bien en avoir été de même pour Léonnatos, un des deux chefs commandant

En outre, indiquons que la définition du terme *agèma* que donne HÉSYCHIUS conforte la conception d'un unique *agèma* d'infanterie: « ἄγημα· τὸ προϊὸν τοῦ βασιλέως τάγμα ἐλεφάντων καὶ ἱππέων καὶ πεζῶν, οἱ δὲ τῶν ἀρίστων τῆς Μακεδονικῆς συντάξεως. [*agèma* : la première des unités du roi parmi celles des éléphants, des cavaliers et des fantassins, (formée) des meilleurs (éléments) de l'ordre de bataille macédonien.] » (Latte 1953 : 20).[191] Aussi l'*agèma* des Peltastes était-il très vraisemblablement, et en accord aussi avec le lexicographe byzantin, l'unité d'élite des Peltastes et partant l'unité d'élite de l'infanterie de bataille macédonienne.[192]

S'il restait quelques doutes, remarquons de surcroît que le récit livien (TITE-LIVE, XLII, 59, § 7) de l'affaire de Kallinikos n'est d'ailleurs pas, à bien y regarder, aussi explicite en ce qui concerne commandement de Léonnatos: « *opportune adhortanti superuenit phalanx, quam sua sponte, ne audaci coepto deessent, Hippias et Leonnatus raptim adduxerant* » — « voici que (...) survint la phalange que, de leur propre initiative et pour ne pas manquer d'être là lors d'une opération pleine de risques, lui avaient amenée à la hâte Hippias et Leonnatus » (Jal 1971 : 124). *Stricto sensu*, il n'est pas indiqué qu'Hippias et Léonnatos commandent la phalange (ou une part de celle-ci), mais l'amènent (*adduco*) au roi. Si Hippias en était le chef comme le révèle la description de la revue de Kyrrhos, Léonnatos, du fait de sa haute situation au sein du commandement macédonien, aurait pu, convié par les circonstances, être appelé à participer à ce mouvement. Mettre en branle les quelque 20 000 hommes de la phalange, surtout de façon impromptue, devait nécessiter les plus grandes qualités manœuvrières, ce qui pourrait tout autant expliquer le rôle *ad hoc* de Léonnatos dans cette affaire. Comme on le sait relativement à l'art de la guerre au XVIIIe siècle, et surtout à l'exemple des guerres napoléoniennes, la mise en branle des masses aux époques de la bataille rangée était facilitée par le nombre de sous-officiers et d'officiers y présidant.[193] Il y a donc tout lieu de lever les doutes exprimés par Hatzopoulos au sujet d'une

---

l'*agèma* au début du printemps 171 av. J.-C. selon la description livienne de la revue de *Cittium*, puis ultérieurement à la tête d'une des fractions de la phalange.
[191] Remarquons ici que cette définition paraît indiquer une vraisemblable impropriété de l'emploi du mot sous la plume de PLUTARQUE où, dans cet extrait de la *Vie de Paul-Émile* que nous avons reproduit à notre n. 20, on le trouve au pluriel pour désigner plusieurs corps d'élite d'infanterie armés de 'sarisses'.
[192] Nous avons exploré spécialement cette question dans le cadre du règlement de conscription de Drama/Cassandrée (Juhel et Sekunda 2009). Plus récemment, Sekunda (2013a : 93-4) a repris ces conclusions.
[193] Ainsi, toujours en guise de parallèles pris dans l'histoire napoléonienne, l'historien de l'armée impériale J. Morvan écrivait-il, au sujet de la Campagne de France (1814) où Napoléon s'appuyait sur une infanterie squelettique et inexpérimentée, que « si les conscrits n'étaient encadrés par un chiffre inouï de sous-officiers et de caporaux chevronnés, "qui savent à peine écrire leur nom", mais qui connaissent la manœuvre par routine, il [Napoléon] ne vaincrait point » (Morvan, J. 1904. *Le soldat impérial*, Tome premier. *Le recrutement – Le matériel – L'instruction – La solde – L'administration.* Paris, Librairie Plon, Plon-Nourrit & Cie, imprimeurs-éditeurs : 353).

erreur possible de TITE-LIVE, de même que la conception infondée de Nigdelis et Sismanidis (1999 : 815-6) de deux ἀγήματα d'infanterie.

II. 2. 1. 3. Le recrutement de l'Agèma (des Peltastes). Classes sociales et classes d'âge

Le double *diagramma* de Cassandrée/Drama offre des renseignements de première main sur les classes d'âge où s'opérait le recrutement des Peltastes en général et de l'*agèma* (des Peltastes) en particulier : « Les plus âgés des recrues de l'agéma auront quarante-cinq ans, à moins que certains ne soient jugés aptes à servir dans cette formation jusqu'à cinquante ans (et les plus âgés) des peltastes auront trente-cinq ans. »[194] Si, de même que pour les *Hypaspistes*, on se rappelle en outre que les soldats placés dans l'*agèma* et dans les Peltastes étaient aussi incorporés selon des critères de fortune, il semblerait étonnant que, tout comme de nouveau pour les *Hypaspistes*,[195] il n'ait pas existé quelques normes relatives à leur bonne constitution physique voire morale, conditions vraisemblables de leur enrôlement. Car on ne peut concevoir, puisque les Peltastes formaient l'élite de l'infanterie macédonienne, qu'ils fussent uniquement recrutés selon des critères d'âge et de fortune. Dès lors, dans le passage précédent du *diagramma*, si pour Hatzopoulos (2001 : 102), « [l]'état de conservation de la clause [celle commençant par Πάντων à la l. 15 de la pierre de Cassandrée] ne permet ni restitution plausible ni traduction utile », ne pourrait-on pas imaginer ici, pour le passage se trouvant à la fin de la l. 15 et au début de la l. 16 de la pierre provenant de Cassandrée, « ...]-ῐ́σων ἂν φαίνωνται ͮͮͮͮͮͮͮͮεἶναι », quelque formule du genre: '(...) de ceux qui paraissent être [de bonne constitution physique et (?)]' ?

L'âge relativement élevé des soldats de l'*agèma*, hommes de 35[196] à 45 ans donc, voire de 50 ans dans des cas exceptionnels, convient-il à la définition contenue dans le passage livien cité au début de ce chapitre ? Jal avait donc traduit le latin « *viribus et robore aetatis* » par « les forces physiques et la jeunesse étaient les plus vigoureuses ». Dans la littérature latine, quelques syntagmes approchants, rapportés au contexte, permettent de préciser le sens de cette expression. En 44 ap. J.-C., Claude voulut ouvrir la préture aux questeurs. « *Sed deerat robur aetatis eum primum magistratum capessentibus* » (TACITE, *Annales*, XIII, 29, § 2) — « Mais la maturité de l'âge leur faisait défaut dans l'exercice de cette première

---

[194] Cf. la face B de l'exemplaire de Drama qui permettent de restituer le passage correspondant dans l'inscription de Cassandrée, aux ll. 19-22. Traduction Hatzopoulos (2001 : 106).

[195] Car ceux-ci sont recrutés, outre leur condition sociale ou politique, selon des critères implicites de valeur physique et morale : « ἀπ᾽ οἰκιῶν καὶ οὐσιῶν, οὓς ἂν νομίζωσιν ἐπιτηδείους εἶναι [au sein des maisonnées, et selon leurs biens, ceux qu'ils (les officiels commis au recrutement) jugeront être aptes] » (l. 19 de l'inscription de Cassandrée = ll. 7-8 de la face B de l'inscription de Drama).

[196] Cf. la clause suivante du *diagramma* de Drama/Cassandrée qui montre que les Peltastes (mis à part l'*agèma*) ont jusqu'à 35 ans. Cf. Hatzopoulos (2001 : 68).

magistrature. » (Wuilleumier et Hellegouarc'h 1990 : 31). Or « [l]es questeurs étaient éligibles à 25 ans. » (Wuilleumier et Hellegouarc'h 1990 : 31, n. 2).

Témoignage plus direct, car relevant notamment d'un contexte militaire, que cette description livienne (TITE-LIVE, VIII, 8, § 6 et § 8) de l'organisation manipulaire de la légion à l'âge d'or de la République romaine, et que Walbank (1957 : 702) synthétisa de façon très adéquate pour notre propos. S'agissant des fantassins lourds, formés d'*hastati*, de *principes* et de triaires, « the *hastati* are *flos iuuenum pubescentium*, the principes are *robustior aetas*, and the *triarii* are *ueteranus miles spectatae uirtutis* ».[197] L'histoire romaine n'a semble-t-il pas conservé, au vu des nombreuses études que nous avons parcourues pour tenter d'éclaircir cette question, les âges qui correspondaient très précisément à ces trois classes.[198] Mais on pourra néanmoins les induire de différentes données. Si d'un côté les *principes* sont manifestement recrutés parmi les jeunes hommes et les triaires parmi des vétérans désignés comme 'les plus âgés', « τοὺς δὲ πρεσβυτάτους εἰς τοὺς τριαρίους » chez POLYBE (VI, 21, § 7) ou « οὗτοι δ' εἰσὶν οἱ πρεσβύτατοι τῶν στρατευομένων » chez DENYS d'Halicarnasse (Ῥωμαϊκὴ ἀρχαιολογία, VIII, 86, § 4), il y a tout lieu de penser, au vu de ce qui précède, que la *robur aetatis*[199] ferait des *principes* ce que l'on nommerait de nos jours, plutôt que de jeunes hommes, des hommes faits. Autrement dit, ceux-ci devaient sans doute se recruter dans la classe des 30-35 (voire 40) ans. Dans le texte de POLYBE, la *robustior aetas* des *principes* correspond à l'*acmé* grecque : « τοὺς δ' ἀκμαιοτάτους ταῖς ἡλικίαις εἰς τοὺς πρίγκιπας » (POLYBE, VI, 21, § 7). En guise d'exemple sur la période de la vie à laquelle correspondait l'*acmé* des Grecs, on peut évoquer un passage plutarquien (PLUTARQUE, Τίτος, XXI, § 8) présentant Hannibal, au moment de ses pleins succès contre les Romains. Il était alors « ἀκμάζοντος », dans « dans toute sa force » (Chambry et Flacelière 1969 : 200). Or, « en 183 av. J.-C., date de sa mort, Hannibal avait soixante-quatre ans » (Latzarus 1950 : 515, n. 105), ce qui fait qu'au sommet de sa gloire, de la

---

[197] Pour « *florem iuuenum pubescentium* », Bloch et Guittard (1987 : 19), avaient choisi « la flore des hommes jeunes et en pleine force » ; pour « *Robustior inde aetas* », « d'un âge plus robuste » ; pour « *ueteranus miles* [dans la forme « *ueteranum militem* » dans le passage en question] *spectatae uirtutis* », « vétérans d'un courage éprouvé » (Bloch et Guittard 1987 : 20).
[198] Les sources essentielles se trouvent chez POLYBE (VI, 21, §§ 7-9) et TITE-LIVE (VIII, 8, §§ 6-9). Elles ont donné lieu à de très nombreux commentaires des érudits. Nous avons examiné les études suivantes : Meyer (1924) ; Kromayer et Veith (1928 : 639), via l'entrée « triarii » de la « Sachverzeichnis zum zweiten Teil „Die Römer" » ; F. Lammert (1937c) ; Toynbee (1965 : 505-18) ; Rawson (1971) ; Connolly (1989 : 149-56 — « Organization of The Consular Legions ») ; Feugères (1993) — étude dont le titre est trompeur car il s'agit en fait d'une synthèse sur l'armée romaine dans tous ses aspects. Aucune d'entre elles n'éclaircit proprement cette question des classes d'âge, question pour laquelle il faudrait donc penser qu'il n'existe d'autres renseignements que ceux que livrent à ce sujet POLYBE et TITE-LIVE.
[199] Oakley (1998 : 468-72) ne commentait pas le syntagme « *Robustior inde aetas* » des passages liviens considérés.

bataille sur les rives de La Trebia à celle de Zama, soit de 218 à 202 av. J.-C., les armées carthaginoises étaient victorieusement conduites par un général âgé d'environ trente à quarante-cinq ans. Cette quinzaine d'années, temps de la pleine force de l'âge chez l'homme, était donc proprement la période de l'*acmè* masculine dans la société gréco-macédonienne. Rappelons que l'*acmé* avait sa correspondance dans la *juventus* de la société romaine, laquelle concernait la classe d'âge allant de trente à quarante-cinq ans.

Comme nous l'apprend le double *diagramma* de Drama/Cassandrée, cette limite supérieure des quarante-cinq ans correspond, on l'aura remarqué, à l'âge limite (sauf exception) de l'incorporation dans l'*agèma*.[200] Il est intéressant de noter au sujet de Persée lui-même, dans un récit qui se situe en 172 av. J.-C., que TITE-LIVE décrivait le roi de Macédoine comme étant « *cum corporis robore ac uiribus uigeat* » (TITE-LIVE, XLII, 11, § 6) — « En pleine vigueur et en pleine forme physique » (Jal 1971 : 59). Or Persée, étant « né en 212 ou 211 » (Will 1982 : 256), avait à cette époque une quarantaine d'année. Exactement dix ans auparavant, lors de la cérémonie de lustration de l'armée, le défilé avait été ouvert par Philippe V flanqué de ses deux héritiers Persée et Démétrios. Le récit livien nous offre à cette occasion d'autres déterminations sur un Persée de dix ans plus jeune : « *Latera regis duo filii iuuenes cingebant, Perseus iam tricesimum annum agens, Demetrius quinquennio minor, medio iuuentae robores ille, hic flore,* » (TITE-LIVE, XL, 6, § 4) — « Ses deux fils, deux jeunes hommes, escortaient le roi : Persée avait trente ans, Démétrius cinq ans de moins ; le premier était dans la pleine force de la jeunesse, et le second dans sa fleur, etc. » (Gouillart 1986 : 10). On soulignera que Persée, à trente ans, ne relève pas, contrairement à l'extrait précédent, de la *robur aetatis* mais encore de la jeunesse, « *iuuentae* ».

Dès lors l'expression livienne « *viribus et robore aetatis* », une fois bien entendu ce que ces mots recouvraient sous la plume de l'historien latin, désigne en effet des hommes ayant de trente-cinq à quarante-cinq, voire cinquante ans, hommes que les institutions militaires des Antigonides destinaient à l'*agèma* des Peltastes. Ce corps était ainsi formé de Macédoniens d'âge mûr, sans doute plus aptes à servir en ligne que pour les opérations coup-de-poing où, comme l'a

---

[200] On en induira que la quarante-cinquième année aurait aussi pu être la limite supérieure de service dans les *principes*. Sur l'imitation possible des normes romaines par des princes hellénistiques ayant plié le genou devant Rome et désireux de réformer leurs institutions militaires, cf. Loreto (1990 : 347-8), Ducrey (1968 : 232) ou encore Bar-Kochva (1979 : 97) — ces deux dernières études sont mentionnées par Loreto 1990 : 365, n. 124 — et plus spécialement les résultats auxquels aboutit Sekunda (2001 : 115) : « Thus the conclusion of this work is that both the Seleucid and Ptolemaic heavy infantry were reorganized and equipped along Roman lines during the 160's. » Pour la Macédoine en propre, on en trouve un exemple incontestable, et avant même les grands désastres, dans la lettre de Philippe V aux Larisséens. Cf. Dittenberger (1917 : 20-1 — notamment ; document n° 543) = Kern (1908 : 129-30, n° 517).

fort justement remarqué Hatzopoulos (2001 : 107), les autres Peltastes semblent avoir été appelés en premier lieu. *In fine*, quant aux modernes qui s'étonneraient que l'âge des soldats de l'*agèma* puisse être si élevé, mentionnons enfin, à la suite du savant grec, le corps formé 'd'anciens', les célèbres *Argyraspides*. Ces vétérans des campagnes de Philippe II et d'Alexandre avaient combattu pour Eumène avant que de le trahir (Hatzopoulos 2001 : 107, avec références).[201] Leur âge aurait été très avancé, de cinquante à soixante-dix ans paraît-il.[202]

II. 2. 1. 4. Les Nicatores *de Persée : un nouveau nom pour l'*agèma *?*

Le récit livien de la Troisième Guerre de Macédoine suggère des réformes militaires qui prirent sans doute place dans l'effort de redressement du pays opéré par Philippe V.[203] L'historien latin mentionne en effet des unités inconnues auparavant. Parmi la cavalerie, des *alae sacrae* et, au sein de l'infanterie, qui seule nous occupe ici, des *Nicatores* : « *Vbi, primum agger iniuctus muro est, et cohors regia, quos Nicatoras appellant, transcendis* etc. » (TITE-LIVE, XLIII, 19, § 11) — « Dès que la terrasse eut rejoint le rempart, les hommes de la cohorte royale que l'on appelle les « Nicatores » montèrent à l'assaut etc. » (Jal 1976 : 26-7).[204] Jal (1976 : 126, n. 9) avait judicieusement remarqué qu'on a très vraisemblablement là une transcription littérale de POLYBE : « le terme lui même n'est pas connu » indiquait-il. Mais, il ne peut s'agir, comme l'avait mis en exergue Kalléris (1954 : 236-7, n° 117, *s.v.* νικάτωρ), que d'une transcription de οἱ νικάτορες, et ce d'autant plus que ce fut le nom des soldats d'une légion romaine (DION CASSIUS, LV, 23, § 3).[205]

---

[201] On pourra ajouter aux références données par le savant grec celle de Foulon (1996b) ainsi que, en dernier lieu, les articles de Roisman (2011) et de Baynham (2013). Mais, en ce qui concerne les aspects militaires, on consultera aussi, et surtout, les nombreuses pages que leur a consacré Karunanithy (2013 : 147-54 ; 158-60).

[202] Baynham (2013) avait avant tout discuté la possibilité de voir servir, à cette époque, des fantassins aussi âgés. Elle laissait *in fine* la question ouverte : « the Argyraspids were an accident of history but like the Diadochi, they have been overshadowed by the achievements of Alexander. Further research into these tough old fighters' amazing durability might illuminate some issues in the debate about the contribution of older people for us today, especially as my generation – the much vaunted and over publicised 'Baby Boomers' – reaches the ages of Alexander's Silver Shields. » (Baynham 2013 : 119).

[203] Sur cette période, cf. notamment Walbank (1940 : 223-57) et un chapitre plus récent de Hammond « Rome's hostility and Macedonia's recovery » (Hammond et Walbank 1988 : 455-68).

[204] On se situe en 170/169 av. J.-C. et la ville prise d'assaut est une certaine Oaeneus. Jal (1976 : 125, n. 8) avait rappelé les identifications proposées par les savants. Rapportons en outre le point de vue d'un spécialiste de ces questions de géographie historique balkanique : « Im Engtale der Welika wird man gewiss eine Ortlichkeit finden können, auf die die Lagebeschreibung von Oaeneum passt. » (Mack 1951 : 198). Il faut souligner que cette opinion rejoint celle d'un autre grand spécialiste de ces questions, Hammond, comme l'indiqua Jal dans la note précitée.

[205] Selon cet extrait, du temps d'Auguste, la ci-devant VIᵉ Légion avait été dédoublée : « ἕκτα δύο, ὧν τὸ μὲν ἐν Βρεταννίᾳ τῇ κάτω, τὸ τῶν νικητόρων, τὸ δὲ ἐν Ἰουδαίᾳ, τὸ σιδηροῦν, τέτακται », « les deux Sixièmes, dont l'une, la *Victrix* [*Nikatores*], est dans la Bretagne Inférieure, et l'autre, la

Puisque que le terme d'*agèma* apparaît encore dans les récits de la Troisième Guerre de Macédoine, notamment à Pydna (PLUTARQUE, Αἰμίλιος Παῦλος, XVIII, § 7), ces soldats étaient-ils surnommés νικάτορες depuis Persée seulement? Kalléris avait en tout cas montré l'ancienneté de ce surnom en Macédoine.

II. 2. 2. Les autres Peltastes

Venons-en donc aux autres Peltastes. Exactement à la suite du passage livien concernant l'*agèma* (cf. ci-dessus II. 2. 1. 1.), l'historien latin les mentionnait : « *Ceterorum caetratorum, trium ferme milium hominum, dux erat Antiphilus Edessaeus.* » (TITE-LIVE, XLII, 51, § 5) — « Le reste des soldats armés d'un petit bouclier, près de trois mille hommes, était commandé par Antiphilus d'Édessa. » (Jal 1971 : 112).

Plus précisément que Walbank (1940 : 292-3), Foulon (1996b : 58-60) avait dressé l'inventaire de tous les passages qui, dans l'œuvre de POLYBE, mentionnent les Peltastes.[206] Nous rapportons ci-dessous l'ensemble de ce relevé (pour les institutions militaires de la Macédoine hellénistique uniquement, ce qui ne concerne en fait que le temps des trois derniers Antigonides), mais avec de plus amples détails, en indiquant le contexte et parfois même avec des citations extraites de l'œuvre de l'auteur mégalopolitain. Certaines occurrences s'avèrent particulièrement instructives pour éclairer la nature de cette troupe d'élite.

. II, 65, § 2 : 3 000 Peltastes sont mentionnés lors de l'été 222 av. J.-C. lors de la campagne de Sellasie.

. IV, 37, § 7 : 5 000 Peltastes apparaissent dans une campagne de Philippe V lors de la Guerre des Alliés en 217 av. J.-C.

. IV, 64, §§ 6-7 : passage d'un fleuve par les Peltastes « rassemblés par sections (κατὰ τάγμα) et en formation serrée », sous la menace de la cavalerie étolienne. Moment où, à notre sens, les Peltastes, au passage d'une rivière, ne peuvent être armés que de la lance et non de l'encombrante 'sarisse'.

. IV, 67, § 6 : Philippe part en expédition en plein hiver avec 2 000 Peltastes.

Ferrata [de Fer], en Judée » (Gros et Boissée 1865 : 647 — qui avaient indiqué que le manuscrit de Breslau [Wrocław] livrait la forme Νικατόρες : 648, n. 1). La Légion stationnée en Bretagne était la célèbre future *Victoria Victrix*, dont les soldats étaient donc désignés comme 'les Victorieux', 'les Vainqueurs'.

[206] On se référera, pour cette étude quadruplement parue (cf. notre n. 252 ci-dessous), à l'article de la *Revue des Études Anciennes* (Foulon 1996b).

. IV, 75, § 4 : Philippe « prit les Peltastes et les soldats armés à la légère (εὔζωνοι) et s'avança à travers les vallées ».

. IV, 80, § 8 : Philippe garde sous la main les Peltastes et l'infanterie légère (εὔζωνοι) et va de l'avant, avant de rappeler à lui le reste de l'armée qu'il avait dépêché dans un premier temps à Lépréon.

. V, 4, § 9 : le roi « lança les Peltastes commandés par Léontios, disposés en échelons (σπειρηδὸν τάξας), avec ordre de forcer le passage à travers l'éboulement. » Preuve encore, du fait du contexte tactique, de la possibilité d'armement sans 'sarisse'.

. V, 7, §§ 11-12 : mention dont le contexte ne fournit pas d'indication sur la nature des Peltastes.

. V, 13, §§ 5-6 : « τῶν πελταστῶν τοὺς ἐπιτηδειοτάτους », improprement traduit par Pédech (1977 : 57) « l'élite de l'infanterie légère » comme l'a souligné Foulon (1996b : 58, n. 31) au sujet de la traduction πελτασταί = 'infanterie légère'. Mais nous pensons que la correction « l'élite des » (Peltastes) suggérée ne convient pas tout à fait non plus. Car dans son usage courant, l'adjectif ἐπιτήδειος signifie 'approprié', 'convenable', jamais proprement 'd'élite' ou 'choisi' dans le sens d'une troupe composée de soldats hors de pair.[207] Pour 'd'élite' on attendrait plutôt, et spécialement à l'époque hellénistique, le terme ἐπίλεκτος.[208] Pour « τῶν πελταστῶν τοὺς ἐπιτηδειοτάτους », nous pensons donc meilleur 'ceux des Peltastes qui convenaient le mieux à cette mission'. Car « l'élite des peltastes », selon la traduction de Foulon, laisserait accroire qu'il pourrait être ici question d'une unité spéciale des Peltastes, c'est-à-dire, finalement, l'*agèma* des Peltastes laquelle était proprement, comme on l'a vu, « l'élite des peltastes ». *In fine*, nous inclinerions donc à l'idée que pour cette mission furent sélectionnés *ad hoc* des hommes issus des unités 'ordinaires' des Peltastes.[209]

. V, 16, § 2 : mention dont le contexte ne fournit pas d'indication sur la nature des Peltastes.

---

[207] Liddell et Scott (1996a) : « *made for an end or purpose, fit or adapted for it, suitable, convenient* ».
[208] « des ἐπίλεκτοι, c'est-à-dire des "hommes triés", des troupes d'élite. » (Le Bohec : 413 — avec nombreuses références à l'appui, n. 3). Notons néanmoins un passage de POLYBE qui pourrait apporter à première vue de l'eau au moulin de la correction suggérée par Foulon. Dans le récit d'un piège tendu à une troupe d'Étoliens triés sur le volet, les deux termes paraissent concorder. L'historien achaïen désigne en effet ces soldats comme « τοὺς δ' ἐπιτηδειοτάτους ἑκατὸν ἐπιλέξας » (POLYBE, V, 96, § 6) alors qu'ils sont désignés peu après comme « οἱ μὲν ἐπίλεκτοι τῶν Αἰτωλῶν » (ibid., § 6). Mais il va de soi que pour les missions les plus spéciales, les soldats convenant le mieux devaient être par nature ceux d'élite.
[209] La traduction de Paton, Walbank et Habicht (2011 : 37), « a picked force of peltasts », était donc selon nous meilleure que celle adoptée par Pédech.

. V, 22, § 9 : « Prenant donc avec lui les mercenaires et les *peltastes* et, à leur suite, les Illyriens, il s'avança, franchissant le fleuve, en direction des hauteurs » (Pédech 1977 : 68).

. V, 23, §§ 6-10 : deux passages intéressants sur trois occurrences du terme Peltaste. Premièrement (§ 8), « Le roi traversa le fleuve pour le couvrir avec ses soldats légers (εὔζωνοι) et ses *peltastes*, ainsi qu'avec la cavalerie » ; deuxièmement (§ 9-10), « les *peltastes* s'étant vaillamment battus, Philippe dans cette circonstance remporta un avantage incontesté » (Pédech 1977 : 69).

. V, 25, §§ 1-2 : « C'est à ce moment que Léontios, Mégaléas et Ptolémée (…) répandirent des propos parmi les *peltastes* et les soldats de ce qu'on appelle en Macédoine l'*agêma* : 2. ils risquaient leurs vies pour tous, on ne leur rendait pas justice et ils ne recevaient pas le butin qui leur revenait selon l'usage. » (Pédech 1977 : 71).

. V, 26, § 8 : « Léontios, Ptolémée et Mégaléas (…) commandaient les *peltastes* et les autres corps les plus fameux. [« καὶ τῶν ἄλλων τῶν ἐπιφανεστάτων συστημάτων »] » (Pédech 1977 : 73).

. V, 27, §§ 4-8 : « 4. Quand arriva la nouvelle de la fuite de Mégaléas, il [Philippe V] envoya les *peltastes*, dont Léontios était le chef, en Triphyllie sous le commandement de Taurion, comme s'il y avait quelque affaire urgente, et lorsqu'ils furent partis, il fit arrêter Léontios à titre de caution. 5. Quand les *peltastes* apprirent le fait par un message que Léontios leur avait dépêché, ils envoyèrent au roi une délégation pour le prier, s'il avait fait arrêter Léontios pour quelque autre motif, de ne pas le juger en leur absence sur ce qui lui était reproché ; 6. sinon, ils se considéreraient tous ensemble comme gravement offensés et condamnés (les Macédoniens ont toujours usé de cette liberté de langage avec leurs rois) : 7. mais s'il s'agissait de la caution de Mégaléas, ils la paieraient intégralement en mettant leur argent en commun. 8. Le roi, exaspéré, fit exécuter Léontios plus vite qu'il n'en avait eu l'intention à cause de l'insolence des *peltastes* » (Pédech 1977 : 74-5).

. V, 29, § 3 : mention dont le contexte ne fournit pas d'indication sur la nature des Peltastes.

. VIII, 13, §§ 5-6 : Peltastes dans des opérations de Philippe V en Illyrie en 214/3 av. J.-C., de concert, de nouveau, avec les εὔζωνοι, soldats relevant manifestement de l'infanterie légère ou moyenne (fait évident d'après le passage en 14, § 2), et bien que la question des εὔζωνοι n'ait pas été systématiquement étudiée à notre connaissance.

. VIII, 14, §§ 2-7 : « Le roi arrêta ses peltastes dans la plaine et ordonna à ses troupes légères d'avancer vers les hauteurs et d'accrocher fortement l'ennemi. » (§ 2) ; « Quand ils se furent réfugiés auprès des peltastes, on vit les gens de la ville s'avancer pleins d'assurance et, descendus dans la plaine, livrer bataille aux peltastes, 5. tandis que la garnison de l'Acrolissos, constatant que Philippe repliait ses unités l'une après l'autre pied à pied et s'imaginant qu'il renonçait complètement, se laissa attirer au dehors sans s'en rendre compte, tant elle se fiait à la nature de la position ; 6. puis abandonnant l'Acrolissos par petits groupes, les hommes se répandirent par de mauvais sentiers jusqu'en terrain plat, dans la plaine, comptant déjà sur du butin et sur la déroute de l'ennemi. 7. Mais à ce moment-là, les hommes qui étaient embusqués à l'écart du côté de l'intérieur, surgissant sans avoir été vus, lancèrent une attaque vigoureuse ; en même temps qu'eux, les peltastes, faisant volte-face, assaillirent eux aussi l'adversaire. » (Weil 1982 : 92-3).

. X, 42, § 2 : mention de 1000 Peltastes commandés par Ménippos. Témoignage indirect de l'organisation en chiliarchie des Peltastes.

. XVIII, 24, § 1 : mention des Peltastes à la bataille de Cynoscéphales.

. XVIII, 24, § 8 : *idem* mais qui laisse penser que les Peltastes sont exactement armés comme les phalangites dont ils épousent les mêmes profondes formations.

. XVIII, 25, § 2 : pas d'allusion directe aux Peltastes, mais ils participent évidemment au mouvement ici décrit, du fait du passage précédemment rapporté.

. On ajoutera une mention livienne, relevée avant nous par Walbank (1940 : 293), de Peltastes utilisés pour une embuscade en Lynkestide (TITE-LIVE, XXXI, 36, § 1).

Synthétisons à présent ce que ces occurrences permettent d'établir. Quatre déductions importantes et relativement fiables nous paraissent pouvoir être tirées de ces textes.

1°) L'organisation des Peltastes en chiliarchies : « Étant donné que leurs effectifs se présentent toujours en multiple de mille, il est probable qu'ils fussent subdivisés en unités de 1.000 hommes » (Hatzopoulos 2001 : 69).

2°) Les Peltastes sont des troupes hors de pair (cf. POLYBE, V, 23, § 9 ; 26, § 8). Ils ont par voie de conséquence un très fort esprit de corps et il faut en la matière spécialement mettre en relief ce passage du livre V de POLYBE (V, 27, §

4-8). Mais malgré leur insolence (φιλοτιμία), les Peltastes ne furent jamais des prétoriens ou des janissaires, prompts à faire et défaire les souverains.

3°) Quant à la nature de leur armement, Weil (1982 : 92, n. 2) écrivait : « Rappelons que ces peltastes ne sont pas des troupes légères, mais une infanterie plutôt lourde, plus mobile toutefois que la phalange. » Cette définition imprécise peut-être améliorée. Outre la confusion relative aux notions de « troupes légères » ou d'« infanterie plutôt lourde »,[210] à la considération des passages ci-dessus rapportés, on constate que si les Peltastes pouvaient être armés en phalangites, c'est-à-dire avec la 'sarisse', le roi les gardait le plus souvent sous la main pour des opérations coup-de-poing. Dans ces opérations brusques, ils ne sont manifestement plus alors armés de la pique, laquelle était presque exclusivement l'arme de la bataille rangée. Ils forment, dans ces cas-ci, une infanterie 'moyenne'. Agissant de concert avec ces troupes légères que le texte polybien désigne sous le vocable d'εὔζωνοι, il faut les imaginer armés d'une lance, de la pelte hellénistique et, s'ils sont vraisemblablement casqués, ils opèrent peut-être sans défense de corps.[211] Du point de vue tactique, ils sont placés en soutien de ces troupes légères, comme lors des opérations en Illyrie en 214/3 av. J.-C. (POLYBE, VIII, 14, § 2), où l'on constate qu'ils sont 'en bataille', servant de point d'appui, et qu'ils sont suffisamment armés pour combattre à l'occasion en ordre serré, de pied ferme, comme lors des manœuvres sous la place de Lissos (POLYBE, VIII, 14, §§ 2-7)[212] ou lors de l'assaut d'une ville à travers un éboulement (POLYBE, V, 4, § 9). Nous serions donc enclin à croire que la différence entre le Peltaste engagé comme phalangite à Cynoscéphales ou à Pydna et le Peltaste des expéditions de Philippe V dans le Péloponnèse ou du côté de l'Épire est avant tout, voire totalement, comprise dans la nature de l'arme d'hast dont ils étaient armés : en l'espèce ici, la 'sarisse' lors des batailles rangées,[213] alors que là, en campagne, la lance simple devait le plus souvent

---

[210] Voir notre étude à la suite **'Infanterie lourde' : une notion entre armement et ordonnance tactique**.

[211] POLYBE, IV, 75, § 4 ; 80 ; § 8 ; V, 23, § 6-10 ; VIII, 13, §§ 5-6. Il est évident que la phrase en VIII, 14, § 2, « Τοὺς μὲν οὖν πελταστὰς ὁ βασιλεὺς ἐν τοῖς ἐπιπέδοις ἐπέστησε, τοῖς δὲ κούφοις παρήγγειλε προβαίνειν πρὸς τοὺς λόφους καὶ συμπλέκεσθαι πρὸς τοὺς πολεμίους ἐρρωμένως. » (« Le roi arrêta ses peltastes dans la plaine et ordonna à ses troupes légères d'avancer vers les hauteurs et d'accrocher fortement l'ennemi »), fait suite à VIII, 13, § 6, « τοὺς δὲ πελταστὰς εἰς τὴν ἐπαύριον ἔχων καὶ τὸ λοιπὸν μέρος τῶν εὐζώνων ἐπὶ θάτερα τῆς πόλεως κατὰ θάλατταν ἔρχητο τῇ πορείᾳ », « et le matin, avec ses peltastes et le reste des troupes légères, il s'avança de l'autre côté de la ville, le côté de la mer. » L'autre « μέρος τῶν εὐζώνων » avait été dissimulé à l'intérieur des terres, « dans des ravins boisés », et emportera l'acropole par une attaque surprise — les traductions de ces trois passages du livre VIII sont tirées de Weil (1982 : 92).

[212] Le récit de la rencontre montre que des soldats désunis osent marcher à eux alors qu'ils reculent en ordre, manifestement en formation. Ce fait même, soit que des soldats en ordre lâche osent les assaillir, montre à notre sens qu'ils n'étaient pas armés de la 'sarisse' lors de cette journée.

[213] De façon explicite chez TITE-LIVE (XLIV, 41, § 9), lorsqu'il revient sur le déroulement de la bataille de Pydna : « Si nos soldats, avançant en formation massive, s'étaient lancés de front à

permettre aux Peltastes des emplois tactiques plus variés (le propre d'ailleurs des troupes d'élite). Il faut en tout cas absolument revenir de lectures comme celle de Jal (1971 : 211, n. 3) qui écrivait : « Les *cetrati* sont donc des voltigeurs au petit bouclier de cuir ».[214]

4°) Quelques données numériques polybiennes semblent bien confirmer (POLYBE, IV, 37, § 7 notamment)[215] le passage si important de TITE-LIVE (XLII, 51, §§ 4-5) utilisé ici,[216] soit que les Peltastes comptaient 5000 soldats se subdivisant en deux 'régiments': l'*agèma* des Peltastes et les autres Peltastes, que l'on pourrait surnommer les 'Jeunes Peltastes' à la leçon des inscriptions jumelles de Drama et de Cassandrée. On peut donc, à notre sens, s'en tenir *in fine* à la définition qu'avait donnée Walbank (1957 : 558) dans son commentaire bien connu : « Thus the *agema* was a picked body of 2,000 of the peltasts, corresponding to the *agema* of the hypaspists on Alexander's army (cf. Tarn, *Alex.* ii. 148 ff.), and it formed part of the full corps of peltasts. » Comme nous l'avons évoqué *supra*, la relation avec les *Hypaspistes* d'Alexandre est en effet très plausible

II. 2. 3. L'iconographie des Peltastes

Aucun document figuré, sans doute, ne se laisse rapporter de façon évidente aux Peltastes. Mais l'analyse de l'iconographie du monde militaire macédonien va nous permettre, comme nous allons essayer de l'établir, de trouver de-ci de-là des éléments que l'on pourra, en raison, mettre en relation avec eux. Nous avons vu *supra* que les armes très colorées représentées sur la frise de la tombe d'Hagios Athanasios concerneraient plutôt, du moins dans l'hypothèse où l'on serait en présence de fantassins,[217] des *Hypaspistes* du temps d'Alexandre, les prédécesseurs des Peltastes antigonides. Or, dans la tombe dite 'de Lysôn et Kalliklès',[218] une tombe datée du dernier quart du IIIe siècle av. J.-C., si un des

---

l'assaut de la phalange rangée en bataille, comme le firent imprudemment, au début, les Péligniens chargeant les *caetrati* [c'est-à-dire les Peltastes], ils se seraient empalés sur les piques (*hastis*) et n'auraient pas tenu devant la ligne serrée de l'adversaire. » (Jal 1976 : 92). Bien que le texte livre *hasta*, terme générique en latin pour toute arme d'hast, il y a peu de doute que les Peltastes présentaient une haie de piques contre laquelle les Péligniens 's'empalèrent' (*induisent*).
[214] Sur la vraie nature de la pelte macédonienne, voir ci-dessus n. 76.
[215] Cf. également cet autre extrait de POLYBE (IV, 67, § 6) où l'on voit Philippe partir en expédition en plein hiver avec 2000 Peltastes. Tout porte à croire, par le caractère rapide et inattendu de l'expédition, que ceux-ci relèvent de deux des trois chiliarchies des 'Jeunes Peltastes', et qu'on n'a pas là les deux chiliarchies de vétérans de l'*agèma* (des Peltastes), moins aptes sans doute à une telle opération nécessitant des hommes au sommet de leur condition physique.
[216] Revue de l'armée macédonienne à *Cittium* en 171 av. J.-C.
[217] Voir ci-dessous pour l'hypothèse qui ferait de ces soldats des cavaliers.
[218] Sur ce monument, depuis longtemps connu (découvert en 1942) et dont de nombreuses photos furent publiées, l'étude de référence est celle de Miller (1993).

deux boucliers représentés est l'*aspis* de bronze que portaient les *chalkaspides* **{Fig. 9}**, l'autre, rouge avec une étoile 'macédonienne' blanche à huit branches

Fig. 9 : L'*aspis* de bronze de la tombe de Lysôn et Kalliklès. Extrait de Griffith (1982 : 61, fig. 38). © Υπουργείο Πολιτισμού και Αθλητισμού / Εφορεία Αρχαιοτήτων Ημαθίας [Ministère de la Culture et du Sport (de l'État grec) / Éphorie des Antiquités de l'Émathie].

Fig. 10 : La pelte à l'étoile 'macédonienne' de la tombe de Lysôn et Kalliklès. Extrait de Griffith (1982 : 60, fig. 37). © Υπουργείο Πολιτισμού και Αθλητισμού / Εφορεία Αρχαιοτήτων Ημαθίας [Ministère de la Culture et du Sport (de l'État grec) / Éphorie des Antiquités de l'Émathie].

Fig. 11 : Pelte à l'étoile 'macédonienne' d'un fragment de peinture pompéienne. Museo Archeologico Nazionale de Naples, sans n° d'inv. © Soprintendenza Speciale per i Beni Archeologici di Napoli e Pompei.

peinte sur un fond bleu **{Fig. 10}**,[219] fait incontestablement penser au dernier bouclier de l'extrême droite de la frise de la tombe d'Hagios Athanasios. Ce bouclier-ci est une pelte hellénistique bombée peinte en rouge avec un centre pourpre où l'on retrouve l'étoile macédonienne grossièrement figurée en jaune sur un fond violet **{Fig. 3b}**. Quant à la décoration de l'arme, la seule véritable différence avec le bouclier de la tombe 'de Lysôn et Kalliklès' est que sur la partie extérieure peinte en rouge, on retrouve les orbes typiques des *aspides* de bronze des *chalkaspides*[220] — ici peints en jaune. Les Peltastes antigonides,

---

[219] Sur la question de l'étoile 'macédonienne', cf. Tripodi (1986) et, *contra*, Mitropoulou (1993), pour laquelle « if the star became symbol of the macedonian dynasty it could not be the Dynasty of the Argeadae but of Antigonidae (...) But it is more likely that the star has never became a symbol of the Macedonian Dynasty. » (Mitropoulou 1993 : 917).
[220] Sur cette décoration, cf. spécialement Liampi (1998a : Taf. 37).

Fig. 12 : Détail d'une peinture pompéienne montrant un trophée qui pourrait être un trophée d'armes macédoniennes, et dans ce cas spécialement d'armes propres aux Peltastes ou aux *Hypaspistes*. Naples, Museo Archeologico Nazionale, n° d'inv. 8843. © Soprintendenza Speciale per i Beni Archeologici di Napoli e Pompei.

descendants des *Hypaspistes* argéades, avaient-ils conservé dans leur armement quelque élément iconographique présentant cette généalogie ? Et trouverait-on alors que dans, un cas au moins, l'iconographie de la tombe d'Hagios Athanasios aurait figuré un Hypaspiste de l'époque des derniers Argéades ? En tout cas, un troisième bouclier, figuré sur une peinture de Pompéi conservée au Museo Archeologico Nazionale de Naples,[221] {**Fig. 11**} pourrait bien apporter une confirmation à cette hypothèse de filiation iconographique (et donc militaire), car sa décoration offre beaucoup de similitudes avec le bouclier coloré de la tombe de 'Lysôn et Kalliklès' — seul l'épisème est différent. Et si cette hypothèse était juste, on aurait du même coup un indice de l'origine macédonienne de cette peinture pompéienne.

---

[221] Cf. l'Archivio Fotografico Pedicini (1989 : 128-9, n° 38), « Freggio con Arismape » (sous la référence AFP MN 571). La peinture avait déjà été publiée en noir et blanc par Maiuri (1960 : 99, fig. 58) et, plus récemment, cette fois-ci en couleur par Nava (2007 : 76 — avec autres références et qui précisait encore que le panneau était sans n° d'inventaire).

Décrivons plus précisément, de façon parallèle, la décoration de ces trois boucliers, de leur bord extérieur vers leur centre :

	Peinture pompéienne	Tombe de 'Lysôn et Kalliklès'	Fresque de la tombe d'Hagios Athanasios
1°)	Un fin cercle blanc divisé par un filet rouge.	Un fil pourpre sur l'extérieur du bouclier puis un fin cercle blanc agrémenté de croisillons écarlates.	Un fin cercle de couleur blanchâtre.
2°)	Un large cercle rouge décoré d'une couronne de fleurs.	Idem, avec pour différence que le cercle semble compris entre deux liserés pourpre et que les fleurs sont d'un dessin différent.	Un large cercle rouge décoré d'orbes et de foudres typiques de l'*aspis* de bronze, ici peints en jaune.
3°)	Un cercle de teinte jaunâtre, symbolisant manifestement le bronze nu, liseré de deux fils de perles blanches. Des raies le découpent, donnant un aspect solaire à la décoration. Ces raies pourraient avoir figuré les moulures de la feuille de bronze couvrant l'armature de bois du bouclier.	Idem, mais absolument vierge, sans aucune autre décoration.	Un cercle de la même couleur blanchâtre que celui bordant l'extérieur de l'arme. Sur l'arme elle-même, aurait-on là aussi le métal laissé à nu ?
4°)	Épisème à la tête casquée d'un prince ou de quelque dieu ou héros martial. La tête se dessine sur un fond rose, cerclé d'une bande couleur bleu de ciel.	Épisème à l'étoile 'macédonienne' sur un disque bleu de ciel, cerclé d'une bande blanche. On remarquera que l'étoile, elle-même blanche, est agrémentée d'ombres, effet en trompe l'œil qui suggère fortement que sur l'arme originale qui servit de modèle au peintre, le symbole était en relief (la feuille de bronze, évidemment peinte, devait avoir ici été travaillée au repoussé).	Épisème consistant en une grossière étoile 'macédonienne' à dix branches, sur un fond de couleur pourpre en forme de disque.

À l'analyse, un type de décoration commun aux trois boucliers se dégage incontestablement. En l'occurrence, on constate que de l'extérieur vers l'intérieur, on a, dans les trois cas :

1°) Un liseré blanchâtre.

2°) Un large cercle rouge.

3°) Un autre cercle pouvant laisser apparaître la feuille de bronze qui couvrait l'arme.

4°) Au centre, un dernier disque de couleur plus foncé, dans les teintes pourpres semble-t-il, sur lequel était dessiné l'épisème, qui dans deux cas sur trois est l'étoile 'macédonienne'.[222]

Au-delà de différences de détails, puisqu'un modèle de décoration commun aux boucliers ci-dessus décrits se dégage, il est très tentant de voir dans ces représentations celles de boucliers d'un seul et même corps. Puisque nous n'avons là ni des boucliers de *chalkaspides* ni, par principe, de *leukaspides*, il semble qu'on ne puisse les attribuer qu'aux soldats de l'infanterie d'élite des rois de Macédoine, c'est-à-dire aux Peltastes. Ce qui, dans cette hypothèse, vaudrait plus particulièrement pour le bouclier de la tombe de Lysôn et Kalliklès et pour celui représenté sur la peinture pompéienne conservée au Museo Archeologico Nazionale de Naples, fort similaires comme nous l'avons vu.

Dès lors, pour une des trois armes en question, cette pelte à fond rouge de la fresque d'Hagios Athanasios, faudrait-il y voir un bouclier d'un *Hypaspiste* (en tant, donc, qu'ancêtre du Peltaste antigonide) ? Et, dans ce cas, d'un seul *Hypaspiste* ? Car il faudra remarquer que, outre les deux boucliers peints sur l'entrée de la tombe (mais dont l'un, celui à fond rouge, est représenté côté intérieur),[223] la frise montre deux autres boucliers dont la décoration est différente. Il pourrait s'agir alors là soit d'autres unités (de la phalange ?) ; ou bien peut-être, dans cette hypothèse, de boucliers d'autres chiliarchies des *Hypaspistes*, lesquelles pouvaient avoir eu des boucliers différemment décorés. C'était vers une interprétation similaire que, après Hatzopoulos, s'était dirigée Tsimbidou-Avloniti (2005 : 138-9) qui, après avoir indiqué les différents éléments

---

[222] On retrouve cette teinte pourpre dans les restes chromatiques de boucliers figurés grandeur nature sur une tombe macédonienne publiée par Karametrou-Menteside (1987). La conservation médiocre des peintures ne permettrait guère de déductions bien certaines : « (...) διάμετρος 0,72 μ. η προς τα αριστερά μας και 0,69 μ. η προς τα δεξία. Από τη γραπτή τους διακόσμηση —ο καθαρισμός δεν έχει ολοκληρωθεί— και προς τα αριστερά μας, διακρίνουμε δύο επάλληλες ταινίες, μία καστανοκίτρινη και μία ρόδινη, που πλαισιώνουν πιθανόν φυτικά μοτίβα του κέντρου. Τα χρώματα είναι μωβ και κίτρινο, ενώ μεγάλο τμήμα έχει καταστραφεί και στην προς τα δεξιά μας ασπίδα τα χρώματα έχουν ξεθωριάσει. [diamètre 0.72 m pour l'exemplaire de gauche, 0.69 pour celui de droite. Quant à la décoration peinte — le nettoyage n'est pas achevé — du bouclier de gauche, nous distinguons deux couches superposées, l'une marron clair l'autre rose, qui encadraient vraisemblablement des motifs végétaux au centre. Les couleurs sont mauve et jaune, une partie importante est détruite et pour le bouclier de gauche les couleurs sont passées.] » (Karametrou-Menteside 1987 : 30).

[223] Tsimbidou-Avloniti (2005 : 146) avait bien compris que l'artiste avait représenté la « λαβή [poignée] » de l'arme, agrémentée d'un foudre : le bouclier est donc vu côté intérieur.

de l'armement de caractère typiquement macédonien figurés sur la frise, avait conclu que les boucliers permettaient de mettre en relation ces soldats avec les *Hypaspistes* d'Alexandre.[224]

Néanmoins, nous ne pensons pas que l'identification de (ou des) unité(s) des militaires représentés sur la frise puisse être établie absolument en l'état de la documentation. Celle d'un voire des soldats de la tombe d'Hagios Athanasios avec des *Hypaspistes* argéades pourraient se heurter, déjà, à l'hypothèse souvent avancée par les savants, soit que ces soldats eussent pu avoir conservé la vieille *aspis* 'argienne' (cf. notre n. 164). À moins que seuls les '*Hypaspistes* royaux', comme nous l'avons suggéré, eussent été toujours armés de ce bouclier traditionnel ? Nous renverrons sur ce point à ce que nous avons exposé ci-dessus en II. 1. 1. 3 et notamment au sein de notre n. 164. En tout cas, et en outre, l'exégèse du découvreur de la tombe d'Hagios Athanasios illustre en elle-même l'incertitude où l'on se trouve. Car si Tsimbidou-Avloniti (2005 : 139) avait cru devoir y reconnaître des *Hypaspistes*, le monument devait avoir été construit, selon elle, pour un des « υψηλόβαθμου στρατιωτικού, πιθανότατα ενός ἑταίρου τῆς βασιλικῆς αὐλῆς. [un militaire haut-gradé, vraisemblablement un *hétaire* de la cour] ». Mais soulignons, à la suite de Röder von Diersburg (1920 : 19), que le terme d'*hétaire* est équivoque : « Der Ausdruck ἑταῖροι muss also schon vor der Übertragung auf die Adelskavallerie auch in Makedonien in einem anderen, allgemeinen anerkannten Sinne bestanden haben. Offenbar wurden auch hier, wie in anderen dynastisch regierten Griechischen Staatswesen die persönlichen adeligen Gefährten des Königs seit alter als ἑταῖροι bezeichnet. » Faudrait-il donc penser que dans l'esprit de Tsimbidou-Avloniti, le personnage enseveli à Hagios Athanasios aurait été un de ces « Hetären des Gefolges » auxquels Röder von Diersburg (1920 : 19-31) avait consacré un chapitre entier ? Il y a donc là, dans l'analyse de l'archéologue grecque, quelque confusion.

---

[224] « κυριαρχούν οι περίφημες μακεδονικές ασπίδες (sic) με τα λαμπερά χρώματα και το χαρακτηριστικό διάκοσμο (…). Η χρήση τους (…) μπορεί πλέον με ασφάλεια να συσχετιστεί με ένα επίλεκτο τμήμα του μακεδονικού στρατεύματος, τους βασιλικούς σωματοφύλακες, που από την εποχήν της εκστρατείας του Μεγάλου Αλεξάνδρου φέρουν τον τίτλο των υπασπιστών. [les célèbres *aspides* (sic) macédoniennes, avec leur coloris éclatants et leurs décorations caractéristiques, ressortent (…). Leur utilisation (…) permet d'établir un lien avec un des corps d'élite de l'armée macédonienne, les *somatophylakes* royaux, qui à l'époque de l'expédition d'Alexandre portaient le titre d'*hypaspistes*.] » (Tsimbidou-Avloniti 2005 : 139). Soulignons que si ce commentaire rejoint notre première opinion, il s'appuie sur des raisons fausses puisqu'archéologue grecque faisait référence, en ce qui concerne les boucliers, à l'*aspis* macédonienne (Tsimbidou-Avloniti 2005 : 139, n. 476), alors qu'il s'agit-là de peltes comme nous l'avons indiqué ci-dessus à la suite d'une juste remarque de Hatzopoulos (citation à l'appel de notre n. 176 ; sur cette différence, voir encore ci-dessus notre n. 76). Quant à l'expression de « τους βασιλικούς σωματοφύλακες », elle est équivoque et ne peut si simplement désigner les *Hypaspistes*. Sur ce point, cf. notre étude à la suite, **Remarques philologiques et historiques sur l'ambivalence des termes relatifs aux institutions militaires macédoniennes chez les historiens de l'Antiquité**.

Devra-t-on renoncer à identifier ces militaires? Comme Tsimbidou-Avloniti l'avait exposé, certains éléments du costume militaire paraissent avoir été strictement réservés à des corps particuliers.[225] Or, ici, huit personnages de la fresque (dont quatre armés, à droite) portent des chlamydes uniformément brunes à bord pourpre.[226] Plus encore que leurs armoiries et aux échos que celles-ci pourraient trouver entre elles ou avec d'autres monuments, cet aspect pousse à y voir une unité militaire spécifique, ou du moins un certain groupe particulier. Plutôt que des *Hypaspistes*, ne pourrait-il être donc ici question de ces ἑταίροι qui formaient le noyau de la cavalerie de bataille macédonienne ? Ce fut là l'hypothèse avancée avant nous, mais avec une interprétation spécifique, par Sekunda : « The recently discovered wall painting from the Agios Athanasios tomb shows soldiers and civilians with saffron yellow cloaks with purple borders (...) These are presumably Companions or Companion cavalrymen. » (Sekunda 2003 : 32 ; cf. aussi Karunanithy 2013 : 81). Ainsi, pour lui, cette couleur brun clair serait plutôt un jaune safran déjà attesté, semble-t-il, par quelques références littéraires et iconographiques tirées de l'époque d'Alexandre le Grand. Sekunda avait mis en exergue cette interprétation dès son premier travail fondamental, dans sa production, sur le *makedonischen Heerwesen* : « Two horsemen on the Alexander Sarcophagus can be identifed as Companion Cavalrymen. They both wear long-sleeved tunic of medium purple and golden-yellow cloak (*chlamys*) is of the Macedonian type, so they must be Macedonians, and the colours suggest an élite unit. Furthermore Diodorus (17.77.5) tells us that following the death of Darius Alexander distributed Persian cloaks with purple borders to the Companions. » (Sekunda 1984 : 17 — et non en 27 comme indiqué dans Sekunda 2013 17 : 7). Pour l'auteur britannique, ces attributs restèrent typiques des troupes montées d'élite après Alexandre le Grand : « Throughout the Hellenistic period the saffron-yellow cloak with a red, purple-sea, or maroon border continued to be a distinguished feature of the elite cavalry regiments of the various Hellenistic monarchies. This feature is well attested for the Ptolemaic army, [avec références] and is attested too for the Antipatrid army, where three figures [nous en voyons plutôt quatre, voire sept si on y inclut les personnages de la gauche de la frise] from the Aghios Athanassios tomb wear saffron-yellow cloaks with sea-purple borders. » (Sekunda 2013 : 17 ; et indiquons qu'il avait précédemment fait mettre en image ses interprétations — cf. Sekunda 2012 : 41, plate B). Dès lors, pour le savant anglais, les chlamydes brunes désigneraient les cavaliers ordinaires, la cavalerie 'de ligne' (Sekunda 2013 : 77 ; 2012 : 41, plate C2, C3).

---

[225] Tsimbidou-Avloniti (20005 : 138-9), au sujet de la *kausia* de pourpre, effets propres aux militaires et autres serviteurs les plus proches du roi de Macédoine.
[226] Sur la chlamyde, voir spécialement le chapitre de Heuzey (1922 : 115-41), « La chlamyde grecque ».

Mais n'y a-t-il pas là quelque surinterprétation de l'analyse iconographique ? Car si Sekunda (2013 : 76), considérait que « [t]hree of the cavalrymen shown on the frescoes from the from the Aghios Athanassios tomb wear saffron-yellow cloaks with sea-purple borders » et que « [t]wo other cavalrymen shown there wear medium-brown Macedonian cloaks with purple border », selon nous, à la considération de l'ensemble de la frise (Tsimbidou-Avloniti 2005 : πίν. 30-31), seul le personnage de l'extrême droite de la frise nous semble porter une chlamyde d'un brun franchement foncé. Alors que tous les autres portent une chlamyde brune d'une teinte claire (plus que jaune foncé) plutôt uniforme d'un personnage à l'autre. Le personnage de l'extrême droite semble donc, sous ce rapport, unique. Cette différence doit-elle correspondre à une volonté d'en désigner la spécificité ? Ou bien, plus prosaïquement, l'artiste n'aurait-il pas changé de pigments ? Ou bien, encore, ces pigments, par l'effet de quelque effet chimique, n'auraient-ils pu prendre une coloration différente ? De sorte que, de nos jours, l'on pourrait croire à deux couleurs et non une ? Il nous semble que l'on ne peut écarter la possibilité de telles raisons prosaïques. Elles pourraient expliquer, tout simplement, ces nuances de coloris.

En tout cas, une leçon de DENYS d'Halicarnasse, ignorée par Sekunda, conduirait à révoquer en doute sa conception selon laquelle les chlamydes jaune safran étaient un attribut caractéristique de la cavalerie d'élite macédonienne depuis Alexandre le Grand, alors que les chlamydes brunes seraient celles en dotation dans la cavalerie 'de ligne'. En effet, un extrait de DENYS d'Halicarnasse (Ῥωμαϊκὴ ἀρχαιολογία, XIX, 12 [18, § 4] — de la numérotation de Jacoby : 300) nous apprend que le plus valeureux des compagnons de Pyrrhos (Mégaklès, « τὸν πιστότατον τῶν ἑταίρων »), lors de la bataille d'Héraclée (du Siris) en 280 av. J.-C., portait une chlamyde brune : le roi d'Épire, qui attirait les tirs de l'ennemi du fait de sa chlamyde richement ouvragée (« ἁλουργῆ τε οὖσαν καὶ χρυσόπαστον ») ainsi qu'à cause de l'ensemble de son armement de première qualité, échangea son équipement rutilant avec celui, plus ordinaire, de ce Mégaklès : « τὴν δὲ φαιὰν ἐκείνου χλαμύδα καὶ τὸν θώρακα καὶ τὴν ἐπὶ τῇ κεφαλῇ καυσίαν αὐτὸς ἔλαβεν [il prit sa chlamyde foncée, sa cuirasse, et mit sur sa tête sa *kausia*] ». La teinte brun foncé, ici sans aucun doute attribuée à l'uniforme d'un compagnon de Pyrrhos, devrait-elle donc remettre en cause l'interprétation de Sekunda qui, depuis son livret sur l'armée d'Alexandre le Grand publié en 1984, imaginait les cavaliers du régiment d'élite des Compagnons portant la chlamyde de couleur jaune safran bordée de pourpre ? Si nous inclinons à le penser, la chlamyde était, en tout cas, un manteau militaire qui, s'il n'était pas absolument le propre des troupes montées, leur était tout de même plus particulier semble-t-il.[227]

---

[227] « C'était surtout le manteau des cavaliers et aussi des éphèbes qui se préparaient à porter les armes. » (Heuzey 1922 : 115). L'éminent savant avait ainsi reproduit la représentation d'un *psilos*

Mais nous sommes à présent menés à devancer une objection possible : un détail ne repousserait-il pas l'idée de voir dans ces soldats figurés sur la fresque des cavaliers ? En effet, tous ces personnages sont chaussés de crépides qui, indiquait Pottier (1887 : 1559b, avec références), « faisaient partie du costume national des Macédoniens » et qui relevaient du type de la « chaussure militaire, propre à la marche » (Pottier 1887 : 1557b). Mais néanmoins, ce qui peut surprendre pour une chaussure ouverte relevant plus de la sandale,[228] le savant français n'avait pas manqué de remarquer que les « cavaliers thessaliens portaient la crépide assujettie par une lanière rouge qui se nouait au-dessus de la cheville » et que « ce sont bien ces mêmes chaussures que nous voyons aux pieds de l'Alexandre à cheval trouvé à Herculanum » (Pottier 1887 : col. 1559b, avec références).[229] « The final element to complete the cavalryman's ensemble were *krepides* » écrivit plus récemment Karunanithy (2013 : 84). Dès lors, plus rien ne s'oppose proprement, nous semble-t-il, à favoriser plutôt l'hypothèse que ces militaires à chlamydes eussent pu être des cavaliers.[230] Et, dès lors, ceux portant casques et boucliers pourraient être, selon un modèle iconographique récurrent (cf. les exemples tirés de l'iconographie funéraire attique invoqués en notre n. 246), leurs valets d'armes et non des soldats eux-mêmes. Ou du moins les valets d'armes de certaines des figures de la frise, et plus spécialement alors, peut-être, ceux du côté opposé (là où se trouvent des cavaliers) car on remarquera que, ici, ces personnages plus ou moins armés ont tous sauf une courte lance (Tsimbidou-Avloniti 2005 : πίν. 35α-35β).

Si la position traditionnelle voudrait que le bouclier de cavalerie, dans les troupes montées hellénistiques, ne fut introduit que dans le courant du IIIe siècle, des éléments poussent à croire que, au contraire, à l'époque d'Alexandre, la cavalerie macédonienne pouvait avoir été dotée de peltes (Juhel sous presse). Quoi qu'il en soit de ce point-ci, en l'état des connaissances, l'analyse iconographique des sujets militaires de la tombe d'Hagios Athanasios ne permet donc pas, *in fine*, d'identifier avec une absolue certitude les soldats qui y sont représentés. Dès lors la pelte rouge de l'extrême droite de la frise ne fournit

---

montrant l'emploi de la chlamyde au combat, en l'espèce par l'infanterie légère (Heuzey 1922 : 136, fig. 69).

[228] Les chaussures grecques se répartissaient en deux catégories, « celles des sandales (πέδιλα σάνδαλα) [CREPIDA, SOLEA], qui se composent d'une simple semelle fixée aux pieds par des liens ou des lanières, d'autre part celle des souliers qui enferment le pied (ἐμβάδες, ἐμβάται [EMBAS]). » (Boulanger *c.* 1912 : col. 767b). Mais que les ἐμβάδες désignassent spécifiquement les chaussures qui enfermaient le pied n'était pas l'avis de Paris (1892 : col. 593a). « Ἐμβάς », selon lui, « est souvent un terme très général, comme le mot *chaussure* en français. »

[229] Cette statuette est souvent reproduite : on la trouvera par exemple dans l'ouvrage de large diffusion de Ducrey (1985 : 92, fig. n° 60).

[230] *A contrario*, on remarquera que deux soldats gardant l'entrée de la tombe d'Hagios Athanasios sont dotés de chaussures hautes fermées, de très longues lances et ils portent, non des chlamydes, mais de longs manteaux. Nous serions donc particulièrement portés à y voir des fantassins.

pas d'élément concluant pour l'éclaircissement définitif de la nature des deux autres boucliers étudiés, celui de Pompéi conservé à Naples et celui de la tombe de Lysôn et Kalliklès. Ainsi, seule la mise en perspective de ces deux armes seulement permettra, peut-être, quelques déductions.

Si ces deux boucliers présentent dans leurs décorations des similitudes incontestables pouvant faire croire qu'elles correspondaient à une seule et même unité, il existe néanmoins entre elles, nous l'avons vu, de fortes différences. Comment en rendre compte ? Elles s'expliquent tout d'abord, à notre sens, par la chronologie différente des deux monuments. Sans présager de l'époque de l'original qui présida à la peinture pompéienne, il est certain qu'un modèle donné, en matière d'équipement militaire, subit des mutations au cours du temps. L'évolution du style des *scuta* des légionnaires romains, de la République à l'empire, est bien connue (Warry 1981 : 148).[231] Celui de l'*aspis* macédonienne, immédiatement saisissable si l'on considère les nombreuses planches de la monographie de Liampi (1998), en fournit un autre exemple indubitable. Néanmoins, relativement à la franche dissemblance des épisèmes entre l'exemplaire pompéien et celui de la tombe de 'Lysôn et Kalliklès', si elle pourrait dépendre d'une évolution consécutive à la possible différence d'époque des monuments originaux, nous sommes enclin à penser qu'elle relève d'autres raisons. On pourrait par exemple imaginer que cette décoration pût être personnelle, laissée au libre choix des soldats, comme dans les armées des cités formées d'hoplites, libres citoyens s'équipant, en partie du moins, à leurs frais. Mais nous pencherons plutôt, puisque la logique des institutions militaires de la Macédoine hellénistique est, comme nous l'avons esquissée par ailleurs (Juhel 2009),[232] autre, que des épisèmes différents indiquaient l'appartenance à telle ou telle unité tactique (*speira* ou chiliarchie). C'était un fait attesté dans l'armée romaine impériale : « *Sed ne milites aliquando in tumultu proelii a suis contubernalibus aberrarent, diuersis cohortibus diuersa in scutis signa pingebant, ut ipsi nominant, digmata* [δείγματα], *sicut etiam nunc moris est fieri.* » (VÉGÈCE, *Epitoma rei militaris*, II, 18, § 1) — « De crainte que, dans la confusion de la mêlée, les soldats ne vinssent à s'écarter de leurs camarades, chaque cohorte avait des boucliers peints différemment de ceux des autres, ce qui se pratique encore aujourd'hui : ces signes distinctifs sont appelés, d'un nom grec, δείγματα. »

---

[231] Pour prendre un exemple plus proche de notre époque, on retrouvera évidemment le type de l'uniforme du hussard qu'il s'agisse des hussards de l'Ancien Régime, de la Restauration ou de la IIIe République (ces transformations de l'uniforme des hussards sous l'effet des modes se retrouvent chez tous les hussards des armées européennes du XVIIIe au XXe siècle). Mais, bien sûr, les différences sont notoires d'une période à l'autre, chacune présidant à ses propres innovations.
[232] Nous avions exposé (cf. Juhel 2009 : 351-3, notamment) que les forces armées étant en majeure partie à la charge de la royauté (puisque le roi les équipait de pied en cap), les armes étaient produites sur une grande échelle, raison première de quelque uniformité sans doute.

(Nisard 1849 : 682).²³³ En somme, pour ce qui est du bouclier à large bande rouge figuré sur la peinture de Pompéi comme pour celui de la tombe de Lysôn et Kalliklès, et si ce n'est dans le cas de la pelte de l'extrême droite de la fresque d'Hagios Athanasios, notre interprétation favorite est qu'il est raisonnable de présumer, dans l'hypothèse ou du moins il s'agirait d'armes de fantassins, que l'on se trouve en présence de représentations de boucliers de Peltastes, dont, en tout cas, les épisème différents s'expliqueraient par l'appartenance à des sous-unités différentes de l'arme.

Faudra-t-il enfin dresser à l'iconographie militaire antigonide ce tableau pompéien représentant un trophée²³⁴ qui pourrait être l'illustration de quelque victoire attalide sur les Macédoniens ? Relativement à ce monument, nous renverrons à la discussion que nous présentons ci-dessous.²³⁵ Dans le cas où cette hypothèse-ci serait juste, le trophée pourrait être spécialement un trophée constitué d'armes prises sur l'élite de l'infanterie macédonienne — et non sur l'infanterie de ligne, laquelle, nous l'avons vu, se casquait du *kônos*. {fig. 12}

II. 3. Conclusion. *Hypaspistes* et autres Peltastes, *the Antigonid redcoats*

Revenons pour finir aux textes et en particulier à un important passage de PLUTARQUE relatif aux Peltastes et à leur *agèma*. Cet extrait révèle certains détails concernant la nature et l'équipement de ces troupes lors de la bataille de Pydna : « ἐπὶ δὲ τούτοις ἄγημα τρίτον οἱ λογάδες, αὐτῶν Μακεδόνων ἀρετῇ καὶ ἡλικίᾳ τὸ καθαρώτατον, ἀστράπτοντες ἐπιχρύσοις ὅπλοις καὶ νεουργοῖς φοινικίσιν. » (PLUTARQUE, Αἰμίλιος Παῦλος, XVIII, § 7) — « Ensuite venait un troisième corps formé de troupes d'élite, qui étaient la fleur de la jeunesse ; ils étincelaient sous leurs armes plaquées d'or et leurs tuniques de pourpre neuves » (Chambry et Flacelière 1966 : 92).²³⁶ Hatzopoulos (2001 : 72) fit de ce

---

²³³ Mention parallèle chez MODESTUS, *Libellus de vocabulis rei militaris*, 15. Cf. également la célèbre *Notitia Dignatum* qui révèle l'identification des différentes unités de l'armée romaine aux alentours de 420 ap. J.-C. au moyen d'une pointilleuse description de la décoration des boucliers, peints de façon identique au sein de chaque unité. Sur ce document, essentiel pour l'histoire de l'organisation de l'armée romaine au début du Vᵉ siècle ap. J.-C., voir la récente monographie de référence de Neira Faleiro (2005). Cette réalité se laissait incontestablement déjà voir dans le monde grec : cf. Hare (1929), qui l'avait mise en exergue dans le contexte militaire.
²³⁴ Naples, Museo Archeologico Nazionale, n° d'inv. 8843.
²³⁵ **Deux nouvelles armes défensives de l'époque hellénistique**, « V. 2. Un nouveau type de casque : le 'morion' macédonien », en V. 2. 1. 1. 7.
²³⁶ La traduction de Perrin (1918 : 403) est fort similaire à celle de la *Collection des Universités de France* : « Next to these came a third division, picked men, the flower of the Macedonians themselves for youthful strength and valour, gleaming with gilded armour and fresh scarlet coats. » Indiquons en passant une expression parallèle chez DION CASSIUS, XLI, 55, § 2 : « καὶ δυνάμεις Καῖσαρ μὲν τοῦ τε πολιτικοῦ τὸ πλεῖστον καὶ ὁ καθαρώτατον » — « Pour ce qui était des forces, César avait l'essentiel et la fleur des légions de citoyens » (Freyburger-Galland, Hinard et Cordier 2002 : 39).

passage une lecture quelque peu différente : « Si Plutarque, dans sa description de la bataille de Pydna, se réfère bien aux peltastes, ces hommes étaient armés de boucliers dorés et portaient des uniformes neufs teints en rouge. »[237] Ainsi donc, selon lui, les νεουργοῖς φοινικίσιν seraient des « uniformes neufs teints en rouge » et les « ἐπιχρύσοις ὅπλοις » des « boucliers dorés ».

Mais ces interprétations méritent à notre sens d'être révisées. Au vu des éclaircissements qui précèdent, il est tout d'abord essentiel de faire apparaître dans la traduction de cet extrait plutarquéen le terme *agèma* qui désigne, comme nous l'avons exposé, un corps particulier. Ensuite, la nuance concernant l'âge des soldats qui faisaient partie de cette unité doit être aussi modifiée. Le texte plutarquien n'implique nullement qu'il s'agissait de jeunes hommes alors que, comme nous l'avons démontré, les rangs de l'*agèma* étaient en fait formés d'hommes mûrs. Enfin, la signification des termes relatifs à l'équipement et à l'armement paraît devoir être non moins revue. D'un côté, le mot φοινικίς nous paraît n'avoir pas été justement compris par les philologues (nous pensons que le terme pouvait désigner un corselet teint en pourpre) ;[238] de l'autre, l'interprétation de Hatzopoulos (τὰ ὅπλα = 'les boucliers') a été dénoncée par un article de Lazenby et Whitehead (1996). Contre ce lieu commun qui assimile ὅπλον à bouclier, courant depuis de nombreuses décennies dans la littérature relative aux questions militaires grecques,[239] ces deux savants semblent avoir montré qu'il n'y avait nullement lieu de vouloir mettre sous τὰ ὅπλα une autre signification que, proprement, 'les armes'.[240] Ainsi, nous repousserons tant la traduction de Chambry et Flacelière (1966 : 92) que, plus encore, la lecture de Hatzopoulos. Car, si d'un côté φοινικίς ne nous paraît pas désigner une tunique mais un corselet, et si, d'un autre côté, on assimilait, avec le savant grec et malgré les remarques de Lazenby et Whitehead (1996), ὅπλα à 'boucliers', alors ces « boucliers dorés » seraient de bien problématiques *chrysaspides*. Or, à leur sujet, Foulon (1996b : 60, avec références n. 36) avait rappelé, d'une part, que « [l]eur existence même est douteuse. La seule occurrence chez Polybe est en fait une correction de philologue » ; alors que, d'autre part, et en tout état de cause,

---

[237] De fait ATHÉNÉE, Βίβλος ἡ λεγομένη δειπνοσοφιστής, XII, 539 f (cf. Douglas Olson 2010 : 142-3), faisait allusion à l'existence d'un corps d'élite de cinq cents soldats habillés de pourpre dans les derniers temps du règne d'Alexandre.
[238] Cf. ci-dessous la première partie de notre dernière étude à la suite « V. 1. Une cuirasse particulière : la φοινικίς ».
[239] Très significatif relevé de Lazenby et Whitehead (1996 : 27, n. 4). On constatera que toutes les études de référence sur la guerre en Grèce ancienne seraient tombées dans ce travers.
[240] « The basis for the orthodox view that the hoplites took their name from their shield is inadequate; hoplites took their name from their arms and armor as a whole, their hopla in the all-encompassing sense. The original meaning of the world hoplite was nothing more than "(heavily-)armed (infantry)man." », selon le résumé de l'étude de Lazenby et Whitehead (1996) de *L'Année philologique* (LXVII 1996 : 1052, n° 67-13247).

leur existence ne concernerait que les institutions militaires des Séleucides.[241] Des *chrysaspides* ne sont nullement attestés dans la Macédoine des Antigonides. Aussi suggèrerons-nous *in fine* la traduction suivante : 'Après ceux-ci [les mercenaires], en troisième lieu, les hommes d'élite, ceux de l'*agèma*, la fleur des Macédoniens eux-mêmes par la vertu et par l'âge, étincelants sous leurs armes dorées et leurs nouvelles *phoinikides*'.

En tout cas la pourpre dont étaient teintes, quoi que l'on mette sous le mot, les *phoinikides* des soldats de l'*agèma*, était, nous l'avons vu (cf. notre n. 185) la couleur royale par excellence : les princes hellénistiques en couvraient leurs Amis.[242] Lors des guerres de succession (en 320 av. J.-C.), Eumène, adoptant une posture royale, se créa une garde de 1000 hommes. « Οἱ δ' ἐπείθοντο καὶ τιμὰς ἠγάπων παρ' αὐτοῦ λαμβάνοντες ἃς οἱ φίλοι παρὰ τῶν βασιλέων. Ἐξῆν γὰρ Εὐμένει καὶ καυσίας ἁλουργεῖς καὶ χλαμύδας διανέμειν, ἥτις ἦν δωρεὰ βασιλικωτάτη παρὰ Μακεδόσι. » (PLUTARQUE, Εὐμένης, VIII, § 12) — « Les hommes désignés pour cet office acceptèrent, et ils reçurent de lui avec plaisir les distinctions que les rois accordent à leurs amis ; Eumène avait en effet le droit de distribuer chapeaux et chlamydes de pourpre, ce qui est chez les Macédoniens le cadeau royal par excellence. » (Chambry et Flacelière 1973 : 63).[243] On soulignera que ces mille hommes d'élite accoutrés d'effets pourpres

---

[241] La restitution dans le texte de POLYBE est en XXX, 25, § 5, provenant de celle suggérée par Kaibel chez ATHÉNÉE, Βίβλος ἡ λεγομένη δειπνοσοφιστής, V, 194 d (cf. Gulick 1928 : 380, n. 2) — car en effet le texte de l'historien achaïen, de XXX, 25, § 1 à 26, § 9, « is from Athen. v. 194-5 » indiquait Walbank (1979 : 448). En sus de l'occurence du mot *chrysaspides* tirée du premier livre des *Maccabées* (I, 6, § 39), indiquons que l'on trouve également le terme dans le répertoire de POLLUX, Ὀνομαστικόν, I, § 175 ; mais signalons que les autres références indiquées par Paton *et al.* (2012b : 158, n. 77) sont fallacieuses car on n'y constate pas l'occurence du mot.

[242] « Bereits der eigentliche Begründer des Antigonidenstaates, Antigonos II. Gonatas (ca. 319-239 v.Chr.), benutzte Purpur als königliche Farbe. » (Blum 1998 : 218).

[243] On pourra noter en passant un exemple de l'inflation des titres et des honneurs : pour s'attacher ces mille hommes d'élite, Eumène leur accorda des distinctions réservés jusqu'alors à l'entourage des rois. Cette 'démagogie' est sans doute le propre de tout pouvoir cherchant de nouveaux appuis. Selon une notice de SUIDAS, un roi Alexandre créa ainsi des 'compagnons' d'infanterie : « Πεζέταιρος, Δημοσθένης Φιλιππικοῖς. Ἀναξιμένης δὲ ἐν ἀ Φιλιππικῶν περὶ Ἀλεξάνδρου λέγων φησίν· ἔπειτα τοὺς μὲν ἐνδοξοτάτους ἱππεύειν συνεθίσας, ἑταίρους προσηγόρευσε, τοὺς δὲ πλείστους καὶ τοὺς πεζοὺς εἰς λόχους καὶ δεκάδας καὶ τὰς ἄλλας ἀρχὰς διελὼν πεζεταίρους ὠνόμασεν· ὅπως ἑκάτεροι μετέχοντες τῆς βασιλικῆς ἑταιρίας, προθυμότατα διατελῶσιν ὄντες » (Adler : 79 — s.v. Πεζέταιρος). Indiquons que les spécialistes hésitèrent sur l'identité de cet Alexandre : Alexandre Ier, Alexandre II ou Alexandre III, *id est* le futur Alexandre le Grand ? Sur cette question, voir en dernier lieu les conclusions de l'appendice de notre monographie consacrée à l'archéologie de l'armement en Macédoine (Juhel 2017) — les leçons de l'archéologie poussent désormais, selon nous, à faire de cet Alexandre Alexandre Ier (et nous croyons que cet Alexandre-ci, qui donna à la Macédoine sa première expansion, dut certes chercher à se ménager de nombreux appuis en vue de sa politique). Dans la même veine, on trouve dans l'armée des derniers Séleucides, en l'espèce dans celle d'Antiochos IV, un régiment de cavalerie entier portent le nom prestigieux de 'Régiment des Amis' (« τὸ τῶν φίλων σύνταγμα », POLYBE, XXX, 25, § 8). Mais la nature exacte de ce régiment n'est pas certaine : cf. Bar-Kochva (1979 : 73).

Fig. 13 : Détail du tympan de la face nord dudit 'Sarcophage d'Alexandre' où nous pensons voir deux '*Hypaspistes* royaux'. Extrait de Hamdy Bey et Reinach (1892, pl. XXXVII, 1). Droits réservés.

font évidemment penser à la formation en chiliarchie des *Hypaspistes* et de leurs héritiers antigonides les Peltastes. Nous avons vu *supra* que différents monuments archéologiques macédoniens de l'époque hellénistique paraissent évoquer les troupes d'élite macédoniennes, et spécialement l'infanterie. Ils montrent un emploi particulier du rouge, dans toute la gamme de la couleur, de l'écarlate au pourpre. Nous pensons donc que, à l'exemple de la garde rapprochée d'Eumène, on peut raisonnablement penser que cette couleur était la couleur par excellence des Peltastes antigonides, et très vraisemblablement du moins de l'*agèma*. Selon nous, le témoignage de PLUTARQUE relatif à la bataille de Pydna livre ainsi une information particulièrement précise qui peut être entièrement reçue.

Un monument antérieur des plus fameux offre une autre raison qui pousse à cette interprétation. Il s'agit en l'espèce dudit 'Sarcophage d'Alexandre' trouvé à Sidon et conservé à Istanbul.[244] **{fig. 13} {fig. 14} {fig. 15}** Nous pensons y

---

[244] Musée archéologique d'Istanbul, n° d'inv. 68(370). Sur ce monument provenant de Sidon, voir Goukowsky (1978 : 123-5) qui résumait là et dans un important apparat critique de douze

Fig. 14 : Détail de la face est dudit 'Sarcophage d'Alexandre' représentant à notre avis un 'Hypaspiste royal'. Extrait de Hamdy Bey et Reinach (1892, pl. XXXV). Droits réservés.

---

notes l'état de la question à l'époque, avec toutes les conclusions majeures auxquelles étaient parvenues les études antérieures. Parmi ces dernières, on signalera surtout celle des 'inventeurs' du monument, Hamdy Bey et Reinach (1892), notamment intéressante parce qu'elle donnait des reproductions en couleur (les couleurs s'estompent vite après la découverte du sarcophage). L'école allemande s'y était intéressée dès avant la Première Guerre mondiale (cf. Winter 1912). Ce célèbre monument a donné lieu à une abondante littérature, parmi laquelle, sans prétention à l'exhaustivité, nous signalerons les études suivantes : Charbonneaux (1952) ; Lippold (1953-1954) — réflexions relevant de l'histoire de l'art ; Frel (1971) ; Giuliani (1977) ; les intéressants commentaires synthétiques, donc, de Goukowsky (1978 : 123-5), et ceux de Houser (1998). Mis à part la publication *princeps*, très luxueuse, l'étude de référence sur ce sujet est à ce jour celle de von Graeve (1970), et ce bien que le meilleur dossier photographique se trouve dans la monographie de Schefold et Seidel (1968). Il faut *in fine* signaler, par rapport aux problématiques qui sont les nôtres, l'article de Messerschmidt (1989) — la deuxième partie de son article, « 2. Die Antiquaria in den Sarkophagreliefs » (70-7), est particulièrement intéressante quant au genre d'analyse iconographique que nous utilisons (bibliographie essentielle : 64, n. 1). Les derniers articles sur

Fig. 15 : Détail de la face nord dudit 'Sarcophage d'Alexandre' où nous pensons voir deux *Hypaspistes* représentés dans la nudité 'héroïque'. Extrait de Hamdy Bey et Reinach (1892, pl. XXXVII, 2). Droits réservés.

trouver des *Hypaspistes* car, comme le remarquait justement Messerschmidt (1989 : 77), les fantassins macédoniens qui y sont représentés ne sont pas dotés de l'armement macédonien traditionnel et la fameuse phalange 'sarissophore' n'y est nullement évoquée : « Ein Vergleich der über makedonische Fußtruppen gewonnenen Erkenntnisse mit den Antiquaria in den Sarkophagreliefs lassen nur den Schluß zu, daß am Alexandersarkophag keine Pezhètairoi oder Hypaspisten der makedonischen Phalanx dargestellt sind ». Si le savant allemand considérait donc que les *Hypaspistes* faisaient partie intégrante de la phalange, ce qui est quelque peu contestable, ils devaient en tout état de cause se distinguer

---

le sujet sont à notre connaissance celui, premièrement, de Bol (2000). Pour cette savante, « es nicht um Alexander, sondern um Abdalonymos handelt », de sorte que le monument « gehört somit zu den frühesten Beispielen einer *imitatio Alexandri* » — résumé de *L'Année philologique*, LXXI, (2000) : 1340, notice n° 71-13472. Deuxièmement, celui de Heckel (2006), qui reprenait notamment les questions d'identification des personnages et pensait que la bataille évoquée était celle d'Arbèles — Heckel ne connaissait par l'article de Bol. Troisièmement, la deuxième contribution du catalogue de l'exposition du Museum für Abgüsse Klassischer Bildwerke (Koch-Brinkmann *et al.* 2008). Quatrièmement, l'article de Queyrel pour lequel, en conclusion, « [o]n bannira (...) le terme de scènes historiques pour qualifier ces scènes » (Queyrel 2011 : 45), étant donné que « [l'] interprétation ici présentée insiste sur le caractère anhistorique des scènes du sarcophage qui ne peuvent se comprendre que dans une relation mutuelle et une synthèse des temps et des lieux » (Queyrel 2011 : 46). Et enfin, cinquièmement, l'article de Corfù (2014) dont le résumé donné par *L'Année philologique*, LXXXIV, (2014) : 1865, notice n° 85-12334, fait porter quelque doute sur la valeur de cette nouvelle interprétation – selon l'auteur, le monument ne serait pas une œuvre d'époque hellénistique mais daterait « d'entre 350 et 332 av. J.-C. Il a dû être commandé par un roi de Sidon ou par le satrape Mazaios. » Mais l'iconographie militaire très macédonienne, et un détail comme celui que les soldats soient imberbes, une réforme due à Alexandre le Grand (cf. JULES Africain, Κεστοί, I, 1), paraissent invalider d'entrée les théories de Corfù.

du fantassin macédonien ordinaire et nous croyons que le casque 'phrygien' devait être leur attribut le plus caractéristique (Juhel 2009 : 354) — or nous le retrouvons ici. Mais en tout état de cause, pour rendre compte de l'absence de la représentation de l'armement macédonien par excellence, devra-t-on s'en remettre à la 'fantaisie' artistique ou à quelque subtile « Verhältnis zwischen künstlerischer Konvention und historischer Wirklichkeit » (Messerschmidt 1989 : 77) ? On a aussi pu supposer une origine athénienne de l'atelier.[245] Dans ce cas, l'artiste aurait pu n'avoir jamais vu de phalangites macédoniens alors que, à côté des réformes d'Iphicrate, la traditionnelle *aspis* 'argienne' devait encore être en usage dans l'infanterie lourde d'Athènes, jusqu'à la Guerre Lamiaque sans doute, et ce malgré les réformes d'Iphicrate au sujet desquelles l'historien ne peut que témoigner d'une certaine perplexité.[246] Ceci étant l'allure des

---

[245] Cf. von Graeve (1970 : 166) qui rappelait notamment le lien à faire avec l'émigration d'artistes et de sculpteurs athéniens de premier rang, « die durch das Luxusgesetz des Demetrios von Phaleron (317-307 v. Chr.) in Athen ihre Existenzgrundlage verloren hatten. »

[246] Sur les réformes d'Iphicrate, datables des environs de 374-370 av. J.-C., voir déjà ci-dessus, au sein de notre premier essai, les parties I. 1. 2 et I. 1. 3. « So wichtig diese Neuschöpfung des Iphikrates war » avait justement remarqué Lammert (1937a : 405), « eine allgemeine Umgestaltung hat sie nicht herbeigeführt, auch hier sehen wir die Hopliten und später die schweren Reiter die Schlachten entscheiden. » Et de fait la vieille *aspis* 'argienne', qui aurait dû être abandonnée si l'on se fie à la lettre des réformes d'Iphicrate, se laisse reconnaître sur de nombreux monuments athéniens des trois derniers quarts du IVe siècle av. J.-C. En voici un modeste florilège : la stèle d'Aristonaute, du dème d'Ἁλαιεύς, représentant le défunt, hoplite armé d'une cuirasse à épaulières, appuyé sur son bouclier et son casque (de type 'phrygien') à la main. Le monument a été très souvent reproduit. Indiquons l'étude qui lui fut totalement consacrée (von Salis 1926). « Es wird sich zu zeigen haben, ob sie die vorgeschlagene Datierung unseres Denkmals in die letzten Jahrzehnte des 4. Jahrhunderts v. Chr. zu rechtfertigen imstande ist. » (von Salis 1926 : 22) — « Nach 330 v. Chr. » avait écrit plus récemment Dintsis (1986 I : 217, le monument étant sous le n° 51 de son « Katalog des tiaraartigen Helmes »). Von Salis (1926 : 22) avait bien vu la relation de l'équipement d'Aristonaute avec celui des Macédoniens, notamment ceux du sarcophage de Sidon. « Der Aristonautes hat die gleiche Uniform ». « In der attischen Grabmalkunst finden wir », ajoutait-il, « diesen Makedonenhelm, wie wir ihn nun wohl nennen dürfen, sonst nur noch auf dem Grabstein eines Kriegers aus Eleusis (Abb. 13)[2) Athen, Nat.-Mus. 834] [puis références dans la littérature archéologique en langue allemande]. Das Denkmal wird von Conze und Arndt richtig der zweiten Hälfte des 4. Jahrhunderts zugeschrieben. » (von Salis 1926 : 32) — datation plus récemment reprise par Dintsis (1986 I : 216, le monument étant sous le n° 50 de son « Katalog des tiaraartigen Helmes »). Comme Aristonaute, cet hoplite-ci est représenté avec la large *aspis* argienne — signalons la reproduction de ces deux monuments dans le livret de large diffusion de Sekunda (1984 : 32 pour le relief d'Éleusis ; 34 pour le monument d'Aristonaute). Outre ces deux reliefs, invoquons encore celui de la collection de la Ny Carlsberg Glyptothek (n° d'inv. 464) présentant un loutrophore. On y remarque que l'hoplite, qui porte un casque de type 'attique', « holds a large shield over his left arm (...) *c.* 350 B.C. » (Moltesen *et al.* 1995 : 124, n° 63). Il en est de même avec le loutrophore funéraire de marbre présenté il y presque un siècle par Philadelphéous (1920-1921 : 128-9, n° 50, fig. 27) où l'on voit que le petit valet d'arme est presque totalement caché derrière la grande *aspis* 'argienne' du défunt, dont il porte également le casque, dans ce cas du type 'phrygien' — ce qui nous met plutôt, à notre sens, dans la seconde partie du IVe siècle av. J.-C. Il sera intéressant de constater qu'avec le monument fort similaire présenté à la suite (1920-1921 : 128-30, fig. 28), le bouclier, ici de taille plus réduite, fait donc plutôt penser à une *aspis* hellénistique. Mais doit-on pour autant se situer dans la seconde partie du IVe siècle av. J.-C. ? Ce n'était pas le point de vue de Dintsis (1986 I : 40) qui avait daté ces deux représentations

soldats d'Alexandre n'était manifestement pas totalement inconnue à Athènes. Rappelons tout d'abord l'existence de ce (possible) décret athénien ratifiant un traité avec ce roi macédonien et qui mentionnerait la solde due, dans le cadre de la Ligue de Corinthe, aux *Hypaspistes*.[247] Indiquons en outre que les Athéniens

---

« um 390 v. Chr. » — cf. aussi, respectivement pour ces deux monuments, Dintsis (1986 II : Taf. 18, 5 ; Taf. 19, 1), qui correspondent aux n° 107 et 108 de sa « Typologische Darstellung des Tiaraartigen Helmes ». Quoi qu'il en soit, signalons pour finir le lécythe funéraire attique, de marbre, présenté dans une vente aux enchères qui s'était tenue à Bâle, en 2002 (Kiderlen *et al.* 2002). Le défunt, Μένων, porte un casque de type 'attique', une cuirasse 'musclée' à ptéryges et à deux rangs de lambrequins. Son bouclier est tenu par un enfant. Il s'agit d'une *aspis* dont on remarquera, déjà, l'aspect plutôt hellénistique. En effet ses dimensions, ramenées à la taille de l'hoplite, paraissent inférieure à la grande *aspis* des temps classiques, laquelle couvrait l'épaule du soldat en descendant jusqu'au genou, ou à peu près. Mais la sculpture étant assez grossière, les proportions ont été peut-être maladroitement rendues. Ce détail devrait-il pousser à dater ce monument plus bas que les rédacteurs de ce catalogue ne le proposaient ? — « um 340 v. C. » (Kiderlen *et al.* 2002 : 120).

Ces témoignages iconographiques, qui pourraient sans doute s'enrichir d'autres exemples attestant de la permanence du l'armement traditionnel de l'hoplite, à Athènes, dans la seconde partie du IVe siècle av. J.-C., sont à mettre vis-à-vis de l'absence de toute iconographie du peltaste au type d'Iphicrate. Devrait-on pour autant repousser la réalité historique des réformes attribuées à l'homme de guerre athénien ? Outre les références que nous avions invoquées dans notre premier essai, on mentionnera ici, tout d'abord, la très intéressante étude de Bertosa qui, au terme d'un examen de détail de la question, penchait pour l'effectivité de ces réformes, mais sans négliger pour autant toutes les difficultés inhérentes au problème (2014 : 123). Du strict point de vue iconographique, Sekunda (2007 : 328, fig. 11.2 ; repris dans 2013b : 378-9, fig. 3) avait trouvé une représentation d'un peltaste selon lui de ce type, mais arcadien. Outre ce manque complet de toute représentation attique du peltaste au type d'Iphicrate, l'épigraphie s'avère sans recours. Ceci appuierait-il une conception niant toute réalité concrète des réformes d'Iphicrate ? Ou bien, peut-être ces réformes ne survécurent-elles guère à son prometteur ? Ou encore ne s'appliquèrent-elles que pour un temps limité ?

L'absence totale de sources archéologiques pourrait bien s'expliquer, selon nous, par le fait qu'Iphicrate organisa et commanda des mercenaires. Ainsi que l'avait judicieusement mis en exergue Marinovič (1988 : 53), « comme pour les Grecs du IVe siècle l'hoplite c'est avant tout le citoyen, nos sources opposent parfois les mercenaires non pas aux citoyens, mais aux hoplites » ; ou encore que « le lien entre peltaste et mercenaire devint si étroit et évident aux yeux des contemporains que le mot *peltastès* fut parfois utilisé comme synonyme de *misthophoros* ». Devrait-on dès lors s'étonner de l'absence de toute représentation de peltaste qui pourrait être mis en relation avec les réformes d'Iphicrate dans l'art funéraire attique, lequel, par principe, était le fait des représentants de la classe civique — et pareillement dans les inscriptions attiques ? Nous renverrons *in fine* à l'article très érudit de Konijnendijk (2014) qui effectua la revue de l'historiographie relative à ces problématiques réformes d'Iphicrates. Si certains historiens allèrent jusqu'à douter de leur réalité, c'est une position qui, au regard tant de deux occurrences explicites chez PLUTARQUE et CORNÉLIUS NEPOS que de nos dernières remarques, ne nous paraît devoir être adoptée.

[247] Kirchner (1913 : 133, n° 329) — édition mise à jour par Lambert (2013 : 123-4, n° 443) qui a notamment dégagé que la plupart des suggestions avancées par Heisserer (1980 : 19-24) sont à rejeter. Dans tous les cas, l'interprétation de ce document très fragmentaire ne peut être que fort hypothétique. Bertrand (1992 : 131-2, n° 69) l'avait intégré dans son recueil. Mais il avait traduit de façon inadéquate *hypaspiste* par « fantassin lourd », à la l. 6. (« [...] au fantassin lourd, une drachme, et au [...] » (Bertrand 1992 : 131) ; la traduction de Lambert donné sur son site WEB *Attic Inscriptions Online*, « for the hypaspist a drachma », est la bonne façon de transcrire ce syntagme. Cette ligne permet en tout cas deux hypothèses : ou bien le document prévoyait une

avaient bien dû voir passer Alexandre et sa garde rapprochée de soldats d'élite quand celui-ci se rendit à Corinthe où il s'entretint avec Diogène. Or ARRIEN, rapportant l'anecdote de la rencontre du roi de Macédoine et du philosophe cynique, précise que le souverain était accompagné par « τοῖς ὑπασπισταῖς καὶ πεζεταίροις » (ARRIEN, Ἀνάβασις Ἀλεξάνδρου, VII, 2, § 1).[248] Et rappelons pour finir que si les fantassins de la phalange argéade n'étaient à notre avis pas des piquiers (ou du moins certainement pas tous), ils auraient été du moins identifiables (et reconnaissables) à leurs *pilous* et à leurs 'boucliers macédoniens' dont ils avaient été uniformément dotés — cf. Juhel (2009 : 354) ; Karunanithy (2013 : 103) ne semble pas avoir été convaincu de notre thèse, malgré, selon nous, le témoignage explicite de JULES Africain et divers indices archéologiques qui viennent appuyer cette interprétation.

L'aspect extrêmement réalistes des compositions du 'Sarcophage d'Alexandre', joint à nos arguments tirés des sources littéraires, poussent certes à voir dans les fantassins macédoniens qui y sont figurés, puisqu'il ne peut s'agir là de phalangites, des combattants d'élite ; et donc, plus spécialement, des *Hypaspistes*, et plus particulièrement, nous l'avons vu, des *Hypaspistes* 'royaux', ceux de la 'Hypaspistenleibwache' de Berve. Cette leçon iconographique impliquerait ainsi que ces soldats aient encore été armés comme des hoplites de l'époque classique. C'était là l'opinion de Markle,[249] et elle rejoint celle d'autres savants qui, nous l'avons vu, étaient arrivés à cette conclusion par l'analyse des sources littéraires (voir supra notre n. 164). Le témoignage iconographique livré par le 'Sarcophage d'Alexandre' nous semble donc appuyer l'hypothèse selon laquelle une partie de l'infanterie macédonienne conservait les armes caractéristiques de l'hoplite grec de la belle époque, l'*aspis* argienne et la lance maniée à une main.

---

solde spécifique, en espèces voire en nature, à verser par les alliés (dont Athènes) de la Macédoine à chacun des soldats des différents corps de troupes considérés (dont les *Hypaspistes*) ; ou bien, et dans ce cas-ci peut-être plus en théorie qu'en pratique, chacun des alliés pouvaient avoir à fournir des hommes éventuellement appelés à remplir le corps royal des *Hypaspistes*, et à subvenir à leurs besoins — mais cette seconde hypothèse ne nous semble pas recevable, car cette troupe d'élite paraît avoir été entièrement macédonienne avant du moins que des contingents asiatiques, perses ou mèdes, fussent incorporés dans les rangs des unités macédoniennes au printemps 324 av. J.-C. (cf. ARRIEN, Ἀνάβασις Ἀλεξάνδρου, VII, 11).

[248] On trouvera chez Berve (1926 II : 417, n. 3) toutes les autres références, dans la littérature antique, à cette anecdote. La plupart de celles-ci, dont celles extraites de PLUTARQUE, ne rapportent pas le détail ici mis en exergue. Précisons enfin que cette occurrence du mot πεζεταίροι dans le texte d'ARRIEN n'est pas de celles qui furent abusivement corrigées à partir du terme ἀσθέταιροι ou ἀσθέτεροι que livrait les manuscrits (Brunt 1976 : lxxix, n. 99). Il est en tout cas bien assuré qu'à Corinthe Alexandre était accompagne d'une partie au moins de sa garde à pied.

[249] « (...) the special corps called hyp*aspists*, however, were normally armed with hoplite panoply » selon le résumé de l'article de Markle (1977 = Markle 1999a) donné dans *L'Année philologique* (XLVIII 1977 : 881, n° 12693).

« Foot figures from the Alexander Sarcophagus are in the main some form of elite soldiers, guardsmen or hypaspists » avait récemment écrit Karunanithy (2013 : 107). Les fantassins du sarcophage, quoi qu'il en soit de leur identité 'régimentaire' (*Hypaspistes* 'ordinaires' ou *Hypaspistes* 'royaux' ?) sont certes en tout cas des soldats d'élite car, outre leurs attitudes victorieuses, le lustre de leur équipement et de leur équipement (du moins pour ceux qui ne sont pas représentés dans la nudité héroïque) est manifeste. Il est à remarquer que leurs *aspides* ont leur face externe peinte en rouge pourpre, ou plutôt en amarante (la bordure circulaire extérieure restant vierge). Ce n'est sans doute pas le fruit du hasard et nous pensons y voir un écho de ces soldats des peintures pompéiennes d'origine manifestement hellénistiques où était évoquée la vie des cours des successeurs d'Alexandre. Ce rapprochement aurait tendance à conforter, une fois de plus, cette interprétation que les troupes les plus attachées au roi, à compter d'Alexandre puis chez les princes hellénistiques, arboraient comme signe distinctif une large proportion de rouge, voire de pourpre, non seulement dans leurs habits mais encore sur la face extérieure de leur bouclier.[250] Il devait en être ainsi pour l'infanterie d'élite de l'armée du royaume de Macédoine à l'époque hellénistique, les *Hypaspistes* et autres Peltastes, ces **Antigonid redcoats**.

II. 4. Bibliographie

II. 4. 1. Sources épigraphiques

Bertrand, J.-M. (éd.) 1992, *Inscriptions historiques grecques* (*La Roue à livres*). Paris, Société d'édition Les Belles Lettres.

Dittenberger, W. (éd.) 1917. *Sylloge inscriptionum graecarum*³. Volumen Alterum [II]. Lipsiae [Leipzig], apud [chez] S. Hirzelium [S. Hirzel].

Hatzopoulos, M. B. (éd.) 1996. *Macedonian Institutions under the Kings* (ΜΕΛΕΤΗΜΑΤΑ 22). 2. *Epigraphic appendix*. Athènes, Κέντρον Ἑλληνικῆς καὶ Ῥωμαϊκῆς Ἀρχαιότητος τοῦ Ἐθνικοῦ Ἱδρύματος Ἐρευνῶν/Research Centre for Greek and Roman Antiquity. National Hellenic Research Foundation.

Heisserer, A. J. (éd.) 1980. *Alexander the Great and the Greeks: the Epigraphical Evidence*. Norman, University of Oklahoma Press.

Kern, O. (éd.) 1908. *Inscriptiones Graecae. Inscriptiones Graeciae septentrionalis volvminibvs VII et VIII non comprehensae*. Volumen IX. Pars secvnda. *Inscriptiones Thessaliae*, consilio et avctoritate Academiae Litterarvm Regiae Borvssicae edidit Otto Kern. Indices composvit F[.] Hiller de Gaertringen inest tabvla geographica vna. Berlin, Georg Reimer.

---

[250] Il est intéressant de signaler à ce titre l'article de Veropoulidou *et al.* (2005), qui exposait que la production de pourpre pouvait se faire avec peu de coquillages. Elle était donc, depuis une haute antiquité, une activité domestique et les interprétations qui faisaient des trouvailles d'un petit nombre de coquillages dans les maisons les restes de repas semblent erronées. En somme, on comprendrait mieux que, techniquement, la teinture en pourpre ait pu être entreprise sur une vaste échelle par les autorités royales hellénistiques.

Kirchner, J. (éd.) 1913. *Inscriptiones atticae Evclidis anno posteriores*, consilio et avtoritate Academiae Litterarvm Regiae Borvssicae edidit Iohannes Kirchner. Pars Prima. *Decreta continens.* Fascicvlvs prior. *Decreta annorvm 403/2—230/29* (*Inscriptiones Graecae* Volvminis II et III Edition minor. Pars prima). Berolini [Berlin], apvd Georgivm Reimervm [chez Georg Reimer].

Lambert, S. D. (éd.) 2012. *Inscriptiones atticae Euclidis anno posteriores*, consilio et autoritate Academiae Scientiarum Berolinensis et Brandenburgensis editae. Editio tertia. Pars I. *Leges et decreta.* Fasciculus II. *Leges et Decreta annorvm 352/1—322/1*, edidit Stephen D. Lambert (*Inscriptiones Graecae* Voluminis II et III Edition tertia. Pars I. Fasciculus II). Berlin et Boston, Walter de Gruyter GmbH & Co. KG, 2012.

Martínez Lacy, R. (éd.) 2008. *Inscripciones helenísticas sobre los ejércitos y la guerra.* Seleccionadas y traducidas por Ricardo Martínez Lacy. México [édition à compte d'auteur].

II. 4. 2. Sources littéraires

Adler, A. (éd.) 1935. *Suidae Lexicon*, edidit Ada Adler. Pars IV. Π-Ψ (*Lexicographi Graeci* I[4]). Lipsiae [Leipzig] in Aedibus B. G. Tevbneri [maison d'édition B. G. Teubner].

Anthologie grecque : cf. Waltz (1960).

ARRIEN, Ἀνάβασις Ἀλεξάνδρου [*Anabase d'Alexandre*] : cf. Brunt (1976) ; Savinel (1984).

ATHÉNÉE, Βίβλος ἡ λεγομένη δειπνοσοφιστής [*Les deipnosophistes*] : cf. Douglas Olson (2010) ; C. B. Gulick (1928).

Atkinson, J. E. 1994. *A Commentary on Q. Curtius Rufus' Historiae Alexandri Magni. Books 5 to 7,2* (Acta Classica. Supplementum 1). Amsterdam, Adolf M. Hakkert – Publisher.

Bardon, H. (éd.) 1948. *QUINTE-CURCE, Histoires.* Tome II. *Livres VII-X*, texte établi et traduit par H. Bardon, Professeur à l'Université des Lettres de l'Université de Poitiers (*Collection des Universités de France*). Paris, Société d'édition « Les Belles Lettres ».

Bloch R. et Guittard, Ch. (éd.) 1987. *TITE-LIVE, Histoire Romaine.* Tome VIII. *Livre VIII*, texte établi, traduit et commenté par R. Bloch, Membre de l'Institut, et Ch. Guittard, Maître de Conférences à l'Université de Tours (*Collection des Universités de France*). Paris, Société d'édition « Les Belles Lettres ».

Brunt, P. A. (éd.) 1976. *ARRIAN Anabasis Alexandri. I. Books I-IV*, with an English Translation by P. A. Brunt, Camden Professor of Ancient History, University of Oxford (*The Loeb Classical Library* 236). Cambridge (Mass.) et Londres, Harvard University Press.

Chambry, É. et Flacelière, R. (éd.) 1966. *PLUTARQUE, Vies.* Tome IV. *Timoléon-Paul-Émile — Pélopidas-Marcellus*, texte établi et traduit par Robert Flacelière, Directeur de l'École Normale Supérieure, et Émile Chambry, Professeur honoraire au Lycée Voltaire (*Collection des Universités de France*). Paris, Société d'édition « Les Belles Lettres ».

Chambry, É. et Flacelière, R. (éd.) 1969. *PLUTARQUE, Vies*. Tome V. *Aristide-Caton l'Ancien — Philopœmen-Flamininus*, texte établi et traduit par Robert Flacelière, Membre de l'Institut, et Émile Chambry, Professeur honoraire au Lycée Voltaire (*Collection des Universités de France*). Paris, Société d'édition « Les Belles Lettres ».

Chambry, É. et Flacelière, R. (éd.) 1973. *PLUTARQUE, Vies*. Tome VIII. *Sertorius-Eumène — Agésilas-Pompée*, texte établi et traduit par Robert Flacelière, Membre de l'Institut, et Émile Chambry (*Collection des Universités de France*). Paris, Société d'édition « Les Belles Lettres ».

DENYS d'Halicarnasse, Ῥωμαϊκὴ ἀρχαιολογία [*Les Antiquités romaines*], livre XX : cf. Jacoby (1905) ; Pittia (2002).

DION CASSIUS, Ῥωμαϊκὴ ἱστορία [*Histoire romaine*], livre XLI, cf. Freyburger-Galland *et al.* (2002) ; livre LV, cf. Gros et Boissée (1865) ; livre LXXVII, cf. Gros et Boissée (1870).

Douglas Olson, S. (éd.) 2010. *ATHENAEUS. The Learned Banqueters*, edited and translated by S. Douglas Olson [Volume] VI (*The Loeb Classical Library* 327). Cambridge [Mass.] et London, Harvard University Press.

Freyburger-Galland, M. L. (éd.), Hinard, F. et Cordier, P. 2002. *DION CASSIUS. Histoire romaine. Livres 41 & 42*, texte établi et traduit par Marie-Laure Freyburger-Galland, Professeur à l'Université de Haute-Alsace, traduit et annoté par François Hinard, Professeur à l'Université de Paris-Sorbonne et Pierre Cordier, Maîtres de Conférences à l'Université de Poitiers (*Collection des Universités de France*). Paris, Société d'édition « Les Belles Lettres ».

Gouillart, Ch. (éd.) 1986. *TITE-LIVE, Histoire Romaine*. Tome XXX. *Livre XL*, texte établi et traduit par Christian Gouillart, Agrégé de l'Université, Professeur de Lettres supérieures au Lycée Fustel de Coulanges de Strasbourg (*Collection des Universités de France*). Paris, Société d'édition « Les Belles Lettres ».

Gros, E. et Boissée, V. (éd.) 1865. *DION CASSIUS, Histoire romaine de DION CASSIUS*, traduite en français avec des notes critiques, historiques, etc. et le texte en regard, collationné sur les meilleures éditions et sur les manuscrits de Rome, Florence, Venise, Turin, Munich, Heidelberg, Paris, Tours, Besançon ; par E. Gros, Inspecteur de l'Académie de Paris, ouvrage continué par V. Boissée. Tome septième [livres cinquantième à cinquante-cinquième]. Paris, Librairie de Firmin Didot frères, fils et c^{ie}.

Gros, E. et Boissée, V. (éd.) 1870. *DION CASSIUS, Histoire romaine de DION CASSIUS*, traduite en français avec des notes critiques, historiques, etc. et le texte en regard, collationné sur les meilleures éditions et sur les manuscrits de Rome, Florence, Venise, Turin, Munich, Heidelberg, Paris, Tours, Besançon ; par E. Gros, Inspecteur de l'Académie de Paris, ouvrage continué par V. Boissée. Tome dixième [livres soixante et onzième à quatre-vingtième]. Paris, Librairie de Firmin Didot frères, fils et c^{ie}.

Gulick, C. B. (éd.) 1928. *ATHENAEUS. The Deipnosophists*, with an English Translation by Charles Burton Gulick, Ph. D. Eliot Professor of Greek Literature, Harvard University, in seven Volumes. [Volume] II. (*The Loeb Classical Library* [sans indication de n° dans la collection]). London, William Heinemann Ltd, et New York, G. P. Putnam's sons.

Hansen, P. A. (éd.) 2009. *Hesychii Alexandrini Lexicon*, editionem post Kurt Latte continuans recensuit et emendavit Peter Allan Hansen. *Volumen IV. T-Ω* (*Sammlung griechischer und lateinischer Grammatiker (SGLG)* 11/4). Berlin et New York, Walter de Gruyter GmbH & Co. KG.

HÉSYCHIUS d'Alexandrie : cf. Hansen (2009) ; Latte (1953).

Jacoby, K. (éd.) 1905. *DIONYSIVS HALICARNASEVS. Antiqvitates romanae*, edidit Carolus Jacoby. Vol. IV (*Bibliotheca scriptorvm Graecorvm et Romanorvm Tevbneriana*). Leipzig, B. G. Teubner.

Jal, P. (éd.) 1971. *TITE-LIVE, Histoire Romaine. Tome XXXI. Livres XLI-XLII*, texte établi et traduit par Paul Jal, Professeur à l'Université de Paris-X (*Collection des Universités de France*). Paris, Société d'édition « Les Belles Lettres ».

Jal, P. (éd.) 1976. *TITE-LIVE, Histoire Romaine. Tome XXXII. Livres XLIII-XLIV*, texte établi et traduit par Paul Jal, Professeur à l'Université de Paris-X (*Collection des Universités de France*). Paris, Société d'édition « Les Belles Lettres ».

JULES Africain [Iulius Africanus, Sextus], Κεστοί [Les "Cestes"] : cf. Vieillefond (1932).

Latte, K. (éd.) 1953. *Hesychii Alexandrini Lexicon*, recensuit et emendavit Kurt Latte Regiomontanus. Volumen I. Α-Δ. Hauniae [Copenhague], Ejnar Munksgaard Editore.

Latzarus, B. (éd.) 1950. *PLUTARQUE, Vies parallèles. IV. Philipœmen et Flamininus. — Pélopidas et Marcellus. — Alexandre et César. Démétrios et Antoine. — Pyrrhus et Marius.* Paris, Éditions Garnier frères.

Liddell, H.-G. et Scott, R. (éd.) 1996a. ἐπιτήδειος [I]. *A Greek-English* Lexicon, compiled by Henry George Liddell and Robert Scott. Revised and augmented throughout by Sir Henry Stuart Jones with the Assistance of Roderick McKenzie and with the Cooperation of Many Scholars. With a revised supplement : 665-6. Oxford[9], Clarendon Press [Oxford University Press].

Liddell, H.-G. et Scott, R. (éd.) 1996b. λόχος, ὁ. *A Greek-English* Lexicon, compiled by Henry George Liddell and Robert Scott. Revised and augmented throughout by Sir Henry Stuart Jones with the Assistance of Roderick McKenzie and with the Cooperation of Many Scholars. With a revised supplement : 1063. Oxford[9], Clarendon Press [Oxford University Press].

MODESTUS : cf. Nisard (1849).

Nisard, M. (éd.) 1849. *AMMIEN MARCELIN, JORNANDÈS, FRONTIN (Les stratagèmes), VÉGÈCE, MODESTUS*, avec la traduction en français, publiés sous la direction de M. Nisard, Professeur d'éloquence latin au Collège de France. Paris, J. J. Dubochet, Le Chevalier et comp., éditeurs.

Oakley, S. P. 1998. *A Commentary on Livy Books VI-X. Volume II. Books VII-VIII.* Oxford, Clarendon Press.

Paton, W. R., Walbank F. W. et Habicht, Ch. (éd.) 2011. *POLYBIUS. The Histories. III. Books 5-8*, translated by W. R. Paton; revised by F. W. Walbank and Ch. Habicht (*The Loeb Classical Library* 138). Cambridge [Mass.] et London, Harvard University Press.

Paton, W. R., Walbank F. W. et Habicht, Ch. (éd.) 2012a. *POLYBIUS. The Histories. V. Books 16-27*, translated by W. R. Paton; revised by F. W. Walbank and Ch.

Habicht (*The Loeb Classical Library* 160). Cambridge [Mass.] et London, Harvard University Press.

Paton, W. R., Walbank F. W., Habicht, Ch. et Douglas Olson, S. (éd.) 2012b. *POLYBIUS. The Histories. VI. Books 28-39*, translated by W. R. Paton; revised by F. W. Walbank and Ch. Habicht; unatributed fragments edited and translated by S. Douglas Olson (*The Loeb Classical Library* 161). Cambridge [Mass.] et Londres, Harvard University Press.

Pédech, P. (éd.) 1977. *POLYBE, Histoires. Livre V*, texte établi et traduit par Paul Pédech, Professeur à l'Université de Rennes (*Collection des Universités de France*). Paris, Société d'édition « Les Belles Lettres ».

Perrin, B. (éd.) 1918. *PLUTARCH'S LIVES*. VI. *Dion and Brutus. Timoleon and Aemilius Paulus* (*The Loeb Classical Library* [sans indication de n° dans la collection]). London, William Heinemann, et New York, G. P. Putnam's sons.

Pittia, S. (dir.) 2002. *DENYS D'HALICARNASSE. Rome et la conquête de l'Italie aux IVᵉ et IIIᵉ s. avant J.-C.* [bilingue]. Textes traduits et commentés sous la direction de Sylvie Pittia, Maître de conférences à l'Université d'Aix-Marseille I (*Fragments*). Paris, Société d'édition Les Belles Lettres.

PLUTARQUE, Αἰμίλιος Παῦλος [(*Vie de*) *Paul-Émile*] : cf. Chambry et Flacelière (1966).

PLUTARQUE, Τίτος [(*Vie de*) *Titus*] (Κοίντος Φλαμινῖνος [Quintus Flamininus]) : cf. Chambry et Flacelière (1969) ; Perrin (1918).

PLUTARQUE, Εὐμένης [(*Vie d'*) *Eumène*] : cf. Chambry et Flacelière (1973).

POLYBE : cf. Paton, Walbank et Habicht (2011) ; Paton *et al.* (2012a) ; Paton *et al.* (2012b) ; Pédech (1977) ; Weil (1982).

QUINTE-CURCE : cf. Bardon (1948).

Savinel, P. (éd.) 1984. *ARRIEN, Histoire d'Alexandre. L'Anabase d'Alexandre le Grand et l'Inde*, traduit du grec par Pierre Savinel, suivi de *Flavius Arrien entre deux mondes* par Pierre Vidal-Naquet. Paris, Les éditions de minuit.

SUIDAS : cf. Adler (1935).

TACITE, *Ab excessu diui Augusti* [*Les Annales*] : cf. Wuilleumier et Hellegouarc'h (1990).

TITE-LIVE : cf. Bloch et Guittard (1987) ; Gouillart (1986) ; Jal (1971), (1976) ; Oakley (1988).

VÉGÈCE, *Epitoma rei militaris* [*Les Institutions militaires*] : cf. Nisard (1849).

Vieillefond, J. R. (éd.) 1932, *Fragments des Cestes provenant de la collection des tacticiens grecs*. Édités avec une introduction et des notes critiques par J.-R. Vieillefond (*Nouvelle collection de textes et documents*). Paris, Société d'édition « Les Belles Lettres ».

Walbank, F. W. 1957. *A Historical Commentary on Polybius*. Volume I. *Commentary on Books I-VI*. Oxford, Oxford University Press.

Walbank, F. W. 1979. *A Historical Commentary on Polybius*. Volume III. *Commentary on Books XIX-XL*. Oxford, Oxford University Press.

Waltz, P. (éd.) 1960. *Anthologie grecque. Première partie. Anthologie palatine*. Tome III. *Livre VI* (*Collection des Universités de France*). Paris², Société d'édition « Les Belles Lettres ».

Weil, R. (éd.) 1982. *POLYBE, Histoires. Livres VII-VIII et IX*, texte établi et traduit par Raymond Weil, Professeur à l'Université de Paris-Sorbonne (*Collection des Universités de France*). Paris, Société d'édition « Les Belles Lettres ».

Wuilleumier, P. et Hellegouarc'h, J. (éd.) 1990. *TACITE. Annales.* Tome IV. *Livres XIII-XVI*, texte établi et traduit par Pierre Wuilleumier. Troisième tirage revu et corrigé par J. Hellegouarc'h, Professeur émérite à l'Université de Paris IV (*Collection des Universités de France*). Paris, Société d'édition « Les Belles Lettres ».

II. 4. 3. Études

Anson, E. M. 1981. Alexander's hypaspists and the argyraspids. *Historia. Zeitschrift für Alte Geschichte. Revue d'Histoire Ancienne. Journal of Ancient History. Rivista di Storia Antica* XXX : 117-20.

Anson, E. M. 1985. The hypaspists; Macedonia's professional citizen-soldiers. *Historia. Zeitschrift für Alte Geschichte. Revue d'Histoire Ancienne. Journal of Ancient History. Rivista di Storia Antica* XXXIV : 246-8.

Anson, E. M. 1988. Hypaspists and argyraspids after 323. *The Ancient History Bulletin* 2 : 131-3.

Archivio Fotografico Pedicini (éd.) 1989. *Le Collezioni del Museo Nazionale di Napoli. I Mosaici, le Pitture, gli Oggetti di uso quotidiano, gli Argenti, le Terrecotte invetriate, i Vetri, i Cristalli, gli Avori*, a cura dell'Archivio Fotografico Pedicini. Premessa Oreste Ferrari. Introduzione Enrica Pozzi. Testi Maria Rosaria Borriello, Marinella Lista, Umberto Pappalardo, Valeria Sampaolo, Carmen Ziviello. Roma, De Luca Edizioni d'Arte S.p.A. et Milano, Leonardo Editore s.r.l.

Bar-Kochva, B. 1979. *The Seleucid Army. Organization and tactics in the great campaigns*. Cambridge², Cambridge University Press [réimpression m. l. 1989].

Baynham, E. 2013. Alexander's Argyraspids: Tough Old Fighters or Antigonid Myth? Dans V. Alonso Troncoso et E. M. Anson (éd.), *After Alexander. The Time of the Diadochi (323-281 BC)* : 110-20. Oxford et Oakville, Oxbow Books.

Bengtson, H. 1944. *Die Strategie in der hellenistichen Zeit. Ein Beitrag zum antiken Staatsrecht.* II (*Münchener Beiträge zur Papyrusforschung und antiken Rechtsgeschichte* fasc. 32). München, C. H. Beck'sche Verlagsbuchhandlung.

Bertosa, B. 2014. Peltast Equipment and the Battle of Lechaeum. Dans N. V. Sekunda and B. Burliga (éd.), *Iphicrates, Peltasts and Lechaeum* (*Monograph Series 'Akanthina'* no. 9) : 113-25. Gdańsk, Foundation for the Development of Gdańsk University for the Department of Mediterranean Archaeology.

Berve, H. 1926. *Das Alexanderreich auf prosopographischer Grundlage. I. Darstellung. II. Prosopographie*. München, C. H. Beck'sche Verlagsbuchhandlung.

Berve, H. 1935. Neoptolemos. 7). *Paulys Realencyclopädie der classischen Altertumswissenschaft*², XVI,2 : col. 2464. Stuttgart, J. B. Metzlersche Verlagsbuchhandlung.

Bianchi Bandinelli, R. 1941. Tradizione ellenistica e gusto romano nella pittura pompeiana. *La Critica d'Arte. Rivista bimestrale di arti figurativi* VI : 3-31.

Bianchi Bandinelli, R. 1950. *Storicità dell'arte classica.* [volume I] *Testo e indici.* Firenze², Electa Editrice.
Bianchi Bandinelli, R. 1954. *Continuità ellenistica nella pittura di età medio e tardoromana.* Roma, « L'Erma » di Breitschneider [réimpression du texte paru dans la *Rivista dell'Istitvto Nazionale d'Archeologia e Storia dell'Arte*, NVOVA SERIE II 1953 : 77-161].
Blum, H. 1998. *Purpur als Statussymbol in der griechischen Welt* (Antiquitas Reihe 1 ; Abhandlungen zur alten Geschichte 47). Bonn, Dr. Rudolf Habelt GmbH.
Bol, R. 2000. Alexander oder Abdolonymos ? : zur Darstellung des Herrschers auf dem Sarkophag des letzten Königs von Sidon. *Antike Welt: Zeitschrift für Archäologie und Kulturgeschichte* 31 : 585-99.
Bosworth, A. B. 1997. A Cut too Many? Occam's Razor and Alexander's Footguard. *The Ancient History Bulletin* 11 : 47-56.
Boteva, D. 1999. Following in Alexander's footsteps: the case of Caracalla. Dans *Ancient Macedonia VI, Papers Read at the Sixth International Symposium Held in Thessaloniki, October 15-19, 1996. Julia Vokotopoulou in memoriam. Αρχαία Μακεδονία. VI, Ανακοινώσεις κατά το έκτο διεθνές συμπόσιο. Θεσσαλονίκη, 15-19 οκτωβρίου, 1996. Στη μνήμη της Ιουλίας Βοκοτοπούλου.* VOLUME 1. ΤΟΜΟΣ 1 (Ίδρυμα Μελετών Χερσονήσου του Αίμου. Institute for Balkan Studies 272) : 181-8. Θεσσαλονίκη [Thessalonique], Ίδρυμα Μελετών Χερσονήσου του Αίμου/Institute for Balkan Studies.
Boulanger, A. c. 1913. *Vestis. Dictionnaire des Antiquités grecques et romaines d'après les textes et les monuments contenant l'explication des termes qui se rapportent aux mœurs, aux institutions, à la religion, aux arts, aux sciences, au costume, au mobilier, à la guerre, à la marine, aux métiers, aux monnaies, poids et mesures, etc., etc. et en général à la vie publique et privées des anciens Grecs.* V. (T-Z) : col. 764a-71b. Paris, Librairie Hachette et c^ie.
Ceaușescu, P. 1974. La double image d'Alexandre le grand à Rome — essai d'une explication politique —. *Studii Clasice* XVI : 153-68.
Cervlli Irelli, G. [1971] *Le pittvre della casa dell'atrio a mosaico* (Monumenti della pittura antica scoperti in Italia. Sezione terza. Ercolano fasc. I). s. l. [Rome], Istitvto poligrafico dello Stato, Libreria dello Stato.
Charbonneaux, J. 1952. Antigone le Borgne et Démétrius Poliorcète sont-ils figurés sur le sarcophage d'Alexandre ? *La Revue des arts* II : 219-23.
Chrysafis, Ch. I. 2014. Pyrokausis: Its meaning and function in the organisation of the Macedonian army. *Klio: Beiträge zur Alten Geschichte* 96/2 : 455-68.
Connolly, P. 1989. The Roman Army in the Age of Polybius. Dans J. Hackett (éd.), *Warfare in the Ancient World* : 149-56. London, Sidgwick & Jackson Limited.
Connolly, P. 1998. *Greece and Rome at War.* London, Greenhill Books.
Corfù, N. A. 2014. Zur Zeitstellung und Deutung des Alexandersarkophags aus Sidon [résumé en italien]. *NAC* 43 : 149-67 ill. (*non vidi*)
Couissin, P. 1932. *Les institutions militaires et navales* (La vie publique et privée des anciens Grecs VIII). Paris, Société d'édition « Les Belles Lettres ».
Delbrück, H. 1920, *Geschichte der Kriegskunst im Rahmen der politischen Geschichte.* I. *Das Altertum.* Berlin³, Verlag von Georg Stilke.

Nota bene
Nous nous sommes référés à l'édition de 2003 intitulée *Geschichte der Kriegskunst. Das Altertum. Von den Perserkriegen bis Caesar*, mit einem Vorwort von Ulrich Rauff und einer Einleitung von Karl Christ. Hamburg, Nikol Verlagsgesellschaft mbH & co. KG.

Dintsis, P. 1986. *Hellenistische Helme*. I. Text. II. Taffeln (*Archaeologica* XLIII). Roma, Georgio Breitschneider Editore.

Von Domaszewski, A. 1926. *Die Phalangen Alexanders und Caesars Legionen* (*Sitzungberichte der Heidelberger Akademie der Wissenschaften. Philosophisch-historische Klasse* Jahrgang 1925-1926 1. Abhandlung). Heidelberg, Carl Winters Universitätbuchhandlung.

Droysen, H. 1889. *Heerwesen und Kriegführung der Griechen* (*K. F. Hermann's Lehrbuch der griechischen Antiquitäten* II, 2). Friburg im Brisgau, Akademische Verlagsbuchhandlung von J. C. B. Mohr (Paul Siebeck).

Ducrey, P. 1968. *Le traitement des prisonniers de guerre dans la Grèce antique, des origines à la conquête romaine* (École Française d'Athènes. Travaux et mémoires des anciens membres étrangers de l'École et de divers savants fasc. XVII). Paris, Éditions E. de Boccard.

Ducrey, P. 1985. *Guerre et guerriers dans la Grèce antique*. Paris, Payot.

Ellis, J. R. 1975. Alexander's hypaspists again. *Historia. Zeitschrift für Alte Geschichte. Revue d'Histoire Ancienne. Journal of Ancient History. Rivista di Storia Antica* XXIV : 617-8.

Errington, R. M. 1990. *A History of Macedonia*, translated by Catherine Errington. Berkeley, Los Angeles et Oxford, University of California Press.

Fernández Nieto, F. J. 1997. Los reglamentos militares griegos y la justicia castrense en época helenística. Dans G. Thür et J. Vélissaropoulos-Karakostas (éd.), *Symposion 1995. Vorträge zur griechischen und hellenistischen Rechtsgeschichte (Korfu, 1.-5. September 1995)* (Akten der Gesellschaft für griechische und hellenistische Rechtgeschichte 11) : 221-44. Köln, Böhlau Verlag GmbH & Cie.

Feugères, M. 1993. *Les armes des Romains de la République à l'Antiquité tardive* (Collection des Hespérides). Paris, Éditions Errance [réimpression m. l. 2002].

Foulon, É. 1996a. La garde à pied, corps d'élite de la phalange hellénistique. *Bulletin de l'Association Guillaume Budé* 1996/1 : 17-31.

Foulon, É. 1996b. Hypaspistes, peltastes, chrysaspides, argyraspides, chalcaspides [résumé en anglais]. *Revue des Études Anciennes* 98/1-2 : 53-64.

Frel, J. 1971. The Rhodian workmanship of the Alexander sarcophagus. *Mitteilungen des Deutschen Archäologischen Instituts (Abteilung Istanbul)* XXI : 121-4.

Geyer, [F.]. 1924. Krateros. *Paulys Realencyclopädie der classischen Altertumswissenschaft*[2], Supplementband IV : col. 1038-48. Stuttgart, J. B. Metzlersche Verlagsbuchhandlung.

Giulani, L. 1977. Alexander in Ruvo, Eretria und Sidon. *Antike Kunst* XX : 26-42.

Goukowsky, P. 1978. *Essai sur les origines du mythe d'Alexandre (336-270 av. J.-C.)* I. *Les origines politiques* (Annales de l'Est mémoire n° 60). Nancy [Presses Universitaires de Nancy].

Goukowsky, P. 1987. Makedonika. *Revue des Études Grecques* C : 240-55.
von Graeve, V. 1970. *Der Alexandersarkophag und seine Werkstatt.* Aufnahmen von D. Johannes (*Istanbuler Forschungen* 28). Berlin, Gebr. Mann Verlag GmbH.
Griffith, G. T. 1982. Philippe stratège et l'armée macédonienne. Dans M. B. Hatzopoulos et L. D. Loukopoulos (dir.), *Philippe de Macédoine* (*Bibliothèque des arts*) : 58-77. Fribourg, Office du livre S. A.
Hamdy Bey, O. et Reinach, Th. 1892. *Une Nécropole Royale à Sidon.* Paris, Ernest Leroux.
Hammond, N. G. L. 1978. Note on argyraspides (silver shields) and hypaspists (shield-bearers). *The Classical Quarterly* XXVIII : 135.
Hammond, N. G. L. et Walbank, F. W. 1988. *A History of Macedonia.* Volume III. *336-167 B.C.* Oxford, Oxford University Press.
Hammond, N. G. L. 1997. Arrian's Mention of Infantry Guards. *The Ancient History Bulletin* 11 : 20-4, article réimprimé dans les *Collected Studies* du savant britanique [= Hammond, N. G. L. 2001. Dans N. G. L. Hammond (éd.), *Collected Studies* V. *Further Studies on Various Topics* : 61-5. Amsterdam, Adolf M. Hakkert – Publisher].
Hammond, N. G. L. 2001 : cf. Hammond (1997).
Hare, W. L. 1929. Greek armorial bearings. *Art and Archaeology* XXVII : 59-63 ; 136-40 ; 169-74.
Hatzopoulos, M. B. 1994. *Cultes et rites de passage en Macédoine* (ΜΕΛΕΤΗΜΑΤΑ 19). Ἀθήνα [Athènes], Κέντρον Ἑλληνικῆς καὶ Ῥωμαϊκῆς Ἀρχαιότητος τοῦ Ἐθνικοῦ Ἱδρύματος Ἐρευνῶν/Research Centre for Greek and Roman Antiquity. National Hellenic Research Foundation.
Hatzopoulos, M. B. 2001. *L'organisation de l'armée macédonienne sous les Antigonides. Problèmes anciens et documents nouveaux* (ΜΕΛΕΤΗΜΑΤΑ 30). Ἀθήνα [Athènes], Κέντρον Ἑλληνικῆς καὶ Ῥωμαϊκῆς Ἀρχαιότητος τοῦ Ἐθνικοῦ Ἱδρύματος Ἐρευνῶν/Research Centre for Greek and Roman Antiquity. National Hellenic Research Foundation.
Head, B. V. 1879. *A Catalogue of the Greek Coins in the British Museum. Macedonia, etc.*, edited by R. Stuart Pole, with map. London, printed by order of the Trustees [du British Museum].
Heckel, W. 2006. Mazaeus, Callisthenes and the Alexander sarcophagus. *Historia. Zeitschrift für Alte Geschichte. Revue d'Histoire Ancienne. Journal of Ancient History. Rivista di Storia Antica* 55/4 : 385-96.
Heckel, W. 2013. The Three Thousand. Alexander's Infantry Guard. Dans B. Campbell et L. A. Tritle (éd.), *The Oxford Handbook of Warfare in the Classical World* : 164-5. Oxford, Oxford University Press.
Heuzey, L. 1922. *Histoire du costume antique d'après des études sur le modèle vivant*, préface par Edmond Pottier. Paris, Librairie ancienne Honoré Champion.

Nota bene

Nous sommes spécialement appuyés sur le chapitre IV de cette monographie, qui reproduisait presque à l'identique un article publié en 1921 (La chlamyde grecque. *La Revue de l'Art Ancien et moderne*, XXXIX. [Janvier-Mai 1921] : 12-31) — il n'en fut retranché que deux phrases, à la fin, qui correspondaient dans l'article à des remerciements adressés à *La Revue de l'Art Ancien et moderne* ; en outre, les n° des figures sont bien sûr également différents entre l'article et sa reprise dans le livre de 1922. La monographie étant d'un accès plus commode, nous nous sommes référés uniquement à celle-ci.

Houser, C. 1998. The "Alexander Sarcophagus" of Abdalonymos: A Hellenistic Monument from Sidon. Dans O. Palagia et W. Coulson (éd.), *Regional schools in Hellenistic sculpture. Proceedings of an International Conference held at the American School of Classical Studies at Athens, March 15-17, 1996* (Oxbow Monograph 90): 281-91. Oxford, Oxbow Books.

L'Italie méridionale. 1998. *L'Italie méridionale et les premières expériences de la peinture hellénistique. Actes de la table ronde organisée par l'École française de Rome (Rome, 18 février 1994)* (Collection de l'École française de Rome 244). Palais Farnèse [Rome], École française de Rome.

Jähns, M. 1880. *Handbuch des Kriegswesens von der Urzeit bis zur Renaissance. Technischer Theil: Bewaffnung, Kampweise, Befestigung, Belagerung, Seewesen*. Leipzig, Verlag von Fr. Wilh. Grunow.

Juhel, P. [O.]. 2009. The Regulation Helmet of the Phalanx and the Introduction of the Concept of Uniform in the Macedonian Army at the End of the Reign of Alexander the Great. *Klio: Beiträge zur Alten Geschichte* 91/2 : 342-55.

Juhel, P. O. 2017. *Armes, armement et contexte funéraire dans la Macédoine hellénistique Avec un appendice sur les trouvailles d'armes relatives à l'Archaïsme et aux débuts de l'époque classique en Macédoine & sur ses confins.* (Monograph Series 'Akanthina' no. 11). Gdańsk, Foundation for the Development of Gdańsk University for the Department of Mediterranean Archaeology, Gdańsk University.

Juhel, P. [O.]. Sous presse. La question du bouclier dans l'armement de la cavalerie hellénistique et la naissance d'une nouvelle cavalerie gréco-macédonienne. Dans N. V. Sekunda et A. Noguera Borel (éd.), *Hellenistic Warfare 2* (Monograph Series 'Akanthina' no. 14). Gdańsk, Foundation for the Development of Gdańsk University for the Department of Mediterranean Archaeology.

Juhel, P. [O.] et Sekunda N. V. 2009. The *agema* and the other Peltasts in the late Antigonid army. The lessons of the Cassandreia/Drama conscription *diagramma*. *Zeitschrift für Papyrologie und Epigrafik* 170 : 104-8.

Kaerst, J. 1898. Amyntas. 17). *Paulys Realencyclopädie der classischen Altertumswissenschaft^2*, I,2 : col. 2007. Stuttgart, J. B. Metzlersche Verlagsbuchhandlung.

Kalléris, J. N. 1954. *Les Anciens Macédoniens. Étude linguistique et historique. Tome I. Avec une carte historique hors textes* (Collection de l'Institut Français d'Athènes 81). Athènes, [Institut Français d'Athènes].

Karametrou-Menteside, G. 1987. A Macedonian tomb at Spelia of Eordaia [en grec, résumé en anglais]. *Το αρχαιολογικό έργο στη Μακεδονία και Θράκη* I : 23-36.

Karunanithy, D. 2013. *The Macedonian War Machine. Neglected aspects of the armies of Philip, Alexander and the Successors (359-281 BC)* (Pen & Sword Military). Barnsley, Pen & Sword Books Ltd.

Kiderlen, M., Cahn, H. A., Vollkommer, R., Vollkommer-Glöckler, D., Dennert, M. et Wiese, A. 2002. *Auktion 4. Kunstwerke der Antike. Privatesammlungen und weiterer Besitz. Griechische, Etrukische, Römische, Ägyptische und Byzantinische Kunstwerke. Ausstellung: 12. - 17. Oktober 2002. Auktion: 19. Oktober 2002 im grossen Salon des Nations des Hotel Hilton Basel. Aeschengraben 31, Basel*. Basel, Jean-David Cahn AG.

Kitzinger, E. 1963. The Hellenistic heritage in Byzantine art. *Dumbarton Oaks papers* XVII : 91-115.

Koch-Brinkmann, U. *et al.* 2008. 2, Die Farbrekonstruktion des « Alexandersarkophages ». Dans I. Kader (éd.), *Begegnung in bunt: Farbfassungen antiker chinesischer und griechischer Plastik im Vergleich : Sonderausstellung des Museums für Abgüsse Klassischer Bildwerke München anlässlich der XXIX. Olympischen Spiele in Peking, 18. Juni bis 29. August 2008*. Munich, Museum für Abgüsse Klassischer Bildwerke. (*non vidi*)

Konijnendijk, R. 2014. Iphikrates the Innovator and the Historiography of Lechaion. Dans N. V. Sekunda and B. Burliga (éd.), *Iphicrates, Peltasts and Lechaeum* (Monograph Series 'Akanthina' no. 9) : 84-94. Gdańsk, Foundation for the Development of Gdańsk University for the Department of Mediterranean Archaeology.

Kromayer, J. et Veith, G. 1928. *Heerwesen und Kriegführung der Griechen und Römer* (Handbuch der Altertumswissenschaft IV, 3. 2). München, C. H. Beck'sche Verlagsbuchhandlung (Oskar Beck).

Küsters, A. 1939. *Cuneus, phalanx und legio. Untersuchungen zur Wehrverfassung, Kampfweise und Kriegführung der Germanen, Griechen und Römer*. Inaugural-Dissertation zur Erlangung des Doktorgrades genehmigt von der Philosophischen Fakultät der Friedrich-Wilhelms-Universität zu Berlin. Wurzburg, Druckerei u. Verlag wissenschaftlicher Werke Konrad Triltsch.

Kuzmin, Y. N. 2011. *Macedonia capta*. The Deportation of Macedonian Military and Political Elite to Italy in 167 B.C. [en russe ; résumé en anglais]. *Studia Historica* 11 : 119-31.

Nota bene

Cette revue n'est pas celle qui porte le même titre et que publie l'Université de Salamanque, *Studia Historica. Historia antiqua*, dont l'abréviation dans *L'Année philologique* est SHHA. Cette autre *Studia Historica* fut publiée à Moscou de 2001 à 2013 (treize volumes ; nous remercions l'auteur lui-même pour ces précisions).

Lammert, F. 1937a. Peltastai (πελταστaί). *Paulys Realencyclopädie der classischen Altertumswissenschaft*[2], XIX,1 : col. 403-6. Stuttgart, J. B. Metzlersche Verlagsbuchhandlung.

Lammert, F. 1937b. Pelte (πέλτη). *Paulys Realencyclopädie der classischen Altertumswissenschaft*[2], XIX,1 : col. 406. Stuttgart, J. B. Metzlersche Verlagsbuchhandlung.

Lammert, F. 1937c. Triarii. *Paulys Realencyclopädie der classischen Altertumswissenschaft*[2], VI, A,2 : col. 2384-91. Stuttgart, J. B. Metzlersche Verlagsbuchhandlung.

Launey, M. 1949-1950. *Recherches sur les armées hellénistiques*, réimpression avec addenda et mises à jour en postface élaborés par Y. Garlan, Ph. Gauthier, C. Orrieux [m. l. 1987] (*Bibliothèques des écoles françaises d'Athènes et de Rome* 169). Paris, de Boccard.

Lazenby, J. F. et Whitehead, D. 1996. The myth of the hoplite's hoplon. *The Classical Quarterly* : LXXXX 27-33.

Le Bohec, S. 1993. *Antigone Dôsôn, roi de Macédoine* (*Travaux et mémoires.* « *Études anciennes* » 9). Nancy, Presses Universitaires de Nancy.

Liampi, K. 1998. *Der makedonische Schild*. Bonn, Dr. Rudolf Habelt GmbH.

Lippold, G. 1953-1954. Zum Alexandersarkophag. Ἀρχαιολογικὴ Ἐφημερίς. Εἰς Μνήμην Γεωργίου Π. Οἰκονόμου I : 214-20.

Loreto, L. 1990. Polyb. 10. 17. 1-5 e il regolamento militare macedone. Norme ellenistische in materia di saccheggio e di bottino di guerra. *Index. Quaderni camerti di studi romanistici ; International Survey of Roman Law* 18 : 331-66.

Mack, R. 1951. *Grenzmarken und Nachbarn Makedoniens im Norden und Westen*. Dissertation doctorale inédite (dactylographiée), Université Georg-August de Göttingen.

Maiuri, A. s. d. [1932]. *La casa del Menandro e il svo tesoro di argenteria. II. Tavole*. Roma, La Libreria dello Stato.

Maiuri, A. 1960. *La villa dei Misteri*. Roma, Istituto Poligrafico dello Stato.

Manni, M. s. d. [1974]. *Le pitture della casa del colonnato tvscanico* (*Monumenti della pittura antica scoperti in Italia. Sezione terza. La pitttvra ellenistico-romana. Ercolano* fasc. II.). S. l. [Rome], Istitvto poligrafico dello Stato. Libreria dello Stato.

Marinovič, L. P. 1988. *Le mercenariat grec et la crise de la polis*. Traduction de Jacqueline et Yvon Garlan. Avant-propos de Yvon Garlan (*Annales Littéraires de l'Université de Besançon* 372 ; *Centre de Recherche d'Histoire Ancienne* Volume 80). Paris, [Société d'édition «] Les Belles Lettres [»].

Markle, M. M. 1977. The Macedonian sarissa, spear and related armor. *American Journal of Archaeology* 81 : 323-39, article traduit en français en 1999 [= La sarisse macédonienne, la lance et l'équipement connexe, dans P. Brulé et J. Oulhen (éd.), *La guerre en Grèce à l'époque classique* : 149-72. Rennes, Presses Universitaires de Rennes].

Markle, M. M. 1999a : cf. Markle (1977).

Markle, M. M. 1999b. A Shield Monument from Veria and the Chronology of Macedonian Shield Types. *Hesperia. Journal of the American School of Classical Studies at Athens*. 68/2 : 219-54.

Messerschmidt, W. 1989. Historische und ikonographische Untersuchungen zum Alexandersarkophag. *Boreas. Münstersche Beiträge zur Archäologie* XII : 64-92 (Taf. 25-27).

Meyer, E. 1924. Das römische Manipularheer, seine Entwicklung und seine Vorstufen. Dans les *Kleine Schriften von Eduard Meyer*. Zweiter Band : 193-329. Halle (Saale), Verlag von Max Niemeyer.

Miller, S. G. 1993. *The Tomb of Lyson and Kallikles: a Painted Macedonian Tomb*. Mainz am Rhein, Verlag Philipp von Zabern.

Milns, R. D. 1967. Philip II and the hypaspists. *Historia. Zeitschrift für Alte Geschichte. Revue d'Histoire Ancienne. Journal of Ancient History. Rivista di Storia Antica* XVI : 509-12.

Milns, R. D. 1971. The Hypaspists of Alexander III. Some Problems *Historia. Zeitschrift für Alte Geschichte. Revue d'Histoire Ancienne. Journal of Ancient History. Rivista di Storia Antica* XX : 186-95.

Mitropoulou, E. 1993. The origins and significance of the Vergina Symbol. Dans *Ancient Macedonia V, Papers Read at the Fifth International Symposium Held in Thessaloniki, October 10-15, 1989. Manolis Andronikos in memoriam. Αρχαία Μακεδονία V. Ανακοίνωσεις κατά το πέμπτο Διεθνές Συμπόσιο. Θεσσαλονίκη, 10-15 Οκτωβρίου 1989. Στη μνήμη του Μανόλη Ανδρόνικου.* VOLUME 2. ΤΟΜΟΣ 2 (Ίδρυμα Μελετών Χερσονήσου του Αίμου. Institute for Balkan Studies 240 [2]) : 843-958. Θεσσαλονίκη [Thessalonique], Ίδρυμα Μελετών Χερσονήσου του Αίμου/Institute for Balkan Studies.

Moltesen, M. 1995. *Ny Carlsberg Glyptotek Catalogue. Greece in the Classical Period*, with contributions by J. Christiansen, T. Fischer-Hansen, J. Stubbe Østergaard. S. l. [Copenhague], Ny Carlsberg Glyptotek.

Nava, F. 2007. Lotta tra Grifo e Arimaspe. Dans M. L. Nava, R. Paris, R. Friggeri (éd.), *Rosso pompeiano. La decorazione pittorica nelle collezioni del Museo di Napoli e a Pompei* [catalogue de l'exposition présentée à Rome, Museo Nazionale Romano, Palazzo Massimo alle Terme du 20 décembre 2007 au 31 mars 2008] : 76-7. Milano, Mondadori Electa S.p.A. [réimpression m. l. 2008].

Neira Faleiro, C. 2005. *La Notitia Dignitatum. Nueva edición crítica y comentario histórico* (Nueva Roma. Bibliotheca Graeca et Latina Aevi Posterioris 25). Madrid, Consejo Superior de Investigaciones Científicas.

Nigdelis [Νίγδελης], P. M. et Sismanidis [Σισμανίδης], K. Δύο αντίγραφα ενός επιστρατευτικού διαγράμματος του Φιλίππου Ε΄. Οι επιγραφές αρ. 207 της Συλλογής Ποτίδαιας και 6660 του Μουσείου Θεσσαλονίκης [Deux copies d'un *diagramma* de mobilisation de Philippe V. Les inscriptions n° d'inv. 207 de la collection de Potidée et 6660 du Musée de Thessalonique]. Dans *Ancient Macedonia VI, Papers Read at the Sixth International Symposium Held in Thessaloniki, October 15-19, 1996. Julia Vokotopoulou in memoriam. Αρχαία Μακεδονία. VI, Ανακοινώσεις κατά το έκτο διεθνές συμπόσιο. Θεσσαλονίκη, 15-19 οκτωβρίου, 1996. Στη μνήμη της Ιουλίας Βοκοτοπούλου.* VOLUME 2. ΤΟΜΟΣ 2 (Ίδρυμα Μελετών Χερσονήσου του Αίμου. Institute for Balkan Studies 272) : 807-21. Θεσσαλονίκη/Thessaloniki, Ίδρυμα Μελετών Χερσονήσου του Αίμου/Institute for Balkan Studies.

Papisca, M. 1999. Immagini della *imitatio Alexandri* in età severiana. I medaglioni di Tarso. Dans *Ancient Macedonia VI, Papers Read at the Sixth International Symposium Held in Thessaloniki, October 15-19, 1996. Julia Vokotopoulou in memoriam. Αρχαία Μακεδονία. VI, Ανακοινώσεις κατά το έκτο διεθνές συμπόσιο. Θεσσαλονίκη, 15-19 οκτωβρίου, 1996. Στη μνήμη της Ιουλίας Βοκοτοπούλου.* VOLUME 2. ΤΟΜΟΣ 2 (Ίδρυμα Μελετών Χερσονήσου του Αίμου. Institute for Balkan Studies 272) : 859-71. Θεσσαλονίκη/Thessaloniki, Ίδρυμα Μελετών Χερσονήσου του Αίμου/Institute for Balkan Studies.

Paris, P. 1892. Embas. Ἐμβάς (ἡ ou ὁ). *Dictionnaire des Antiquités grecques et romaines d'après les textes et les monuments contenant l'explication des termes qui se rapportent aux mœurs, aux institutions, à la religion, aux arts, aux sciences, au costume, au mobilier, à la guerre, à la marine, aux métiers, aux monnaies, poids et mesures, etc., etc. et en général à la vie publique et privées des anciens Grecs*. II. Première partie : col. 593a-5b. Paris, Librairie Hachette et c^{ie}.

Philadelphéous [Φιλαδελφεὺς] A. 1920-1921. Παράρτημα τοῦ Ἀρχαιολογικοῦ Δελτίου 1920-21. Ἁ Ἀρχαιολογικὴ περιφέρεια [Supplément de l'*Ἀρχαιολογικὸν Δελτίον*. Première région archéologique]. *Ἀρχαιολογικὸν Δελτίον* 6 : 115-31.

Pompei 1991. *Pompei. Pitture e mosaici*. Volume III. *Regiones II - III - V*. Roma, Istituto della Enciclopedia Italianna fondata da Giovanni Treccani S.p.a.

Pompei 1993. *Pompei. Pitture e mosaici*. Volume IV. *Regio VI. Parte Prima*. Roma, Istituto della Enciclopedia Italianna fondata da Giovanni Treccani S.p.a.

Pompei. 1999. *Pompei. Pitture e mosaici*. Volume IX. *Regio IX. Parte II*. Roma, Istituto della Enciclopedia Italianna fondata da Giovanni Treccani S.p.a.

Popović, P. 1992-1993. Coins of the Paeonian Rulers Patraos and Audoleon in the National Museum in Belgrade [en serbe ; résumé en anglais]. *Нумизматичар. Numizmatičar* 15-16 : 5-8.

Pottier, E. 1887. Crepida, crepidula, Κρηπίς. *Dictionnaire des Antiquités grecques et romaines d'après les textes et les monuments contenant l'explication des termes qui se rapportent aux mœurs, aux institutions, à la religion, aux arts, aux sciences, au costume, au mobilier, à la guerre, à la marine, aux métiers, aux monnaies, poids et mesures, etc., etc. et en général à la vie publique et privées des anciens Grecs*. I. Deuxième partie (C) : 1557b-60b. Paris, Librairie Hachette et c^{ie}.

Prestianni Giallombardo, A. M. 1991. Recenti testimonianze iconografiche sulla *kausia* in Macedonia e la datazione del fregio della *Caccia* della II Tomba reale di Vergina. *Dialogues d'histoire ancienne* 17 : 257-304.

Queyrel, F. 2011. L'invention de l'histoire : réflexions sur le « sarcophage d'Alexandre » de la nécropole royale de Sidon. *Mare internum: archeologia e culture del Mediterraneo* 3 : 35-45.

Rawson, E. 1971. The literary sources for the pre-Marian army. *Papers of the British School at Rome* XXXIX : 13-31.

Reinhold, M. 1970. *History of Purple as a Status Symbol in Antiquity*. Bruxelles, Éditions Latomus.

Rizzo, G. E. 1929. *La pittura ellenistico-romana*. Milano, Fratelli Treves Editori.

Röder von Diersburg, E. 1920. *Untersuchungen zum makedonischen Heerwesen*. Dissertation doctorale inédite (dactylographiée), Université d'Heidelberg.

Roisman, J. 2011. The Silver Shields, Eumenes, and their historian. Dans A. Erskine et L. Llewellyn-Jones (éd.), *Creating a Hellenistic World* : 61-81. Swansea, The Classical Press of Wales.

Von Salis, A. 1926. *Das Grabmal des Aristonautes* (Winckelmannsprogramm der Archäologischen Gesellschaft zu Berlin Progr. 84). Berlin, Walter de Gruyter & Co. Vormals G. J. Göschen'sche Verlagshandlung – J. Guttentag, Verlags-Buchhandlung – Georg Reimer – Karl J. Trübner – Veit & Comp.

Schefold, K. 1956. *Pompeji. Zeugnisse griechischer Malerei*, Aufnahmen von Walter Drayer. Auswahl und Einführung von Karl Schefold. München, R. Piper & Co Verlag.

Schefold, K. et Seidel, M. 1968. *Der Alexandersarkophag*. Berlin, Propyläen Verlag et Frankfurt am Main, Ullstein GmbH.

Seiler, F. 2010. Testimonianze di pittura ellenistica a Pompei (Tavv. XVI, XVII) [résumé en allemand]. Dans I. Bragantini (éd.), *Atti del X Congresso Internazionale dell'AIPMA (Association Internationale pour la Peinture Murale Antique). Napoli 17-21 settembre 2007. Volume I (Annali di Archeologia e Storia Antica* Quaderno N. S. 18/1) : 147-58. Napoli, Università degli Studi di Napoli «L'Orientale».

Sekunda, N. [V.] 1984. *The Army of Alexander the Great*, colours plates by Angus McBride (*Men-at-arms Series* 148). London, Osprey Publishing [réimpression m. l. 1989].

Sekunda, N. [V.] 1998, *The Spartan Army*, colour plates by Richard Hook (*Osprey Military Elite Series* 66). London, Osprey Publishing Limited.

Sekunda, N. [V.] 2001. *Hellenistic Infantry Reform in the 160's BC.* (*Studies on the History of the Ancient and Medieval Art of Warfare* V). Łódź, Oficyna Naukowa MS [réimpression dans la collection *Monograph Series 'Akanthina'* (nº 1) à Gdańsk en 2006, Fundation for the Development of Gdańsk University].

Sekunda, N. V. 2003. A Macedonian Companion in a Pompeian Fresco. *Archeologia. Rocznik Instytutu Archeologii i etnologii Polskiej Akademii Nauk*. LIV : 29-33.

Sekunda, N. V. 2007. Military Forces. A. Land forces. Dans Ph. Sabin, H. van Wees et M. Whitby (éd.), *Greece, the Hellenistic World and the rise of Rome* (*Cambridge History of Greek and Roman Warfare* Volume I) : 325-57. Cambridge et New York, Cambridge University Press.

Sekunda, N. V. 2013a. *The Antigonid Army* (*Monograph Series 'Akanthina'* no. 8). Gdańsk, Foundation for the Development of Gdańsk University for the Department of Mediterranean Archaeology.

Sekunda, N. V. 2013b. The Iphicratean Peltast Reform. Dans A. A. Sinitsyn [А. А. Синицына] et M. M. Kholod [М. М. Холода] (éd.), *KOINON ΔΩPON: Исследования и эссе в честь 60-летнего юбилея Валерия Павловича Никонорова от друзей и коллег/Studies and Essays in Honour of Valery P. Nikonorov on the Occasion of His Sixtieth Birthday presented by His Friends and Colleagues* : 369-80. Санкт-Петербург/St-Petersburg, Филологический факультет, Санкт-Петербургского государственного университета/St-Petersburg State University, Faculty of Philology.

Sekunda, N. V. 2013c. The 'Victory' coinage of Patraos of Paionia. Dans A. Rufin Solas (éd.), *Armées grecques et romaines dans le nord des Balkans*. Édité par Aliénor Rufin Solas. En collaboration avec Marie-Gabielle Parissaki et Elpida Kosmidou (*Monograph Series 'Akanthina'* no. 7) : 53-67. Gdańsk et Toruń, Fondation *Traditio Europae*.

Sirgam, A. 1993. Gli «ipaspisti»: un problema di terminologia e di tecnica militare ellenistica. Dans S. Sconocchia et L. Toneatto (éd.) [avec la collaboration de D. Crismani et P. Tassinari], *Lingue tecniche del greco e del latino. Atti del Iº Seminario internazionale sulla letteratura scientifica e tecnica greca e latina* : 105-17. Trieste, Università degli studi di Trieste.

Sotheby's. 1969. *Catalogue of the extremely important Paeonian Hoard being coins in gold and silver of the Independent Kingdom of Paeonia* [extrait du catalogue de la vente de Sotheby and Co du 16 avril 1969]. London, Sotheby's.

Spendel, A. 1915. *Untersuchungen zum Heerwesen der Diadochen*, Inaugural-Dissertation zur Erlangung der Doktorwürde der Hohen Philosophischen Fakultät der Schlesischen Friedrich-Wilhelms-Universität zu Breslau. Breslau [Wrocław], Buchdruckerei H. Fleischmann.

Taylor, R. W. J. 1991. *The King and the Army in the Hellenistic World*. Dissertation doctorale inédite (dactylographiée), Université d'Oxford.

Toynbee, A. J. 1965. *Hannibal's Legacy. The Hannibalic War's Effects on Roman Life*. Volume I. *Rome and her Neighbours before Hannibal's Entry*. London, Oxford University Press.

Tripodi, B. 1986. L'«emblema» della casa reale macedone. Dans *Ancient Macedonia IV, Papers Read at the Fourth International Symposium Held in Thessaloniki, September 21-25, 1983. Αρχαία Μακεδονία IV. Ανακοίνωσεις κατά το τέταρτο Διεθνές Συμπόσιο. Θεσσαλονίκη, 21-25 Σεπτεμβρίου 1983* (Ἵδρυμα Μελετῶν Χερσονήσου του Αἵμου. Institute for Balkan Studies 204) : 653-60. Θεσσαλονίκη [Thessalonique], Ἵδρυμα Μελετῶν Χερσονήσου του Αἵμου/Institute for Balkan Studies.

Tsimbidou-Avloniti, M. 2005. *The Macedonian Tombs at Phinikas and Ayios Athanasios in the Area of Thessaloniki. Contribution of the funerary Monuments of Macedonia* (Δημοσιεύματα του Αρχαιολογικού Δελτίου 91) [en grec ; résumés en anglais et en italien]. Αθήνα [Athènes], Ταμείο αρχαιολογικών πόρων και απαλλοτριώσεων διεύθυνση δημοσιευμάτων [Caisse des ressources archéologiques et des expropriations].

Ujes, D. 1996. A Tetradrachme-subaeratus of the Paeonian King Patraos at Risan [en anglais, résumé en macédonien et en français]. *Macedonian Numismatic Journal. Македонски Нумизматички Гласник* 2 : 23-32.

Urso, G. 1995. Prigionia e morte di Perseo di Macedonia. *Rendiconti dell'Istituto Lombardo, Classe di Lettere, Scienze morali e storiche* 129 : 343-55.

Urso, G. 1998. I Romani e la deportazione delle classi dirigenti nemiche. *Aevum: rassegna di scienze storiche, linguistiche e filologiche* LXXII : 91-102.

Veropoulidou, R., Andreou, S. et Kotsakis, K. 2005. The Thessaloniki Tell: the Production of purple Dye in the bronze Age [en grec ; résumé en anglais]. *Το αρχαιολογικό έργο στη Μακεδονία και Θράκη* 19 : 173-86.

Virgilio, B. 1999. Re e regalità ellenistica negli affreschi di Boscoreale. Dans B. Virgilio (éd.), *Studi ellenistici* XII : 93-105. Pisa et Roma, Istituti editorial e poligrafici internazionali.

De Vos, M. et Archer, M. 1984. La pittura ellenistica a Pompei in decorazioni scomparse documentate da uno studio dell'architetto russo A. A. Parland. *Dialoghi di archeologia Terza serie. Anno 2/2. Secondo semestre* : 131-40.

Vučković-Todorovič, D. 1973-1974. Contribution à la connaissance du monnayage des souverains péoniens [en serbo-croate ; résumé en français]. *Старинар. Нова серија. Starinar. Nouvelle série* XXIV-XXV : 85-8.

Wadsworth, E. L. 1924. Stucco Reliefs of the First and Second centuries still extant in Rome. *Memoirs of the American Academy in Rome* IV : 9-102.

Walbank, F. W. 1940. *Philip V of Macedon*. Cambridge, Cambridge University Press.

Warry, J. 1981. *Histoire des guerres de l'Antiquité*. Bruxelles, Elsevier Séquoia.

Will, É. 1982. *Histoire politique du monde hellénistique (323-30 av. J.-C.)*. Tome II. *Des avènements d'Antiochos III et de Philippe V à la fin des Lagides* (Annales de l'Est mémoire n° 32). Nancy², Presses Universitaires de Nancy.

III. 'Infanterie lourde' : une notion entre armement et ordonnance tactique. Le cas de la phalange macédonienne

Dans une note de son édition du livre X de POLYBE, Foulon indiquait que les Peltastes, régiment d'élite de l'infanterie macédonienne hellénistique,[251] « ne sont plus des fantassins légers, mais ne sont pas pour autant des fantassins lourds » (Foulon et Weil 1990 : 92, n. 2). Pourtant, dans un article publié peu d'années plus tard, le même auteur décrivait les Peltastes comme « Fantassins lourds, particulièrement mobiles » (Foulon 1996b : 59).[252] Cette contradiction est comme concentrée dans l'affirmation qui concluait cet article : « Au fond, une bonne partie de la difficulté [soit de la nature des troupes d'élite hellénistiques, au rang desquelles sont à ranger les Peltastes] serait levée si l'on se rendait compte que l'hypaspiste, le peltaste, le chrysaspide, l'argyraspide, comme le phalangite sont une évolution non de l'hoplite grec, mais du peltaste thrace caractérisé essentiellement par la longue pique et le petit bouclier. » (Foulon 1996b : 63). Or cette dernière conception, qui provient de Best (1969 : 139-42),[253] avait été justement réfutée par Griffith (1981 : 166) : « It was not at the head of a host of peltasts that Philip conquered in Europe and Alexander the Great Asia. "The phalanx", as we call it, was not imitating Thracians or improving them, it was improving on hoplites. » Si Griffith marchait dans les pas de savants allemands dont il avait semble-t-il ignoré les leçons,[254] comme l'avait en

---

[251] Sur cette troupe, voir notre étude précédente, **Antigonid Redcoats**.

[252] Ce passage sur les Peltastes avait été publié au préalable dans un autre article (Foulon 1996a : 25). Indiquons que la contribution de la *Revue des Études Anciennes* n'est qu'une version remaniée d'un troisième article (Foulon 1996c), à laquelle l'auteur ajouta une conclusion et dont la refonte ne consiste en fait qu'en la suppression de quelques passages — pour mémoire, indiquons que l'extrait cité se lit aussi dans Foulon 1996c (239). Précisons également que l'auteur avait encore fourni un autre prototype de ces articles-ci dans une première communication (Foulon 1993), dont des paragraphes entiers se retrouvent mot pour mot dans l'article de la *Revue des Études Anciennes*. Ainsi, ici, le texte allant de la partie intitulée « L'*agèma* des hyp*aspistes* » (Foulon 1996b : 56), à celle consacrée aux chrysaspides, argyraspides et autres *chalcaspides* qui se finit six pages plus loin (Foulon 1996b : 62) est, à quelques remaniements près (qui tiennent avant tout à la forme des références), presque entièrement identique à celui de la *Revue de l'Université catholique d'Angers* (Foulon 1993 : 7-13). L'auteur, dans son texte publié à trois reprises en 1996, n'avait pas indiqué sa première publication, celle de 1993.

[253] Foulon (1996b : 63, n. 52) avait renvoyé aux cent trente-neuvième et cent quarantième pages seulement. À travers les réformes d'Iphicrate que nous avons notamment évoquées dans notre première étude (spécialement en I. 1. 3.), cette conception semble avoir trouvé un nouvel adepte (Matthew 2015 : 12).

[254] « Ihre Ordnung [des « Pezhetären », ie des phalangites d'Alexandre, décrits aux lignes précédentes] war noch dichter als die der griechischen Hopliten. Der Einzelkampf wurde bei ihnen völlig durch Massenwirkung ersetz », avait justement écrit Küsters (1939 : 43) en se référant à DIODORE (XVI, 3). Dès la fin du XIXe siècle, l'historien militaire Jähns (1880 134-

tout cas élégamment exprimé Adcock (1957 : 26), les phalangites des Argéades formèrent « the phalanx *par excellence* of the ancient world. » Ne revenons pas sur la raison qui fait que la phalange macédonienne « was improving on hoplites ». Nous y avons touché dans notre première étude (cf. en I. 1. 1. à la suite de F. Lammert et de Delbrück) et ceci s'éclairera d'ailleurs par l'exposé qui suit. Les contradictions quant à la nature des Peltastes en particulier et quant à l'infanterie hellénistique en général proviennent en fait, en premier lieu, de l'absence d'une notion 'claire et distincte' (pour user de la belle expression des Cartésiens ou de Leibniz) du concept de 'troupe lourde' (et, *a contrario*, de 'troupe légère'), pourtant récurrent au sein de l'histoire militaire.

III. 1. De la confusion entre les notions d'armement et d'ordonnance

La cause en est la confusion entre les notions d'armement et d'ordonnance.[255] C'est là la racine de l'embarras de quelques uns des savants qui ont touché à ces questions.[256] Le terme ordonnance est ici à prendre dans sa signification tactique, c'est-à-dire la formation adoptée par une unité sur le champ de bataille,[257] et plus spécialement, pour le sujet qui nous occupe, la formation adoptée par une

---

5) avait mis en exergue l'origine dont l'ordre tactique macédonien tirait son essence : « Seine Taktik, so lange dieselbe unbeeinflusst die Bedingnisse des orientalischen Schauplatzes, als eigentlich hellenische bezeichnet werden kann, ist die bewusste Entwickelung des Systems des Epameinondas; Alexander geht über dasselbe hinaus, indem er den Offensivflügel nicht nur wie der grosse Thebaner formal und quantitativ bevorzugt, sondern ihn qualitativ und organisch durch die waffenweise Zusammensetzung von dem übrigen Heere unterscheidet. »

[255] Dans la langue militaire, 'ordonnance' est un terme général qui est surtout devenu synonyme de 'règlement', 'loi militaire'. « Mot dérivé du latin *ordinatio*, qu'on a d'abord traduit par ordène, ordenanche, comme le témoigne Barbazan, ordennée, ordine, ordonnée, ordrenance, suivant l'Encyclopédie (...). Ces mots ont signifié arrangement de troupes, commandement, ordre, règlement » (Bardin 1850a : 4186). Plus que dans *ordinatio*, il semble qu'il en faille trouver l'origine, en latin, dans le terme *ordo* : « *Ordines servare, signa sequi* war die Grundbedingung für das regelrechte Gefecht der Legion. Truppen, die bell. Gall. IV 82, 5, beim Futterholen überrascht, nicht haben antreten können, vermögen sich *incertis ordinibus* nicht zu wehren. » (Lammert 1939 : col. 935). En grec, 'ordonnance' correspondait à σύνταξις. Invoquons ainsi par exemple ce passage de POLYBE (XVIII, 28, § 2), « ἐπεὶ γὰρ ἡ μὲν Μακεδόνων σύνταξις ἐν τοῖς πρὸ τοῦ χρόνοις, δι' αὐτῶν τῶν ἔργων διδοῦσα τὴν πεῖραν, ἐκράτει τῶν τε κατὰ τὴν Ἀσίαν καὶ τῶν Ἑλληνικῶν συντάξεων », traduit de la sorte par Roussel (1970 : 969-70) : « Il était apparu autrefois, à l'expérience, que l'ordonnance de bataille des armées macédoniennes l'emportait sur celles des Asiatiques et des Grecs ».

[256] Ainsi Le Bohec, passant au crible le récit de la bataille de Sellasie relativement au thème des soldats illyriens au service des rois de la Macédoine hellénistique, les avaient dans un premier temps considérés comme relevant de l'infanterie lourde. Mais, dans un second temps, elle avait de fait émis à leur sujet une opinion quasiment *contra*ire : cf. ci-dessous notre étude **Remarques philologiques et historiques sur l'ambivalence des termes relatifs aux institutions militaires macédoniennes chez les historiens de l'Antiquité**, à l'appel de la n. 328.

[257] « Ordonnance (ordonnances) tactique (...), ou arroy, ou ordre tactique. Sorte d'ordonnance que les Latins exprimaient par *ordinatio*, comme en témoigne Polybe. (...) L'Ordonnance tactique est le dispositif, le plan d'une armée sur le terrain l'arrangement d'une ou de plusieurs troupes, pour marcher, exercer, combattre. — Le mot Ordonnance a d'abord été synonyme de tactique, qui est plus moderne, et qui dans le sens absolu l'a remplacé. » (Bardin 1850b : 4207).

unité d'infanterie. Or la notion que nous explorons a été précisément définie dans le lexique militaire. Plus précisément encore que celle d'ordonnance, elle correspond à celle 'd'ordre de bataille d'infanterie'. [258]

Ces bases rappelées, la conclusion de l'article de Foulon publié dans la *Revue des Études Anciennes* (1996b : 63) est-elle caractéristique de conséquences floues tirant leurs origines de ces indéterminations conceptuelles ? « [L]a phalange sarissophore », écrivait-il, « en formation serrée, toute hérissée de gigantesques piques, est relativement plus lourde que la phalange hoplitique. On ne peut prétendre pour autant que la phalange hoplitique est une formation légère, ou même demi-légère / demi-lourde. » Car la notion de 'lourdeur', que l'on trouve par exemple dans l'expression 'infanterie lourde', est un concept ambivalent qui ne se comprend pas exclusivement par le biais de la nature de l'armement. Si, au sens premier, l'infanterie lourde est bien l'infanterie pesamment armée, l'évolution de l'art tactique fit que des troupes moins pesamment armées purent remplir le rôle tactique de l'infanterie lourde au sens propre, c'est-à-dire le combat par le choc. Dans le cadre de l'histoire militaire grecque, l'ordre de bataille de l'infanterie des piquiers était plus lourd que celui de la phalange hoplitique, et ce bien que les piquiers fussent plutôt (ou puissent être) moins lourdement armés, individuellement, que les hoplites des vieilles cités grecques.

---

[258] « Sorte d'ordre de bataille dont la forme s'est modifiée à chaque révolution survenue dans l'organisation des troupes et dans l'espèce des armes dont elles faisaient usage. Examinons le sujet comme ordre constitutif, soit de pied ferme, soit en marche. (...) — Vers le temps de la renaissance de l'art, et longtemps après, aucun règlement ne fixait la distance entre les rangs de piquiers ; mais l'usage était de les espacer de la longueur au plus d'une hallebarde, hormis en cas de choc ; alors ils serraient etc » (Bardin 1850c : 4215-6). Cette allusion aux piquiers de la Renaissance montre bien que c'est ce concept 'd'ordre de bataille d'infanterie' qui est en jeu si l'on cherche à analyser l'organisation tactique (ou ordonnance) de la phalange hellénistique. Pour le parallèle entre les piquiers de la Renaissance et ceux de l'époque hellénistique, voir notamment le quatrième chapitre, « Die Pikeniere und Phalangiten. Die Legionaire » de Schneider (1893 : 70-99) — la partie consacrée aux piquiers et aux phalangites formant le gros de ce chapitre, jusqu'à la quatre-vingt-onzième page). De Guibert, dans son *Essai général de tactique* (première partie, « Tactique élémentaire » ; « II. Tactique de l'infanterie »), avait également touché à ce point quand, en guise de préambule à ses réflexions, il avait fait allusion à l'art de la guerre antique : « Constituée et armée uniformément, comme elle l'est aujourd'hui, il n'y a plus qu'une sorte d'infanterie. De là plus qu'une ordonnance, variée, à la vérité, suivant les terrains, mais toujours la même dans sa base et dans son principe. Voilà un avantage que je trouve à notre tactique par-dessus celle des Anciens. Ils avaient de l'infanterie pesante et de l'infanterie armée à la légère. Ils étaient par conséquent obligés d'avoir une ordonnance pour chacune d'elles. » (de Guibert 1772 : 109-10).

III. 2. Exemples tirés de l'histoire militaire grecque

III. 2. 1. Generalia

Ainsi, si par exemple que les phalangites hellénistiques étaient certainement bien moins pesamment armés que les 'hommes de bronze' de l'époque archaïque,[259] il n'en demeurait pas moins que leur fonction tactique était la même : enfoncer l'ennemi. Si les hoplites de l'Archaïsme la remplissaient par la lourdeur de l'armement de l'ensemble des guerriers de la phalange hoplitique faisant bloc, les hoplites[260] de la phalange hellénistique, quant à eux, parvenaient au même but par la pesanteur de l'ensemble de la formation faisant également bloc mais, de surcroît, un bloc plus encore efficace par l'emploi de ladite 'sarisse',[261] c'est-à-dire de la pique, laquelle conférait à la phalange l'allure d'un impénétrable hérisson.

III. 2. 2. Leçon polybienne

C'est dans l'œuvre de POLYBE que l'on en trouve la description la plus précise. Au sein d'une longue digression exposant pourquoi les légions romaines battirent, de façon quasiment systématique, la phalange macédonienne en rase campagne, l'historien achaïen décrivait cette dernière en grands détails tant du point de vue de son armement que de son ordonnance :

Ὅτι μὲν ἐχούσης τῆς φάλαγγος τὴν αὑτῆς ἰδιότητα καὶ δύναμιν οὐδὲν ἂν ὑποσταίη κατὰ πρόσωπον οὐδὲ μεῖναι τὴν ἔφοδον αὐτῆς, εὐχερὲς καταμαθεῖν ἐκ πολλῶν. ἐπεὶ γὰρ ὁ μὲν ἀνὴρ ἵσταται σὺν τοῖς ὅπλοις ἐν τρισὶ ποσὶ κατὰ τὰς ἐναγωνίους πυκνώσεις, τὸ δὲ τῶν σαρισῶν μέγεθος ἐστι κατὰ μὲν τὴν ἐξ ἀρχῆς ὑπόθεσιν ἑκκαίδεκα πηχῶν, κατὰ δὲ τὴν ἁρμογὴν τὴν πρὸς τὴν ἀλήθειαν δεκκατεττάρων, τούτων δὲ τοὺς τέτταρας ἀφαιρεῖ τὸ μεταξὺ τοῖν

---

[259] Sur ceux-ci, voir par exemple le quatrième chapitre « Men of bronze : the myth of the middle-class militia. » de van Wees (2004 : 47-60), avec notamment les références aux sources invoquées à la n. 1 du chapitre (van Wees 2004 : 265).

[260] Ainsi que le suggère la citation précédente de Foulon, on a souvent tendance à restreindre le mot 'hoplite' au soldat pesamment armé des cités grecques de l'Archaïsme ou de l'âge classique. Mais comme en témoigne les tacticiens hellénistiques, le phalangite était non moins, pour les Anciens, un hoplite : Τὸ μὲν οὖν τῶν ὁπλιτῶν ἅτε ἐγγύθεν μαχόμενον βαρυτάτῃ κέχρηται σκευῇ· ἀσπίσι τε γὰρ μεγίσταις καὶ θώραξι καὶ ταῖς κνημῖσι σκέπεται καὶ δόρασι μακροῖς κατὰ ῥηθησόμενον Μακεδόνιον τρόπον. (ASCLÉPIODOTE, I, § 2). « Le corps des hoplites, du fait qu'il combat de près, utilise un équipement très lourd : ils sont en effet protégés par de très grands boucliers, par des cuirasses et par leurs jambières, et sont armés de longues lances à la mode que l'on appellera macédonienne. » (Poznanski 1992 : 2). Nous avons touché à ce point à l'abord de notre premier essai au sujet du terme de "phalange" (cf. n . 4), et nous en avons vu divers exemples dans la lettre des écrivains antiques.

[261] Nous avons rappelé ci-dessus (cf. n. 17) que déjà Delbrück avait vu que *sarissa* ne désignait pas exclusivement, comme le sous-entendent en règle générale les modernes, la très longue lance tenue à deux mains (la pique).

χεροῖν διάστημα καὶ τὸ κατόπιν σήκωμα τῆς προβολῆς, φανερὸν ὅτι τοὺς δέκα πήχεις προπίπτειν ἀνάγκη τὴν σάρισαν πρὸ τῶν σωμάτων ἑκάστου τῶν ὁπλιτῶν ὅταν ἴῃ δι᾽ ἀμφοῖν τοῖν χεροῖν προβαλόμενος ἐπὶ τοὺς πολεμίους. ἐκ δὲ τούτου συμβαίνει τὰς μὴν τοῦ δευτέρου καὶ τρίτου καὶ τετάρτου πλεῖον, τὰς δὲ τοῦ πέμπτου ζυγοῦ σαρίσας δύο προπίπτειν πήχεις πρὸ τῶν πρωτοστατῶν, ἐχούσης τῆς φάλαγγος τὴν αὐτῆς ἰδιότητα καὶ πύκνωσιν κατ᾽ ἐπιστάτην καὶ κατὰ παραστάτην, ὡς Ὅμηρος ὑποδείκνυσιν ἐν τούτοις·

ἀσπὶς ἄρ᾽ ἀσπίδ᾽ ἔρειδε, κόρυς κόρυν, ἀνέρα δ᾽ ἀνήρ·
ψαῦον δ᾽ ἱππόκομοι κόρυθες λαμπροῖσι φάλοισι
νευόντων· ὡς πυκνοὶ ἐφέστασαν ἀλλήλοισι.

τούτων δ᾽ ἀληθινῶς καὶ καλῶς λεγομένων, δῆλον ὡς ἀνάγκη καθ᾽ ἕκαστον τῶν πρωτοστατῶν σαρίσας προπίπτειν πέντε, δύσι πήχεσι διαφερούσας ἀλλήλων κατὰ μῆκος.

(30) Ἐκ δὲ τούτου ῥᾴδιον ὑπὸ τὴν ὄψιν λαβεῖν τὴν τῆς ὅλης φάλαγγος ἔφοδον καὶ προβολήν, ποίαν τιν᾽ εἰκὸς εἶναι καὶ τίνα δύναμιν ἔχειν, ἐφ᾽ ἑκκαίδεκα τὸ βάθος οὖσαν. ὧν ὅσοι <τὸ> πέμπτον ζυγὸν ὑπεραίρουσι, ταῖς μὲν σαρίσαις οὐδὲν οἷοί τ᾽ εἰσὶ συμβαλέσθαι πρὸς τὸν κίνδυνον· διόπερ οὐδὲ ποιοῦνται κατ᾽ ἄνδρα τὴν προβολήν, παρὰ δὲ τοὺς ὤμους τῶν προηγουμένων ἀνανενευκυίας φέρουσι χάριν τοῦ τὸν κατὰ κορυφὴν τόπον ἀσφαλίζειν τῆς ἐκτάξεως, εἰργουσῶν τῇ πυκνώσει τῶν σαρισῶν ὅσα τῶν βελῶν ὑπερπετῆ τῶν πρωτοστατῶν φερόμενα δύναται προσπίπτειν πρὸς τοὺς ἐφεστῶτας. αὐτῷ γε μὴν τῷ τοῦ σώματος βάρει κατὰ τὴν ἐπαγωγὴν πιεζοῦντες οὗτοι τοὺς προηγουμένους βιαίαν μὲν ποιοῦσι τὴν ἔφοδον, ἀδύνατον δὲ τοῖς πρωτοστάταις τὴν εἰς τοὔπισθεν μεταβολήν. (POLYBE, XVIII, 29-30, § 4).

« Quand la phalange possède ce qui la caractérise et fait sa force, que rien ne puisse soutenir son attaque frontale, c'est ce qui est facile, pour plusieurs raisons, de comprendre. Lorsqu'en effet un homme se tient en armes dans un espace de trois pieds, en ordre serré de combat, et que les **sarisses** ont une longueur qui fut originellement de 16 coudées avant d'être réduite, compte tenu des besoins réels, à 14, — dont il faut retrancher 4 représentant la distance entre les deux mains du porteur et la partie qui fait, à l'arrière, contrepoids à la partie antérieure, — on voit clairement que la **sarisse** doit faire une saillie de dix coudées devant le corps de chaque hoplite au moment où il charge l'ennemi en la tenant [des] deux mains. Il en résulte que les **sarisses des deuxième, troisième et quatrième rangs** dépassent celles **du cinquième**, qui dépassent elles-mêmes [les *prôtostates*] de deux coudées, cela quand la phalange a sa formation caractéristique en longueur et en profondeur [, rangée par épistates et *parastates*], **selon la disposition que nous peint Homère:**

L'écu s'appuie sur l'écu, le casque sur le casque, le guerrier sur le guerrier ;

Les cimiers éclatants des casques à crinière se touchent quand les hommes se penchent, tant il sont serrés les uns contre les autres.

Cette description est à la fois vraie et belle. Il est donc évident qu'il y aura nécessairement en avant de chaque [*prôtostate*] cinq **sarisses** à faire saillie, à des intervalles de deux **coudées, dont les fers se trouvent en retrait les uns par rapport aux autres de toutes les deux coudées.**

(30) Cela permet de comprendre aisément de quelle manière et avec quelle force se font l'attaque et la charge d'une phalange entière, **disposées sur seize rangs de profondeur**. Tous ceux qui sont au-delà **du cinquième rang** ne peuvent nullement participer au combat en se servant de **leurs sarisses** : c'est pourquoi, ils ne les tendent pas en avant, mais les tiennent inclinées au-dessus des épaules de ceux qui les précèdent, pour assurer [par le haut] la protection de [la] formation, étant donné que la densité des sarisses fait obstacle aux projectiles qui, passant au-dessus [des *prôtostates*], peuvent venir frapper ceux qui se trouvent derrière. **Ceux-ci**, au moment de l'attaque, pèsent **sur les rangs qui les précèdent** par leur simple [masse], **et ôtent aux** [*prôtostates*] **toute possibilité de faire volte-face.** »[262]

III. 2. 3. D'autres illustrations tirées des historiens de l'Antiquité

D'autres historiens anciens avaient décrit plus sommairement la phalange macédonienne tardive, mais souvent d'une façon non moins frappante. Ainsi, à Pydna, TITE-LIVE (XLIV, 41, § 6) évoquait la « *phalangem, cuius confertae et intentis*

---

[262] La traduction est avant tout celle de Garlan (1972 : 98). Mais dans certains cas (passages en **gras**), nous avons préféré celle de Roussel (1970 : 859-60), voire avons proposé nos propres interprétations, lesquelles sont alors insérées entre crochets. Précisons ainsi notamment que les termes de *prôtostates*, d'épistates et de parastates avaient, dans le lexique militaire propre à la phalange des piquiers 'sarissophores', une signification bien particulière. ASCLÉPIODOTE (II, § 3) nous la rappelle : « <Ὁ δὲ ἡγούμενος ὠνόμασται καὶ πρωτοστάτης>, ἐπιστάτης δὲ ὁ ἑπόμενος, ὥστε καθ' ὅλον τὸν στίχον εἶναι πρωτοστάτην, εἶτα ἐπιστάτην, εἶθ' ἑξῆς πρωτοστάτην, εἶτα ἐπιστάτην, καὶ τοῦτο παρ' ἕνα μέχρις οὐραγοῦ. » — « L'homme de tête a été appelé également protostate, le suivant épistate, si bien que dans sa totalité la file est formée d'un protostate puis d'un épistate et ainsi de suite, de protostate en épistate jusqu'au serre-file. » (Poznanski 1992 : 4-5). Quant au terme de parastate, il désignait les soldats de même rang des différentes escouades (nous traduisons *lochos* par 'escouade' — on pourrait aussi utiliser le mot 'section') quand chacune de celles-ci (l'escouade étant la formation organique de la phalange) était rangée l'une à côté de l'autre, les soldats de chaque *lochos* étant de la sorte alignés en files : « οἱ δὲ ὁμόζυγοι τῶν λόχων πρωτοστάται ἢ ἐπιστάται διὰ τὸ παρ' ἀλλήλοις ἵστασθαι παραστάται κεκλήσονται » (ASCLÉPIODOTE, II, § 4). « Les compagnons de rang des différentes escouades, protostates et épistates, étant donné qu'ils se tiennent les uns à côté des autres, seront appelés parastates. » (Poznanski 1992 : 5). Cette formation où les escouades étaient mises en ligne les unes à côté des autres était la formation par excellence de la phalange, laquelle s'organisait donc en une formation de huit à seize rangs de profondeur, selon la force donnée à l'escouade, laquelle varia et dans le temps et, bien évidemment, selon les effectifs disponibles (cf. ASCLÉPIODOTE, II, § 1). Sur cette formation, cf., à la suite de H. Droysen, Poznanski (1992 : 5, n. a).

horrentis hasti intolerabilis uires sunt », « la phalange, dont les forces sont irrésistibles quand ses rangs sont serrés et quand elle présente un front hérissé de piques pointées en avant » (Jal 1976 : 92). Lors de la bataille de Cynoscéphales, il mentionnait la *phalanx Macedonum grauis atque immobilis* (TITE-LIVE, XXXIII, 9, § 10), « la phalange macédonienne, lourde et peu mobile » (Achard 2001 : 12). Au début de cet affrontement-ci, selon PLUTARQUE (*Τίτος*, VIII, § 4), « τὸ βάρος τοῦ συνασπισμοῦ καὶ τὴν τραχύτητα τῆς προβολῆς τῶν σαρισῶν οὐχ ὑπομεινάντων. » — « Ceux-ci [les Romains] ne purent soutenir le choc pesant de cette masse de boucliers serrés les uns contre les autres « [nous préférons traduire comme suit : « du poids de la formation compacte (συνασπισμός) »] et la rudesse d'attaque des sarisses. » (Chambry et Flacelière 1969 : 182). Car « ζῴῳ γὰρ ἡ φάλαγξ ἔοικεν ἀμάχῳ τὴν ἰσχὺν ἕως ἕν ἐστι σῶμα καὶ τηρεῖ τὸν συνασπισμὸν ἐν τάξει μιᾷ, διαλυθείσης δὲ καὶ τὴν καθ' ἕνα ῥώμην ἀπόλλυσι τῶν μαχομένων ἕκαστος διά τε τὸν τρόπον τῆς ὁπλίσεως καὶ ὅτι παντὸς ὅλου τοῖς παρ' ἀλλήλων μέρεσι μᾶλλον ἢ δι' αὑτὸν ἰσχύει. » (PLUTARQUE, *Τίτος*, VIII, § 6). « La phalange ressemble en effet à un animal dont la force est invincible tant qu'elle forme un seul corps et garde ses boucliers serrés sur un même rang [nous préférons traduire comme suit : « garde sa formation compacte en un seul bloc »]. Mais, quand elle est disloquée, chaque combattant perd sa force individuelle à cause de la nature de son armement, et parce qu'il tire sa vigueur de l'assemblage des parties du corps entier plutôt que de lui-même. » (Chambry et Flacelière 1969 : 183). Et certes si cette unité d'ensemble était rompue, les phalangites, armés d'une pique qui n'était une arme efficace qu'utilisée en masse, ne pouvaient combattre par petits groupes et donc moins encore individuellement.

Plus légère si l'on considère l'armement des hommes pris un à un,[263] la phalange hellénistique était ainsi tout aussi 'lourde' et même plus 'lourde' quant à sa capacité de manœuvre et d'enfoncement' que la phalange des hoplites du VIe siècle av. n. è. C'est d'ailleurs la raison pour laquelle, étant plus 'lourde' du point de vue de sa puissance tactique dans la bataille rangée d'infanterie, elle sonna le glas de la vieille phalange 'classique'.[264] Cette 'lourdeur', si on la ramène à la

---

[263] Les historiens s'interrogent notamment sur la question de savoir si les soldats des rangs arrières de la phalange étaient équipés ou non de cuirasses : cf. notamment Lush (2007) ; et par exemple, pour la phalange macédonienne sous les Antigonides, Walbank (1940 : 289), lequel, à la suite de Tarn (1930 : 27-8 — mais celui-ci ne touchait en fait pas mot, en ces pages, de ce point-ci), donnait la cuirasse aux phalangites mais peut-être pas aux Peltastes (Walbank 1940 : 293). Voir encore, pour cette question-ci dans cette période ultérieure, Sekunda (2012 : 48 – s.v. cuirasses, avec toutes les références dans son livret). Enfin, pour Ducrey (1985 : 88), « [l]e fantassin macédonien ne revêtait pas la cuirasse, qui était réservée aux seuls officiers. » Si nous l'avons reprise dans notre première étude (voir notamment sa quatrième conclusion, en I. 8. 4), cette question reste à notre avis ouverte.
[264] « Massed, densely formations armed with a longer spear could keep more heavily armored and better trained hoplites out of range, and could use the weight of their formation to break the traditional hoplite line. » (Heckel et Jones 2006 : 10).

question de l'armement du soldat, ne tenait plus à présent qu'à l'encombrement de la pique, et non aux autres armes défensives ou offensives des phalangites qui, c'est significatif, étaient moins lourdes que celles des légionnaires romains. En effet ceux-là, mis à part la pique, étaient équipés de la pelte ou de l'*aspis* hellénistiques[265] quand ceux-ci étaient dotés du *scutum* ; du poignard ou de la *machaira* alors que les fantassins romains étaient armés du *gladius* ;[266] et, enfin, du corselet ou plus rarement de la cuirasse 'musclée', tandis que la cotte de mailles équipait une partie importante des légionnaires, dont au moins les triaires.[267] PLUTARQUE (Αἰμίλιος Παῦλος, XX, § 10) exposa combien les phalangites macédoniens, à Pydna, contraints de déposer leurs piques, furent désavantagés dans leur lutte à l'escrime contre des légionnaires romains armés quant à eux d'épées plus lourdes et surtout du *scutum*, un bouclier qui les couvrait de la tête aux pieds : « ἐν δὲ ταῖς καθ' ἕνα καὶ κατ' ὀλίγους συστάσεσιν οἱ Μακεδόνες μικροῖς μὲν ἐγχειριδίοις στερεοὺς καὶ ποδήρεις θυρεοὺς νύσσοντες, ἐλαφροῖς δὲ πελταρίοις πρὸς τὰ ἐκείνων μαχαίρας ὑπὸ βάρους καὶ καταφορᾶς διὰ παντὸς ὅπλου χωρούσας ἐπὶ τὰ σώματα κακῶς ἀντέχοντες ἐτράποντο. » — « Dans cette lutte où chacun se battait contre un seul ou contre quelques uns, les Macédoniens, frappant avec leur petits poignards les boucliers solides des Romains qui descendaient jusqu'aux pieds, avaient peine à soutenir avec leurs boucliers légers la décharge (sic) ['la botte' est le terme adéquat] des pesantes épées qui traversaient toute leur armure pour atteindre leur corps » (Chambry et Flacelière 1966 : 95).[268] En effet le bouclier macédonien était de dimension

---

[265] Sur le bouclier de l'infanterie hellénistique, cf. spécialement ci-dessus nos n. 34, 63, 73, 76 et 188.
[266] Sur l'évolution de cette arme sous la République, et spécialement à l'époque de la Seconde Guerre Punique, cf. Quesada Sanz (1997).
[267] Bonne synthèse sur l'armement des phalangites de l'armée macédonienne hellénistique dans Hatzopoulos (2001 : 80-4) ; pour l'époque d'Alexandre, voir plus spécifiquement Sekunda (1989 : 27-8) ainsi que sa dernière synthèse (2013 : 78-87 — pour les questions de la pique et du bouclier seulement). De notre côté, nous pensons avoir apporté du neuf sur la question de l'uniformisation de la troupe macédonienne et des raisons qui y sous-tendent : pour le casque, cf. Juhel (2009) ; pour l'arme d'hast, cf. la première étude de notre recueil.
En ce qui concerne l'armement des légions romaines sous la République, voir par exemple le commode livret de Sekunda pour les trois classes de l'infanterie lourde, *hastati, principes, triarii* (Sekunda 2002 : 23-36 ; 44-7 pour les légendes des planches originales en couleurs) ; ou encore les bonnes pages de Connolly (1998 : 130-3).
[268] Il semblerait qu'il en fût de même à Cynoscéphales à l'aile gauche de Philippe V une fois l'unité d'ensemble rompue : « ὁ Τίτος (...) προσέβαλε τοῖς Μακεδόσι συστῆναι μὲν εἰς φάλαγγα καὶ πυκνῶσαι τὴν τάξιν εἰς βάθος, ἥπερ ἦν ἀλκὴ τῆς ἐκείνων δυνάμεως, κωλυομένοις διὰ τὴν ἀνωμαλίαν καὶ τραχύτητα τῶν χωρίων, πρὸς δὲ τὸ κατ' ἄνδρα συμπλέκεσθαι βαρεῖ καὶ δυσέργῳ χρωμένοις ὁπλισμῷ. » (PLUTARQUE, *Τίτος*, VIII, § 3). « Titus (...) chargea les ennemis, que l'inégalité et les aspérités du terrain empêchaient de se maintenir en phalange compacte et d'épaissir leurs rangs en profondeur, ce qui était l'élément essentiel de leur force. En outre la lutte au corps à corps était difficile pour les Macédoniens à cause de leur pesante armure » (Chambry et Flacelière 1969 : 182-3). Cette traduction étant maladroite à différents égards, nous proposons la suivante : « Titus (...) chargea les Macédoniens, qui étaient empêchés, du fait de l'inégalité et des accidents de terrain, tant d'en venir aux mains du fait de la lourdeur et du caractère inadéquat de leur armement que de se maintenir en phalange compacte et d'épaissir leurs rangs en profondeur — ce qui était l'élément essentiel de leur force. »

bien inférieur à celui du *scutum* romain. Il avait été précisément décrit par ASCLÉPIODOTE (V, § 1) : « Τῶν δὲ τῆς φάλαγγος ἀσπίδων ἀρίστη ἡ Μακεδονικὴ χαλκῆ ὀκταπάλαιστος, οὐ λίαν κοίλη. » « Le meilleur bouclier en usage dans la phalange est le Macédonien, en bronze, de huit paumes et pas trop concave » (Poznanski 1992 : 11). Les données archéologiques confirment cette information, soit que ces armes avaient un diamètre d'environ soixante-dix cm.[269]

III. 3. Conclusion

En résumé, une troupe est donc 'lourde' non seulement du fait de l'armement individuel de chaque soldat, mais aussi et avant tout à cause de son rôle (combat par le choc ou à distance) et de son ordonnance (ordre serré ou ordre lâche). Concluons donc cette brève contribution en mentionnant les justes réflexions de Sirgam (1993 : 114) : « (...) la sua distinzione [de la « fanteria "pesante" »] della fanteria leggera non derivata tanto dall'armamento individuale dei suoi effettiviti, quanto piuttosto dalla funzione tattica dell'unità nel suo complesso entro lo schieramento di linea. »[270]

III. 4. Bibliographie

III. 4. 1. Sources littéraires

Achard, G. (éd.) 2001. *TITE-LIVE, Histoire Romaine*. Tome XXIII. *Livre XXXIII*, texte établi et traduit par Guy Achard, Professeur à l'Université de Lyon III (*Collection des Universités de France*). Paris, Société d'édition « Les Belles Lettres ».

---

[269] Outre nos renvois indiqués ci-dessus n. 265, voir encore Juhel et Temelkoski (2007).
[270] À titre de comparaison, invoquons l'histoire militaire de l'époque napoléonienne qui offre un autre parallèle intéressant. Si l'on trouve bien dans toutes les armées du temps, une 'infanterie lourde' (désignée en règle générale comme 'de ligne') et une 'infanterie légère' (ainsi cette dichotomie 'infanterie lourde'/'infanterie légère' était-elle reprise nommément dans la Garde russe à pied à compter de 1815), seule leur fonction tactique les différenciait. L'infanterie légère' était appelée à combattre non seulement comme 'infanterie lourde', *id est* en ordre serré, mais aussi d'une manière qui lui était propre, c'est-à-dire, essentiellement, au devant de la ligne de bataille, 'en tirailleurs'. Or presque tous les fantassins de cette époque étaient armés et équipés de façon quasiment similaire (fusil, baïonnette, sabre-briquet, havresac) et les soldats de l'infanterie légère n'étaient pas autrement dotés que ceux de l'infanterie de ligne : « Actuellement, la désignation donnée à l'Infanterie légère est fausse, puisque par sa pesanteur spécifique elle ne diffère en rien de l'infanterie de bataille ou en diffère à peine par le fusil. » (Bardin 1849b : 2919). À un autre endroit de son *Dictionnaire*, Bardin (1849a : 2883) exposait non moins clairement ces nuances conceptuelles, préférant dénommer « Infanterie de bataille » ce que nous avons appelé 'infanterie lourde' : « Dénomination. — Les Anciens nommaient infanterie grave ce genre de troupe ; ils disaient armatura gravis, et les Italiens, fanteria grave ['grave' au sens de 'lourd', de 'pesant', est conservé, bien que vieilli, en français] (...) La désignation d'Infanterie de bataille, prise par opposition à tirailleurs, répond, par analogie, à la locution cavalerie de bataille, etc. ; le génitif bataille ne se prend pas dans ces deux cas sous l'acception de combat, mais il a le sens primitif et tactique du terme bataille, c'est-à-dire troupe solide et massée. »

ASCLÉPIODOTE : cf. Poznanski (1992).
Chambry, É. et Flacelière, R. (éd.) 1966. *PLUTARQUE, Vies*. Tome IV. *Timoléon-Paul-Émile — Pélopidas-Marcellus*, texte établi et traduit par Robert Flacelière, Directeur de l'École Normale Supérieure, et Émile Chambry, Professeur honoraire au Lycée Voltaire (*Collection des Universités de France*). Paris, Société d'édition « Les Belles Lettres ».
Chambry, É. et Flacelière, R. (éd.) 1969. *PLUTARQUE, Vies*. Tome V. *Aristide-Caton l'Ancien — Philopœmen-Flamininus*, texte établi et traduit par Robert Flacelière, Membre de l'Institut et Émile Chambry, Professeur honoraire au Lycée Voltaire (*Collection des Universités de France*). Paris, Société d'édition « Les Belles Lettres ».
Foulon, É. et Weil, R. (éd.) 1990. *POLYBE, Histoires. Livre X*, texte établi et traduit par Éric Foulon, Maître de conférences à l'Université d'Angers, *et Livre XI*, texte établi et traduit par Raymond Weil, Membre de l'Institut, Professeur à l'Université de Paris-Sorbonne (*Collection des Universités de France*). Paris, Société d'édition « Les Belles Lettres ».
Jal, P. (éd.) 1976. *TITE-LIVE, Histoire Romaine*. Tome XXXII. *Livres XLIII-XLIV*, texte établi et traduit par Paul Jal, Professeur à l'Université de Paris-X (*Collection des Universités de France*). Paris, Société d'édition « Les Belles Lettres ».
PLUTARQUE, Αἰμίλιος Παῦλος [(*Vie de*) *Paul-Émile*] : cf. Chambry et Flacelière (1966)
PLUTARQUE, Τίτος [(*Vie de*) *Titus*] (Κοίντος Φλαμινῖνος [Quintus Flamininus]) : cf. Chambry et Flacelière (1969).
POLYBE : cf. Foulon et Weil (1990) ; Roussel (1970).
Poznanski, L. (éd.) 1992. *ASCLÉPIODOTE, Traité de tactique*, texte établi et traduit par L. Poznanski, Professeur à l'Université Ben Gourion-Beer-Sheva (Israël) (*Collection des Universités de France*). Paris, Société d'édition « Les Belles Lettres ».
Roussel, D. (éd.) 1970. *POLYBE. Histoires*. Édition publiée sous la direction de François Hartog, texte traduit, présenté et annoté par Denis Roussel (*Quarto*). Paris, Éditions Gallimard.
Nota bene
Cette édition faisait reparaître, en 2005, la traduction parue en 1970 chez le même éditeur et alors présentée dans la *Bibliothèque de la Pléiade*.
TITE-LIVE : cf. Achard (2001) ; Jal (1976).

III. 4. 2. *Études*

Adcock, F. E. 1957. *The Greek and Macedonian Art of War*. Berkeley, Los Angeles et London, University of California Press.
Bardin, Général E. A. Baron. 1849a. Infanterie de bataille. *Dictionnaire de l'Armée de Terre, ou Recherches historiques sur l'art et les usages des anciens et des modernes. Dixième partie. Infanterie - Lieutenant-colonel. 2881 à 3200* : 2882-5. Paris, Librairie militaire, maritime et polytechnique de J. Corréard, libraire-éditeur et libraire-commissionaire.

Bardin, Général E. A. Baron. 1849b. Infanterie légère. *Dictionnaire de l'Armée de Terre, ou Recherches historiques sur l'art et les usages des anciens et des modernes.* Dixième partie. *Infanterie – Lieutenant-colonel. 2881 à 3200* : 2917-21. Paris, Librairie militaire, maritime et polytechnique de J. Corréard, libraire-éditeur et libraire-commissionaire.

Bardin, Général E. A. Baron. 1850a. Ordonnance (term. génér.). *Dictionnaire de l'Armée de Terre, ou Recherches historiques sur l'art et les usages des anciens et des modernes.* Quatorzième partie. *Officier – Portée de fusil. 4161 à 4480* : 4186. Paris, Librairie militaire, maritime et polytechnique de J. Corréard, libraire-éditeur et libraire-commissionaire.

Bardin, Général E. A. Baron. 1850b. Ordonnance (ordonnances) tactique (...), ou arroy, ou ordre tactique. *Dictionnaire de l'Armée de Terre, ou Recherches historiques sur l'art et les usages des anciens et des modernes.* Quatorzième partie. *Officier – Portée de fusil. 4161 à 4480* : 4207-8. Paris, Librairie militaire, maritime et polytechnique de J. Corréard, libraire-éditeur et libraire-commissionaire.

Bardin, Général E. A. Baron. 1850c. Ordonnance de bataille d'infanterie. *Dictionnaire de l'Armée de Terre, ou Recherches historiques sur l'art et les usages des anciens et des modernes,* Quatorzième partie. *Officier – Portée de fusil. 4161 à 4480* : 4215-7. Paris, Librairie militaire, maritime et polytechnique de J. Corréard, libraire-éditeur et libraire-commissionaire.

Best, J. G. F. 1969. *Thracian Peltasts and their influence on Greek Warfare* (Studies of the Dutch Archaeological and Historical Society I). Groningen, Wolters-Noordhoff n.v.

Connolly, P. 1998. *Greece and Rome at War*. London, Greenhill Books.

Ducrey, P. 1985. *Guerre et guerriers dans la Grèce antique*. Paris, Payot.

Foulon, É. 1993. Quelques corps d'infanterie dans armées hellénistiques chez Polybe. *Impacts: revue de l'Université catholique de l'Ouest (Angers)* 1993/4 : 3-24.

Foulon, É. 1996a. La garde à pied, corps d'élite de la phalange hellénistique. *Bulletin de l'Association Guillaume Budé* 1996/1 : 17-31.

Foulon, É. 1996b. Hypaspistes, peltastes, chrysaspides, argyraspides, chalcaspides [résumé en anglais]. *Revue des Études Anciennes* 98/1-2 : 53-64.

Foulon, É. 1996c. Contribution à une taxinomie des corps d'infanterie des armées hellénistiques (I). *Les Études Classiques* LXIV/3 : 227-44.

Griffith, G. T. 1981. Peltast, and the origins of the Macedonian Phalanx. Dans [H. J. Dell (éd.)], *Ancient Macedonian studies in honor of Charles F. Edson* (Institute for Balkan Studies 158) : 161-7. Θεσσαλονίκη [Thessalonique], [Institute for Balkan Studies/ Ἵδρυμα Μελετῶν Χερσονήσου τοῦ Αἵμου].

De Guibert, [J. A. H.]. 1772. *Essai général de tactique*. Londres [London], Chez les Libraires aſſoſſiés.

Nota bene

Nous avons utilisé le texte publié en 1976 dans le recueil intitulé *Écrits militaires 1772-1790,* préface du général Ménard (*Nation Armée*). Paris, Éditions Copernic.

Hatzopoulos, M. B. 2001. *L'organisation de l'armée macédonienne sous les Antigonides. Problèmes anciens et documents nouveaux* (ΜΕΛΕΤΗΜΑΤΑ 30). Αθήνα [Athènes], Κέντρον Ἑλληνικῆς καὶ Ῥωμαϊκῆς Ἀρχαιότητος τοῦ Ἐθνικοῦ Ἱδρύματος Ἐρευνῶν/Research Centre for Greek and Roman Antiquity. National Hellenic Research Foundation.

Heckel, W. et Jones, R. 2006. *Macedonian Warrior: Alexander's Elite Infantryman.* Illustrated by Christa Hook (*Warrior* 103). London, Osprey Publishing Limited.

Jähns, M. 1880. *Handbuch des Kriegswesens von der Urzeit bis zur Renaissance. Technischer Theil: Bewaffnung, Kampweise, Befestigung, Belagerung, Seewesen.* Leipzig, Verlag von Fr. Wilh. Grunow.

Juhel, P. [O.]. 2009. The Regulation Helmet of the Phalanx and the Introduction of the Concept of Uniform in the Macedonian Army at the End of the Reign of Alexander the Great. *Klio: Beiträge zur Alten Geschichte* 91/2 : 342-55.

Juhel, P. [O.] et Temelkoski, D. 2007. Fragments de « boucliers macédoniens » au nom du roi Démétrios trouvés à Staro Bonče (République de Macédoine). Rapport préliminaire et présentation épigraphique. *Zeitschrift für Papyrologie und Epigrafik* 162 : 165-80.

Küsters, A. 1939. *Cuneus, phalanx und legio. Untersuchungen zur Wehrverfassung, Kampfweise und Kriegführung der Germanen, Griechen und Römer.* Inaugural-Dissertation zur Erlangung des Doktorsgrades genehmigt von der Philosophischen Fakultät der Friedrich-Wilhelms-Universität zu Berlin. Wurzburg, Druckerei u. Verlag wissenschaftlicher Werke Konrad Triltsch.

Lammert, F. 1939. Ordo. *Paulys Realencyclopädie der classischen Altertumswissenschaft*^{2}, XVIII,1 : col. 930-6. Stuttgart, J. B. Metzlersche Verlagsbuchhandlung.

Lush, D. 2007. Body armour in the phalanx of Alexander's army. *The Ancient World* XXXVIII/1 : 15-37.

Matthew, Ch. A. 2015, *An Invincible Beast. Understanding the Hellenistic Pike-Phalanx at War* (*Pen & Sword Military*). Barnsley, Pen & Sword Books Ltd.

Quesada Sanz, F. 1997. Gladius hispaniensis: an archaeological view from Iberia. *Journal of Roman Military Equipment Studies. Dedicated to the Study of the Weapons, Armour, and Military Fittings of the Armies and Enemies of Rome and Byzantium* 8 : 251-70.

Schneider, R. 1893. *Legion und Phalanx. Taktische Untersuchungen.* Berlin, Weidmannsche Buchhandlung.

Sekunda, N. [V.] 1984. *The Army of Alexander the Great*, colours plates by Angus McBride (*Men-at-arms Series* 148). London, Osprey Publishing [réimpression m. l. 1989].

Sekunda, N. [V.] 2002. *Republican Roman Army. 200 – 104 BC*, illustrated by Angus McBride (*Men-at-Arms* 291). London, Osprey Publishing.

Sekunda, N. [V.] 2012. *Macedonian Armies after Alexander 323-168 BC*, colours plates by Peter Dennis (*Men-at-arms Series* 477). London, Osprey Publishing.

Sekunda, N. V. 2013. *The Antigonid Army* (*Monograph Series 'Akanthina'* no. 8). Gdańsk, Foundation for the Development of Gdańsk University for the Department of Mediterranean Archaeology.

Tarn, W. W. 1930. *Hellenistic military and naval developments.* Cambridge, Cambridge University Press.

Walbank, F. W. 1940. *Philip V of Macedon.* Cambridge, Cambridge University Press.

Van Wees, H. 2004. *Greek Warfare. Myths and Realities.* London, Gerald Duckworth & Co. Ltd.

IV. Remarques philologiques et historiques sur l'ambivalence de termes relatifs aux institutions militaires macédoniennes chez les historiens de l'Antiquité

IV. 1. De l'ambivalence des mots σωματοφύλαξ, σωματοφυλακία et ὑπασπιστής et sur quelques confusions qui en dérivent chez les historiens d'Alexandre le Grand

Alors qu'Alexandre se préparait à quitter Babylone pour Suse (fin 331 av. J.-C.), les historiens anciens nous apprennent qu'il reçut des renforts venus de Macédoine.[271] DIODORE (XVII, 65, § 1) nous révèle notamment que « ἐκ δὲ τῆς Μακεδονίας τῶν φίλων τοῦ βασιλέως υἱοὶ πεντήκοντα πρὸς τὴν σωματοφυλακίαν ὑπὸ τῶν πατέρων ἀπεσταλμένοι. » — « De Macédoine également venaient cinquante fils d'Amis du Roi, envoyés par leurs pères pour servir comme gardes du corps. » (Goukowsky 1976 : 91).[272] Le passage équivalent de QUINTE-CURCE (V, 1, § 42) comporte plus de détails : « *Idem Amyntas adduxerat L principum Macedoniae liberos adultos ad custodiam corporis ; quippe inter epulas hi sunt regis ministri, idemque equos ineuntibus proelium admouent uenantesque comitantur et uigiliarum uices ante cubiculi fores seruant : magnorumque praefectorum et ducum haec incrementa sunt et rudimenta.* » — « Le même Amyntas avait amené cinquante jeunes gens, de la haute noblesse macédonienne, pour servir de gardes du corps [273] ; car ce sont eux qui font le service du roi à table, présentent les chevaux à ceux qui vont au combat, et escortent les chasseurs ; ils prennent la garde devant la porte de la chambre : c'est une pépinière de préfets et de généraux de valeur, et ils font là leurs écoles. » (Bardon 1961 : 123-4). Selon cette description, ces cinquante jeunes gens étaient donc, comme l'avait précisé avec une grande clairvoyance Goukowsky (1976 : 91, n. 2), destinés à entrer parmi les Pages royaux.[274]

---

[271] ARRIEN (Ἀνάβασις Ἀλεξάνδρου, III, 16, §§ 10-11) ; DIODORE, XVII, 65, § 1 ; QUINTE-CURCE, V, 1, § 42. PLUTARQUE, Ἀλέξανδρος, XXXV-XXXVI ne touche mot de ces renforts.

[272] La traduction de Welles (1963 : 303) dans la 'Loeb' suivait les mêmes lignes : « fifty sons of the king's Friends sent by their fathers to serve as bodyguards. »

[273] La traduction de Rolfe (1946a : 341), était la suivante : « Amyntas had brought fifty adult sons of Macedonia's chief men for a body-guard ».

[274] Sur les Pages royaux, on pourra consulter : Fiehn (1942) ; Hammond (1990 = 1993a) ; Birgalias (1999).

IV. 1. 1. Σωματοφύλαξ et σωματοφυλακία

IV. 1. 1. 1. Signification civile et militaire de σωματοφύλαξ *et* σωματοφυλακία

Dès lors, la traduction « gardes du corps » que Goukowsky adopta, tout comme Bardon dans le passage parallèle de QUINTE-CURCE (ou encore comme Heckel)²⁷⁵ surprend : comment des adolescents pourraient-ils être des « gardes du corps » ? Pourtant, si l'on retourne au texte grec tout comme au texte latin, ces jeunes nobles doivent en effet entrer au sein de la σωματοφυλακία (*custodia corporis*), mot qui au sens littéral et comme σωματοφύλαξ sur lequel nous nous pencherons ci-dessous, possède tout d'abord un signifié provenant directement de leur étymologie. Dans les deux cas, il s'agit évidemment de composés de τὸ σῶμα, 'le corps' et de ὁ φύλαξ, 'le gardien'. Le σωματοφύλαξ est donc tout d'abord 'le garde du corps' (Liddell et Scott 1996b : « *bodyguard* ») et la σωματοφυλακία 'la garde du corps'.²⁷⁶ Dans un autre extrait de DIODORE (XVI, 93, § 3) relatif aux incidents qui impliquèrent, en 336/5 av. J.-C., un certain Pausanias, celui-ci est dit τοῦ δὲ βασιλέως σωματοφύλαξ selon les mots mêmes de l'historien sicéliote. L'exposé de DIODORE met hors de doute que ces mots désignent sous sa plume la 'garde du corps' au sens militaire de 'garde rapprochée'. Car plus bas le récit (DIODORE, XVI, 93, § 6) montre que ce Pausanias était un garde du corps au sens militaire du terme (protégeant le roi de son corps, il mourut dans une bataille contre les Illyriens).

Pour revenir aux jeunes gens amenés par Amyntas, faudrait-il donc croire qu'ils devaient entrer à terme dans la troupe d'élite destinée à assurer la protection rapprochée du roi ? En fait, le mot σωματοφυλακία précède évidemment cette signification strictement militaire (Liddell et Scott 1996a : « *guarding the body or person* » — ne renvoyant par ailleurs qu'aux deux extraits de DIODORE ici invoqués). Dans sa signification la plus générale, qui émane de son sens littéral (τὸ σῶμα, 'le corps' ; ἡ φυλακή, 'la garde', l'action de garder), il correspond plutôt à ce qu'exprime le latin *custodia*,²⁷⁷ de sorte que *custodia* doit recevoir une détermination pour que soit bien exprimée la notion militaire de 'garde du corps' : *custodia corporis*.

---

²⁷⁵ « The historians of Alexander the Great on occasions applied the term σωματοφύλακες to members of any one of three units: the Royal Pages (normally the παῖδες βασιλικοί), the infantry bodyguard (the ἄγημα of the hyp*aspists*) or the seven-man elite bodyguard (always known as the σωματοφύλακες) » (Heckel 1986 : 279).
²⁷⁶ Sur ces concepts ramenés aux institutions des Argéades, on renverra, outre à Heckel (1986), aux pages toujours fondamentales de Berve (1926 I : 25-30), « Der königliche Hof. III. Die Hoforganisation. B. Die Hofämter. a) *Die Somatophylakes* ».
²⁷⁷ Glare (2012b) où l'on constate que le terme dans son acception militaire n'est que la 5ᵉ entrée de cette notice.

Nous pensons donc que la source grecque de QUINTE-CURCE, à l'image du texte de DIODORE invoqué en préambule de cette étude,[278] usait du mot σωματοφυλακία et que l'historien latin n'en avait pas compris la signification dans l'extrait en question, y mettant un sens spécial, militaire, là il n'était que général, en l'espèce le « service de la garde d'un prince » (Bailly 1950) et plus spécialement le service domestique (et donc civil) qu'assuraient les Pages.

IV. 1. 1. 2. L'institution royale des σωματοφύλακες (les 'Gardes du corps')

Cette polysémie du terme σωματοφυλακία se retrouvera, nous le verrons, dans les occurrences du mot σωματοφύλαξ au sein des récits des historiens de l'anabase d'Alexandre. Néanmoins, un extrait d'ARRIEN (Ἀνάβασις Ἀλεξάνδρου, VI, 28, § 4) nous indique, sans équivoque, que sous Alexandre le Grand au moins, le mot avait pris une connotation institutionnelle toute particulière : « εἶναι δὲ αὐτῷ ἑπτὰ εἰς τότε σωματοφύλακας, Λεοννάτον Ἀντέου, Ἡφαιστίωνα τὸν Ἀμύντορος, Λυσίμαχον Ἀγαθοκλέους, Ἀριστόνουν Πεισαίου, τούτους μὲν Πελλαίους, Περδίκκαν δὲ Ὀρόντου ἐκ τῆς Ὀρεστίδος, Πτολεμαῖον δὲ Λάγου καὶ Πείθωνα Κρατεύα Ἑορδαίους· ὄγδοον δὲ προσγενέσθαι αὐτοῖς Πευκέσταν τὸν Ἀλεξάνδρου ὑπερασπίσαντα. » — « À ce moment [on se trouve en Carmanie, au retour de l'armée de l'Inde, en août 325 av. J.-C.], il [Alexandre] avait sept officiers dans ces gardes du corps : Léonnatos, fils d'Antéas, Héphestion, fils d'Amyntor, Lysimaque, fils d'Agathoclès, Aristonus, fils de Piséos, tous originaires de Pella ; en outre, Perdiccas, fils d'Oronte, natif d'Orestis ; Ptolémée, fils de Lagos, et Pithon, fils de Cratéas, Eordiens ; Peucestas fut donc ajouté, lui huitième, pour avoir protégé Alexandre de son bouclier. » (Savinel 1984 : 216). Conseillers du roi, principaux personnages parmi les stratèges, ils semblent avoir eu *mutatis mutandis* les fonctions et les privilèges que Napoléon donna à ses maréchaux.[279] « I doubt if they were abolished in 316 by Cassander, as S. M.

---

[278] Bardon (1961 : VIII), rappelait les différentes sources grecques que l'historien latin avait dû combiner pour la composition de ses *Histoires*. Plus en détail, les philologues ont semble-t-il fermement établi que la source principale de DIODORE comme de QUINTE-CURCE était CLITARQUE. Dans le cas de DIODORE, cf. par exemple Goukowsky (1976 : XIX-XXXI).

[279] Cf. la monographie de Heckel qui est toute consacrée à l'étude des « careers of the most prominent of Alexander's officers » (Heckel 1992 : xxi) et où la métaphore napoléonienne, évidente par le titre, est particulièrement filée (cf. le premier chapitre, intitulé « The 'Old Guard' » — Heckel 1992 : 3-56). Voir le même Heckel (1992 : 262-79) pour l'histoire de ces sept σωματοφύλακες. Cette métaphore se trouvait déjà sous la plume de Berve (1926 I : 28) : « der Titel „σωματοφύλαξ" (...), so doch in sehr markanten Fällen (...) gleichsam die Stellung eines Marschalls bezeichnete ». Jalabert (1911 : 1396a) considérait que ce groupe d'« officiers généraux » constituait « une sorte d'état-major ». Le savant français précisait que « [c]e grade est une des plus hautes marques de distinction et de confiance qu'Alexandre ait conférées ; mais il est difficile de décider s'il correspond à un titre purement honorifique ou à une fonction effective. Il est plus probable, semble-t-il, que les Somatophylaques n'avaient, en raison de leur titre, aucun commandement spécial ; mais qu'ils recevaient, suivant les circonstances, des commandements ou des missions de confiance. » Cette interprétation, qui s'appuie sur des travaux antérieurs de Beloch et de Kaerst, nous semble juste.

Burstein has suggested in ZPE 24 (1977) 223f. » avait écrit Hammond (Hammond et Walbank 1988 : 193, n. 1). De fait, le dépouillement prosopographique des sources relatives à l'histoire du personnel royal 'administratif' du royaume de Macédoine à l'époque hellénistique révèle de hauts personnages dénommés σωματοφύλακες sous les deux premiers Antigonides, puis, après un intervalle de plus d'un siècle, de nouveau sous Persée : en l'espèce un certain Andronikos (Schoch 1919 : 16) et un certain Glaukias (Schoch 1919 : 58 [« Glaukias 2 »]).[280] Les sources seraient-elles lacunaires pour le IIIe siècle av. J.-C. ? Ou bien l'institution aurait-elle été rétablie sous Persée voire sous Philippe V ? Si en tout cas son existence paraît vraisemblable sous les derniers Antigonides du moins, « [u]nfortunately we do not know how many sōmatophylakes there were in the Antigonid army » avait justement remarqué Sekunda (2010 : 459).

Quoi qu'il en sera de la pleine époque hellénistique, on retrouve les σωματοφύλακες tout au long de cette longue aventure que fut l'expédition d'Alexandre. Au sein du récit de l'arrestation de Philotas, fils de Parménion, en 330 av. J.-C., QUINTE-CURCE (VI, 8, § 17) les distingue notamment des Amis (φίλοι) qui formaient quant à eux un autre groupe de dignitaires. « *Secunda deinde uigilia, luminibus extinctis cum paucis in regiam coeunt Hephaestion et Craterus et Coenus et Erigyius, hi ex amicis, ex armigeris autem Perdiccas et Leonnatus. Per hos imperatum ut, qui ad praetorium excubabant, armati uigilarent.* » « Puis, à la seconde veille, après l'extinction des feux, quelques hommes se réunissent sous la tente royale, dont Hépheiston, Cratère, Côenus et Erigyius, parmi les Amis, et, du côté des Ecuyers (sic), Perdiccas et Léonnatus. Ils firent parvenir à ceux qui montaient la garde au prétoire l'ordre de conserver leurs armes pendant la veille. » (Bardon 1961 : 194).[281] La note que l'éditeur de QUINTE-CURCE dans la *Collection des Universités de France* consacra aux *armigeri* est particulièrement édifiante pour notre propos : « *Armigeri* désigne ici les σωματοφύλακες. Le terme est de contenu assez vague. En 3, 12, 7 et 4, 7, 21, il désigne les soldats qui gardent le souverain ou un chef militaire ; en 5, 4, 21, les hypaspistes. » (Bardon 1961 : 194, n. 1).[282] On pourra ajouter à ces références un autre extrait de QUINTE-CURCE. Il se trouve juste à la suite de celui précédemment rapporté:

---

[280] Ainsi que l'indiquait Schoch, Andronikos est aussi désigné (en l'espèce par TITE-LIVE, XLIV, 6, § 2) comme comptant parmi les Amis du roi (φίλος) et, quant à Glaukias, il fut envoyé en mission diplomatique près du roi illyrien Genthios (POLYBE, XXVIII, 8, § 9 : « τὸν Γλαυκίαν, ἕνα τῶν σωματοφυλάκων » ; TITE-LIVE XLIII, 20, § 3).

[281] Chez ARRIEN (Ἀνάβασις Ἀλεξάνδρου, III, 26), le récit de la conspiration de Philotas est beaucoup plus sommaire. Sur cette affaire, voir en particulier Brunt (1976 : 517-521) — « Appendix XI. The Deaths of Philotas and Parmenio ».

[282] La traduction d'*Armigeri* par « Ecuyers » est donc peu adéquate. Celle de Rolfe (1946b : 75) était plus juste : « from the body-guard Perdiccas and Leonnatus ». Sur les significations fluctuantes d'*armiger*, voir aussi, dans le même sens, les considérations d'Atkinson que nous avons rapportées ci-dessus, n. 164.

« *Atarrhias autem cum CCC armatis intrauerat regiam ; huic decem satellites traduntur, quorum singulos deni armigeri sequebantur* » (QUINTE-CURCE, VI, 8, § 19). « Atarrhias, à la tête de trois cent hommes d'armes, était entré dans la tente : on lui adjoint dix pages (sic), accompagnés chacun par dix écuyers. (sic) » (Bardon 1961 : 194). Ces *armigeri*-ci ne peuvent évidemment pas être ceux dont Perdiccas et Léonnat faisaient partie selon le premier extrait de QUINTE-CURCE (VI, 8, § 17), autrement dit ceux que nous nommons les 'Gardes du corps', puisque, comme nous venons de le voir, ils n'avaient jamais été plus de sept jusqu'à l'été 325 av. J.-C.[283] Dans ce deuxième extrait de l'auteur latin, sachant que ces *satellites*, étant ici également dix, ne pouvaient pas être non plus des 'Gardes du corps', *deni armigeri* désignerait-il, au vu du contexte, dix Amis ?[284] Alors que ces *satellites* pourraient être dix ἑταῖροι, c'est-à-dire dix Compagnons ?[285] Ou bien le

---

[283] Cf. ci-dessus l'extrait d'ARRIEN (Ἀνάβασις Ἀλεξάνδρου, VI, 28, § 4), ces événements de Carmanie de l'été 325 av. J.-C. prenant place, dans les *Histoires* de QUINTE-CURCE, en IX, 10, § 20 à X, 1, § 15 — mais l'historien latin ne touchant mot de l'élévation de Peucestas au rang de (huitième) σωματοφύλαξ. Heckel (1992 : 257-9) défendit l'idée que le nombre des 'Gardes du corps' était institutionnellement tenu à sept.

[284] Le traducteur de la 'Loeb' avait livré, « Atarrhias, moreover, with 300 armed men had entered the royal tent; to him were given besides ten attendants, each followed by ten men-at-arms » (Rolfe 1946b : 75), ce qui n'est guère plus explicite (pour *armigeri*, « men-at-arms » vaut néanmoins tout de même mieux, si l'on cherche l'original grec, que le terme « écuyers » choisi par Bardon) — Glare (2012a) indique en tout cas que la traduction la plus courante du terme serait, en anglais, « armour-bearer, squire ». Sur le terme *armiger*, voir donc encore notre n. 164 ci-dessus ; sur les Amis, nos réflexions à la fin de la note qui suit.

[285] Au sujet de l'occurrence du terme en IV, 7, § 21 (*satellitum armigerorumque* des rois de l'oasis d'Ammon), Atkinson (1980 : 352) avait précisé : « The term "satellites" generally has a pejorative connotation: they were the henchmen of a dictator, cf. vi, 7.24, Livy ii, 12.8 and xxxiv, 36.4, Cicero *In Cat.* I, 3.7. Thus Alexander was seeking the support of an oracle controlled by tyrants whose own style of government was the antithesis of the senatorial ideal of *libertas*. » Si *satelles* correspond souvent, et d'abord, à 'garde', 'doryphore' (cf. ce passage de JUSTIN, XII, 6, § 3 que nous avons cité dans notre première étude, dans le chapitre « La sarisse des phalangites d'Alexandre : une arme d'hast qui pouvait être maniée à une main ? », ainsi que notre n. 312), sans doute donc le mot est-il aussi un terme adéquat pour traduire ἑταῖρος, lequel couvrait une distinction honorifique à la fois large et dont l'appellation même dénote le rapport étroit, personnel, avec le roi (cf. pour la lettre même des termes employés par ANAXIMÈNE pour exprimer l'honneur qui avait été attaché à la création des 'Compagnons à pied', πεζεταίρους: ὅπως ἑκάτεροι μετέχοντες τῆς βασιλικῆς ἑταιρίας, προθυμότατα διατελῶσιν ὄντες — voir notre n. 10 pour plus de détails). Sur les Compagnons et l'hétairie, la littérature est vaste. Hatzopoulos (1996 : 335, n. 1) en avait rappelé l'essentiel. On y ajoutera l'article ancien mais toujours valable de Martin (1900) : « Au milieu et au-dessus de ces hétaires qui composent les régiments de l'infanterie et de la cavalerie macédonienne, on distingue un groupe de hauts personnages qui portent aussi le nom d'hétaires, mais qui sont plus particulièrement les compagnons du roi » résumait déjà le savant français (Martin 1900 : 169b). Indiquons en passant qu'il n'est pas certain qu'il faille assimiler, comme on en retire l'impression à lire Hatzopoulos, les Amis (φίλοι) aux Compagnons (ἑταῖροι). Dans un chapitre de sa thèse inédite intitulé « Die Hetären des Gefolges », Röder von Diersburg (1920 : 19-31) s'était spécialement penché sur cette question. « Unter dem Namen der φίλοι bezw. amici erscheinen die Hetären des Gefolges bei Diodor, Curtius und Polybios [avec références] als eine Gruppe, die sich in der Schlacht, auf dem Marsch und in der Paradeaufstellung an die Gardeabeilung der Hetärenkavallerie Alexanders bezw. Antiochos des Grossen anschliesst. » (Röder von Diersburg 1920 : 30). Selon notre vision, avec l'extension de l'hétairie dont témoigne tant ANAXIMÈNE que l'existence même de ce régiment

contraire ? En tout cas, ces dix *satellites* étant accompagnés par 300 *armatis*, un tel nombre conduit à voir en ces derniers des *Hypaspistes*, voire l'unité seule des '*Hypaspistes* royaux'.[286]

Ce difficile passage de QUINTE-CURCE nous ramènera aux sources grecques, et spécialement à ARRIEN dont les commentateurs modernes n'avaient pas manqué de relever l'usage fluctuant du mot σωματοφύλαξ. Sa polysémie, dans l'Ἀνάβασις Ἀλεξάνδρου, avait été mise en exergue par Berve (1926 I : 26). Il en avait souligné toutes les difficultés inhérentes : « Die Bezeichnung zweier Gruppen mit dem gleichen Namen führt schon bei Benutzung unserer genauesten Überlieferung (Arrian) zu Schwierigkeiten, in der übrigen Tradition aber häufig zu ganz unlösbaren Wirrnissen. » Heckel (1992 : 237), au début d'un cinquième chapitre intitulé « The Somatophylakes » (Heckel 1992 : 237-98), avait tenté d'approfondir cette analyse. Il avait passé en revue les σωματοφύλακες pris au sens large, c'est-à-dire les hauts dignitaires portant ce titre et que nous désignons donc comme 'les Gardes du corps', les Pages royaux et enfin les *Hypaspistes* royaux. Pour l'époque d'Alexandre le Grand uniquement, il avait plus spécifiquement exploré la question dans un article antérieur (Heckel 1986). En tout cas, si l'on se porte à cinq passages de l'Ἀνάβασις Ἀλεξάνδρου d'ARRIEN, il semble peu vraisemblable que fussent désignés, sous le terme σωματοφύλακες, les 'Gardes du corps'. En voici l'inventaire :

1°) Contre les Uxiens qui lui refusent le passage en Perse, Alexandre part en expédition « prenant avec lui les Gardes du corps royaux, les hypaspistes, (« τοὺς σωματοφύλακας τοὺς βασιλικοὺς καὶ τοὺς ὑπασπιστὰς ») et environ 8000 hommes d'autres unités » (ARRIEN, Ἀνάβασις Ἀλεξάνδρου, III, 17, § 2).

2°) Arrivé aux confins du monde scythe, le roi macédonien décide de prendre d'assaut Cyropolis. Il « prit avec lui les gardes du corps, les hypaspistes (« τοὺς τε σωματοφύλακας καὶ τοὺς ὑπασπιστὰς »), les archers, et les Agrianes » (ARRIEN, Ἀνάβασις Ἀλεξάνδρου, IV, 3, § 2). Dans cette expédition, tout comme pour l'occurrence précédente et contrairement à ce que paraissait suggérer là Savinel, peut-on voir dans ces σωματοφύλακες les sept 'Gardes du corps' ?

---

d'élite de cavalerie sous Alexandre que nous avons évoqué ici ou là, lesdits Compagnons, il était normal que l'on eût éprouvé le besoin d'un nouveau terme désignant les Compagnons les plus proches du souverain : en l'espèce celui de φίλος (Ami) — du roi.

[286] Comme le rappelait Atkinson (2000 : 441 = n. 74 du chapitre 8 de l'œuvre de QUINTE-CURCE), Hammond y avait vu ici les *Hypaspistes* : « *armigeri*: Hammond 1989, p. 176, intende qui *armigeri* in riferimento agli Ipaspisti. » L'ouvrage d'Hammond mentionné est son *Macedonian State*. Mais il faut rappeler que l'unité de protection du Roi, les '*Hypaspistes* royaux' devait se distinguer du corps des *Hypaspistes* en général, dont l'unité d'élite, l'*agèma*, n'était peut-être pas non plus, à notre avis, assimilable aux '*Hypaspistes* royaux'. Notre position serait plutôt que, à l'image de l'organisation antigonide où comme nous l'avons vu trois corps sont nettement identifiés (*Hypaspistes*, *agèma* de Peltastes et 'autres Peltastes'), les *Hypaspistes* royaux formaient une troupe particulière — cf. ci-dessus notre n. 157 pour le fond de cette question historique.

3°) Lors de l'épisode tragique du meurtre de Clitos, « les Compagnons (« τοὺς ἑταίρους ») ne furent plus capables de le retenir [Alexandre] : il bondit et, d'après certains, arracha à un des gardes du corps (« τῶν σωματοφυλάκων ») sa javeline, dont il frappa Clitus à mort ; 9. D'autres disent que c'est une sarisse qu'il prit à un de ses gardes (« παρὰ τῶν φυλάκων τινός » (ARRIEN, Ἀνάβασις Ἀλεξάνδρου, IV, 8, §§ 8-9). Il semble hors de doute que l'occurrence du terme σωματοφύλακες ne désigne pas les 'Gardes du corps', mais plutôt des *Hypaspistes* dont, au début du chapitre 8, ARRIEN relate que le roi les appelle à lui mais qui, confrontés à une altercation d'hommes ivres, se gardent d'intervenir.

4°) Lors des péripéties relatives à l'investissement du rocher d'Aornos,[287] Alexandre « prenant avec lui environ sept cents gardes du corps et hypaspistes (« ἀναλαβὼν τῶν σωματοφυλάκων καὶ τῶν ὑπασπιστῶν ἐς ἑπτακοσίους »), (...) monta etc. » (ARRIEN, Ἀνάβασις Ἀλεξάνδρου, IV, 30, § 3).

5°) De retour à Babylone, Alexandre annonce à l'assemblée de l'armée l'incorporation de Perses et autres Mèdes dans les vieilles unités d'élite macédoniennes : « sur le moment, les Macédoniens, après avoir entendu son discours, restèrent sur place, au pied de la tribune, frappés de stupeur et en silence, et personne n'accompagna le roi quand il s'en alla, excepté les Compagnons et les gardes du corps (« ἑταῖροι τε καὶ οἱ σωματοφύλακες ») qui l'entouraient » (ARRIEN, Ἀνάβασις Ἀλεξάνδρου, VII, 11, §§ 2-3). Les 'Gardes du corps' étant par définition des ἑταῖροι, nous sommes enclins à penser que « οἱ σωματοφύλακες » désigne ici la garde rapprochée (vraisemblablement la 'Hypaspistenleibwache') protégeant la personne du souverain.

En somme, à l'analyse, le terme σωματοφύλαξ est polysémique : ici gardes du corps dans le sens littéral et général du mot, là 'Gardes du corps' si l'on veut donc utiliser de la majuscule pour distinguer ces sept, puis huit chefs de haut rang de l'armée d'Alexandre dont Karunanithy a tenté de regrouper les indices littéraires et archéologiques susceptibles d'éclairer la question de leurs tenues vestimentaires, de leur 'uniforme' peut-être (Karunanithy 2013 : 118-20 ; 123 ; 126).

IV. 1. 2. Ὑπασπιστής

IV. 1. 2. 1. Un terme non moins ambivalent

L'analyse d'autres récits de l'anabase d'Alexandre montrera la même ambivalence dans l'emploi du mot ὑπασπιστής, source de confusions voire de contresens. Évoquons tout d'abord le siège du rocher d'Aornos, fin 327 av. J.-C., en Inde. QUINTE-CURCE (VIII, 11, § 11) décrit de la sorte un premier assaut :

---
[287] Ou Aornis selon sa forme latine.

« *sed, ut signum tuba datum est, uir audaciae promptae conuersus ad corporis custodes sequi se iubet, primusque inuadit in rupem* » ; « mais, à peine le signal donné par la trompette, Alexandre, entraîné par son audace, se tourna vers ses gardes du corps, les invite à le suivre, et, en tête, mène l'assaut du roc. » (Bardon 1948 : 328). Les lignes précédentes nous ont appris la composition de la troupe que le roi mène à l'attaque. On y trouve les archers, les Agrianes (« *sagittarios et Agrianos* ») et « trente jeunes gens hardis » pris « dans sa propre compagnie » (Bardon 1948 : 328),[288] ces derniers correspondant manifestement aux « *corporis custodes* » de la suite du texte latin ci-dessus rapporté. Suit le récit d'un engagement particulièrement meurtrier où les Macédoniens subirent de lourdes pertes. L'exposé correspondant chez ARRIEN (Ἀνάβασις Ἀλεξάνδρου, IV, 29, § 1) est beaucoup plus succinct, différent à bien des égards, mais permet de comprendre qui étaient les « *corporis custodes* » du texte de QUINTE-CURCE. La première tentative contre le rocher est décrite de la sorte : « Il [Alexandre] envoya avec eux le garde du corps Ptolémée, fils de Lagos, ayant sous ses ordres les Agrianes, le reste de l'infanterie légère, l'élite des hypaspistes (« Πτολεμαῖον τὸν Λάγου τὸν σωματοφύλακα τούς τε Ἀγριᾶνας ἄγοντα καὶ τοὺς ψιλοὺς τοὺς ἄλλους καὶ τῶν ὑπασπιστῶν ἐπιλέκτους »), avec ordre, une fois qu'il se serait rendu maître de l'emplacement [une colline en face du rocher], de le tenir avec une forte garnison et de lui faire savoir par signaux qu'il en était maître. Ptolémée, utilisant un itinéraire escarpé et impraticable, s'empara de l'emplacement sans avoir été vu par les Barbares. Il le fortifia en l'entourant d'une palissade et d'un fossé, puis brandit une torche enflammée, d'un point élevé d'où Alexandre devait l'apercevoir. Ayant aperçu la flamme, dès le lendemain, il lança son armée à l'attaque mais, comme les Barbares résistaient, il n'obtint aucun résultat du fait de la difficulté du terrain. » (Savinel 1984 : 153-4).[289] Si les deux récits marquent de fortes différences, soit une confusion entre le *leader* de la première tentative (Ptolémée, dont QUINTE-CURCE ne touche mot,[290] ou Alexandre ?) et l'objectif

---

[288] « *iuuenesque promptissimos ex sua cohorte XXX delegit* » (QUINTE-CURCE, VIII, 11, § 9). Rolfe (1946b : 326, n. b) renvoyait ici à l'occurrence « *regia cohorte* » se trouvant en VIII, 6, § 7 (« *Igitur Hermolaus, puer nobilis ex regia cohorte* »), et où il reconnaissait la troupe des Pages royaux. Faudrait-il donc voir dans les trente jeunes soldats sélectionnés par Alexandre pour une mission 'coup de poing' des Pages ? C'est évidemment une idée irrecevable. Ceci est dès lors un fort indice qui nous conduira à réinterpréter ce passage du livre VIII de QUINTE-CURCE (cf. ci-dessous notre partie IV. 2. 2. 3. *Regia cohors* sous la plume de QUINTE-CURCE).

[289] Le texte grec, indiqué entre parenthèses, est tiré de l'édition de Roos corrigée par Wirth (Roos et Wirth 1967 : 229). DIODORE (XVII, 85, § 6) avait résumé les plusieurs journées que durèrent les combats en une phrase.

[290] Goukowsky (1976 : XX) avait rappelé que la critique philologique avait établi que Ptolémée « était passé maître dans l'art de la dissimulation et de la déformation historique. » QUINTE-CURCE (IX, 5, § 21) lui-même n'avait-il pas souligné qu'il « n'avait pas été ennemi de sa propre gloire » (Bardon 1948 : 369) ? En somme, peut-être ne participa-t-il pas à l'action telle qu'ARRIEN la décrit, dans la mesure où « *l'Anabase* d'Arrien (...) repose (...) principalement sur les *Mémoires* de Ptolémée I. » Goukowsky (1976 : XIX).

(le rocher lui-même ou la colline lui faisant face ?), il est remarquable que le détail des forces employées est quasiment identique. Aux « τούς τε Ἀγριᾶνας ἄγοντα καὶ τοὺς ψιλοὺς τοὺς ἄλλους » du texte d'ARRIEN correspondent en effet les «*sagittarios et Agrianos* » de QUINTE-CURCE. Les deux récits s'éclairent donc réciproquement et pour le sujet qui nous occupent, les trente jeunes gens désignés dans le texte de QUINTE-CURCE comme « *corporis custodes* » sont évidemment les « τῶν ὑπασπιστῶν ἐπιλέκτους » du texte d'ARRIEN — qu'à notre avis une traduction plus appropriée devra rendre d'ailleurs par 'des hommes d'élite pris parmi les *Hypaspistes*' ; car le texte ne livre pas « καὶ τοὺς τῶν ὑπασπιστῶν ἐπιλέκτους » mais une forme usant du génitif partitif, « καὶ τῶν ὑπασπιστῶν ἐπιλέκτους ».[291] On soulignera enfin que l'on a ici l'exemple frappant qu'une traduction évidente (littérale à l'exemple de celle de Bardon) conduirait l'historien sur une fausse piste : ces « *corporis custodes* » ne sont pas des 'gardes du corps', ni au sens de 'Gardes du corps' mis en exergue ci-dessus, ni dans celui de *doryphores*.

IV. 1. 2. 2. Ὑπασπιστής· βοηθός. δορυφόρος. ὑπηρέτης

Pourquoi donc les τῶν ὑπασπιστῶν ἐπιλέκτοι d'ARRIEN sont-ils devenus, chez QUINTE-CURCE, des 'gardes du corps', « *custodes corporis* » ? C'est à notre avis le lexique d'HÉSYCHIUS qui permettra de répondre à cette interrogation : « ὑπασπιστής· βοηθός. δορυφόρος. ὑπηρέτης » y lit-on (Hansen 2009 : 105). L'ambivalence du terme hypaspiste éclaire ainsi les deux passages en question. Peu de doute, à notre sens, que la source grecque (sur ce sujet, cf. *supra*, n. 278) du premier passage de QUINTE-CURCE usait, comme ARRIEN, du terme ὑπασπισταί que l'historien latin choisit de traduire par « *custodes corporis* », y voyant des *doryphores* (littéralement des 'porte-lances'), syntagme par lequel on désignait traditionnellement les gardes d'un prince, autrement dit ses gardes du corps. Il est ainsi frappant de constater que c'est justement par le syntagme 'ceux qui porteront les lances pour le roi' que les *Hypaspistes* sont désignés dans le règlement de conscription de l'armée macédonienne hellénistique un document daté, vraisemblablement, du temps de la Seconde Guerre de Macédoine[292] et connu par deux copies jumelles : « Ἐγλαμβανέτ[ωσαν δὲ εἰς]

---

[291] Selon Roos et Wirth (1967 : 229), il n'y pas de variantes dans les manuscrits. Si la traduction du passage de la 'Loeb' due à Robson (1948 : 439) était plus juste, « Ptolemaeus son of Lagus, his personal guard, with the Agrianes, the rest of the light troops and chosen men of the bodyguard », c'est celle de Brunt (1976 : 439) qu'il faut retenir : « Ptolemy son of Lagus, the bodyguard, in command of the Agrianes, the light troops including men chosen from the hyp*aspists* ».

[292] C'était l'opinion des éditeurs qui dataient ce document de 197 av. J.-C. (cf. Nigdelis et Sismanidis 1999 : 813). Hatzopoulos (2001 : 26) avait contesté ce point de vue : ce document comme les autres règlements militaires macédoniens que l'on a retrouvés seraient selon lui « antérieurs à 197 et même, probablement, à 200 ».

| [τοὺ]ς ὑπασπιστὰς τοὺς τὰ δοράτια οἴσ[⌐οντας τῶι βασι⌐]-|[⌐λ⌐]εῖ κτλπ. »[293] Dès lors, on comprend mieux pourquoi ces soldats « apparaissent dans nos sources », comme Hatzopoulos (2001 : 58) l'avait fort bien vu, « sous plusieurs vocables dont les plus fréquents sont σωματοφύλακες et ὑπασπισταί. »

IV. 1. 3. Ὑπασπιστής, σωματοφύλαξ et σωματοφυλακία : des termes polysémiques

Cette très pertinente remarque de Hatzopoulos nous conforte dans l'idée que la polysémie des termes ὑπασπιστής, σωματοφύλαξ et σωματοφυλακία ne fait plus de doute.[294] Beaucoup plus que la « confusion of terminology » qu'invoquait Brunt (1976 : xlii) au sujet de l'Ἀνάβασις Ἀλεξάνδρου d'ARRIEN, nous pensons que cette polysémie explique les erreurs dans lesquelles sont tombés divers spécialistes de l'histoire militaire de l'Alexandre le Grand et plus spécialement de son armée.[295] Négligeant le fait qu'aucun des historiens de l'anabase n'est un historien militaire au sens moderne du terme,[296] ils ont cherché sous des termes employés au sein de récits littéraires le décalque exact de l'organisation des troupes. Pour les σωματοφύλακες, nous avons indiqué cette polysémie par cette citation de Heckel rapportée à notre n. 275. Relativement cette fois aux *Hypaspistes* et aux troupes à pied de 'la Garde', un exemple caractéristique est fourni par une controverse entre deux spécialistes

---

[293] Le texte suit la forme de la face B de l'inscription conservée à Drama (cf. Hatzopoulos 2001 : 155). Les lettres entre crochets ne sont pas présentes sur la pierre. Les lettres entre demi-crochets sont également absentes de cette inscription. Mais elles sont présentes sur la pierre de Cassandrée, de sorte qu'elles peuvent être restaurées avec certitude dans l'inscription de Drama.

[294] Lévêque, au sujet du récit plutarquien d'un épisode d'un combat entre Pyrrhos et les Mamertins en Calabre (PLUTARQUE, Πύρρος, XXIV, §§ 5-6), avait soupçonné l'ambivalence du mot *hypaspiste* : « Ce qu'il y a de sûr, c'est que ces *hypaspistes* sont des écuyers (le mot ne peut désigner ici les fantassins équipés en peltastes de l'armée macédonienne, tels qu'ils sont définis par ex. dans Couissin, *Les Institutions militaires*, p. 66) » (Lévêque 1957 : 498, n. 4). Selon notre démonstration, les *Hypaspistes* de Pyrrhos mentionnés par PLUTARQUE semblent déjà former, à l'exemple de ceux des Antigonides, une Garde du corps rapprochée.

[295] Cette polysémie et les ambiguïtés historiques qui en découlent se remarquent aussi au sein de l'œuvre de FLAVIUS JOSÈPHE. Rengstorf et ses collaborateurs avaient parfaitement mis en exergue, dans l'oeuvre de l'historien juif, l'équivocité du terme ὑπασπιστής : ici « shield-bearer, armour-bearer », là « bodyguard » (cf. Rengstorf 1983 : 239, avec références). Et *idem* pour celui de σωματοφύλαξ, qui désigne ici un « bodyguard, attendant » ou bien là, plus précisément, la « (Praetorian) Guard » (Rengstorf 1983 : 148, avec références). On retrouve cette signification à l'époque byzantine, en l'espèce sous la plume de JEAN SKYLITZÈS, Σύνοψη Ἱστοριῶν, au § 14 du chapitre consacré à l'histoire de l'empereur Ἰωάννης ὁ Τζιμισκής (969-976 ap. J.-C.) : « τοῦτον ἰδὼν | Ἀνεμᾶς ὁ τῶν Κρητῶν τοῦ βασιλέως υἱὸς Κουρουπᾶ, εἷς ὢν τῶν βασι-|λικῶν σωματοφυλάκων. » (Thurn 1973 : 304 — feuillet B. 405-B. 406 du manuscrit, ll. 91-93). « Anemas, son of Kouroupes, emir of the Cretans, was one of the emperor's bodyguard » traduisait récemment Wortley (2010 : 289), qui précisait encore en note : « The emperor's bodyguard consisted of men from the leading families. » (Wortley 2010 : 289, n. 66). On pourra indiquer la traduction et le commentaire similaires de Flusin et Cheynet (2003 : 254 ; 254, n. 65) : « Anémas, fils du roi des Crétois Kouroupas, un des gardes du corps de l'empereur » ; « Les gardes du corps de l'empereur étaient issus des meilleures familles ».

[296] Voir à la suite l'appendice.

du *makedonischen Herrwesen*, Hammond et Bosworth, suscitée par un premier article du savant britannique publié dans *Historia* (Hammond 1991 = Hammond 1993b)[297] — par la lecture littérale d'un extrait d'ARRIEN, Hammond déduisait l'existence de trois corps à pied de la 'Garde' macédonienne (*Hypaspistes*, '*Hypaspistes* royaux', *agèma* des Macédoniens) ; mais Bosworth, *contra*, croyait assimilable les '*Hypaspistes* royaux' aux *Hypaspistes*.[298] Illustrant comme l'ensemble de démarches interprétatives parfois incorrectes, on avait pu lire sous la plume de Röder von Diersburg (1920 : 36) : que « [d]er Dienst der Pagen als Königswache wird σωματοφυλακία (custodia corporis) [le chercheur allemand faisait ici référence à DIODORE, XVII, 65, § 1 ; QUINTE-CURCE, V, 1, § 42 ; X, 5, § 8] gennant, dementsprechend diejenigen Pagen, die diesen Dienst verstehen σωματοφύλακες » ; que, en conclusion de sa réflexion, « [d]och steht custodes corporis nur selten entsprechend dem σωματοφύλακες nach strengem Sprachgebrauch für die höchste Klasse des Pagenkorps » (Röder von Diersburg 1920 : 37) ;[299] et que, *in fine*, à la phrase suivante, « [d]er einzige greifbare Unterschied zwischen σωματοφύλακες und ὑπασπισταί βασιλικοί bleibt, dass Erstere beritten sind. » (Röder von Diersburg 1920 : 37).

Mais ces interprétations sont viciées par le présupposé implicite de beaucoup des historiens modernes de l'anabase d'Alexandre : leurs homologues de l'Antiquité auraient usé du lexique militaire dans une précision toute officielle, c'est-à-dire institutionnelle. Il est significatif que Röder von Diersburg (1920 : 32-9) ait pu appuyer son exploration de la nature du « Pagenkorps » par des conceptions comme celles-ci : « Nach dem offiziellen Sprachgebrauch, der sich noch bei Arrian erkennen lässt, liegt aber ein sachlicher Unterschied zu Grunde. » (Röder von Diersburg 1920 : 36). Sans doute, certes, les récits des historiens anciens reproduisent ici ou là des dénominations officielles.[300] Mais celles-ci recoupent d'une part des emplois relevant de la langue commune alors que, d'autre part, puisque l'histoire ancienne relevait de la littérature et n'avait pas touché aux exigences scientifiques que l'on ne vit naître qu'au XIXe

---

[297] Les conceptions de Hammond furent critiquées par Bosworth (1997), ce qui suscita un nouvel article du savant britannique (Hammond 1997 = Hammond 2001). Sur ce débat, cf. ci-dessus la n. 157 de notre deuxième étude.
[298] Nous avons discuté du fond historique de la question dans notre deuxième étude : cf. ci-dessus notre n. 157.
[299] Le chercheur allemand s'appuyait sur QUINTE-CURCE (VIII, 11, § 11) et ARRIEN (Ἀνάβασις Ἀλεξάνδρου, IV, 30, § 3).
[300] L'administration de l'État macédonien n'en était qu'à ses balbutiements. Sur ce dernier point, cf. Juhel (2010 : 73-4). Quant aux institutions militaires, seuls les documents d'archives, parfois transcrits sur la pierre, permettent à coup sûr de connaître les définitions officielles : le meilleur exemple, pour l'armée macédonienne hellénistique, est ce règlement de conscription de l'époque de la Seconde Guerre de Macédoine connu par deux copies, un document que nous avons évoqué ci-dessus (cf. nos n. 292 et 293).

siècle, la précision lexicale y laisse par définition à désirer[301] — et remarquons en outre que, pour ce qui est de l'armée d'Alexandre, les documents d'archives manquent absolument.[302]

IV. 2. La signification des syntagmes *cohors regia* et *custodes corporis* chez TITE-LIVE et chez QUINTE-CURCE rapportés aux institutions militaires macédoniennes

Si pour le temps des Argéades, la signification du lexique des institutions militaires macédoniennes ne se laisse jamais directement déduire des historiens grecs, qu'en est-il des historiens latins s'étant penchés sur l'histoire militaire d'Alexandre et de ses successeurs ? Nous avons déjà évoqué ci-dessus QUINTE-CURCE pour tenter d'éclairer certains aspects du lexique grec originel. Mais abordons à présent directement le vocabulaire latin, et en invoquant en guise de préambule la description de la cérémonie de purification de l'armée antigonide décrite par TITE-LIVE. Y apparaissent en effet des corps manifestement d'élite.

L'évocation de cette cérémonie se plaçait, dans le récit de l'historien romain, vers la fin du règne de Philippe V : « *Praeferuntur primo agmini arma insignia omnium ab ultima origine Macedoniae regum, deinde rex ipse cum liberis sequitur, proxima est regia cohors custodesque corporis* etc. » (TITE-LIVE, XL, 6, §§ 2-3). « En tête du cortège sont portés les armes et les emblèmes de tous les rois de Macédoine, depuis la plus lointaine origine du royaume ; puis vient le roi lui-même, accompagné de ses enfants ; tout de suite après viennent la cohorte royale et les gardes du corps etc. » (Gouillart 1986 : 9-10).[303] Quelles étaient ces unités dites « *regia cohors custodesque corporis* » ? Un connaisseur des institutions militaires de la Macédoine hellénistique s'attendrait à trouver à la suite du roi les σωματοφύλακες (au sens de grands dignitaires du régime, comme dégagé dans la première partie de cette étude, les 'Gardes du corps', et sous réserve que cette institution eût été, comme nous l'avons dit, conservée : cf. ci-dessus en IV. 1. 1. 2.), puis les *Hypaspistes*, cette troupe qui formait la garde rapprochée du souverain ;[304] voire, à la place des uns ou des autres, le corps d'élite de l'élite même de l'infanterie macédonienne, l'*agèma* des Peltastes.[305]

---

[301] Sur cet aspect, voir de nouveau ci-dessous l'appendice joint à cet essai.
[302] À la différence de l'armée des derniers antigonides : cf. nos n. 292 et 293 *supra*.
[303] Sur cet épisode, cf. Helmann (1931), mais qui ne s'était pas arrêté sur le point que nous tentons d'éclairer.
[304] Remarque que nous avons déjà faite ci-dessus. Cf. particulièrement, dans notre essai **Antigonid Redcoats**, notre partie II. 1. 1. 2., à l'appel de notre n. 147.
[305] Sur ces deux unités, cf. Hatzopoulos (2001 : 56-66 — les *Hypaspistes* ; 66-73 — « Les Peltastes et l'*agèma* ») ; Juhel et Sekunda (2009) ; Sekunda (2013 : 56-7 — les *Hypaspistes* ; 93-4 — l'*agèma*). Et nous avons donc repris en détail l'histoire de ces unités d'élite dans la première étude de ce recueil, **Antigonid Redcoats**.

Mais le commentaire que Briscoe (2008 : 426) fit du syntagme nous conduit sur d'autres pistes et montre la difficulté de déterminer ce que TITE-LIVE traduisait du grec de POLYBE quand il écrivait d'une part *regia cohors* et d'autre part *custosdesque corporis* : « **3.regia cohors custosdesque corporis**: as W-M, Gouillart, and Walsh say, the former are the royal pages, sons of Macedonian nobles chosen to attend the king (45. 6. 7, Curt. 8. 6. 2-6). The latter are the σωματοφύλακες, the small number of leading men who formed the king's personal bodyguard. Walsh has the notion that they are the agema mentioned at 42. 51. 4, which numbered 2000 and is not there said to 'guard Perseus'. Curtius 9. 10. 26 does not indicate that *custodes corporis* could be used to include *amici regis* and the royal pages, as Gouillart claims. »[306] Ces gloses nous paraissent contenir plus d'une confusion. Plutôt que de les décortiquer une à une, essayons de clarifier ce qui peut l'être en prenant tout d'abord appui sur les éléments les plus solides pour, à rebours, réussir peut-être à séparer le bon grain de l'ivraie.

IV. 2. 1. Custodes corporis

Si à première vue, « *custodies corporis* (sic) [is] clearly a semantic translation of *sōmatophylakes* » (Sekunda 2010 : 459), faut-il comprendre l'expression, comme nous l'avons exposé dans notre première partie, dans un sens institutionnel, celui de 'Gardes du corps' ? Ou bien technique, 'gardes du corps' au sens de garde rapprochée (*doryphores* était aussi un terme couramment employé en grec pour ces soldats — littéralement les 'porte-lances') ? Ce qui, nous l'avons vu, ne rendrait pas impossible que le syntagme latin traduisît le grec ὑπασπισταί.

Faisons ici un détour en revenant pour cette question, mais plus systématiquement que ci-dessus, aux *histoires* de QUINTE-CURCE. Écrivain postérieur à TITE-LIVE,[307] toute son œuvre consiste en un récit de l'histoire d'Alexandre le Grand.

---

[306] Voici quel avait été le commentaire de Gouillart (1986 : 95 = n. 3 du chapitre 6). Il est en effet aussi confus qu'erroné : « La *cohors regia* était une garde d'honneur, constituée de jeunes nobles appelés à devenir d'importants personnages du royaume (Quinte-Curce 8, 6, 6: *haec cohors uelut seminarium ducum... fuit*) ; cf. aussi Arrien, *Anabase* 4, 13, 1 ; Liu. 45, 6, 7. Les *custodes corporis*, recrutés sur leur courage et leur dévouement, devaient assurer réellement la sécurité du roi. Toutefois, l'expression semble parfois prendre un sens également honorifique, au point d'englober, semble-t-il, les *amici regis* ou la *cohors regia* (Quinte-Curce 9, 10, 26) ».
Nota bene
L'abréviation de Briscoe « W-M » correspond à la référence suivante : « W. Weissenborn and H. J. Müller, *T. Liui ab urbe condita libri viii-ix*, 3rd edn. (Leipzig, 1906-9) » (Briscoe 2008 : xxiv). Voir sa récente édition des livres XXXI à XL de TITE-LIVE pour les diverses éditions et autres commentaires des deux savants allemands (Briscoe 1991 : XII ; XV).
[307] « Curtius (...) wrote during the 1st or early 2nd cent. AD. (under Claudius remains the preferred choice) » (Bosworth 2012). Même position exprimée par Porod (2003 : 1025) : « The most widely supported view assigns it [l'œuvre de QUINTE-CURCE] to the time of Claudius, but the congruence of the use of metaphor and the civil war situation of the Year of the Four Emperors (ap. AD 68/69) makes it extremely likely that the work originated under Vespasian (69-79) ».

Celle-ci fournira donc sans doute des indications pertinentes sur la signification du syntagme, et ce d'autant plus que, comme nous l'avons vu, les institutions militaires macédoniennes, malgré des évolutions, restèrent toujours fondées sur l'héritage des Argéades. Or, pour ce qui est de l'occurrence du syntagme *custodes corporis*, force est de constater qu'il désigne dans la majorité des cas, quand on se situe dans le cadre de l'armée macédonienne,[308] les 'Gardes du corps'.[309] Mais dans trois ou quatre cas néanmoins, le contexte pousse à croire

---

[308] On relèvera que quand ce sont les gardes de Darius auxquels il est fait allusion, QUINTE-CURCE (III, 9, § 4) usait du terme *custodia*, « la garde », « *adsueta corporis custodia* » pour désigner une troupe d'élite de 3000 cavaliers ; la même expression, « *custodiam corporis* » apparaissant plus bas dans l'œuvre (QUINTE-CURCE, VI, 4, § 9), selon une lettre de Bessus à Alexandre où celui qui renversa son prince fustigeait le fait qu'il s'était constitué une garde composée de soldats étrangers. Serait-ce là des coïncidences où cela relèverait-il d'une volonté délibérée de QUINTE-CURCE de réserver l'emploi de *custodes corporis* à la traduction de σωματοφύλακες, le mot étant pris au sens de 'Gardes du corps' des institutions argéades ? Il est ainsi particulièrement intéressant de relever l'occurrence de « *custodiam corporis* » (QUINTE-CURCE, V, 1, § 42 — rapportée ci-dessus au paragraphe introductif de notre partie « IV. 1. De l'ambivalence des mots σωματοφύλαξ, σωματοφυλακία et ὑπασπιστής et sur quelques confusions qui en dérivent chez les historiens d'Alexandre le Grand ») pour désigner le groupe des Pages royaux. *Contrairement à ce que la traduction inadéquate de Bardon suggérait*, « gardes du corps », QUINTE-CURCE avait utilisé le mot *custodia*, 'la garde', 'le service'. Pour ce terme, voir ci-dessus à l'appel de notre n. 277.

[309] Voici donc le relevé des occurrences où *custodes corporis*, chez QUINTE-CURCE, désigne sans aucun doute les 'Gardes du corps' (nous conservons, en exposant, les notes du traducteur de la CUF, Bardon) :

1°) IV, 13, § 19 : « *Non tamen quisquam e custodibus corporis intrare tabernaculum audebat* » — « Cependant, aucun des gardes du corps n'osait entrer dans la tente[2 Les *sômatophylakes* dont il est question ici étaient de hauts dignitaires, dont une douzaine environ nous sont connus (cf. Berve, *loc. cit.*, I, p. 27)] ; il n'y en eut jamais plus de huit en fonction à la fois. Chargés, à l'origine, de protéger la personne du roi, ils se virent de plus en plus attribuer d'importants commandements militaires. » (Bardon 1961 : 97).

2°) VI, 11, § 8 : « *Tum uero uniuersa contio accensa est, et a corporis custodibus initium factum clamantibus discerpendum esse parricidam manibus eorum : id quidem Philotas, qui grauiora supplicia metueret, haud sane iniquo animo audiebat.* » — « Alors l'assemblée entière s'enflamma ; cela commença par les gardes du corps, qui, à grands cris, voulaient déchirer de leurs propres mains le parricide : ce qui n'était pas pour déplaire à Philotas, qui craignait des supplices plus graves. » (Bardon 1961 : 207). Bien qu'il puisse y avoir un doute, on peut penser que, dans ce cas de haute trahison, les premiers à élever la voix furent les 'Gardes du corps'.

3°) VI, 6, § 21 : « *custodibus corporis* ». Il s'agit de *custodes corporis* qui dorment près de la tente royale. Il ne peut être ici question de *doryphores* ou d'*Hypaspistes* royaux (puisque des factionnaires ne peuvent sommeiller près du roi), mais, évidemment, de 'Gardes du corps'. On en lit la confirmation plus bas où apparaissent les noms de Ptolémée et de Léonnat (§ 22).

4°) VII, 7, § 9 : « *Hephaestio, Craterus et Erigyius erant cum custodibus in tabernaculum admissi* » — « Outre les gardes du corps [la traduction de Gargiulo était plus précise : « insieme con le guardie » (Atkinson et Gargiulo 2000 : 143], il avait convoqué sous sa tente Héphestion, Cratère et Erigyius » (Bardon 1948 : 259). Le premier seul était effectivement 'Garde du corps' (cf. Berve 1926 I : 27 ; II : 169-75, n° 357). Le deuxième (Berve 1926 II : 220-7, n° 446) avait été un des plus importants commandants militaires. Goukowsky (1978 : XXIII) avait souligné que « des chefs militaires de premier plan, comme Cratère, n'ont jamais été *sômatophylakes* ». Quant au dernier, mytilénien d'origine (Berve 1926 II : 151-2, n° 302), il avait eu des commandements importants au sein de la cavalerie grecque, mercenaire ou alliée. En outre, rappelons que tant Cratère qu'Érigyios avaient été désignés de façon univoque comme comptant au rang des Amis (en VI, 8, § 17, cf. ci-dessus à l'appel de notre n. 281).

5°) VIII, 2, § 11 : « *armigeri corporisque custodes* », « ses écuyers (sic) et ses gardes du corps » (Bardon

que QUINTE-CURCE usa du syntagme pour désigner d'autres individus que les 'Gardes du corps'.[310]

1948 : 291) convainquent Alexandre de sortir de sa prostration après le meurtre de Clitus. Doit-on douter que les uns devaient être des officiers supérieurs de la 'Hypaspistenleibwache' et les autres des 'Gardes du corps'? En tout cas, en VI, 8, § 17, « *armigeri* » désigne les 'Gardes du corps (cf. ci-dessus à l'appel de notre n. 281).

6°) IX, 8, § 23 : « *Idem corporis custos promptissimusque bellator* » — « *Garde du corps et audacieux guerrier* » (Bardon 1948 : 382) — il s'agit de Ptolémée, 'Garde du corps' avéré.

7°) X, 6, § 1 : « *corporis eius custodes in regiam principes amicorum ducesque copiarum aduocauere* » — « les gardes du corps convoquèrent au palais royal les premiers des Amis et les chefs des troupes » (Bardon 1948 : 414). Ce rôle de décision désigne évidemment les 'Gardes du corps'.

[310] 1°) VI, 7, § 15: « *Demetrio, corporis custodi* » — « le garde du corps Démétrius[1]. Ce *custos corporis* paraît (6, 11, 35), s'être défendu avec succès de toute participation au complot ; Arrien raconte (3, 27, 5) qu'il ne fut arrêté qu'une fois réglé le sort des conjurés. Ptolémée lui succéda comme garde du corps. ». Ce Démétrios n'était pas un 'Garde du corps' puisque, comme nous l'avons vu (cf. ci-dessus en IV. 1. 1. 2.), il n'apparaît pas dans la liste des huit personnages titulaires de cette très hautre dignité donné un peu plus bas par ARRIEN (Ἀνάβασις Ἀλεξάνδρου, VI, 28, § 4).

2°) VII, 5, § 40 : « *At Alexander Oxathren, fratrem Darei, quem inter corporis custodes habebat* » — « Alors Alexandre fit approcher le frère de Darius, Oxathrès, qui était l'un de ses gardes du corps[1]. Cette intrusion d'un Perse dans l'entourage immédiat d'Alexandre avait causé de très vives réactions parmi les hétaires. » (Bardon 1948 : 252). La traduction littérale livrée par Bardon au sujet de ce frère de Darius rallié à Alexandre après la défaite du Grand Roi, Ὀξυάθρης, selon la forme grecque de son nom établi par les historiens modernes (cf. Berve 1926 II : 291-2, n° 586) semble, au vu de cette notice de Berve, si ce n'est erronée, mais du moins mener sur une fausse piste. Pour le savant allemand (Berve 1926 II : 292, n. 1), « [b]ei Curt. VII, 5, 40 und Epit. Mett. 2 wird er fälschlich als Leibwächter (custos corporis) bezeichnet, vermutlich weil der Titel δορυφόρος falsch gedeutet wurde. » Nous avons vu que plus tard, en 325 av. J.-C., les 'Gardes du corps' étaient tous encore des Macédoniens — cet épisode où est mentionné Ὀξυάθρης prend place lors du supplice de Bessus, soit en 329 av. J.-C. À la suite d'Atkinson, nous invoquerons encore ce personnage ci-dessous en n. 321.

3°) VII, 10, § 9 : « *quattuor inter custodes corporis retenti nulli Macedonum in regem caritate cesserunt* », « les quatre qu'Alexandre retint parmi ses gardes du corps ne le cédèrent à aucun Macédonien dans leur affection pour le roi[1] Voilà encore une des raisons qui soulevaient les animosités des hétaires macédoniens. » (Bardon 1948 : 273). Il s'agit de quatre nobles sogdiens. Qu'Alexandre en ait fait des 'Gardes du corps' tendrait à faire tomber l'idée exprimée par Bardon ou par Heckel que les 'Gardes du corps' ne furent jamais plus de sept ou huit — de fait, dans sa partie « Background and Organisation of the Seven », Heckel (1992 : 257-9), ne touche mot de ce passage de QUINTE-CURCE. Mais comme cette information livrée par QUINTE-CURCE prend place, chronologiquement, avant l'énoncé de la liste des sept puis huit 'Gardes du corps' d'ARRIEN, où ne se trouvent pas nommés ces nobles sogdiens (cf. ci-dessus au début au chapitre IV. 1. 1. 2.), il faut croire que, ici, l'expression de « *custodes corporis* » ne désigne pas les 'Gardes du corps' mais, comme dans l'occurrence du passage en VIII, 11, § 11 où est décrit l'assaut du roc d'Aornos, de simples 'gardes du corps', en l'espèce, vraisemblablement, des '*Hypaspistes* royaux' dont ces Sogdiens avaient dû rejoindre les rangs. De fait, ces Sogdiens sont dits plus hauts (VII, 10, § 4) « *corporum robore eximio perducti erant* » (« étonnants de force physique » — Bardon 1948 : 272), ce qui, puisqu'ils ne pouvaient avoir alors été faits σωματοφύλακες, est certes une raison pour les voir admis à titre exceptionnel parmi les '*Hypaspistes* royaux' — puisque cette troupe était à l'origine exclusivement macédonienne.

4°) VIII, 11, § 11 : des *corporis custodes* suivent Alexandre à l'assaut du roc d'Aornos (en Inde). Il n'est pas impossible que cette occurrence se rapporte à quelques 'Gardes du corps' qui pouvaient se trouver auprès du roi car on rappellera l'épisode de l'assaut téméraire de la principale forteresse des Malles, qui témoigne que certains de ces hauts dignitaires, officiers supérieurs éprouvés, pouvaient suivre le roi au plus chaud du combat. Alexandre, prenant des risques inouïs, faillit y perdre la vie et le 'Garde du corps' Léonnat, l'épée à la main, dut s'employer pour sauver son roi — en compagnie de Peucestas, mais lequel n'était pas encore alors 'Garde du corps' (sur

Les leçons de cet historien étant tirées, venons-en à présent aux occurrences du syntagme chez TITE-LIVE. Y trouverait-on la confirmation de l'usage qui semble le plus général chez QUINTE-CURCE, soit que sous sa plume également « *custodes corporis* » désigne avant tout les 'Gardes du corps' ?

Nous avons évoqué plus haut (cf. à notre appel de n. 280) ce Glaukias, « *ex numero custodum corporis* » de Persée. Étant désigné nominalement, on est conduit à le considérer comme un personnage d'importance et donc, nous l'avons vu, à voir sous le syntagme non l'expression commune mais l'indication de la persistance, sous le dernier Antigonide, de l'institution des 'Gardes du corps'. Faudrait-il la trouver aussi en Sicile où le dernier souverain, Hiéronymos, fut assassiné au terme d'une conspiration où trempa un certain Dinomène, désigné comme ayant été un des « *custodes corporis* » (TITE-LIVE, XXIV, 7, § 4) ? Évoquant cette fois la dramatique dispute qui opposa les fils de Philippe V (182/1 av. J.-C.), TITE-LIVE (XL, 8, § 6) rapportait que le vieux roi, avant la confrontation de ses deux héritiers, « se retira dans la partie intérieure du palais avec ses deux amis et autant de gardes du corps (« *custodibus corporis* ») » (Gouillart 1986 : 12). Les deux mentions précèdentes (et la première surtout), conduiraient-elles à voir là des 'Gardes du corps'/'hauts dignitaires'? Mais étant donné que TITE-LIVE (XL, 8, § 6) rapportait que le roi « *filiis ut ternos inermes secum introducerent permisit* », « permit à chacun de ses fils de faire entrer avec lui trois hommes sans armes » (Gouillart 1986 : 12), on constate que Philippe craignait quelque violence. Et que dès lors ces deux *custodes corporis* devaient avoir été deux gardes du corps au sens littéral du terme, c'est-à-dire des σωματοφύλακες pris au sens de doryphores. Cette signification paraît à première vue être celle à mettre sous l'occurrence du syntagme quand l'historien latin l'utilise pour évoquer la garde rapprochée du tyran Nabis.[311] Car cette occurrence-ci trouve un écho dans deux autres passages où le premier désigne ces soldats par le mot *satellites*.[312] Néanmoins, Texier

---

cet épisode-ci, cf. QUINTE-CURCE, IX, 4, § 30 à 5, § 21 ; ARRIEN, Ἀνάβασις Ἀλεξάνδρου, VI, 9, §§ 3-10 ; et pour la carrière de Peucestas, cf. Berve 1926 II : 318-9, n° 634). Néanmoins, il y a peu à douter qu'il faille voir dans ces *corporis custodes* de l'assaut du roc d'Aornis un écho aux trente jeunes *Hypaspistes* royaux signalés plus haut dans le texte de l'historien latin (VIII, 11, § 9), selon l'interprétation que nous avons donnée de ce passage au début de cette étude (cf. IV. 1. 2. 1.). Et ce d'autant plus que plus bas dans le même chapitre (au § 17), on retrouve ces trente jeunes soldats d'élite, mentionnés de nouveau, outre d'autres soldats qui, manifestement, les avaient accompagnés à la suite du roi (« *promptissimorum iuuenum ceterorumque militum* »).

[311] « *Nabis cum delectis custodibus corporis* » (TITE-LIVE, XXXIV, 30, § 7). « Nabis avec l'élite de ses gardes » (on se situe en 195 av. J.-C.). Ce livre de l'historien latin n'ayant pas encore donné lieu à une traduction dans la *Collection des Universités de France*, c'est ici celle de Liez (Desgrugillers 2005 : 47) que nous avons utilisée.

[312] Ces gardes du corps étaient aussi des soldats susceptibles de servir en ligne, puisque le tyran les fait manœuvrer au sein de l'armée dans une plaine que baigne l'Eurotas : « *Satellites tyranni media fere in acie consistebant* » (TITE-LIVE, XXXV, 35, § 11). « Les gardes du corps du tyran se tenaient vers le milieu de la ligne » Adam (2004 : 55) ; écho plus bas à ceux-ci, qui ont assisté, impuissants, à l'assassinat de Nabis (TITE-LIVE, XXXV, 36, § 2).

(1976 : 74), qui avait mis en exergue la source littérale de TITE-LIVE, en l'espèce le passage de l'œuvre de POLYBE (XIII, 6, § 5) heureusement conservé, « καὶ χρώμενος δορυφόροις καὶ σωματοφύλαξι τούτοις », « et faisant d'eux ses satellites et ses gardes du corps » (Foulon et Weil 2003 : 18),[313] nous amène à suspendre encore notre jugement. Nabis, à l'instar des princes hellénistiques, avait évidemment, comme l'atteste cet extrait polybien, une garde rapprochée. Car faut-il voir dans ce « δορυφόροις καὶ σωματοφύλαξι » un effet littéraire ou bien la trace de deux corps particuliers, l'un, le premier, de gardes du corps assurant la protection du tyran et l'autre, ces σωματοφύλακες, qui auraient été des officiels à l'image des 'Gardes du corps' d'Alexandre ? De fait, si l'on se porte vers les occurrences de σωματοφύλαξ chez POLYBE, le mot désigne de façon récurrente sous sa plume, au sein des différentes dynasties hellénistiques, ces hauts dignitaires (Collatz *et al.* 2002 : col. 468 — s.v. σωματοφύλαξ).[314]

En somme, quant au passage de TITE-LIVE relatif à la lustration de l'armée de Philippe V, au vu des emplois du syntagme *custodes corporis* de l'auteur de l'*Ab Vrbe condita* (si ce n'est de QUINTE-CURCE), si de surcroît, à la suite de Hatzopoulos (2001 : 71), on se souvient de la tendance livienne à la « traduction mécanique des termes grecs » (ceci relativement à l'armement), il semblerait que, d'un premier côté, il y ait peu à douter que TITE-LIVE traduisait un « σωματοφύλακες » où le mot, si l'on va à la source de l'historien latin, c'est-à-

---

[313] Et Texier (1976 : 74, n. 5) d'ajouter : « à rapprocher de DIODORE, XXVII : "Il (Nabis) en (les mercenaires) fit les gardiens de son trône". » — ce passage-ci de DIODORE correspond au premier fragment de ce livre perdu, que Goukowsky (2012 : 18) traduisait récemment comme suit : « il [Nabis] fit venir de toute part, comme mercenaires, les pires individus pour être les gardiens de son pouvoir. » Comme on le constate, cet extrait de l'historien sicilien n'éclaire pas ces points de lexique.

[314] Pour les occurrences au sein de la Macédoine antigonide, cf. ci-dessus le passage du corps de notre texte se trouvant à la hauteur de l'appel de notre n. 280. Les travaux de Mooren (1975) puis (1977) montrent que chez les Lagides le terme σωματοφύλαξ relève sans nul doute, malgré des ambiguïtés avec la signification première du mot ('garde du corps', *doryphore*) dans quelques cas, de la titulature aulique (Mooren 1977 : 34-5 ; 45) — et pour la prosopographie, cf. également Mooren (1975: 75-80). Bikerman (1938 : 37-8, avec références) s'était penché sur les σωματοφύλακες séleucides et avait surtout, par rapport au point de vue très prosopographique de Mooren, tenté d'en cerner la ou les fonctions. Pour lui, « Les "aides de camp" sont appelés "gardes du corps". Mais il faut » précisait-il avec grande justesse, « prendre soin de les distinguer des satellites (δορύφοροι), destinés à escorter le roi et à surveiller la résidence de la cour. Les "somatophylaques" sont attachés à la personne du souverain ; ils restent avec lui jour et nuit. » L'historien des Séleucides établissait plus bas un parallèle avec leurs homologues lagides : « En Egypte, au IIe siècle, il arrivait souvent que les "aides de camps" (ἀρχισωματοφύλακες) fussent en même temps stratèges, etc., en diverses provinces du royaume. On explique cette anomalie en supposant que le titre de "gardes du corps" est devenu purement honorifique, à la manière des dignités auliques d'aujourd'hui. Il est plus probable que le grand nombre des "aides de camp" permettait d'en déléguer plusieurs à d'autres fonctions. » (Bikerman 1938 : 37 ; 37-8). Dès lors, signalons que l'assertion de Berve (1926 I : 123), « [i]m übrigen beseitigt jeden Zweifel die Tatsache, daß an die Diadochenhöfen die Leibwache erwiesenermaßen den Namen σωματοφύλακες führte », semble une généralisation abusive.

dire POLYBE, serait à comprendre au sens institutionnel de 'Gardes du corps'.[315] Mais, d'un second côté, l'usage de *custodes corporis* pour désigner des 'gardes du corps', des *doryphores*, comme dans le cas des gardes de Nabis, porterait à croire que dans la cérémonie de purification des troupes antigonides, le syntagme désignait de simples gardes qui, dès lors, n'auraient pu être que les *Hypaspistes*.

IV. 2. 2. Regia cohors

Dirigeons-nous à présent vers le syntagme « *regia cohors* ». Ce syntagme ne paraît pouvoir recouvrir que trois significations possibles : soit une troupe *ad hoc* ; soit l'unité des *Hypaspistes* ; soit enfin l'*agèma* des Peltastes, l'unité d'élite des Peltastes et partant de l'infanterie macédonienne.

IV. 2. 2. 1. Regia

En ce qui concerne le premier terme du syntagme, *regia*, rapportons tout d'abord le commentaire de Bardon relativement à ses occurrences dans l'œuvre de QUINTE-CURCE : « Pour un contemporain de Quinte-Curce, c'est-à-dire, d'après nous, pour un Romain de l'époque de Claude, *regia* évoque d'abord une réalité concrète : le palais situé sur la Voie Sacrée, entre le temple de Vesta et l'emplacement où s'élèvera celui d'Antonin et de Faustine (...) Le mot *regia* se trouvait donc, dans la pratique, relier l'une à l'autre la notion de "palais" et celle de "royauté". Et effectivement son sens fondamental paraît bien être "résidence royale" ; mais le mot s'est précisé et spécialisé en deux acceptions apparentées, et toutes deux classiques : celle de "palais", et celle de "capitale". » (Bardon 1946 : 17).

Chez TITE-LIVE, le mot *regia* est non moins employé au sens de 'palais' ou de 'capitale'. *Regia Pergami* désigne ainsi le « palais royal à Pergame » dans un discours de Persée de 172 av. J.-C. (TITE-LIVE, XLII, 42, § 6) ; c'est à Pella, désignée comme « uetere regia Macedonum » (TITE-LIVE, XLII, 51, § 1), « l'ancien palais des rois de Macédoine » (Jal 1971 : 111), que Persée se décida à entrer en guerre contre Rome. Après Pydna, « *in regia Perseo, qui Pellae praeerant, Euctus Eulaeusque <et> regii pueri praesto erant* » (TITE-LIVE, XLIV, 43, § 5),[316] « Persée trouva dans son palais les gouverneurs de Pella Euctus et Eulaeus <ainsi> que les pages royaux, qui se tenaient à sa disposition. » (Jal 1976 : 94). En somme, on est conduit à considérer que l'expression *cohors regia* désigne une troupe

---

[315] Il est ainsi à relever que lorsque TITE-LIVE (I, 15, § 8) en venait à évoquer les gardes du corps de Romulus, il utilisait l'expression de 'la garde du corps' (cf. le terme de '*Leibgarde*' du vocabulaire militaire allemand), « *custodia corporis* », et non celle de '*custodes corporis*' comme pourrait le faire croire la traduction peu heureuse de Baillet *et al.* (1997 : 27).

[316] L'édition de la Teubner de Briscoe (1986 : 271) livrait, pour l'original : « *in regia Perseo qui Pellae praeerant, Euctus <Eulaeus>que, <et> regii pueri praesto erant.* »

spécifiquement royale, une troupe sans nul doute particulièrement attachée au roi hellénistique.

IV. 2. 2. 2. La regia cohors: *une troupe ad hoc ?*

Qu'il eût pu s'agir, à la considération d'un passage de QUINTE-CURCE et d'un autre d'ARRIEN, d'une unité certes royale mais *ad hoc*, c'était semble-t-il le point de vue de Gouillart (1986 : 95, n. 3 — du chapitre 6 du livre XL, que nous avons rapportée n. 306). Mais si l'on se porte aux références invoquées, on constatera que la glose du traducteur est erronée car elle assimile cette *cohors regia*, comme avait cru le comprendre Gouillart avec Walsh et Briscoe,[317] aux Pages royaux. Or, comme nous allons le voir, ce syntagme ne possède pas plus cette acception que celle d'une troupe réunie *ad hoc*.

IV. 2. 2. 3. Regia cohors *sous la plume de* QUINTE-CURCE

Puisque Gouillart, dans cette note d'érudition que nous avons rapportée, nous y engage, dirigeons-nous donc de nouveau vers l'œuvre de QUINTE-CURCE. Röder von Diersburg (1920 : 17) avait défendu l'idée que « Curtius gebraucht im gleichen Sinne [c'est-à-dire l'« Agema der Hypaspisten » (Röder von Diersburg 1920 : 17)] den Ausdruck cohors. » Le mot *cohors* seul suffirait-il, dans les *Histoires*, à désigner l'*agèma* des *Hypaspistes* ? Les références invoquées par le chercheur allemand avaient été les suivantes :

1°) QUINTE-CURCE, III, 12, § 3 : « *Cohors quoque, quae excubabat ad tabernaculum regis* » — « la compagnie qui montait la garde à la tente du roi » (Bardon 1961 : 34).

2°) QUINTE-CURCE, VI, 8, § 17 (référence peu pertinente car le mot *cohors* n'est pas ici employé).

3°) QUINTE-CURCE, VIII, 11, § 9. Voir ci-dessus notre partie IV. 1. 2. 1. (à l'appel de la n. 288) où nous avons analysé cet extrait.

4°) QUINTE-CURCE, VIII, 13 § 20 : « *Alexander in diuersa parte ripae statui suum tabernaculum iussit adsuetamque comitari ipsum cohortem ante id tabernaculum stare et omnem apparatum regiae magnificentiae hostium oculis de industria ostendi* » — « Alexandre fit dresser sa tente à un endroit de la rive qui en était éloigné ; il ordonna à la cohorte, qui l'accompagnait d'ordinaire, de monter la garde devant

---

[317] Voir ci-dessus à la citation correspondant à notre appel de la n. 306.

la tente, et de déployer tout exprès aux regards de l'ennemi l'appareil entier de la magnificence royale » (Bardon 1948 : 336).[318]

5°) QUINTE-CURCE, IX, 10 § 26 : lors d'un triomphe organisé en Carmanie par Alexandre revenu sain et sauf d'Inde, l'ordre du défilé aurait été le suivant : « *Primi ibant amici et cohors regia uariis redimita floribus coronisque* » — « Allaient tout d'abord les Amis et la cohorte royale, parés de fleurs et de couronnes variées » (Bardon 1948 : 391).

Que déduire de ces extraits ? Premièrement, Röder von Diersburg assimilait donc cette troupe d'*Hypaspistes* que Berve dénomma la « Hypaspistenleibwache » à l'*agèma* des *Hypaspistes*, ce qui est erroné.[319] Deuxièmement, il est évident que dans l'œuvre de QUINTE-CURCE, le mot *cohors*, en lui-même, ne désignait pas absolument l'*agèma* des *Hypaspistes*. On le trouve pour désigner une unité indéterminée macédonienne d'infanterie (QUINTE-CURCE, IV, 5, § 17),[320] la troupe des Pages royaux (QUINTE-CURCE, VIII, 6, § 6 ; X, 7, § 16), un bataillon disciplinaire (QUINTE-CURCE, VII, 2, § 35 ; § 37), sans compter une quelque peu obscure « *prima cohorte amicorum* » (QUINTE-CURCE, VI, 7, § 17) au sujet de laquelle, soulignons-le, Atkinson avait indiqué que le mot *cohors* n'a pas toujours trait au monde militaire.[321] C'est donc seulement par l'adjonction

---

[318] Remarquons ici que cette mission de protection de la tente du roi rappelle celle qui était dévolue aux *Hypaspistes* antigonides, selon la leçon dudit règlement d'Amphipolis (Fragment A, colonne II, l. 8). Cf. Hatzopoulos (2001 : 162 — texte ; 57 — commentaire).
[319] Voir ci-dessus n. 157 pour ce passage d'ARRIEN mettant hors de doute l'existence de trois corps d'élite macédoniens à pied : 'Hypaspistes royaux' (autrement dit la 'Hyp*aspist*enleibwache' de Berve), *agèma* des *Hypaspistes*, autres *Hypaspistes*.
[320] « *cumque porta effracta cohors Macedonum intrasset* » — « on fit sauter une porte, un corps de Macédoniens entra » (Bardon 1961 : 66).
[321] « 6. 7. 17. : **ex prima cohorte amicorum**. Carrata Thomes 19, n. 22, suggests that Curtius confused the technical and more general senses of the term philoi: Philotas should here be described as one of Alexander's closest friends in the general sense, whereas Curtius has implied that it refers to a rank in the military hierarchy. In Philotas' case the distinction is somewhat academic, and again one must caution against excessive faith in the reality of Macedonian Staatsrecht. In any cases, the connotation of cohors is not always military: cf. Sen. ep. 22, 11; Gellius i, 9.12. » (Atkinson 1994 : 219-20). Ce commentaire conduit à indiquer sous bénéfice d'inventaire la note de l'éditeur de la Collections des Universités de France, Bardon (1961 : 190, n. 1), qui pour ce passage indiquait : « Le premier escadron (ἄγημα) des hétaires montés (ἑταῖροι ἱππεῖς) », tout comme celle du traducteur de la 'Loeb', Rolfe (1946b : 20, n. b), commentaire à VI, 2, § 11 : « Apparently meaning "the Companion Cavalry," the *agema*, cf. vii. 5. 40 ». Mais ce renvoi au livre VII semble erroné car, au sein de cet extrait-ci, il n'est ici question que du frère de Darius, Ὀξυάθρης, « *quem inter corporis custodes habebat* », « qui », traduisait Bardon (1948 : 252), « était un de ses gardes du corps [d'Alexandre, information qui, selon Berve (1926 II : 292, n. 1), est fausse car pour le savant allemand ce personnage n'avait été honoré que du rang d'ἑταῖρος et devait simplement être un des officiers supérieurs de la nouvelle garde perse du vainqueur : cf. Berve 1926 II : 291-2, n° 586] ». *In fine*, la notice d'Oehler (1900 : col. 356) tendrait à soutenir l'interprétation de Carrata Thomes : « **Cohors amicorum**, auch *cohors praetoria, cohors*, griechisch φίλων ἴλη (Appian. Hisp. 84), bezeichnet in der republikanischen Zeit das Gefolge des Oberbeamten in der Provinz, das sich aus Leuten verschiedener Stellung zusammensetzte ». En

du mot 'regia', ou bien par le contexte, que les occurrences du terme *cohors* désignent chez QUINTE-CURCE quelque unité royale. Ainsi donc, et à double titre, l'interprétation de Röder von Diersburg n'était pas recevable.

Dans les *Histoires*, les occurrences du syntagme 'cohors regia' permettront-elles d'identifier cette unité ? Il en existe, sauf erreur de notre part, trois seulement en tout et pour tout. Nous en avons déjà invoqué une, celle qui se trouve en VIII, 11, § 9 et qui selon nous évoque trente jeunes 'Hypaspistes royaux'.[322] La seconde concerne le complot fameux dit 'des Pages', dont l'initiateur avait été un certain « *Hermolaus, puer nobilis ex regia cohorte* » (QUINTE-CURCE, VIII, 6, § 7). « Hermolaüs, enfant de grande famille, qui appartenait au corps des pages royaux » avait compris Bardon (1948 : 307). Est-ce une bonne interprétation ? La traduction de Rolfe (1946b : 283), « a high-born boy belonging to this royal band », était plus neutre. Mais qu'était donc pour lui ce « this royal band » ? La traduction italienne de référence de Gargiulo de l'édition italienne d'Atkinson, « [u]na volta dunque Ermolao, giovane nobile che faceva parte di quella compagnia reale » (Atkinson et Gargiulo : 213 et 215), montre que le démonstratif « quella » (et donc le « this » de Rolfe) faisait écho à l'occurrence du mot *cohors* qui se trouve au § 6 qui précède, lequel était traduit comme suit par le savant italien : « Questa compagnia fu tra i Macedoni come un vivaio di capi e di governatori etc. » (Atkinson et Gargiulo : 213). Autrement dit, Bardon comme Gargiulo et Rolfe, voyaient dans cette « *regia cohorte* » de l'occurrence se trouvant en VIII, 6, § 7, la troupe des Pages royaux.

Mais selon nous ce syntagme « *ex regia cohorte* » indique non pas qu'Hermolaos relevait d'une unité de Pages constituée en tant que telle, et qui aurait été donc désignée par « *regia cohorte* », mais qu'il était, en tant que Page royal, attaché à une *regia cohors* dont il était issu, tiré (cf. la préposition *ex*). Et cette unité ne pouvait être que celle chargée de la protection rapprochée du roi. Autrement dit, on l'aura compris, la troupe des 'Hypaspistes royaux', justement en question, sous ce même syntagme 'regia cohors', dans ce passage relatif à l'assaut du roc d'Aornos (VIII, 11, § 9). La suite du texte de QUINTE-CURCE où est évoqué Hermolaos donne trois échos à cette mention « *ex regia cohorte* » située en VIII, 6, § 7 — dans ce même sixième chapitre du huitième livre. Au § 8 tout d'abord, où c'est cette même unité qui est évidemment désignée. Puis au § 18 où ici, contrairement à ce que la traduction de Bardon (1948 : 309) livrait, « déjà c'était le tour d'autres factionnaires du corps des Pages ». Car le texte de QUINTE-CURCE ne désigne pas explicitement ceux-ci : « *Iam alii ex cohorte in stationem successerant* » — la traduction de Gargiulo (Atkinson et Gargiulo : 217) était plus

---

somme ce Philotas, très haut personnage macédonien (sur sa carrière, cf. Berve 1926 II : 393-7, n° 802), paraît avoir été 'du premier cercle des Amis'.
[322] Cf. ci-dessus à l'appel de notre n. 288.

juste, n'induisant notamment pas en erreur : « Già altri della stessa compagnia erano subentrati al loro posto etc ». Et elle est meilleure selon nous que celle de Rolfe (1946b : 287) : « Now the others of the troupe had taken over their posts etc ». Or les militaires de l'unité qui, assurant la protection du roi lors de son repos, prennent le tour de garde, ne devraient-ils pas être plutôt, par principe, des gardes du corps, et non de ces adolescents qu'étaient les Pages ? En somme, plus évidemment, les 'Hypaspistes royaux' ? Le troisième écho est, toujours au sein du livre VIII, au chapitre 8, § 2. Le châtiment n'avait pas tardé à tomber sur les comploteurs démasqués. Alexandre, racontait ici QUINTE-CURCE, « fit livrer les condamnés aux hommes du même corps. Ceux-ci, pour que leur cruauté prouvât au roi leur loyalisme, les tuèrent dans les supplices » (Bardon : 316).[323] Les agents de ces basses œuvres pouvaient-ils avoir été des Pages ? Nous pensons plutôt qu'il faut y voir ici des 'Hypaspistes royaux', les propres *satellites*, les doryphores d'Alexandre, plus propres à de telles besognes. Mentionnons pour conclure sur ce point une dernière occurrence : « *sedecim omnino pueris regiae cohortis* » (QUINTE-CURCE, X, 8, § 3), « en tout de seize pages de la cohorte royale » (Bardon 1948 : 421). Nous pensons qu'il ne faut pas comprendre 'seize Pages de la cohorte royale (des Pages)' mais que ces seize Pages étaient de ceux attachés à une *regia cohors* qui paraît donc être, pour QUINTE-CURCE, selon notre interprétation, l'unité des 'Hypaspistes royaux'.[324]

IV. 2. 2. 4. Regia cohors sous la plume de TITE-LIVE

IV. 2. 2. 4. 1. *Regia cohors* = la βασιλικὴ ἴλη antigonide

Dans le cadre de l'armée antigonide, outre l'occurrence relative à la cérémonie de lustration de l'armée sous Philippe V et outre celle concernant les *Nicatores* de Persée que nous avons évoquées ci-dessus (en II. 2. 1. 4. de notre étude **Antigonid Redcoats** ; TITE-LIVE, XLIII, 19, § 11) et au sujet desquels les réflexions que nous développerons ci-dessous conduiront à formuler de

---

[323] « *tradique damnatos hominibus, qui ex eadem cohorte erant, iussit. Illi, ut fidem suam saeuitia regi adprobarent, excruciatos necauerunt* » (QUINTE- CURCE, VIII, 8, § 20).
[324] Notre lecture mène à jeter un œil nouveau sur ledit 'complot des Pages'. Parmi les comploteurs auraient pu non seulement se trouver le Page Hermolaos et « Sostratros, fils d'Amyntas, qui avait son âge et était son amant » (ARRIEN, Ἀνάβασις Ἀλεξάνδρου, IV, 13, § 3), mais encore des individus qui, appartenant à cette *cohors regia* qui devait selon nous désigner dans les occurrence que nous venons d'analyser l'unité des 'Hypaspistes royaux', n'étaient pas des Pages mais des *Hypaspistes*. Ainsi Antipatros fils d'Asclépiodore qui, étant amené à « monter la garde pendant la nuit » (Savinel 1984 : 136 = ARRIEN, Ἀνάβασις Ἀλεξάνδρου, IV, 13, § 4), devait plutôt être un soldat qu'un Page. On remarquera que, mis à part Hermolaos, aucun des comploteurs dont ARRIEN (Ἀνάβασις Ἀλεξάνδρου, IV, 13, § 4) et QUINTE-CURCE (VIII, 6, § 9) livraient la liste, ne sont désignés nommément comme étant Pages — on le vérifiera par les sources invoquées par Berve (1926 II) à chacun de ces noms. Tous ces comploteurs étaient-ils donc Pages ? Seul le récit plus synthétique de PLUTARQUE (Ἀλέξανδρος, LV) pousserait à le croire. Mais la chose pourrait être moins certaine qu'on l'a cru.

nouvelles hypothèses, il en existe une troisième. Elle concerne de nouveau l'armée macédonienne à l'époque de Philippe V : « *Ibi exercitu omni relicto, cum cohorte regia Demetriadem sese recipit.* » (TITE-LIVE, XXVIII, 5, § 15). « Laissant là toute son armée, il [Philippe V] se retire avec l'escadron royal à Démétrias » avait traduit Jal (1995 : 11). Juste traduction car, en effet, comme l'indique le passage parallèle de POLYBE (X, 42, § 6), source principale de l'historien latin pour les évènements de Grèce, *cohors regia* correspond bien ici à 'escadron royal' : « Καὶ τὴν μὲν δύναμιν ἐν τῇ Σκοτούσῃ πάλιν ἀπέλειπε, μετὰ δὲ τῶν εὐζώνων καὶ τῆς βασιλικῆς ἴλης εἰς Δημητριάδα καταλύσας ἔμενε. » — « Il [Philippe] laissa de nouveau son armée à Scotousa, et avec l'infanterie légère et l'escadron royal, il fit halte à Démétrias où il demeura. » (Foulon et Weil 1990 : 110). Faudrait-il voir là un lapsus de TITE-LIVE dans l'emploi de *cohors regia* traduisant le syntagme polybien « τῆς βασιλικῆς ἴλης » ? Ou bien TITE-LIVE utilisait-il *cohors regia* dans un sens générique, désignant ainsi toute troupe spécialement attachée à la personne du roi ? Si ce passage ruine en tout cas la conception à laquelle l'on paraissait devoir être conduit, soit de considérer que, sous la plume livienne, *cohors regia* désignait un *agèma* d'infanterie et qu'il est donc faux d'affirmer, comme Bar-Kochva (1979 : 207, n. 8), que « Livy would not write 'cohors' for an ilē in Polybius », faudrait-il déduire de cette leçon que la *cohors regia* de la cérémonie de purification de l'armée désignait en fait la βασιλικὴ ἴλη ?

IV. 2. 2. 4. 2. *Regia cohors* = les *Argyraspides* séleucides

Le syntagme *cohors regia* apparaît également dans un passage décrivant l'ordre de bataille séleucide à la bataille de Magnésie du Sipyle : « *Addita his ala mille ferme equitum ; agema eam uocabant ; 6. Medi erant, lecti uiri, et eiusdem regionis mixti multarum gentium equites. (...) 7. Ab eadem parte, paulum producto cornu, regia cohors erat ; argyraspides a genere armorum appellabantur.* » (TITE-LIVE, XXXVII, 40, §§ 5-6). « Il [le roi] les appuya d'une aile de mille cavaliers environ, nommée "agèma" ; c'étaient des Mèdes, guerriers d'élite, mêlés à des cavaliers de la même région et appartenant à beaucoup d'autres nationalités. (...) Du même côté et un peu plus en avant se trouvait la cohorte royale, formée d'argyraspides, nom tiré de leur armement. » (Engel 1983 : 62).[325] Si ici *agèma* désigne une unité de cavalerie d'élite, puisque les *Argyraspides* séleucides étaient « [t]he Seleucid infantry Guard » (Bar-Kochva 1979 : 59), ceux-ci devaient former de fait l'*agèma* de l'infanterie

---

[325] « Appian (*Syr.* 32. 164) wrongly describes them as cavalry. They are the royal infantry guard » avait commenté au sujet de l'*agèma* de cavaliers mèdes Briscoe (1981 : 349 — et déjà avant lui Bar-Kochva (1979 : 207, n. 8). Cette glose est semble-t-il erronée : cf. les parallèles polybiens livrés par Engel (1983 : 141-2 n. 4 — du chapitre 40). Comme nous l'avons mentionné dans notre étude **Antigonid Redcoats**, la définition d'*agèma* par Hésychius (cf. ci-dessus, à l'appel de notre n. 191) rappelle que le terme désignait la première et la plus valeureuse des unités dans chacune des trois 'armes' hellénistiques, infanterie, cavalerie, corps des éléphants.

séleucide, et ce bien que, comme l'avait souligné Bar-Kochva (1979 : 64), « [o]f all the units known in the forces of Alexander and the Successors, the major absentee from the Seleucid army is the agēma (...) the royal infantry guard, or rather the crack battalion of the infantry Guard. »

IV. 2. 2. 4. 3. *Regia cohors* : des *Argyraspides* séleucides aux *Hypaspistes* antigonides ?

Si donc, à première vue, la *cohors regia* mentionnée dans la cérémonie de lustration de l'armée antigonide pouvait avoir été le corps d'élite de l'infanterie de bataille macédonienne, *id est* l'*agèma* des Peltastes, étant donné que dans cette description de l'armée séleucide à la bataille de Magnésie du Sipyle, l'occurrence du terme *agèma* est d'un côté explicitée en tant qu'unité de cavalerie d'élite tandis que, d'un autre côté, elle est mise en regard de celle de *cohors regia* qui est là une unité d'élite d'infanterie, l'idée que TITE-LIVE latin ait choisi, dans la passage relatif à la purification des troupes macédoniennes, le syntagme *cohors regia* pour traduire une autre occurrence du mot ἄγημα dans sa source grecque (POLYBE sans nul doute) semble peu recevable (Engel 1983 : LXXXIII-IV). Dès lors, dans ce passage-ci, nous serions donc conduits à éliminer l'option selon laquelle, sous l'expression « *regia cohors custodesque corporis* » du texte livien, il faille voir, sous le premier syntagme, l'*agèma* des Peltastes.

À ce stade de notre investigation, nous sommes ainsi portés aux interprétations suivantes : d'une part, comme nous l'avons vu à la suite de Sekunda (2010 : 459), *custodes corporis* semble « clearly a semantic translation of *sōmatophylakes* » ; d'autre part, *cohors regia* ne peut que correspondre, par élimination, et si du moins dans la foulée de la leçon relative aux *Argyraspides* séleucides on voulait y voir une troupe de fantassins, qu'aux *Hypaspistes*. Ce qui, du même coup, permettrait de rendre raison de la polysémie du σωματοφύλακες polybien à l'origine de *custodes corporis* : ici, σωματοφύλακες aurait correspondu aux 'Gardes du corps'. En somme, selon cette voie interprétative, la cérémonie de lustration de l'armée macédonienne sous Philippe V aurait vu le souverain et les princes suivis de la troupe spécialement attachée à sa personne, *id est* celle des *Hypaspistes*, puis des 'Gardes du corps' (ou 'aides de camp' si l'on veut reprendre l'image utilisée par Mooren dans le cadre lagide : cf. notre n. 314).

Ces déductions mèneraient à jeter un nouveau regard sur cet extrait livien évoqué dans notre essai précédent (en II. 2. 1. 4.) où apparaît le syntagme *cohors regia* dans le cadre de l'armée antigonide. Lors de la campagne de l'hiver 169 av. J.-C. conduite par le roi Persée sur les marges occidentales de son royaume, une troupe d'élite fut désignée pour ouvrir la brèche : « *Vbi, primum agger iniunctus muro est, et cohors regia, quos Nicatoras appellant, transcendit* etc. » (TITE-

LIVE, XLIII, 19, § 11). « Dès que la terrasse eut rejoint le rempart, les hommes de la cohorte royale que l'on appelle les « Nicatores » montèrent à l'assaut etc. » (Jal 1976 : 26-7).[326] Si ce contexte semblait désigner la formation d'élite de l'infanterie antigonide, l'unité de choc des troupes à pied royales, autrement dit l'*agèma* des Peltastes, l'analyse philologique précédente ne conduirait-elle pas *in fine* à voir dans ces *Nicatores* les *Hypaspistes* ou, du moins, le nouveau nom que Persée pouvait avoir donné à la troupe qui, depuis les Argéades ('Hypaspistes royaux' ou 'Hypaspistenleibwache', puis simplement 'Hypaspistes' sous Philippe V), accompagnait le roi en toute occasion ? Si nous avons vu qu'à l'époque hellénistique, les *Hypaspistes* n'apparaissent dans aucun ordre de bataille, on rappellera que sous ce roi qui n'hésitait pas à payer de sa personne qu'était Alexandre, la 'Hypaspistenleibwache' fut évidemment amenée à combattre.

IV. 3. Custodes corporis *et* regia cohors *: l'éclaircissement de la description livienne de la cérémonie de lustration de l'armée antigonide*

La critique philologique montre que *regia cohors*, sous la plume de TITE-LIVE, est une expression générique désignant diverses troupes d'élite hellénistique : βασιλικὴ ἴλη antigonide, *Argyraspides* séleucides et peut-être aussi, mais sans que l'on puisse absolument en décider, les *Hypaspistes* antigonides, ceux-ci ayant été peut-être renommés Νικάτορες sous Persée — ces derniers étant en tout cas une troupe d'infanterie de choc.

Le syntagme « *regia cohors custodesque corporis* » de la cérémonie de lustration de l'armée antigonide paraît donc devoir conduire à différentes interprétations entre lesquelles il sera impossible, en l'état de la documentation, de trancher absolument. Si l'on se souvient du triomphe dionysiaque ayant eu lieu au retour de l'armée d'Alexandre revenant de l'Inde, en Carmanie, où selon la lettre de QUINTE-CURCE (IX, 10 § 26), « *Primi ibant amici et cohors regia uariis redimita floribus coronisque* ». « Allaient tout d'abord les Amis et la cohorte royale, parés de fleurs et de couronnes variées » (Bardon 1948 : 391), il serait tentant de voir dans la cérémonie de lustration de l'armée présidée par Philippe V, comme ici, venir tout d'abord une *cohors regia* qui aurait été formée des *Hypaspistes* antigonides (puisque, nous l'avons vu, sous la plume de QUINTE-CURCE, *cohors regia* paraît désigner les 'Hypaspistes royaux', ancêtres des *Hypaspistes* antigonides : cf. ci-dessus en IV. 2. 2. 3.) suivis de ces autres hauts dignitaires qu'étaient les 'Gardes du corps' (bien que les Amis eussent formé un personnel plus large que ceux-ci, du moins sous Alexandre).[327] Alors la hiérarchie de cour aurait cédé le pas aux

---

[326] On se situe en 170/169 av. J.-C. et la ville prise d'assaut est une certaine Oaeneus. Sur celle-ci, voir ci-dessus n. 204.
[327] Sur ce sujet, voir spécialement Le Bohec (1985) qui pour le règne de Philippe V, où la documentation relative aux Amis est la plus importante, on en dénombre treize. Il ne nous

impératifs de la protection royale, les *Hypaspistes* antigonides s'attachant par principe aux moindres pas du roi.

Mais si l'on préférait se rappeler la leçon explicite selon laquelle, sous la plume de TITE-LIVE, « *cohors regia* » correspond à 'βασιλικὴ ἴλη', alors le défilé aurait pu être ouvert par cet escadron d'élite suivi des *custodes corporis* (σωματοφύλακες) lesquels, plutôt que des 'Gardes du corps', auraient alors été les *Hypaspistes*. En guise de parallèle, on invoquera ici l'autre cérémonie de lustration de l'armée macédonienne mentionnée dans nos sources. Elle est relatée par QUINTE-CURCE (X, 9, § 12) lors de ces moments de discorde qui suivirent immédiatement la mort d'Alexandre le Grand : « *Macedonum reges ita lustrare soliti erant milites, at discissae canis uiscera ultimo in campo, in quem deduceretur exercitus, ab utraque abicerent parte, intra id spatium armati omnes starent, hinc equites, illinc phalanx.* » — « Les rois de Macédoine avaient coutume de faire la lustration de l'armée en jetant les entrailles d'une chienne déchiquetée au bout de la plaine où l'on menait l'armée, à droite et à gauche ; les soldats se tenaient tous dans l'intervalle : ici les cavaliers, là la phalange. » (Bardon 1948 : 426). Le caractère tout militaire de cette cérémonie est notoire. Ne serait-ce pas un indice pour ne pas voir sous le « *custodesque corporis* » de TITE-LIVE les 'Garde du corps' dont Goukowsky (1978 : 106 — 2ᵉ note en commentaire de DIODORE, XVIII, 2, § 2) avait souligné qu'ils relevaient d'une « dignité, non d'un grade » ? De fait, c'est peut-être ce contexte particulièrement militaire qui pourrait éliminer l'hypothèse que le syntagme *custodes corporis* eût désigné les 'Gardes du corps'.

Nous sommes donc conduits aux résultats suivants : si l'on voulait mettre en exergue le caractère militaire de la cérémonie, la *cohors regia* correspondrait à la βασιλικὴ ἴλη, et alors nous pensons possible que par *custodes corporis* TITE-LIVE ait pu désigner, plutôt que les 'Gardes du corps' dans le sens institutionnel du mot, l'unité formant la garde rapprochée des derniers souverains antigonides, c'est-à-dire les *Hypaspistes*. Les souverains auraient ainsi été suivis des deux troupes d'élite de la cavalerie et de l'infanterie macédonienne. Mais si « *custodes corporis* » correspondait aux 'Gardes du corps' dans le sens institutionnel du mot, le syntagme *cohors regia* pourrait donc bien traduire quelque ὑπασπισταί polybien. Alors, la notion fondamentale aurait été celle de la protection des personnes royales, car certes les *Hypaspistes* étaient par principe attachés à la personne du souverain (on rappellera ici les leçons du règlement d'Amphipolis). Dans tous les cas, s'il faut sans doute croire trouver dans les *custodes corporis*, soit les 'Gardes du corps'/'hauts dignitaires', soit les *Hypaspistes*, la possibilité que la *cohors regia* de la cérémonie de lustration de l'armée macédonienne

---

paraît pas impossible que les sept puis huit 'Garde du corps' du temps d'Alexandre eussent peu ou prou correspondu aux πρῶτοι φίλοι mis en relief par la savante française (sur ceux-ci, voir spécialement Le Bohec 1985 : 118-9).

hellénistique ait correspondu à l'*agèma* des Peltastes nous semble devoir être écartée.

Nous livrons dans le tableau ci-dessous les trois interprétations parmi lesquelles se trouve sans doute la vérité des faits, et dans l'ordre de celles que nous favorisons, tout en précisant que nous tenons pour des conjectures presque égales les hypothèses 1°) et 2°), du fait de deux emplois différents, par TITE-LIVE, dans le contexte militaire antigonide, du syntagme *regia cohors* — la troisième nous paraissant peu probable.

Options	*regia cohors*	*custodes corporis*
1°)	Βασιλικὴ ἴλη	*Hypaspistes*
2°)	*Hypaspistes*	Σωματοφύλακες ('Gardes du corps')
3°)	Βασιλικὴ ἴλη	Σωματοφύλακες ('Gardes du corps')

IV. 2. 3. Conclusion

L'analyse détaillée des termes σωματοφύλαξ, σωματοφυλακία ou ὑπασπιστής sous la plume des historiens grecs, ou des syntagmes *cohors regia* et *custodes corporis* sous celles de quelques historiens latins de premier rang, mène au constat d'un usage équivoque de ces termes. L'équivocité d'un lexique pourtant institutionnel trouble la compréhension que l'historien moderne aimerait avoir des évènements décrits par ses prédécesseurs antiques. Est-ce à croire que l'histoire écrite par les Anciens était d'une nature différente de l'histoire pratiquée par les savants contemporains ? Cette question nous porte à considérer le statut du récit du récit historique chez les historiens de l'Antiquité, dont l'appendice qui suit en forme une ébauche.

IV. Appendice
Le statut du récit historique chez les historiens de l'Antiquité

Dans son « Appendix XIX. Military Questions » du deuxième volume de son édition de l'*Ἀνάβασις Ἀλεξάνδρου* d'ARRIEN dans la 'Loeb', Brunt (1983 : 483), confrontant POLYBE à ARRIEN dans son commentaire de certaines questions militaires relatives à l'œuvre de l'historien de Nicomédie, avait affirmé que, contrairement à ce dernier, l'Achaïen « had thought (...) necessary to explain the organization and fighting methods of the Roman army, so different from those of the Greek world (vi 19 ff.), and an intelligent historian of Al's campaigns should have seen the same need, especially as Al's army had peculiarities that distinguished it from earlier and later Greek of Macedonian armies ». Pour le savant britannique, ARRIEN « seems to have delighted in mechanically transcribing technical terms which gave an air of scholarly authenticity to his account. Nor did he always give full and accurate excerpts of what he found in his sources on military matters » (Brunt 1983 : 484).

Pensant pouvoir réduire la « confusion of terminology » qui est caractéristique, selon Brunt (1976 : xlii), de l'*Ἀνάβασις Ἀλεξάνδρου* d'ARRIEN lorsque le récit en vient aux détails militaires, Bosworth (1997 : 55) s'arrêtait sur la question des *Hypaspistes* et de l'*agèma* : « The references in Arrian are consistent with a single infantry *agema*, which was a subdivision of the hypaspiste corps. It is usually referred to as 'the *agema*' (the guard), but Arrian can be more specific: he may term it 'the *agema* of the hypaspists', 'the *agema* of the Macedonians' or 'the royal *agema*', just as he speaks indifferently of the hypaspists and the royal hypaspists. This is stylistic variation we might expect in any reasonably sophisticated writer, and Arrian in particular takes delight in subtle changes of terminology. » Même si nous ne partageons pas son interprétation de l'identité entre « the hypaspists and the royal hypaspists » (cf. notre n. 157), le savant australien avait parfaitement saisi, à notre sens, l'essence de l'*Ἀνάβασις Ἀλεξάνδρου* d'ARRIEN : « His History of Alexander is not a technical manuel, and it should not be interpreted as though it were. » (Bosworth 1997 : 55). La raison première de l'équivocité récurrente de la nomenclature militaire sous la plume d'ARRIEN tient donc au fait que son *Anabase* relève de fait de l'œuvre littéraire et non de l'œuvre historique savante.

De THÉOPOMPE à TIMÉE en passant par ÉPHORE et CALLISTHÈNE, POLYBE lui-même avait mis en exergue les insuffisances de ses devanciers en matière d'histoire militaire (Pédech 1969 : XLV, n. 1). Le plus grand des historiens de la période hellénistique, POLYBE, serait-il donc l'unique exemple, parmi les Anciens, d'un historien possédant les qualités propres du *scholarly historian*, et plus spécialement de l'historien militaire moderne ? Marsden (1974) avait voulu en défendre l'idée dans une communication donnée à la Fondation Hardt. L'historien américain n'avait pourtant pas manqué de relever l'absence de détails militaires dans le récit de son lointain prédécesseur grec. Ceci, certes, convenait mal à son hypothèse de départ d'un « Polybius as military Historian ». En tout cas selon Marsden (1974 : 295), pour finir, « [i]t was possibly the economy of his work, imposed by himself, that forced him to be selective that some modern readers will greatly regret the numerous detailed omissions. »

Mais prenons comme exemple le récit de la bataille de Sellasie (POLYBE, II, 65-69). La description de cette rencontre majeure de l'histoire militaire hellénistique est certes détaillée. Pourtant, l'ordre de bataille donné par l'historien achaïen ne précisant pas la nature des troupes du côté de l'armée macédonienne (POLYBE, II, 65, §§ 2-5), le récit doit être passé au crible pour que l'on en déduise, avec Le Bohec (1990 : 228-9), que ces auxiliaires d'Antigone Dôsôn qu'étaient les Illyriens relevaient vraisemblablement de l'infanterie lourde. Remarquons que, néanmoins, c'est presque une opinion contraire que l'on semble trouver sous la plume de ce même auteur, lorsqu'elle évoquait la « mobilité accrue des Illyriens » par rapport aux *chalkaspides* (Le Bohec 1990 : 427-8),[328] et ce bien que, comme nous l'avons exposé dans notre étude **'Infanterie lourde' : une notion entre armement et ordonnance tactique. Le cas de la phalange macédonienne**, la mobilité d'une troupe ne soit pas nécessairement la conséquence de la légèreté de son armement et de son équipement. En tout cas, l'historienne française n'avait pas manqué, dans son analyse de la bataille de Sellasie, de souligner, tout comme Marsden, le caractère lacunaire de certains détails, ce qui participe de la difficulté où l'on se trouve à comprendre le déroulement de la bataille (Le Bohec 1993 : 436-7 — cf. notamment 437, n. 1).

Pas plus dans l'exposé de la bataille de Sellasie que dans celle de Raphia POLYBE (V, 79-87) ne livre d'ordres de bataille détaillés des armées adverses dans toute la précision que l'on s'attendrait à trouver dans les études d'histoire militaire depuis la fin du XIXe siècle : noms officiels, composition et force numérique des

---

[328] L'historienne s'appuyait ici sur un article de Poznanski (1978 : 211). Mais à cet endroit, ce dernier avait été plutôt sibyllin : lors de la bataille de Sellasie, Antigone Dôsôn, avait-il écrit, « alterna Macédoniens et Illyriens, ce qui donna plus de cohésion et une puissance militaire accrue à ces deux formations, l'une renforçant l'autre. » Car, en effet, en quoi les Macédoniens d'une part, les Illyriens de l'autre, constituaient-ils « deux formations » ? Et en quoi, particulièrement, l'alternance des uns et des autres offraient-ils « une puissance militaire (sic) accrue » ? On ne peut que se défier de ce genre de généralités qui resteront creuses tant que l'on ne se sera pas pénétré, en la matière, de la méthode d'un Delbrück, sur laquelle nous nous attarderons dans le corps de notre texte juste ci-dessous.

unités.[329] Actif dans une période qui fut celle de l'acmé de l'histoire militaire, Delbrück peut en être considéré comme la figure par excellence. On soulignera que celui-ci mit non seulement en œuvre les méthodes propres à l'histoire militaire savante mais qu'encore il les conceptualisa pour l'objet supérieur qui était le sien et qui tient tout entier dans le titre même de son œuvre monumentale : sa *Geschichte der Kriegskunst im Rahmen der politischen Geschichte*.[330]

On trouve dans le remarquable essai de Craig consacré à Delbrück l'exposé de la méthode de l'historien prussien. Ce dernier avait en effet défini en détail « [l'] histoire de l'art de la guerre exhaustive » (Craig 1980 : 299). Selon Delbrück, celle-ci « comprendrait nécessairement ces informations que sont par exemple „le détail des exercices et des ordres correspondants, la technique des armes et de l'entretien des chevaux et enfin toute question des affaires navales (…)" » (Craig 1980 : 300).[331] Car Delbrück « se rendait compte qu'avant de tirer des conclusions générales des guerres du passé, l'historien devait définir aussi précisément que possible la façon dont celles-ci s'étaient déroulées. C'était justement parce qu'il était décidé à trouver des idées générales susceptibles d'intéresser d'autres historiens qu'il dut s'attaquer aux „plus petits évènements", „aux plus petits faits" des campagnes du passé ; et malgré ses propres démentis,[332] sa

---

[329] Rapportons en guise de parallèle le jugement de Clausewitz quant à l'impossibilité de se faire une idée précise de la situation stratégique des adversaires de la Campagne de Belgique de 1815 au début du mois de juin, Napoléon d'un côté, les Anglo-Prussiens de l'autre, du fait du manque d'éléments positifs à la date où Clausewitz rédigea son *Feldzug von 1815* (qui fut publié de façon posthume ; il mourut en 1831) : « Pour tirer de cette position réciproque des deux partis un résultat clair et instructif, il faudrait avoir bien plus de données que nous n'en avons. Aucun des historiens, qui ont écrit jusqu'à présent sur cette campagne, n'a trouvé nécessaire de rechercher ces données. Tout ce que nous savons des *circonstances stratégiques proprement dites* de la campagne, et plus particulièrement la représentation exacte des circonstances essentielles des deux batailles, est aussi fragmenté et incomplet que pour n'importe quelle campagne du XVIIe siècle. » (Clausewitz, K. M. [1835]. *Campagne de 1815 en France*. Traduit de l'allemand par A. Niessel [en 1900]. Paris, Éditions Champ libre [1973] : 32). Clausewitz détaillait à la suite « les principaux objets dont il s'agit » relativement aux alliés seulement et pour Wellington spécialement dans ce chapitre-ci, le onzième, en mettant en relief les graves lacunes relativement à chacun de ces points : « Un *ordre de bataille authentique* (…) ce que nous savons de l'ordre de bataille de cette armée est mêlé de tant de confusion que les considérations qui, dans l'examen stratégique d'une campagne, ressortent de l'ordre de bataille et y ramènent font ici défaut ou manquent de certitude. (…) *Les dispositions défensives et les intentions du duc de Wellington* (…) De tout cela on ne sait rien. (…) *La base de l'armée de Wellington* [pas de jugement explicitement porté sur ce point par l'écrivain prussien] (…) Enfin, ce qu'il existait *de places réellement fortes* (…) On ne peut douter que le duc ne fût nettement éclairé à ce sujet, mais nous n'en savons rien, et nous ne pouvons donc juger jusqu'à quel point les intentions, qu'il eut d'après la situation, étaient complètement appropriées aux circonstances. » (Clausewitz [1835] : 32-4).
[330] C'est-à-dire 'l'histoire de l'art de la guerre dans le cadre de l'histoire politique' : cf. Delbrück (1920-1923).
[331] Dans l'original, le passage rapporté par Craig se trouve à la fin de la préface de la première édition (Delbrück 2003 : LVI). Cf. n. suivante pour le texte original.
[332] Ces « démentis » avaient en effet été exprimés par Delbrück dans la préface de sa première édition : « dazu [*id est* « eine „Geschichte der Kriegskunst" »] würden auch die Antiquitäten,

réévaluation de tous ces faits fut capitale non seulement pour les historiens mais aussi pour les militaires.

Il allait trouver ces „faits" dans l'énorme volume de documents qu'avait légués le passé. Mais il était évident que nombre des sources de l'histoire militaire étaient sujettes à caution et ne valaient pas mieux que les „causeries de popote ou les bavardages d'adjudants". Comment l'historien moderne pouvait-il vérifier ces documents anciens ?

Delbrück pensait qu'il y avait plusieurs manières de le faire. Si l'historien connaissait le terrain où les batailles avaient eu lieu, il pourrait utiliser toutes les ressources de la géographie moderne pour vérifier l'exactitude des documents disponibles. S'il connaissait le type des armes et des équipements employés, il pourrait reconstruire la tactique de la bataille de façon logique, puisqu'il était possible d'établir des lois tactiques pour chaque arme donnée. L'étude de la guerre moderne donnerait à l'historien des outils supplémentaires car, par les campagnes modernes, il pourrait juger de la puissance de marche moyenne de chaque soldat, de la capacité de transport moyenne du cheval, de la manœuvrabilité de larges masses d'hommes. Enfin, il était souvent possible de découvrir des campagnes ou des batailles sur lesquelles on avait des documents fiables, qui reproduisaient presque exactement les conditions des batailles anciennes. Les batailles des guerres entre la Suisse et la Bourgogne qui avaient fait l'objet d'archives précises, et la bataille de Marathon, sur laquelle Hérodote était la seule source de renseignements, avaient été livrées entre chevaliers et archers montés d'un côté, et fantassins armés pour le corps à corps de l'autre ; dans ces deux cas, les soldats à pied avaient été victorieux. Par conséquent, il était possible de tirer des conclusions des batailles de Granson, Murten et Nancy que l'on pourrait appliquer à la bataille de Marathon. Delbrück appelait Sachkritik la réunion de toutes ces méthodes. » (Craig 1980 : 300-1).

À rebours, si l'on compare l'histoire militaire savante moderne telle que décrite par Delbrück au récit historique polybien, on constatera souvent combien les

---

das Detail des Exerzierens mit seinen Kommandos, die Technik der Waffen, der Pferde-Dressur und -Behandlung, der Befestigung, der Belagerung, endlich auch das ganze Seewesen gehören – Dinge, über die ich entweder nichts Neues zu sagen wüßte oder die ich nicht einmal beherrsche. In diesem Sinne bleibt eine „Geschichte der Kriegskunst" noch zu schreiben » (Delbrück 2003 : LVI). Mais, certes, l'ensemble de son œuvre dément en fait cette présentation des limites de sa *Geschichte der Kriegskunst*. Car les travaux de l'historien prussien ne cessèrent de montrer cette tension visant à la prise en compte exhaustive des faits qui se trouvent aux fondements des phénomènes militaires, puisque ceux-ci ne peuvent être expliqués sans, pour reprendre la belle expression des cartésiens, 'une notion claire et distincte' de ceux-là. On mentionnera à titre d'exemple la mise à jour détaillée des questions relatives à la bataille de Marathon, sujet que Delbrück avait tôt étudié dans sa carrière (Delbrück 1887), au sein du chapitre V du premier livre du premier tome de sa *Geschichte der Kriegskunst* (cf. Delbrück 2003 : 58-83).

silences de POLYBE relativement aux détails positifs des faits rendent obscurs bien des aspects militaires, et souvent des plus primordiaux. Contrairement aux opinions de Brunt (implicitement) et de Marsden (explicitement), le passage par l'histoire militaire moderne telle que définie par Delbrück montre que l'œuvre de l'historien achaïen ne peut relever de la forme de l'histoire militaire savante, 'savante' étant pris dans le sens académique du terme ('*scholarly*'), laquelle est une branche spécifique de l'histoire apparue au XIXe siècle.

Dès lors, il faudra conclure qu'aucun des historiens hellénistiques, non plus que le premier d'entre eux, POLYBE, n'est à proprement parler un historien militaire. L'histoire des Anciens resta avant tout un genre littéraire[333] qui ne se porta que de la chronique à une histoire soutenue, si ce n'est par une conception philosophique, du moins par une vision générale. Ainsi POLYBE « a voulu écrire l'histoire de la conquête romaine. Cet évènement (...) il a cherché à le saisir objectivement et à lui trouver une structure qui ne fût pas seulement une suite chronologique ou une collection d'histoires locales. » (Pédech 1969 : XVI).[334] Mais jamais, à ce qu'il semble,[335] l'histoire des Anciens ne se porta vers une histoire basée sur une critique radicale de sources explicitement et précisément invoquées, comme est présumée l'être l'histoire savante moderne.

---

[333] De fait, un des auditeurs de Marsden lors des entretiens de la Fondation Hardt consacrés à POLYBE, F. Paschoud, attribuait ce manque de détails techniques à un désir d'effet littéraire. Cf. Marsden (1974 : 298).
[334] Sur la philosophie de l'histoire de POLYBE, voir en particulier Hercod (1902) ; Lorenz (1931) ; Pédech (1964) ; Eisen (1966). Sur Polybe et Rome, cf. notamment le sixième chapitre de Walbank (1972 : 157-83), « Polybius and Rome ».
[335] On ne peut juger absolument des pertes immenses de la littérature classique. Peut-être quelque historien ancien avait-il touché aux méthodes propres à l'histoire moderne ? Il faut en tout cas remarquer, à la suite de Goukowsky, que les historiens de l'époque hellénistique paraissent avoir reconnu la valeur des documents pris en eux-mêmes. Ils avaient donc touché à la notion de sources : l'*Histoire des diadoques*, de HIÉRONYMOS, paraît avoir été « moins une œuvre littéraire qu'un dense exposé nourri de documents » ; le « Macédonien Cratère (sans doute le demi-frère d'Antigone Gonatas) » aurait été « auteur du plus ancien recueil épigraphique connu. » (Goukowsky 1978 : XXIII).

IV. 3. Bibliographie

IV. 3. 1. Sources littéraires

Adam, R. (éd.) 2004. *TITE-LIVE, Histoire Romaine*. Tome XXV. *Livre XXXV*, texte établi et traduit par Richard Adam, Maître de conférences à l'Université de Paris[-]Sorbonne (*Collection des Universités de France*). Paris, Société d'édition « Les Belles Lettres ».

ARRIEN, Ἀνάβασις Ἀλεξάνδρου [*Anabase d'Alexandre*] : cf. Atkinson Gargiulo (2000) ; Brunt (1976), (1983) ; Robson (1948) ; Roos et Wirth (1967) ; Savinel (1984) ; Sisti et Zambrini (2004).

Atkinson, J. E. 1980. *A Commentary on Q. Curtius Rufus' Historiae Alexandri Magni. Books 3 and 4* (*London Studies in Classical Philology* 4). Amsterdam et Uithoorn, J. C. Gieben, Publisher.

Atkinson, J. E. 1994. *A Commentary on Q. Curtius Rufus' Historiae Alexandri Magni. Books 5 to 7,2* (*Acta Classica. Supplementum* 1). Amsterdam, Adolf M. Hakkert – Publisher.

Atkinson, J. E. (éd.) et Gargiulo, T. 2000. *Q. CURZO RUFO. Storie di Alessandro Magno*. Volume II (*Libri VI-X*), a cura di John E. Atkinson. Traduzione di Tristano Gargiulo (*Scrittori greci e latini. Le storie e i miti di Alessandro*). S. l., Arnoldo Mondadori Editore.

Baillet, G., Bayet, J. et Adam, R. (éd.) 1997. *TITE-LIVE, Histoire Romaine*. Tome I. *Livre I*, texte établi par Jean Bayet et traduit par Gaston Baillet ; Appendice rédigé par Raymond Bloch. Quinzième tirage revu, corrigé et augmenté par Richard Adam (*Collection des Universités de France*). Paris², Société d'édition « Les Belles Lettres ».

Bailly, A. 1950. σωματοφυλακία, ας (ἡ). *Dictionnaire grec-français*, rédigé avec le concours de E. Egger. Édition revue par L. Séchan et P. Chantraine, avec, en appendice, de nouvelles notices de mythologie et religion par L. Séchan : 1890. Paris[16], Hachette.

Bardon, H. 1946. Le mot *regia* chez Quinte-Curce. Dans les *Mélanges M.-A. Kugener* [= *Latomus. Revue d'études latines* V/1-2] : 17-25.

Bardon, H. (éd.) 1948. *QUINTE-CURCE, Histoires*. Tome II. *Livres VII-X*, texte établi et traduit par H. Bardon, Professeur à l'Université des Lettres de l'Université de Poitiers (*Collection des Universités de France*). Paris, Société d'édition « Les Belles Lettres ».

Bardon, H. (éd.) 1961. *QUINTE-CURCE, Histoires*. Tome I. *Livres III-VI*, texte établi et traduit par H. Bardon, Professeur à l'Université des Lettres de l'Université de Poitiers (*Collection des Universités de France*). Paris², Société d'édition « Les Belles Lettres ».[336]

Briscoe, J. 1981. *A Commentary on Livy. Books XXXIV-XXXVII*. Oxford et New York, Oxford University Press.

---

[336] Au sujet de cette édition, voir notre n. 137 ci-dessus.

Briscoe, J. (éd.) 1986. *TITI LIVI Ab urbe condita libri XLI-XLV*, edidit John Briscoe (*Bibliotheca scriptorvm Graecorvm et Romanorvm Tevbneriana*). Stuttgart, B. G. Teubner.

Briscoe, J. (éd.) 1991. *TITI LIVI Ab urbe condita libri XLI-XLV*, edidit John Briscoe ; Tomvs II. *Libri XXXVI-XL* (*Bibliotheca scriptorvm Graecorvm et Romanorvm Tevbneriana* 1491). Stuttgart, B. G. Teubner.

Briscoe, J. 2008. *A Commentary on Livy. Books 38-40*. Oxford et New York, Oxford University Press.

Brunt, P. A. (éd.) 1976. *ARRIAN Anabasis Alexandri. I. Books I-IV*, with an English Translation by P. A. Brunt, Camden Professor of Ancient History, University of Oxford (*The Loeb Classical Library* 236). Cambridge (Mass.) et Londres, Harvard University Press.

Brunt, P. A. (éd.) 1983. *ARRIAN Anabasis Alexandri. II. Books V-VII*, with an English Translation by P. A. Brunt, formerly Camden Professor of Ancient History, University of Oxford (*The Loeb Classical Library* 269). Cambridge (Mass.), Harvard University Press, et London, William Heinemann Ltd.

Chambry, É. et Flacelière, R. (éd.) 1975. *PLUTARQUE, Vies*. Tome IX. *Alexandre-César*, texte établi et traduit par Robert Flacelière, Membre de l'Institut et Émile Chambry (*Collection des Universités de France*). Paris, Société d'édition « Les Belles Lettres ».

Collatz, Ch.-F., Gützlaf, M. et Helms, H. 2002. *Polybios-Lexikon*. III, 1. ῥάβδος-τόκος, bearbeitet von Ch.-F. Collatz, M. Gützlaf und H. Helms. Berlin, Akademie Verlag GmbH.

Desgrugillers, N. (éd.). 2005. *TITE-LIVE. Histoire de Rome depuis sa fondation*. Tome 8 (*livres XXXIV à XXXVIII). La conquête de la Grèce* (*Les Sources de l'histoire antique*). Édition préparée par Nathalie Desgrugillers. Traduit du latin par A. A. J. Liez. Assisté de N. A. Dubois et V. Verger. Clermont-Ferrand, Éditions *paleo*.

DIODORE : cf. Goukowsky (1976), (1978) et (2012) ; Welles (1963).

Eisen, K. F. 1966. *Polybiosinterpretationen: Beobachtungen zu Prinzipien griechischer und römischer Historiographie bei Polybios* (*Bibliothek der klassischen Altertumswissenschaften* Neue Folge · 2. Reihe). Heidelberg, Carl Winter, Universitätsverlag, gegr. 1822, GmbH.

Engel, J.-M. (éd.) 1983. *TITE-LIVE, Histoire Romaine*, Tome XXVII. *Livre XXXVII*, texte établi et traduit par Jean-Marie Engel, Professeur à l'Université de Dijon (*Collection des Universités de France*). Paris, Société d'édition « Les Belles Lettres ».

Flusin, B. et Cheynet, J.-C. (éd.) 2003. *Jean Skylitzès. Empereurs de Constantinople*. Texte traduit par Bernard Flusin et annoté par Jean-Claude Cheynet (*Réalités byzantines* 8). Paris, Éditions P. Lethielleux.

Foulon, É. et Weil, R. (éd.) 1990. *POLYBE, Histoires*. Tome VIII. *Livre X*, texte établi et traduit par Éric Foulon, Maître de conférences à l'Université d'Angers, *et Livre XI*, texte établi et traduit par Raymond Weil, Membre de l'Institut, Professeur à l'Université de Paris-Sorbonne (*Collection des Universités de France*). Paris, Société d'édition « Les Belles Lettres ».

Foulon, É. (éd.) et Weil, R. 2003. *POLYBE, Histoires*. Tome X. *Livres XIII-XVI*, texte établi par Éric Foulon, Maître de conférences à l'Université d'Angers, traduit par Raymond Weil, Membre de l'Institut, Professeur honoraire à l'Université de Paris-Sorbonne (*Collection des Universités de France*). Paris, Société d'édition « Les Belles Lettres ».

Glare, P. G. W. (éd.) 2012a. armiger² ~erī *m. Oxford Latin Dictionary*. Volume I. *A-L.* : 189. Oxford², Oxford University Press.

Glare, P. G. W. (éd.) 2012a. custōdia² ~ae *f. Oxford Latin Dictionary*. Volume I. *A-L.* : 525. Oxford², Oxford University Press.

Gouillart, Ch. (éd.) 1986. *TITE-LIVE, Histoire Romaine*. Tome XXX. *Livre XL*, texte établi et traduit par Christian Gouillart (*Collection des Universités de France*). Paris, Société d'édition « Les Belles Lettres ».

Goukowsky, P. (éd.) 1976. *DIODORE DE SICILE, Bibliothèque historique. Livre XVII*, texte établi et traduit par Paul Goukowsky, Maître-assistant à l'Université de Nancy II (*Collection des Universités de France*). Paris, Société d'édition « Les Belles Lettres ».

Goukowsky, P. (éd.) 1978. *DIODORE DE SICILE, Bibliothèque historique. Livre XVIII*, texte établi et traduit par Paul Goukowsky, Docteur ès lettres, Maître-assistant à l'Université de Nancy II (*Collection des Universités de France*). Paris, Société d'édition « Les Belles Lettres ».

Goukowsky, P. (éd.) 2012. *DIODORE DE SICILE, Bibliothèque historique. Fragments*. Tome III. *Livres XXVII-XXXII*, texte établi, traduit et commenté par Paul Goukowsky, Membre de l'Institut (*Collection des Universités de France*). Paris, Société d'édition « Les Belles Lettres ».

Hansen, P. A. (éd.) 2009. *Hesychii Alexandrini Lexicon*, editionem post Kurt Latte continuans recensuit et emendavit Peter Allan Hansen. *Volumen IV. T-Ω* (*Sammlung griechischer und lateinischer Grammatiker (SGLG)* 11/4) Berlin et New York, Walter de Gruyter GmbH & Co. KG.

Hercod, R. 1902. *La Conception de l'histoire dans Polybe*. Dissertation de Doctorat présentée à la Faculté des Lettres de l'Université de Lausanne. Lausanne, Imprimerie Adrien Borgeaud.

HÉSYCHIUS d'Alexandrie : cf. Hansen (2009).

Jal, P. (éd.) 1971. *TITE-LIVE, Histoire Romaine*. Tome XXXI. *Livres XLI-XLII*, texte établi et traduit par Paul Jal, Professeur à l'Université de Paris-X (*Collection des Universités de France*). Paris, Société d'édition « Les Belles Lettres ».

Jal, P. (éd.) 1976. *TITE-LIVE, Histoire Romaine*. Tome XXXII. *Livres XLIII-XLIV*, texte établi et traduit par Paul Jal, Professeur à l'Université de Paris-X (*Collection des Universités de France*). Paris, Société d'édition « Les Belles Lettres ».

Jal, P. (éd.) 1995. *TITE-LIVE, Histoire Romaine*. Tome XVIII. *Livre XXVIII*, texte établi et traduit par Paul Jal, Professeur émérite à l'Université de Paris X (*Collection des Universités de France*). Paris, Société d'édition « Les Belles Lettres ».

Liddell, H.-G. et Scott, R. (éd.) 1996a. σωματοφῠλᾰκ-ία, ἡ. *A Greek-English Lexicon*, compiled by Henry George Liddell and Robert Scott. Revised and augmented throughout by Sir Henry Stuart Jones with the Assistance of Roderick McKenzie and with the Cooperation of Many Scholars. With a revised supplement : 1750. Oxford⁹, Clarendon Press [Oxford University Press].

Liddell, H.-G. et Scott, R. (éd.) 1996b. σωματοφύλαξ, ἄκος, ὁ. *A Greek-English Lexicon*, compiled by Henry George Liddell and Robert Scott. Revised and augmented throughout by Sir Henry Stuart Jones with the Assistance of Roderick McKenzie and with the Cooperation of Many Scholars. With a revised supplement : 1750. Oxford[9], Clarendon Press [Oxford University Press].

Lorenz, K. 1931. *Untersuchungen zum Geschichtswerk des Polybios*. Stuttgart, Verlag von W. Kohlhammer.

Marsden, E. W. 1974. Polybius as military Historian. Dans O. Reverdin (éd.), *Polybe* (*Entretiens sur l'Antiquité classique* 20) : 269-95 ; discussion : 296-301. Vandœuvres et Genève, Fondation Hardt.

Pédech, P. 1964. *La méthode historique de Polybe*. Paris, Société d'édition « Les Belles Lettres ».

Pédech, P. (éd.) 1969. *POLYBE, Histoires. Livre I*, texte établi et traduit par Paul Pédech, Professeur à l'Université de Rennes (*Collection des Universités de France*). Paris, Société d'édition « Les Belles Lettres ».

Pédech, P. (éd.) 1970. *POLYBE, Histoires. Livre II*, texte établi et traduit par Paul Pédech, Professeur à l'Université de Rennes (*Collection des Universités de France*). Paris, Société d'édition « Les Belles Lettres ».

PLUTARQUE, Ἀλέξανδρος [(*Vie d'*) *Alexandre*] : cf. Chambry et Flacelière (1975).

POLYBE : cf. Foulon et Weil (1990), (2003) ; Pédech (1969) et (1970).

Poznanski, L. 1978. Le « Traité tactique » d'après le livre II de Polybe. *Les Études Classiques* XLVI/N° 3 : 205-12.

QUINTE-CURCE : cf. Atkinson et Gargiulo (2000) ; Bardon (1961) et (1948) ; Rolfe (1946a) et (1946b).

Rengstorf, K. L. 1983 [en collaboration avec E. Buck, E. Güting, B. Justus et H. Schreckenberg], *A complete concordance to Flavius Josephus*. IV. *P-Ω*. Leiden, E. J. Brill.

Robson, E. I. (éd.) 1948. *ARRIAN*, with an English Translation by E. Iliff Robson, B.D. *Anabasis Alexandri*. I. *Books I-IV* (*The Loeb Classical Library* [sans indication de n° dans la collection]). Cambridge [Mass.], Harvard University Press et Londres[2], William Heinemann Ltd.

Rolfe, J. C. (éd.) 1946a. *QUINTUS CURTIUS*, with an English Translation by John C. Rolfe, Litt.D. University of Pennsylvania. I. *Books I-V* (*The Loeb Classical Library* 368). Cambridge [Mass.], Harvard University Press, et Londres, William Heinemann Ltd.

Rolfe, J. C. (éd.) 1946b. *QUINTUS CURTIUS*, with an English Translation by John C. Rolfe, Litt.D. University of Pennsylvania. II. *Books VI-X* (*The Loeb Classical Library* 369). Cambridge [Mass.], Harvard University Press, et Londres, William Heinemann Ltd.

Roos, A. G. et Wirth, G. (éd.) 1967. *FLAVII ARRIANI qvae exstant omnia*, edidit A. G. Roos. Vol. I. *Alexandri Anabasis cvm excerptis Photii tabvlaqve phototypica*, editio stereotypa correctior addenda et corrigenda adiecit G. Wirth (*Bibliotheca scriptorvm Graecorvm et Romanorvm Tevbneriana*), B. G. Teubner.

Savinel, P. (éd.) 1984. *ARRIEN, Histoire d'Alexandre. L'Anabase d'Alexandre le Grand et l'Inde*, traduit du grec par Pierre Savinel, suivi de *Flavius Arrien entre deux mondes* par Pierre Vidal-Naquet. Paris, Les éditions de minuit.

Sisti, F. et Zambrini, A. (éd.) 2004. *ARRIANO Anabasi di Alessandro*. II. *Libri IV-VII*, Testo critico e traduzione a cura di Francesco Sisti. Commento a cura di Francesco Sisti e Andrea Zambrini (*Scrittori greci e latini. Le storie e i miti di Alessandro*). S. l. (Fondazione Lorenzo Valla), Arnoldo Mondadori Editore.

[JEAN] SKYLITZÈS, Σύνοψη Ἱστοριῶν [Abrégé historique] : cf. Flusin et Cheynet (2003) ; Thurn (1973) ; Wortley (2010).

Thurn, J. (éd.) 1973. *Synopsis historiarum*, editio princeps, recensuit Joannes Thurn (*Corpus Fontium Historiae Byzantinae* V). Berlin, W. de Gruyter.

TITE-LIVE : cf. Adam (2004) ; Baillet *et al.* (1997) ; Briscoe (1986), (1991) ; Desgrugillers *et al.* (2005) ; Engel (1983) ; Gouillart (1986) ; Jal (1971), (1976) et (1995) ; Desgrugillers (2005).

Walbank, F. W. 1972. *Polybius* (*Sather Classical Lectures* 42). Berkeley, Los Angeles et London, University of California Press.

Welles, C. B. (éd.) 1963. *DIODORUS SICULUS*. VIII. *Books XVI.66-XVII*, with an English Translation by C. B. Welles, Professor of Ancient History, Yale University (*The Loeb Classical Library* 422). Cambridge (Mass.) et London, Harvard University Press.

Wortley, J. (éd.) 2010. *John Skylitzes. A Synopsis of Byzantine History, 811-1057*, Introduction, Text and Notes translated by John Wortley. Cambridge, Cambridge University Press.

IV. 4. 2. Études

Bar-Kochva, B. 1979. *The Seleucid Army. Organization and tactics in the great campaigns*. Cambridge², Cambridge University Press [réimpression m. l. 1989].

Berve, H. 1926. *Das Alexanderreich auf prosopographischer Grundlage*. I. *Darstellung*. II. *Prosopographie*. München, C. H. Beck'sche Verlagsbuchhandlung.

Birgalias [Μπιργάλιας], N. 1999. «Βασιλικοί παίδες» στη Μακεδονία και «πολιτικοί παίδες» στη Σπάρτη [«Pages royaux» en Macédoine et «pages civiques» à Sparte]. Dans *Ancient Macedonia VI, Papers Read at the Sixth International Symposium Held in Thessaloniki, October 15-19, 1996. Julia Vokotopoulou in memoriam. Ἀρχαία Μακεδονία. VI, Ἀνακοινώσεις κατά το ἕκτο διεθνές συμπόσιο. Θεσσαλονίκη, 15-19 ὀκτωβρίου, 1996. Στη μνήμη της Ἰουλίας Βοκοτοπούλου*. VOLUME 1. ΤΟΜΟΣ 1 (Ἵδρυμα Μελετῶν Χερσονήσου τοῦ Αἵμου. *Institute for Balkan Studies* 272) : 143-52. Θεσσαλονίκη/Thessaloniki, Ἵδρυμα Μελετῶν Χερσονήσου τοῦ Αἵμου/Institute for Balkan Studies.

Bosworth, A. B. 1997. A Cut too Many? Occam's Razor and Alexander's Footguard. *The Ancient History Bulletin* 11 : 47-56.

Bosworth, A. B. 2012. Curtius Rufus, Quintus. *The Oxford Classical Dictionary*⁴ : 400.

Craig, G. A. 1980. Delbrück : l'historien militaire. Dans E. M. Earle (éd.), *Les Maîtres de la Stratégie. 1. De la Renaissance à la fin du XIXᵉ siècle*, préface de R. Aron. Traduit de l'américain par A. Pélissier (Collection « *Stratégies* ») : 295-319. Paris, Berger-Levrault.

Nota bene

L'article original de Craig avait été publié lors de la Seconde Guerre Mondiale [Delbrück : The Military Historian, dans E. M. Earle (éd.) 1943. *Makers of Modern Strategy* : 260-83. Princeton, Princeton University Press].

Delbrück, H. 1887. *Die Perserkriege und die Burgunderkriege, zwei kombinierte kriegsgeschichtliche Studien nebst einem Anhang über die römische Manipular-Taktik*. Berlin, Walther & Apolant.

Delbrück, H. 1920-1923. *Geschichte der Kriegskunst im Rahmen der politischen Geschichte*. I. *Das Altertum*. II. *Die Germanen*. III. *Das Mittelalter*. Berlin³, Verlag von Georg Stilke.

Delbrück, H. 2003. *Geschichte der Kriegskunst. Das Altertum. Von den Perserkriegen bis Caesar*, mit einem Vorwort von Ulrich Raulff und einer Einleitung von Karl Christ. Hamburg, Nikol Verlagsgesellschaft mbH & co. KG.

Nota bene

Nous nous sommes aussi référés à cette commode réimpression du premier volume de la somme de Delbrück (1920-1923).

Fiehn, [K.]. 1942. Paides basilikoi, *Paulys Realencyclopädie der classischen Altertumswissenschaft*², XVIII,1 : col. 2385-6. Stuttgart, J. B. Metzlersche Verlagsbuchhandlung.

Hammond, N. G. L. 1990. Royal Pages, Personal Pages and Boys trained in the Macedonian Manner during the Period of the Temenid Monarchy. *Historia. Zeitschrift für Alte Geschichte. Revue d'Histoire Ancienne. Journal of Ancient History. Rivista di Storia Antica* XXXIX : 261-90, article réimprimé dans les *Collected Studies* du savant britanique [= Hammond, N. G. L. 1993a. Dans N. G. L. Hammond (éd.), *Collected Studies* II. *Studies concerning Epirus and Macedonia before Alexander* : 149-78. Amsterdam, Adolf M. Hakkert – Publisher].

Hammond, N. G. L. 1991. The various Guards of Philip II and Alexander III. *Historia. Zeitschrift für Alte Geschichte. Revue d'Histoire Ancienne. Journal of Ancient History. Rivista di Storia Antica* XL : 396-417, article réimprimé dans les *Collected Studies* du savant britanique [= Hammond, N. G. L. 1993b. Dans N. G. L. Hammond (éd.), *Collected Studies* II. *Studies concerning Epirus and Macedonia before Alexander* : 179-200. Amsterdam, Adolf M. Hakkert – Publisher]

Hammond, N. G. L. 1993a : cf. Hammond (1990).

Hammond, N. G. L. 1993b : cf. Hammond (1991).

Hammond, N. G. L. 1997. Arrian's Mention of Infantry Guards. *The Ancient History Bulletin* 11 : 20-4, article réimprimé dans les *Collected Studies* du savant britanique [= Hammond, N. G. L. 2001. Dans N. G. L. Hammond (éd.), *Collected Studies* V. *Further Studies on Various Topics* : 61-65. Amsterdam, Adolf M. Hakkert – Publisher].

Hammond, N. G. L. 2001 : cf. Hammond (1997).

Hammond, N. G. L. et Walbank, F. W. 1988. *A History of Macedonia*. Volume III. *336-167 B.C.* Oxford, Oxford University Press.

Hatzopoulos, M. B. 1996. *Macedonian Institutions under the Kings* (ΜΕΛΕΤΗΜΑΤΑ 22). 1. *A Historical and Epigraphic Study*. Αθήνα [Athènes], Κέντρον Ἑλληνικῆς καὶ Ῥωμαϊκῆς Ἀρχαιότητος τοῦ Ἐθνικοῦ Ἱδρύματος Ἐρευνῶν/Research Centre for Greek and Roman Antiquity. National Hellenic Research Foundation.

Hatzopoulos, M. B. 2001. *L'organisation de l'armée macédonienne sous les Antigonides. Problèmes anciens et documents nouveaux (ΜΕΛΕΤΗΜΑΤΑ 30)*. Αθήνα [Athènes], Κέντρον Ἑλληνικῆς καὶ Ῥωμαϊκῆς Ἀρχαιότητος τοῦ Ἐθνικοῦ Ἱδρύματος Ἐρευνῶν/Research Centre for Greek and Roman Antiquity. National Hellenic Research Foundation.

Heckel, W. 1986. Somatophylakia: A Macedonian Cursus Honorum. *Phoenix* XL/3 : 279-94.

Heckel, W. 1992. *The Marshals of Alexander's Empire*. London et New York, Routledge.

Helmann, F. 1931. Zur Lustration des makedonischen Heeres. *Archiv für Religionswissenschaft* 29 : 202-3.

Jalabert, L. 1911. Somatophylakes (Σωματοφύλακες, ἀρχισωματοφύλακες). *Dictionnaire des Antiquités grecques et romaines d'après les textes et les monuments contenant l'explication des termes qui se rapportent aux mœurs, aux institutions, à la religion, aux arts, aux sciences, au costume, au mobilier, à la guerre, à la marine, aux métiers, aux monnaies, poids et mesures, etc., etc. et en général à la vie publique et privées des anciens Grecs*. IV. Deuxième partie (R-S) : col. 1395b-96b.

Juhel, P. [O.] 2010. {Ὁ ἐπί + substantif au génitif}, titre des fonctionnaires de l'administration hellénistique en général et des hauts fonctionnaires royaux de la Macédoine antigonide en particulier. *Tyche. Beiträge zur Alten Geschichte, Papyrologie und Epigrafik* 24 : 59-76.

Juhel, P. [O.] et Sekunda, N. V. 2009. The *agema* and the other Peltasts in the late Antigonid army. The lessons of the Cassandreia/Drama conscription diagramma. *Zeitschrift für Papyrologie und Epigrafik* 170 : 104-8.

Karunanithy, D. 2013. *The Macedonian War Machine. Neglected aspects of Philip, Alexander and the Successors (359-281 BC)* (Pen & Sword Military). Barnsley, Pen & Sword Books Ltd.

Le Bohec, S. 1985. Les *Philoi* des Antigonides. *Revue des Études Grecques* XCVIII : 93-124.

Le Bohec, S. 1990. Les soldats illyriens au service des rois de Macédoine. Dans P. Cabanes (éd.), *L'Illyrie méridionale et l'Épire dans l'Antiquité - II. Actes du IIe colloque international de Clermont-Ferrant (25-27 octobre 1990)* : 225-30. Paris, de Boccard.

Le Bohec, S. 1993. *Antigone Dôsôn, roi de Macédoine* (Travaux et mémoires. « Études anciennes » 9). Nancy, Presses Universitaires de Nancy.

Lévêque, P. 1957. *Pyrrhos* (Bibliothèques des écoles françaises d'Athènes et de Rome 185). Paris, E. de Boccard, éditeur.

Martin, A. 1900. Hetairoi [Ἑταῖροι]. *Dictionnaire des Antiquités grecques et romaines d'après les textes et les monuments contenant l'explication des termes qui se rapportent aux mœurs, aux institutions, à la religion, aux arts, aux sciences, au costume, au mobilier, à la guerre, à la marine, aux métiers, aux monnaies, poids et mesures, etc., etc. et en général à la vie publique et privées des anciens Grecs*. III. Première partie (H-K) : 159a-71a. Paris, Librairie Hachette et c^{ie}.

Mooren, L. 1975. *The Aulic titulature of the Ptolemaic Egypt: Introduction and Prosopography* [résumé en néerlandais] (Verhandeligen van de Koninklijke Academie voor Wetenschappen, Letteren en Schone Kunsten van België. Klasse der

Letteren. Jaargang XXXVII. Nr. 78). Bruxelles, Académie Royale des Sciences, des Lettres et des Beaux-Arts de Belgique.

Mooren, L. 1977. *La hiérarchie de cour ptolémaique. Contribution à l'étude des institutions et des classes dirigeantes à l'époque ptolémaïque* (*Studia Hellenistica* 23). Louvain, [Université de Louvain].

Nigdelis [Νίγδελης], P. M. et Sismanidis [Σισμανίδης], K. 1999. Δύο αντίγραφα ενός επιστρατευτικού διαγράμματος του Φιλίππου Ε΄. Οι επιγραφές αρ. 207 της Συλλογής Ποτίδαιας και 6660 του Μουσείου Θεσσαλονίκης [Deux copies d'un *diagramma* de mobilisation de Philippe V. Les inscriptions n° d'inv. 207 de la collection de Potidée et 6660 du Musée de Thessalonique]. Dans *Ancient Macedonia VI, Papers Read at the Sixth International Symposium Held in Thessaloniki, October 15-19, 1996. Julia Vokotopoulou in memoriam. Αρχαία Μακεδονία. VI, Ανακοινώσεις κατά το έκτο διεθνές συμπόσιο. Θεσσαλονίκη, 15-19 οκτωβρίου, 1996. Στη μνήμη της Ιουλίας Βοκοτοπούλου.* VOLUME 2. ΤΟΜΟΣ 2 (Ίδρυμα Μελετών Χερσονήσου του Αίμου. *Institute for Balkan Studies* 272) : 807-21. Θεσσαλονίκη/Thessaloniki, Ίδρυμα Μελετών Χερσονήσου του Αίμου/ Institute for Balkan Studies.

Oehler, J. 1900. *Cohors amicorum. Paulys Realencyclopädie der classischen Altertumswissenschaft*[2], IV, 1 : col. 356-7. Stuttgart, J. B. Metzlersche Verlagsbuchhandlung.

Porod, R. 2003. *Q. C. Rufus. Brill's Encyclopaedia of the Ancient World. New Pauly. Antiquity.* Volume 3. *Cat-Cyp* : 1025-6. Leiden, Koninklijke Brill NV.

Röder von Diersburg, E. 1920. *Untersuchungen zum makedonischen Heerwesen*. Dissertation doctorale inédite (dactylographiée), Université d'Heidelberg.

Schoch, P. 1919. *Prosopographie der militärischen und politischen Funktionäre im hellenistischen Makedonien*. Dissertation doctorale inédite (dactylographiée), Université de Bâle.

Sekunda, N. V. 2010. Macedonian Military Forces. Dans J. Roisman et I. Worthington (éd.), *A Companion to Ancient Macedonia* : 446-71. Chichester, Blackwell Publishing Ltd.

Texier, J.-G. 1976. Un aspect de l'évolution de Sparte à l'époque hellénistique : la modification de l'armée lacédémonienne et ses implications. *Université de Dakar. Annales de la Faculté des Lettres et Sciences Humaines. Philosophie. Littérature. Histoire. Linguistique* 6 : 71-86.

V. Deux nouvelles armes défensives de l'époque hellénistique

« Es gibt keine wahre Sachkritik ohne die quellenmäßige, philologisch genaue Grundlage, und es gibt keine wahre philologische Kritik ohne Sachkritik. »

Hans Delbrück (1900).

Geschichte der Kriegskunst im Rahmen der politischen Geschichte. I. Das Altertum. — « Vorrede zur ersten Auflage » de l'édition publiée à Hambourg en 2003 par la Nikol Verlagsgesellschaft mbH & co. KG, *Geschichte der Kriegskunst. Das Altertum. Von den Perserkriegen bis Caesar*, mit einem Vorwort von U. Raulff und einer Einleitung von K. Christ: LIII.

V. 1. Une cuirasse particulière : la φοινικίς

Lors de la bataille de Pydna (168 av. J.-C.), PLUTARQUE (Αἰμίλιος Παῦλος, XVIII, § 7) avait décrit comme suit l'entrée en ligne de l'*agèma* des Peltastes, le corps d'élite de l'infanterie macédonienne[337] : « ἐπὶ δὲ τούτοις ἄγημα τρίτον οἱ λογάδες, αὐτῶν Μακεδόνων ἀρετῇ καὶ ἡλικίᾳ τὸ καθαρώτατον, ἀστράπτοντες ἐπιχρύσοις ὅπλοις καὶ νεουργοῖς φοινικίσιν. » — « Ensuite venait un troisième corps formé de troupes d'élite, qui étaient la fleur de la jeunesse ; ils étincelaient sous leurs armes plaquées d'or et leurs tuniques de pourpre neuves » (Chambry et Flacelière 1966 : 92).

« καὶ νεουργοῖς φοινικίσιν » : « et leurs tuniques de pourpre neuves » avaient donc traduit Flacelière et Chambry dans leur édition de la *Collection des Universités de France*.[338] Cette lecture, qui apparaît déjà dans la somme de von Müller et Bauer.[339] Est-elle bien juste ? Car φοινικίς est définie par HÉSYCHIUS d'Alexandrie comme « ὅπλον ἐρυθρόν », « arme rouge ».[340] Si certes les dictionnaires font de

---

[337] Sur les Peltastes et sur l'*agèma* (des Peltastes), voir Juhel et Sekunda (2009), Sekunda (2013 : 93-5) ; et surtout notre étude précédente, **Antigonid Redcoats**.
[338] *Idem* dans la traduction anglaise de la 'Loeb', « fresh scarlet coats » (Perrin 1918 : 403).
[339] « ein rotes Kriegsgewand (φοινικίς) » (von Müller et Bauer 1893 : 444 = Kromayer et Veith 1928 : 132).
[340] « Φοινικῆς ὅπλον ἐρυθρόν » (Hansen 2009 : 172 — *s.v.* Φοινικῆς) ; la leçon d'HÉSYCHIUS avait été repérée de longue date (Estienne [et al.] 1865 : col. 976).

la φοινικίς soit une tunique militaire,[341] soit une bannière,[342] soit un vêtement,[343] ou encore un simple morceau d'étoffe pourpre ou plus généralement écarlate[344], de nombreux passages de la littérature, comme nous le détaillerons ci-dessous, paraissent nous porter vers la définition du lexicologue byzantin.

Ne faudrait-il pas en effet en voir un écho dans un passage de Claude ÉLIEN (dit le Sophiste, qui n'est que l'homonyme de cet autre ÉLIEN auteur d'une *Tactique* que nous avons largement invoquée dans notre première étude consacrée à la phalange macédonienne), « φοινικίδα δὲ ἀμπέχεσθαι κατὰ τὰς μάχας ἀνάγκη ἦν » (ÉLIEN, *Varia Historia*, VI, § 6, l'édition de cet extrait étant tirée de Dilts 1974 : 82) ? « Il fallait s'habiller d'un habit de pourpre lors des batailles » avaient traduit Lukinovich et Morand (1991 : 73). Mais le verbe ἀμπέχεσθαι signifiant tant 's'envelopper' que 'se vêtir de', on peut se demander s'il ne serait pas question, c'est là notre hypothèse, non pas d'un simple « habit » mais d'un corselet pourpre. ARISTOPHANE (*Εἰρήνη*, 1172-1175) caricaturait « un taxiarque haï des dieux avec ses trois aigrettes et son manteau d'un pourpre éclatant (φοινικίδ᾽ ὀξεῖαν) qu'il prétend être une teinture de Sardes ; mais lui arrive-t-il de devoir se battre en portant ce manteau (ἢν δέ που δέῃ μάχεσθ᾽ ἔχοντα τὴν

---

[341] Spécialement dans l'armée lacédémonienne comme le rapporte STOBÉE (*Florilegium*, IV, 2, § 23) recopiant XÉNOPHON (*Λακεδαιμονίων πολιτεία*, XI, § 3) : « Εἴς γε μὴν τὸν ἐν ὅπλοις ἀγῶνα τοιάδε ἐμηχανήσατο· στολὴν μὲν ἔχειν φοινικίδα καὶ χαλκῆν ἀσπίδα » (Hense 1958 [1909] : 148). Il semble bien qu'il s'agisse là d'une tunique de couleur rouge (comme semble-t-il pour PLUTARQUE, à la comparaison de deux passages de ses *Ἀποφθέγματα Λακωνικά*, 238 D et F — cf. Fuhrmann 1988 : 240-1) puisque à la suite de ce passage XÉNOPHON compare cet effet avec le vêtement féminin dont il se distingue. Signalons un écho du terme dans ce contexte lacédémonien dans une scholie de *La Paix* d'ARISTOPHANE, en 1173b : « ταῖς φοινικίσι VLh μᾶλλον οἱ V Λακεδαιμόνιοι ἐχρῶντο, ἵνα μὴ αἰσθάνωνται τοῦ αἵματος διὰ τὴν ὁμοιότητα, καὶ ἵνα τρωθέντες μὴ νοηθῶσι τοῖς πολεμίοις. Vlh » (Holwerda 1982 : 167).

[342] Par exemple, lors d'opérations navales contre les Lacédémoniens, POLYEN (*Στρατηγικά*, I, 48, § 2) rapportait que Conon, amiral de la flotte athénienne « ἐπῆρε τὴν φοινικίδα· ἦν δὲ ἄρα μάχης σύνθημα τοῖς κυβερνήταις » — « raised the purple flag, which was the signal to the pilots for battle. » (Krentz et Wheeler 1994 : 109). Voir spécialement, pour le monde de la guerre maritime chez les Grecs, les références données par Svoronos (1914 : 111, n. 6). Un passage des *Naumachica* de l'empereur byzantin LÉON VI (*Tactica*, XIX, § 47) est particulièrement explicite : « ἐν γὰρ πολέμου καιρῷ σημεῖον εἶχον τῆς συμβολῆς αἴροντες τὴν λεγομένην φοινικίδα [en temps de guerre, ils usaient comme signal de ladite *phoinikis*] » — numérotation de l'édition désormais de référence de Dennis (2010 : 523) qui avait offert une traduction légèrement différente que celle ici proposée : « For in the time of combat they used to raise the signal for battle, called the red flag ». Quant à la guerre terrestre, outre les exemples donnés Svoronos (1914 : 111, n. 6), on retrouve ce terme pour désigner un drapeau servant à donner des ordres par signaux lors des batailles : cf. par exemple APPIEN, *Ῥωμαϊκά. Ἰβηρικά*, 90, § 395 (cf. Goukowsky 1997 : 84) et spécialement pour notre sujet POLYBE, II, 66, § 11 (cf. Pédech 1970 : 118) où les *phoinikides* servent à régler les mouvements de départ des deux ailes d'Antigone Dôson lors de la bataille de Sellasie.

[343] Cf. par exemple PLUTARQUE, *Ἀποφθέγματα Λακωνικά*, 238 D (cf. Fuhrmann 1988 : 240). La φοινικίς est spécialement un manteau de femme chez PLUTARQUE, *Μάριος*, XVII, § 4 (cf. Chambry et Flacelière 1971 : 114), alors que chez XÉNOPHON, comme on l'a vu *supra*, la φοινικίς paraît s'opposer spécialement à l'habit féminin, autre exemple de la variété des acceptions du terme.

[344] « *red* or *purple* cloth », premier sens donné par Liddell et Scott (1996b).

φοινικίδα), etc. » Si la traduction de Van Daele (1925 : 148) offre « manteau » pour φοινικίς, le contexte tout militaire, et notamment la formule ἢν δέ που δέῃ μάχεσθ' ἔχοντα τὴν φοινικίδα n'indiquerait-il pas qu'il puisse s'agir d'un corselet teint en pourpre ? Et si le taxiarque avait été vêtu d'un « manteau », le terme grec n'aurait-il pas été, pour l'époque d'ARISTOPHANE, et dans ce contexte, χλαμύς ? « À côté du manteau civil, représenté chez les Grecs par l'*himation*, la *chlamyde* était leur manteau militaire » avait énoncé Heuzey (1922 : 115) dans sa grande synthèse sur le costume antique.[345]

Lors de l'agonie de la dynastie des Lagides, le jeune Ptolémée XIII assistait à une revue militaire portant une φοινικίς : « ὁ βασιλεὺς ἐν μέσῳ τῇ φοινικίδι κατάδηλος ἦν περικειμένῃ. » (APPIEN, Ῥωμαϊκά. Ἐμφυλίων, II, 12, § 84). Combes-Dounous et Torrens (1994 : 95) avaient traduit : « le roi se trouvait au milieu, discernable à la pourpre qui le couvrait. » Mais le grec ne permettrait-il pas de comprendre, selon la voie que nous suggérons, « à la *phoinikis* qui le ceignait » ? Des corselets pourpres ne se laisseraient-ils pas voir également avec cette peinture mettant en scène la reine Rhodogune et que décrit PHILOSTRATE (Εἰκόνες, II, 5 [Ῥοδογούνη], § 1) ? « Καὶ τὸ αἷμα πρὸς τῷ χαλκῷ καὶ ταῖς φοινικίσι προσβάλλει τι ἄνθος τῷ στρατοπέδῳ, καὶ χαρίεν τῆς γραφῆς οἱ ἄλλος ἄλλως πεπτωκότες ἵπποι τε ἀτακτοῦντες μετ' ἐκπλήξεως καὶ παρεφθορὸς ὕδωρ ποταμοῦ, ἐφ' ᾧ ταῦτα, οἱ δὲ αἰχμάλωτοι καὶ τὸ ἐπ' αὐτοῖς τρόπαιον Ῥοδογούνη καὶ Πέρσαι κτλπ. » — « 5. Rhodogune. (1) Le sang rougit la terre, ajoutant une teinte vive à l'éclat de l'airain et des vêtements de pourpre, dont brille le camp ; c'est là un spectacle agréable, mais il nous plaît aussi de voir des cadavres couchés çà et là, des chevaux couchés çà et là, des chevaux que la terreur jette hors des rangs, un fleuve qui roule des eaux ensanglantées. Voici des prisonniers et un trophée élevé par Rhodogune et les Perses, etc. » (Bougot [et Lissarague] 1991 : 70).[346]

Reconnaissons que ces occurrences-ci, en dépit du contexte militaire, peuvent encore laisser planer quelques doutes quant à la possibilité que φοινικίς puisse signifier 'corselet'. Mais d'autres extraits de la littérature antique peuvent à notre sens les lever et confirmer ainsi la glose d'HÉSYCHIUS. LUCIEN (Ἑταιρικοὶ διάλογοι,

---

[345] Illustrons cette définition par un extrait de DIODORE (XIX, 9, § 2). Agathocle de Syracuse, se drapant dans le manteau de la démocratie, dénonça publiquement l'oligarchie des Six-Cents. Alors, la métaphore s'incarnait : « Καὶ ταῦτα λέγων τὸ μὲν χλαμύδιον ἑαυτοῦ περιέσπασε, τὸ δ' ἱμάτιον μεταλαβὼν κτλπ. » « Tout en parlant, il retira sa chlamyde, la remplaça par un himation etc. » (Bizière 1975 : 18). Comme le soulignait la traductrice de la *Collection des Universités de France*, Agathocle, alors, « quitte le manteau militaire pour le manteau civil. » (Bizière 1975 : 18, n. 2).

[346] Cette traduction est parfois un peu lointaine. Il est donc bon de rapporter ici celle de Fairbanks (1931 : 145) dans la 'Loeb' : « The blood and also the bronze weapons and the purple garments lend a certain glamour to the battle-scene, and a pleasing feature of the painting is the men who have fallen in different postures, and horses running wildly in terror, and the pollution of the water of the river by which these events occur, and the captives, and the trophy commemorating the victory over them ».

XIII [Λεόντιχος, Χηνίδας καὶ Ὑμνίς], 3) nous présente le soldat de cavalerie Léontichos racontant ses exploits militaires. Lors d'un combat singulier avec un chef paphlagonien, son interlocuteur le flatte lui rappelant qu'il était alors un vrai Achille en armes, « οὕτως ἔπρεπέ μέν σοι ἡ κόρυς, ἡ φοινικὶς δὲ ἐπήνθει καὶ ἡ πέλτη ἐμάρμαιρεν », « tellement ton casque t'allait bien, tellement le pourpre brillait sur tes épaules et ton bouclier étincelait ! » (Chambry *et al.* 2015 : 1199). En fait, le choix de traduire le verbe ἐπανθέω par le verbe 'briller', qui ne pourrait être ici compris que dans un sens bien concret, ne convient guère. Car bien évidemment, la pourpre ne brille pas à proprement parler. Mais une acception que l'on trouve chez des auteurs tardifs, et que l'on notera d'ailleurs dans un autre extrait de LUCIEN, conviendra bien ici. Si au sens premier, évident du fait de son étymologie, le verbe signifie 'fleurir', il est parfois à comprendre dans une acception abstraite : « abs., *show itself, appear plainly* » (Liddell et Scott 1996a).[347] Si la *phoinikis* du soldat fanfaron Léontichos aurait pu désigner sous la plume de LUCIEN quelque manteau,[348] dans ce contexte tout militaire, et plus spécialement entre la mention d'un casque et d'une pelte, il serait tentant d'y voir une autre arme et en l'espèce un corselet teint en pourpre.

Un extrait de DIODORE (XVII, 115, § 2), confronté à un document archéologique, confirmera, nous semble-t-il, cette interprétation. En 324/3 av. J.-C., selon la description de l'historien sicéliote du monument funéraire érigé par Alexandre en l'honneur d'Héphaestion, on voyait, « sur le pont, des statues d'hommes armés, hautes de cinq coudées, cependant que des bannières écarlates de feutre remplissaient les intervalles (τοὺς δὲ μεταξὺ τόπους φοινικίδες ἀνεπλήρουν πιληταί) » (Goukowsky 1976 : 159). Cette disposition fait songer à ces monuments aux boucliers alternés de cuirasses 'musclées' ou autres corselets,[349] comme celui découvert lors des fouilles de 1973 de la rue centrale à Dion.[350] {fig. α} {fig. β} Or la précision πιληταί, « de feutre » rend quasiment certain, à notre

---

[347] Une autre référence chez LUCIEN se trouve dans ses Εἰκόνες, 9, dans la forme au présent ἐπανθεῖ. Chambry *et al.* (2015 : 628) avaient traduit cette occurrence par « fleurit » — je remercie E. Benchimol pour son aide quant à l'éclaircissement de ce point-ci.

[348] À la lecture du passage des Ἑταιρικοὶ διάλογοι que nous venons d'invoquer, cela avait été la lecture d'un scholiaste de LUCIEN, ἡ φοινικίς: ἱμάτιον ἐρυθρόν (Rabe 1906 : 283, n° 80, XIII). Mais, comme nous l'avons remarqué dans le corps du texte ci-dessus et à la suite de Heuzey (cf. ci-dessus à notre appel de la n. 345), ἱμάτιον conviendrait-il bien ? Car, en tout état de cause, ne serait-ce pas plutôt le mot χλαμύς que l'on se serait attendu à trouver sous la plume du scholiaste ? Preuve selon nous d'une approximation dans la rédaction de la scholie. Quoi qu'il en soit le scholiaste indiquait, à la suite de divers auteurs, que la couleur rouge avait pour fonction de masquer la vue du sang des blessures.

[349] Sur les frises d'armes en général, voir l'excellente monographie de Polito (1998). On y trouvera en particulier un chapitre « Monumenti con armi alternate » (Polito 1998 : 81-90). Mais voir surtout en dernier lieu, spécialement en relation avec l'iconographie de l'infanterie antigonide au IIe siècle av. J.-C., un article de ce même savant (Polito : 1999) — les monuments en question avaient d'ailleurs déjà été étudiés dans sa monographie : « 5. 2. 5. Due monumenti numidici » (Polito 1998 : 85-9).

[350] Signalement de Pandermalis (1973-1974 : 700).

Fig. α : Le monument aux cuirasses et boucliers alternés de la rue centrale de Dion. Photographie de l'auteur. "© Υπουργείο Πολιτισμού και Αθλητισμού / Εφορεία Αρχαιοτήτων Πιερίας [Ministère de la Culture et du Sport (de l'État grec) / Éphorie des Antiquités de Piérie] & Pierre O. Juhel.

Fig. β : Le monument aux cuirasses et boucliers alternés de la rue centrale de Dion. Détails. Photographie de l'auteur. © Υπουργείο Πολιτισμού και Αθλητισμού / Εφορεία Αρχαιοτήτων Πιερίας [Ministère de la Culture et du Sport (de l'État grec) / Éphorie des Antiquités de Piérie] & Pierre O. Juhel.

sens, qu'il était question, dans la description de DIODORE, de corselets, lesquels étaient justement souvent confectionnés en feutre (Papadopoulo-Vretos 1844).

On trouvera comme un écho de la décoration du monument funéraire d'Héphaestion dans une anecdote rapportée par PLUTARQUE (*Τιμολέων*, XIX, § 4). Il s'agit là d'un stratagème imaginé par un amiral carthaginois, à l'époque des débuts de l'expédition de Timoléon. Alors que les Carthaginois assiégeaient Syracuse, l'amiral tenta de décourager les assiégés en leur faisant croire qu'il avait défait les renforts corinthiens qu'amenait Timoléon : « στεφανώσασθαι τοὺς ναύτας κελεύσας καὶ κοσμήσας τὰς τριήρεις ἀσπίσιν Ἑλληνικαῖς καὶ φοινικίσιν, ἔπλει πρὸς τὰς Συρακούσας. » — « [I]l ordonna à ses matelots de se mettre des couronnes sur la tête, fit orner ses vaisseaux de boucliers grecs et de tuniques de pourpre et vogua vers Syracuse. » (Flacelière et Chambry 1966 : 36-7). Les traducteurs précisaient ici : « La tunique écarlate était l'uniforme habituel des soldats grecs. Voir par exemple Xénophon, *Anabase*, 1, 2, 16 : εἶχον δὲ πάντες (οἱ Ἕλληνες) κράνη χαλκᾶ καὶ χιτῶνας φοινικοῦς... Il peut s'agir aussi peut-être d'étendards de même couleur. » (Flacelière et Chambry 1966 : 37, n. 1). Cette hésitation rend bien compte, selon nous, de cette difficulté d'imaginer les trières des (faux) vainqueurs ornées de chitons ou d'étendards. Nous pensons donc que c'est plus certainement un corselet dont il est ici question, la cuirasse étant l'arme par excellence que l'on pouvait choisir d'exhiber parmi les dépouilles prises sur l'ennemi (cf. l'iconographie du trophée).[351] Aussi, à rebours, dans ce passage de POLYEN relatif au monument funéraire d'Héphaestion, φοινικίσιν désigne-t-il vraisemblablement, selon nous, des corselets colorés.

Dans un contexte similaire, c'est peut-être également le cas dans un passage plutarquien qui nous montre Paul-Émile, le vainqueur de Persée, revenant à Rome en remontant le Tibre sur une galère royale, « εἰς κόσμον ὅπλοις αἰχμαλώτοις καὶ φοινικίσι καὶ πορφύραις » (PLUTARQUE, *Αἰμίλιος Παῦλος*, XXX, § 2) — « décorée des armes prises à l'ennemi, d'étoffes écarlates et de tentures de pourpre »[352] selon la traduction de Chambry et Flacelière (1966 : 106). Mais φοινικίσι pourrait ici de nouveau signifier tout autant 'des corselets teints en pourpre'. Et si l'on accordait l'hypothèse de l'équivalence φοινικίς = 'corselet pourpre' pour le passage plutarquien décrivant l'*agèma* des Peltastes à la bataille de Pydna rapporté à l'abord de cet essai, il serait tentant de voir sur la galère de Paul-Émile ces mêmes corselets exhibés comme prises de guerre ; et de même, du côté de l'iconographie cette fois-ci, de faire des corselets uniformément de couleur pourpre des trois soldats macédoniens coiffés de la *kausia* représentés sur frise de la tombe d'Hagios Athanasios des φοινικίδες (Tsimbidou-Avloniti 2005 : πίν. 35α).[353] **{Fig. γ}**

Bien analysés, les nombreux témoignages littéraires que nous avons invoqués confirment plutôt qu'ils n'infirment la définition donnée par HÉSYCHIUS, soit que φοινικίς pouvait signifier ὅπλον ἐρυθρόν alors que, plus particulièrement, le contexte de ces témoignages porte à voir en cette φοινικίς un corselet teint en pourpre. Avançons pour finir une dernière remarque qui devrait achever de

---

[351] À titre d'illustration, cf. l'iconographie donnée dans le livre de G. Ch. Picard (1957).
[352] Indiquons que dans le passage livien correspondant, le navire est « *ornata Macedonicis spoliis non insignium tantum armorum, sed etiam regiorum textilium* » (TITE-LIVE, XLV, 35, § 3), « orné des dépouilles prises sur la Macédoine, non seulement des armes des prix, mais encore des tapisseries royales » (Jal 1979 : 54). Il semblerait donc que l'historien latin ait regroupé sous « *regiorum textilium* » le syntagme « φοινικίσι καὶ πορφύραις ». Jal (1979 : 155, n. 6 du chapitre 35) avait remarqué que le « fait que l'on retrouve exactement ces détails chez Plutarque (...) est l'indice qu'ils remontent à Polybe. »
[353] Comme nous l'avons vu, le monument est daté par l'archéologue du dernier quart du IVe siècle av. J.-C. (Tsimbidou-Avloniti 2005 : 207 ; 214). Nous signalerons ici le commentaire spécifiquement consacré aux représentations de ces corselets de Karunanithy (2013 : 92-3).

V. Deux nouvelles armes défensives de l'époque hellénistique   219

Fig. γ : Détail de la frise de la tombe d'Hagios Athanasios. Trois soldats macédoniens coiffés de la *kausia* sont revêtus de corselets uniformément de couleur pourpre. Extrait de Tsimbidou-Avloniti (2005 : πίν. 35α). © Υπουργείο Πολιτισμού και Αθλητισμού / Εφορεία Αρχαιοτήτων Περιφέρειας Θεσσαλονίκης [Ministère de la Culture et du Sport (de l'État grec) / Éphorie des Antiquités de Thessalonique et de ses environs].

convaincre, si besoin était, les sceptiques : aucune des plus célèbres synthèses consacrées à l'habillement grec n'a dressé la φοινικίς au rang d'un type de vêtement particulier.[354]

V. 2. Un nouveau type de casque : le 'morion macédonien'

De grandes statuettes de terre cuite exhumées en 1962 à Pella représentent la déesse Athéna coiffée d'un fort original casque à cornes de taureau ou de bœuf.[355] Sa spécificité tient tout autant à cet attribut[356] qu'à la forme de la bombe du casque

---

[354] Chez Heuzey (1922 : 281-6), le terme est absent du premier Index, « Mots se rapportant au costume ». Il n'y a pas non plus de références à la *phoinikis* chez Bieber (1928 : 93-4) où le terme n'apparaît pas dans l'index des mots grecs (« Terminologie »), non plus que dans celui de Johnson (1964 : 79-82).

[355] Papakonstantinou-Diamantourou (1971 : 39), employait le mot « βοός », alors que le résumé en anglais (Papakonstantinou-Diamantourou 1971 : 205), usait du mot « cow » ; « de bœuf » dans Descamps-Lequime (2011 : 503).

[356] Dintsis avait dressé à son catalogue divers casques ornés de cornes de bœufs ou de taureaux : 1°) Au sein de la catégorie qu'il avait définie comme le « Pilos/Konohelm » (Dintsis 1986 II : Taf. 28, 2 et 3, des casques correspondant, respectivement, aux n° 163 et 161 de sa « Beilage 3 »), des armes conservées pour le premier au Landesmuseum de Karlsruhe, n° d'inv. F 434 et pour le

qui n'est pas sans évoquer le morion de la Renaissance {**Fig. 4 à 11**}. Ces statuettes semblent relever de copies « de la statue cultuelle d'Athéna Alkidémos » (Kahil 1993 : 110, fig. 97) — étymologiquement « "Defender or Protector of the People" (Brett 1950 : 55). Sachant que l'armée et le peuple, dans l'Antiquité classique, ne faisaient qu'un,[357] cette « κερασφόρος Ἀλκίδημος Ἀθηνᾶ, θεὰ πολεμική, προστάτις τῆς Πέλλης [Athéna Alkidémos encornée, déesse guerrière, protectrice de Pella] » (Papakonstantinou-Diamantourou 1971 : 40), semble avoir été non seulement vénérée à Pella (Descamps-Lequime 2011 : 503), mais avoir encore proprement été la divinité tutélaire de l'armée macédonienne (Brett 1950 : 56).[358] Or, comme il est bien connu que les Grecs aimaient à armer les statues de leur panthéon des armes ou des pièces d'équipement dont ils usaient,[359] ce casque à la forme si originale, qui ne fut pas proprement identifié par Dintsis dans son vaste recueil sur les casques grecs,[360] aurait-il été une arme bien réelle ? Aurait-elle donc été en service dans l'armée du royaume de Macédoine à l'époque hellénistique ? Ou bien ne serait-ce là que le fruit de l'imagination des artistes ayant présidé à cette iconographie religieuse ?

Si aucun casque de ce genre n'a été à ce jour révélé par l'archéologie, le catalogue de ses représentations mènera à la constatation que ce type de casque se laisse découvrir au-delà de l'iconographie religieuse, notamment dans l'iconographie funéraire, mais non moins dans l'art profane. L'examen de ce catalogue permettra ainsi d'offrir quelques réponses à ces questions.

---

second au Louvre (du moins à la fin du XIXe siècle, du temps de F. von Lipperheide, n° d'inv. non indiqué par Dintsis). Ces deux casques sont vraisemblablement d'origine italiote et les cornes de taureau sont en bronze — parmi les casques de cette origine géographique, on pourra y ajouter l'étonnant « Korinthischer Helm mit Hörnerzier » publié par Pflug (1989 : 90, n° 81).
2°) Au sein de la catégorie du « Kappenhelm », cf. les n° 262 et 263 du catalogue de Dintsis (1986 II : Taf. 70, 6 et 7 — le premier de deux exemplaires étant en outre dessiné sous le n° 434 de sa « Beilage 12 ») et n° 264 (Dintsis 1986 II : Taf. 74, 3, cet exemplaire-ci étant en outre dessiné sous le n° 458 de la même « Beilage 12 »). Ces exemplaires-ci paraissent être des casques celtes ; ils sont tous représentés sur des gemmes.
3°) Au sein de la catégorie du « Boiotischen Helmes », cf. les n° 23, 29, 30, 43, 45 du catalogue de Dintsis (1986 I : 207 ; 209 ; 214 — respectivement dessinés sous les n° 12, 21, 23, 19 et 24 de la « Beilage 1 » [Dintsis 1986 II]). Ces casques 'béotiens' coiffent différents souverains gréco-bactriens, respectivement Eucratide, Archébios (n° 29 et 30 du catalogue de Dintsis), Amyntas et Philoxène. Voir encore les commentaires historico-archéologiques de Dintsis (1986 I : 9-10 ; 18) au sujet de l'emploi de ce type de casque par les souverains gréco-bactriens.
[357] « Il n'y avait pas de différence au regard des Anciens entre l'armée et le peuple » (Tréheux 1987 : 46). Le peuple étant bien sûr ici à comprendre dans le sens du δῆμος pourvu de droits politiques. En d'autres mots, « [u]n citoyen est, par définition, un soldat » (Garlan 1972 : 63), ce qui était bien le cas dans l'armée macédonienne hellénistique : cf. Hatzopoulos (2001 : 92).
[358] La savante américaine rappelait ici un passage de TITE-LIVE (XLII, 51, § 3) : « *Minervae, quam vocant Alcidemon* ».
[359] « The cult statue of the goddess is shown on coins of different dates as equipped with different types of shields, and it seems most probable that the actual statue was adorned with new kinds of armor as soon as these came into fashion. One reminds oneself that the Greeks commonly washed and renewed the dress of the statues of their gods and goddesses », Markle (1999 : 245).
[360] Sur le défaut d'identification, voir ci-dessous notre catalogue, V. 2. 1. 2., notamment en V. 2. 1. 2. 4.

V. 2. 1. Catalogue : l'iconographie du 'morion macédonien'

V. 2. 1. 1. Dans l'iconographie religieuse

Fig. 1 : Statuette d'Athéna du Musée archéologique de Pella (n° d'inv. E 3795). Catalogue, n° V. 2. 1. 1. 1. a. Photographie de l'auteur. © Υπουργείο Πολιτισμού και Αθλητισμού / Εφορεία Αρχαιοτήτων Πέλλας [Ministère de la Culture et du Sport (de l'État grec) / Éphorie des Antiquités de Pella] & Pierre O. Juhel.

V. 2. 1. 1. 1. Statuettes de terre cuite trouvées à Pella représentant Athéna casquée

V. 2. 1. 1. 1. A. Musée de Pella, n° d'inv. E 3795 {Fig. 1}

Makaronas (1964 : 340, Πίν. 393 α-γ). Daux (1966 : 874) signala cette découverte. À la date de publication de notre ouvrage, cette statuette se laissait voir dans l'exposition du Musée archéologique de Pella. Elle est souvent reproduite, par exemple par Papakonstantinou-Diamantourou (1971 : Πιν. 8 et Πιν. 9α et β ; commentaire en 39-40) ; Μέγας Αλέξανδρος (1980 : 57) ; Siganidou (1980 : 177, n° 150) qui précisait que la statuette mesure 41 cm et qui, quant à l'époque de cet objet, indiquait « Late Hellenistic Period ») ;[361] par [Lilimpaki-Akamati] (1988 : 346, n° 305) ; par Hatzopoulos (1993 : 110, fig. 97) ; par Touratsoglou (1996 : 159, fig. 200) ; par Siganidou et Lilimpaki-Akamati (1997 : 51, fig. 32) ; dans le catalogue de l'exposition s'étant tenue au Japon en 2003 (Tokyo National Museum et al. 2003 : 80, n° 59) ; par Lilimpaki-Akamati et Akamatis (2003 : 52, fig. 59) ;[362] et enfin par Descamps-Lequime (2011 : 503, n° 317).

---

[361] Siganidou renvoyait, quant au type du casque, à Rhomiopoulou (1980 : 104 ; n° 103), en l'espèce un casque de type 'phrygien' trouvé à Vitsa — ce rapprochement est évidemment tout à fait fallacieux.

[362] Les auteurs n'en ayant pas donné le n° d'inv., c'est par comparaison avec les statuettes répertoriées ci-dessous (n° d'inv. 3864 ; n° d'inv. E 7188 ; n° d'inv. BE 1983.100) qu'il est assuré qu'ils avaient ici publié cet objet-ci, statuette qui, soit dit en passant, est celle qui est la plus souvent reproduite. Nous devons

V. 2. 1. 1. 1. b. Musée de Pella, n° d'inv. 3864

Makaronas (1964 : 340) ; Siganidou et Lilimpaki-Akamati (1997 : 50) ; Lilimpaki-Akamati et Akamatis (2003 : 52, fig. 59). À la date de publication de notre ouvrage, cette statuette-ci, normalement exposée à côté de la précédente dans l'exposition du Musée archéologique de Pella, avait été prêtée pour une exposition outre-Atlantique, *The Greeks: Agamemnon to Alexander the Great*, exposition itinérante qui s'est tenue à Montréal puis à Ottawa en 2014 et 2015, puis aux États-Unis où le dernier musée à la recevoir fut le National Geographic Museum de Washington entre 26 mai et le 9 octobre 2016 — nous remercions Ch. Tsoungaris pour ces informations de dernière minute ; il nous a aussi signalé une erreur dans le catalogue cette exposition, pour cet objet-ci, catalogue auquel nous n'avons pas eu accès.

V. 2. 1. 1. 1. c. Musée de Pella, n° d'inv. E 7188 {Fig. 2}

Makaronas (1964 : 340) ; Lilimpaki-Akamati (1996 : 50).

Fig. 2 : Statuette d'Athéna du Musée archéologique de Pella (n° d'inv. E 7188). Catalogue, n° V. 2. 1. 1. 1. c. Photographie de l'auteur. © Υπουργείο Πολιτισμού και Αθλητισμού / Εφορεία Αρχαιοτήτων Πέλλας [Ministère de la Culture et du Sport (de l'État grec) / Éphorie des Antiquités de Pella] & Pierre O. Juhel.

à l'obligeance de Claude Lorentz puis de Nicolas Roudet, responsables de la bibliothèque du MISHA de l'Université de Strasbourg, d'avoir pu avoir de nouveau accès à l'ouvrage de Lilimpaki-Akamati et Akamatis (2003), ouvrage qui ne paraît être conservé dans aucune autre bibliothèque publique en France.

V. 2. 1. 1. 1. d. Musée de Pella, n° d'inv. BE 1983.100 {Fig. 3}

[Lilimpaki-Akamati] (1988 : 347, n° 306). La statuette mesurait 38.5 cm et si celle correspondant au n° d'inv. E 3795 avait été trouvée dans une maison, celle-ci le fut dans le sanctuaire d'Aphrodite et de Cybèle. Selon les notices de ce catalogue, les deux statuettes avaient été datées du IIe siècle av. J.-C. Si la statuette n° d'inv. E 3795 avait un casque orné de deux cornes et d'un panache, le casque de celle-ci l'était de trois panaches, dont il ne reste plus que celui fixé sur le côté gauche de la bombe. En juin 2016, cette terre cuite était aussi présentée dans l'exposition du Musée archéologique de Pella.

Lors de la fin de l'été et du début de l'automne 1962 furent donc exhumées différentes statuettes d'Athéna sur le site du premier sanctuaire identifié à Pella, dans une demeure manifestement aristocratique.[363] Ces statuettes ne sont pas tout à fait intactes. Mais leurs têtes étant presque parfaitement conservées, on distingue très nettement la forme caractéristique de ce casque, orné de cornes sauf dans le cas de la statuette correspondant au n° V. 2. 1. 1. 1. d. de notre catalogue (panaches).

Nota bene
Si nous ignorons le nombre exact de statuettes de cette espèce trouvé à Pella,[364] les quatre statuettes répertoriées

Fig. 3 : Statuette d'Athéna du Musée archéologique de Pella (n° d'inv. BE 1983.100). Catalogue, n° V. 2. 1. 1. 1. d. Photographie de l'auteur. © Υπουργείο Πολιτισμού και Αθλητισμού / Εφορεία Αρχαιοτήτων Πέλλας [Ministère de la Culture et du Sport (de l'État grec) / Éphorie des Antiquités de Pella] & Pierre O. Juhel.

---

[363] Cf. Makaronas (1964: 337) pour le plan de la maison antique où furent trouvées ces trois statuettes. Voir encore Lilimpaki-Akamati (1996 : 50, n. 47) qui se référait à la découverte signalée par Makaronas.
[364] Nous remercions A. D. Rizakis pour son entregent. Avant notre visite à Pella, il nous avait

ci-dessus sont les seules presques entièrement conservées. Néanmoins, on a exhumé de très nombreux d'autres exemplaires, en général très fragmentaires,[365] dont tant l'inventaire que la publication d'ensemble restent à ce jour à réaliser.[366] On trouve une allusion à cet état présent du matériel dans le catalogue rédigé sous la direction de Descamps-Lequime (2011 : 503). Il y était mentionné « [l]es nombreuses figurines d'Athéna portant un casque à cornes découvertes, autant dans des habitations que dans des édifices publics et des sanctuaires ».

V. 2. 1. 1. 2. Terre cuite. Tête casquée d'Athéna exhumée sur l'agora de Thessalonique

Adam-Véléni *et al.* (1996 : 531, fig. 17α).

Le casque que porte ici la déesse n'avait peut-être pas de cornes, mais l'on distingue encore les traces d'un cimier. Si l'on se représente le casque de la figurine de Pella sans cornes, cimier ni panache, il est bien évident que l'on est en présence du même type de casque.[367]

---

fait connaître les numéros d'inventaire des trois premières statuettes découvertes, celles qui le furent par Makaronas.

[365] Lilimpaki-Akamati (1996 : 36 ; 50 ; Πίν. 14α,β,γ) avait publié une statuette fruste et trois fragments provenant du *thesmophorion* (n° d'inv. 1981/640, 1981/809, 1981/810, 1981/896, correspondant respectivement aux n° 67, 69, 70 et 71 du catalogue de l'auteur). Signalons le compte-rendu de cette monographie par Doukelis (1997), qui indiquait que ce thesmophorion, selon l'archéologue grecque (dont le nom est ici transcrit M. Lilibaki-Akamati), « est daté du dernier quart du IVe s. pour connaître un abandon relatif après la conquête romaine de la cité. » (Doukelis 1997 : 167).

[366] Nous devons à Ch. Tsoungaris, qui nous a renseigné avec la meilleure prévenance possible lors de notre visite au Musée archéologique de Pella le 22 juin 2016, l'ensemble de ces informations.

[367] Cf. notre reproduction du casque seul de la statuette de Pella n° d'inv. E 7188 {Fig. 11}.

Fig. 4 à 11 : Statuette d'Athéna du Musée archéologique de Pella (n° d'inv. E 7188). Vues du casque sous différents angles. Photographies de l'auteur. © Υπουργείο Πολιτισμού και Αθλητισμού / Εφορεία Αρχαιοτήτων Πέλλας [Ministère de la Culture et du Sport (de l'État grec) / Éphorie des Antiquités de Pella] & Pierre O. Juhel.

V. 2. 1. 1. 3. Terre cuite représentant Athéna casquée {Fig. 12}

Anagnostopolou-Chatzepolychroni (1991 : 486, fig. 14).

Cette terre cuite fut exhumée au sud des Rhodopes. Nous croyons qu'il est vraisemblable que le casque porté par la figurine relève du type ici dégagé.

V. 2. 1. 1. 4. Statuettes et figurines de terre cuite d'origine lagide représentant Athéna casquée

Launey (1949-1950 : 924) avait relevé que « Athéna Alkis se fit connaître aussi en Orient, grâce aux familles royales macédoniennes d'Égypte et de Syrie ». Les statuettes inventoriées ci-dessous sont à ajouter aux références numismatiques invoquées par le savant français (Launey 1949-1950 : 924, n. 4).

Fig. 12 : Terre cuite représentant Athéna en armes découvert au sud des Rhodopes. Catalogue, n° V. 2. 1. 1. 3. Musée archéologique de Komotini, n° d'inventaire ΑΓΚ 8110 © Υπουργείο Πολιτισμού και Αθλητισμού / Εφορεία Αρχαιοτήτων Ροδόπης [Ministère de la Culture et du Sport (de l'État grec)] / Éphorie des Antiquités des Rhodopes].

V. 2. 1. 1. 4. A. Ex-collection Fouquet {Fig. 13} {Fig. 14} {Fig. 15}

V. 2. 1. 1. 4. a1 : Perdrizet (1921 : pl. LVIII, n° 164), de provenance inconnue selon le commentaire (Perdrizet 1921 : 68). En bas à droite sur notre **fig. 14**.

V. 2. 1. 1. 4. a2 : Perdrizet (1921 : pl. LVIII, n° 166), provenant de Moyenne-Égypte selon le commentaire (Perdrizet 1921 : 68). En bas à gauche sur notre **fig. 14**.

V. 2. 1. 1. 4. a3 : Perdrizet (1921 : pl. LVIII, n° 168), provenant d'Achmounéin selon le commentaire (Perdrizet 1921 : 68). En haut sur notre **fig. 14**.

V. 2. 1. 1. 4. a4 : Perdrizet (1921 : pl. LIX, n° 175), provenant de Basse-Égypte selon le commentaire (Perdrizet 1921 : 69-70). Cf. notre **fig. 15**.

V. 2. 1. 1. 4. a5 : Perdrizet (1921 : pl. LX, n° 171), sans indication de provenance selon le commentaire (Perdrizet 1921 : 68-9) — mais le savant français relevait que ce type se trouvait conservé en nombre au Musée d'Alexandrie. À gauche sur notre **fig. 13**.

V. 2. 1. 1. 4. a6 : Perdrizet (1921 : pl. LX, n° 163), provenant de Memphis selon le commentaire (Perdrizet 1921 : 67-8). À droite sur notre **fig. 13**.

V. 2. 1. 1. 4. B. Collection du Département des Antiquités Classiques du Musée des Beaux Arts de Budapest (Hongrie)

V. 2. 1. 1. 4. b1 : Török (1995 : 31-3, n° 8 ; pl. XVII, n° 8).

V. 2. 1. 1. 4. b2 : Török (1995 : 176, n° 288 ; pl. CLIV, n° 288).

La provenance précise des deux terres cuites est inconnue.

Fig. 13 : Figurines de terre cuite d'origine lagide représentant Athéna casquée. Ex-collection Fouquet, extrait de Perdrizet (1921, pl. LX, n° 171 — à gauche ; n° 163 — à droite). Catalogue, n° V. 2. 1. 1. 4. a5 (Perdrizet 1921 : n° 171) et n° V. 2. 1. 1. 4. a6 (Perdrizet 1921 : n° 163) respectivement. © Berger-Levrault.

V. 2. 1. 1. 4. c. Collection de l'Ägyptischen Museum de Berlin, n° d'inv. 15935 {Fig. 16}

Weber (1914 II : Taf. 17, n° 161). Cette figurine avait été publiée ultérieurement par Philipp (1972 : Nr. 33, Abbildung 29a), qui la décrivait comme suit : « Athene-Neith. (...) Um 200 n. Chr. - Aus Batn Harît (Theadelphia), Grabung Rubensohn 1902. - Dunkelrötlichbrauner Ton. - H 13,8 cm. Inv. Nr. 15935 » (Philipp 1972 : 28).

Athéna s'appuie de la main gauche sur une petite *aspis* hellénistique à épisème rond et en relief. Son casque est bien de notre type. Il présente cette caractéristique visière relevée, se terminant par des arrondis non moins caractéristiques au-dessus des oreilles. La bombe du casque, qui porte un petit panache transversal, présente encore deux incisions qui figurent sans doute les yeux sur ce type de casque évidemment dérivé du type pseudo-corinthien (sur ce point, cf. nos conclusions).

Fig. 14 : Figurines de terre cuite d'origine lagide représentant Athéna casquée. Ex-collection Fouquet ; extrait de Perdrizet (1921, pl. LVIII, n° 164 — à droite en bas ; n° 166 — à gauche en bas ; n° 168 — en haut). Catalogue, n° V. 2. 1. 1. 4. a1 (n° 164), n° V. 2. 1. 1. 4. a2 (Perdrizet 1921 : n° 166), n° V. 2. 1. 1. 4. a3 (Perdrizet 1921 : n° 168). © Berger-Levrault.

Fig. 15 : Figurine d'Athéna découverte en Basse-Égypte. Extrait de Perdrizet (1921, pl. LIX, n° 175). Catalogue, n° V. 2. 1. 1. 4. a4. © Berger-Levrault.

Fig. 16 : Figurine d'Athéna découverte à Alexandrie lors des fouilles von Sieglin. Ägyptischen Museum de Berlin (n° d'inv. 15935). Extrait de Weber (1914 II : Taf. 17, n° 161). Catalogue, n° V. 2. 1. 1. 4. c. Droits réservés.

V. 2. 1. 1. 4. D. COLLECTION DE LA NY CARLSBERG GLYPTOTEK À COPENHAGUE
V. 2. 1. 1. 4. d1 : n° d'inv. Æ.I.N. 470.

Fjeldhagen (1995 : 92, n° 72 — références) : buste d'Athéna haut de 15.7 cm acquis en Égypte en 1892 par V. Schmidt et datée des IIe-IIIe siècle ap. J.-C. par la spécialiste danoise.

V. 2. 1. 1. 4. d2 : n° d'inv. Æ.I.N. 471.

Fjeldhagen (1995 : 93, n° 74 — références) : tête d'Athéna haute de 9 cm acquise en Égypte en 1892 par V. Schmidt et datée du IIe siècle ap. J.-C. par Fjeldhagen.

V. 2. 1. 1. 4. d3 : n° d'inv. Æ.I.N. 472.

Fjeldhagen (1995 : 95, n° 76 — références) : Fjeldhagen suggérait une tête d'Artémis mais le casque typique du style ici étudié renvoie plus naturellement à Athéna pour cette tête haute de 9.2 cm acquis en Égypte en 1892 par V. Schmidt ; datée du IIe siècle ap. J.-C. par la savante danoise.

V. 2. 1. 1. 4. d5 : n° d'inv. Æ.I.N. 551.

Fjeldhagen (1995 : 96, n° 77 — références) : « Lantern with the head of Athena (...) [v]ery roughly executed » acquise en Égypte en 1892 par V. Schmidt et datée du IIIe-IVe siècle ap. J.-C. par Fjeldhagen.

V. 2. 1. 1. 4. E. ANTIKENSAMMLUNG DES ARCHÄOLOGISCHEN INSTITUTS DE L'UNIVERSITÉ DE TÜBINGEN

V. 2. 1. 1. 4. e1 : n° d'inv. 497/25 (ancienne collection Schreiber). Fischer (1994 : 369, Nr. 937 ; Taf. 98) : « H 16,4 B(Bas) 6,5 T(Bas) 4,1. »[368] — datation proposée : « Um 200 n. Chr. » Références dans la littérature antérieure: « Publ. Vogt 109 Taf. 26,1. Vgl. Weber 116 Nr. 161 Taf. 17 = Philipp, Terrakotten 28 Nr. 33 Abb. 29a (aus Batn Harit/Theadelphia). Perdrizet, TC 68 Nr. 166 Taf. 58 (aus Mittelägypten). Breccia II 2, 30 Nr. 138 Taf. 46,228. Bayer-Niemeier 181 Nr. 377f. Taf. 68,2f. (Nr. 378 maßgleich). Le Monde Copte 17 Nr. 20. Schürmann, Karlsruhe 276 Nr. 1049 Taf. 175. Götter, Gräber und Grotesken 75, Nr. 72. London, Brit. Mus., Inv. Nr. 1926 9.30 29n (unpubl.). Zu den Lampenfesten: Herodot II 62. Weber 111. Perdrizet, TC 108. Weber 111. F. Bilabel, Neue Heidelberger Jahrbücher 1929, 1 ff. Text S. 93 » (Fischer 1994 : 369).

Si cette statuette est fort semblable à celle répertoriée ci-dessus en V. 2. 1. 1. 4. c., elle sort néanmoins d'un autre moule.

V. 2. 1. 1. 4. e2 : n° d'inv. 5170/25 (ancienne collection Schreiber). Fischer (1994 : 431, Nr. 1180 ; Taf. 124). Buste d'Athéna casquée, représentée dans un cadre. « 2. Hälfte 3. Jh. n. Chr. » (Fischer 1994 : 431).

V. 2. 1. 1. 4. e3 : n° d'inv. 5166/25 (ancienne collection Schreiber). Fischer (1994 : 433, Nr. 1189 ; Taf. 125), avec références à du matériel archéologique similaire. Sur cette lampe datée par Fischer (1994 : 433) du « Spätes 1. Jh. v. Chr.-1. Jh. n. Chr. », on distingue une tête d'Athéna qui est casquée de l'arme ici étudiée.

V. 2. 1. 1. 4. F. ALBERTINUM DE DRESDE

V. 2. 1. 1. 4. f1 : n° d'inv. 2600. L.111 (ancienne collection Herold) **{Fig. 17}**. Fischer (1994 : 369-70, Nr. 940 ; Taf. 99). Dimensions : « H 12,5 B(Bas)7,2 T 4,2. » (Fischer 1994 : 370) ; datation avancée, « 2. Jh. n. Chr. » (Fischer 1994 : 369). Avait été

---

[368] Dans le recueil de Fischer, « Bas » signifie 'Basis'.

ultérieurement publiée, et uniquement selon Fischer, par Pagenstecher (1913 : 214 ; Tafel XXXIX, 4), édition *princeps* qu'il est bon de signaler quant à ce matériel d'origine égyptienne.

Sur cet autre buste d'Athéna casquée, l'arme est dotée d'une fausse visière à l'instar des casques pseudo-attiques.[369] Il aurait fallu pouvoir examiner la statuette de profil pour s'assurer que ce casque-ci relevait certainement du type ici mis en exergue.

V. 2. 1. 1. 4. f2 : n° d'inv. 2600. C.393 (ancienne collection Herold). Fischer (1994 : 390, Nr. 1004 ; Taf. 108) : « Knabenhafter Kriegerkopf (…) Ende 2./Anfang Jh. n. Chr. »

Le long cou et le visage tout en rondeur feraient peut-être de cette tête casquée, en fait, une tête d'Athéna — ce qui ne fut pas suggéré par Fischer. C'est une hypothèse à laquelle nous sommes d'autant plus conduit que le type du casque est du genre de celui dégagé dans cette étude.[370]

Fig. 17 : Fragment d'une statuette d'Athéna. Albertinum de Dresde (n° d'inv. 2600. L.111). Extrait de Pagenstecher (1913 : 214 ; Tafel XXXIX, 4). Catalogue, n° V. 2. 1. 1. 4. f1. Avec l'aimable autorisation de l'Albertinum de Dresde (Staatliche Kunstsammlungen Dresden, Skulpturensammlung).

---

[369] Cf. Dintsis (1986 II : Beilage 9, « Typologische Darstellung des Pseudoattischen Helmes »).

[370] Signalons que Fischer (1994 : 390) renvoyait ici, « Zum Typs », à « Leyenaar-Plaisir 508 Nr. 1487 Taf. 189 (hell., aus Tarsus). » Il s'agit là, selon les termes de la savante néerlandaise, d'une tête casquée qui proviendrait du Mont Pagus, de la « Fin du 3ᵉ – début du 2ᵉ siècle av. J.-C. » (Leyenaar-Plaisir 1979 II : 508). Si ce modèle d'Asie Mineure ne correspond que partiellement au type ici dégagé (la calotte, toute en hauteur, diffère ; mais on retrouve les protubérances caractéristiques du casque au-dessus des oreilles, sous lesquelles les mentonnières étaient fixées), l'époque suggérée par la savante néerlandaise (*id est* la pleine époque hellénistique) nous pousse à mettre en doute bien des datations proposées par Fischer,

V. 2. 1. 1. 4. G. Musée du Louvre

V. 2. 1. 1. 4. g1 : n° d'inv. AF 1027. Dunand (1990 : 33, n° 12) — provenant d'Antinoé

V. 2. 1. 1. 4. g2 : n° d'inv. E 20723. Dunand (1990 : 33-34, n° 13) — provenance inconnue.

V. 2. 1. 1. 4. g3 : n° d'inv. AF 1167. Dunand (1990 : 34, n° 15) — provenant d'Antinoé.

V. 2. 1. 1. 4. g4 : n° d'inv. E 20719. Dunand (1990 : 35, n° 17) — provenance inconnue.

V. 2. 1. 1. 4. g5 : n° d'inv. E 20877. Dunand (1990 : 36, n° 19) — provenance inconnue.

V. 2. 1. 1. 4. g6 : n° d'inv. E 20894. Dunand (1990 : 36, n° 20) — provenance inconnue.

V. 2. 1. 1. 4. g7 : n° d'inv. E. 20722. Dunand (1990 : 37-8, n° 26) — provenance inconnue.

V. 2. 1. 1. 4. g8 : n° d'inv. AF 993 A. Dunand (1990 : 38, n° 28) — provenant d'Antinoé.

V. 2. 1. 1. 4. g9 : n° d'inv. E 20785 A. Dunand (1990 : 38, n° 29) — provenance inconnue.

Nota bene

Toutes ces figurines sont reproduites entre les pages 33 à 38.

Dunand (1990) plaçait toutes ces statuettes ou fragments de statuettes à l'époque romaine. On y retrouve en tout cas des variantes de l'arme ici étudiée.

V. 2. 1. 1. 4. H. Musée Gréco-romain d'Alexandrie

V. 2. 1. 1. 4. h1 : n° d'inv. 23102 (figurine). Cassimatis (1984 II/1 : 1045, n° 7 ; II/2 : 766 — reproduction).

V. 2. 1. 1. 4. h2 : n° d'inv. 9780 (buste d'Athéna). Cassimatis (1984 II/1 : 1046, n° 44 ; 1984 II/2 : 768 — reproduction).

V. 2. 1. 1. 4. h3 : n° d'inv. 7770 (buste d'Athéna). Cassimatis (1984 II/1 : 1047, n° 51 ; II/2 : 768 — reproduction).

Les deux derniers documents étaient plutôt datés des IIIe ou IVe siècle ap. J.-C. (pas de datation avancée pour le premier).

V. 2. 1. 1. 4. I. Musée égyptien du Caire, n° d'inv. JE 25571 = CG 26873 (figurine)

Cassimatis (1984 II/1 : 1045, n° 9 ; II/2 : 766). Pas de datation avancée par la savante.[371]

---

laquelle plaçait systématiquement à l'époque de l'Égypte romaine les figurines que nous avons inventoriées à partir de son catalogue.

[371] Nous n'avons relevé que les objets ayant été reproduits. Cassimatis (1984) avait catalogué des exemplaires similaires tant pour les figurines que pour les bustes d'Athéna. Nous renvoyons à son

V. 2. 1. 1. 4. J. Collection égyptienne de l'Université de Rostock, n° d'inv. 668

Attula (2001 : 44-5, n° 5). Dimensions : « H. 19,0 cm, B (Basis): 7,5 cm, T: 3,0 cm ». Origine : « Aus Unterägypten, erworben aus Sammlung Herold » ; datation : « 2./3. Jh. n. Chr. » (Attula 2001 : 44).

Cette datation est peut-être trop tardive puisque, outre le fait que le casque de cette tête d'Athéna paraît être de notre type, la savante allemande avait daté des figurines similaires des Ier ou IIe siècle ap. J.-C. (Attula 2001 : 46-7, n° 6 — n° inv. 596 ; 48-9, n° 7 — n° inv. 589).

V. 2. 1. 1. 5. Figurines de terre cuite exhumées à Pompéi représentant Athéna Alkis, Museo Archeologico Nazionale de Naples {Fig. 18} {Fig. 19}

Von Rohden (1880 : 53, pl. XLII, fig. 3-4 — et également en 71, 2ème colonne, pour la reproduction du « Fundberichte » original italien de 1853).

Sauf erreur de notre part, von Rohden n'avait pas indiqué précisément les n° d'inv. de ces deux figurines (mais voir notre n. 372). Selon von Rohden, ces deux statuettes faisaient partie d'un groupe de six autres du même type, plus ou moins fragmentaires, découvertes le 22 août 1853. Elles mesuraient 14.5 cm de haut.[372] Le savant allemand n'en avait pas vu l'aspect macédonien, incontestable par le petit bouclier du type du 'bouclier macédonien' posé aux pieds de la déesse (que von Rohden nommait d'ailleurs « Schale », preuve qu'il n'avait pas identifié cette arme défensive caractéristique). Au sujet des boucliers de ces figurines, rapportons qu'il indiquait qu'une de ces figurines avait une arme à la bordure et au centre blanc (n° d'inv. 6038) et que, pour une autre (n° d'inv. 6034), le bouclier comme le casque étaient de couleur rouge.

Selon nous, ces statuettes si macédoniennes relèvent vraisemblablement de prises effectuées en Macédoine, soit lors de la Troisième Guerre de Macédoine, soit lors de la guerre contre le Pseudo-Philippe, véritable Quatrième Guerre de Macédoine. Le caractère étranger de beaucoup d'objets d'art de l'époque hellénistique trouvés en Italie est souvent méconnu des archéologues qui n'ont pas assez à l'esprit, selon nous, le contexte historique — à titre d'illustration, voir par exemple la citation de Vollenweider (1986 : 266) que nous rapportons

---

article pour plus de références.

[372] Ces figurines, enregistrées sous les n° d'inv. 6033 à 6038, ne se retrouvent pas dans le catalogue de d'Ambrosio et Boriello. Selon les auteurs (d'Ambrosio et Boriello 1990 : 16, n. 1), elles font semble-t-il partie « di oggetti non più rintracciabili ». Au sein de ce catalogue, on pourra rapprocher de nos deux figurines la statuette similaire n° d'inv. 13554. Pour les auteurs, ce modèle « deriva da prototipi in terracotta diffusi a Delo e in Asia Minore nel I secolo a.C. » (d'Ambrosio et Boriello 1990 : 31, n° 32 ; Tav. 8). On y rapprochera de même, quant à la forme du casque (mais ici pas de façon absolument probante), le fragment (de tête) n° d'inv. 3625. Pour les savants italiens, « [l]'esemplare è databile al II-I secolo a.C. » (d'Ambrosio et Boriello 1990 32-3, n° 37 ; Tav. 9).

Fig. 18 & Fig. 19 : Figurines de terre cuite exhumées à Pompéi représentant Athéna Alkis, Anciennement au Museo Archeologico Nazionale de Naples. Reproductions extraites de Von Rohden (1880 : 53, pl. XLII, fig. 3-4). Catalogue, n° V. 2. 1. 1. 5. Droits réservés.

ci-dessous en V. 2. 1. 1. 9. Car les guerres entreprises par la république romaine furent parfois de pures entreprises économiques visant à enrichir leurs promoteurs.[373]

---

[373] Sur ces questions, avec toutes les nuances qu'il faut apporter à une vision par trop simpliste qui ne verrait dans l'impérialisme romain qu'un strict processus d'enrichissement, voir en particulier Harris (1992 : 56-7 ; 86).

V. 2. 1. 1. 6. Trois figurines de terre cuite provenant d'Asie Mineure et représentant Athéna casquée {Fig. 20}

V. 2. 1. 1. 6. a. Ex-collection Lécuyer
Winter (1903 : 176, fig. n° 6).

Fig. 20 : Trois figurines de terre cuite représentant Athéna casquée exhumées en Asie Mineure. Ex-collection Lécuyer ; Antiquarium de Berlin ; Musée du Louvre. Catalogue, n° V. 2. 1. 1. 6. a (Ex-collection Lécuyer) ; n° V. 2. 1. 1. 6. b (Antiquarium de Berlin, n° d'inv. TC 8563) ; n° V. 2. 1. 1. 6. c (Musée du Louvre, n° d'inv. MNC 562). Reproduites selon Winter (1903 : 176, fig. n° 6, n°11 et n° 12 respectivement). Droits réservés.

V. 2. 1. 1. 6. B. Antiquarium de Berlin, n° d'inv. TC 8563
Provient de Priène. Winter (1903 : 176, fig. n° 11) ; Rumscheid (2006 : 442-3, Kat. Nr. 112 ; Taf. 46, 1-4).

V. 2. 1. 1. 6. C. Musée du Louvre, n° d'inv. MNC 562
Provient de Myrina. Winter (1903 : 176, fig. n° 12).

Au vu des fac-similés donnés par Winter, que les figurines de l'Antiquarium de Berlin et du Louvre soient casquées du modèle ici étudié est moins certain que pour l'exemplaire de l'ex-collection Lécuyer.

V. 2. 1. 1. 7. Peinture pompéienne (Naples, Museo Archeologico Nazionale, n° d'inv. 8843)
Un prince hellénistique en cuirasse, tête nue, flanqué sur sa droite d'un trophée où, du côté gauche du tableau, une Niké ailée s'apprête à enfoncer un clou. **{Fig. 21}**

Helbig (1868 : 185, Nr. 941) ; Saglio (1887 : 1241a, fig. 1616) ; Woelcke (1911 : 182-8) ; A. Reinach (1913 : 391-6) ; A. Reinach (c. 1913 : 501a-b, fig. 7104) ; S. Reinach (1922 : 149, n° 4 — au sein de la partie XXV. « Niké (Victoire) et trophées. ») ; G. Ch. Picard (1957 : 78-9) ; Queyrel (2003 : 48-9 ; pl. 68,1) ; Miele (2007).[374]

À la suite des frères Reinach, la grande majorité des commentateurs voit dans cette peinture la copie d'un original pergaménien d'un trophée galatique.[375] Mais « [n]on convincente mi sembra la vecchia ipotesi di Salomon Reinach » avait écrit de Maria (1997 : 50). Nous croyons nous aussi que l'interprétation traditionnelle est erronée. Car si l'origine pergaménienne du monument paraît bien établie (cf. ci-dessous), c'est vraiment forcer la lecture iconographique que de considérer, avec A. Reinach, que le trophée porte un bouclier « ovale » (!).[376] Comme l'avait vu G. Ch. Picard (1957 : 78), « les boucliers sont grecs ». Si A. Reinach (1913 : 395) pensait que les « armes du trophée [sont] certainement gauloises », G. Ch. Picard n'avait pas donné de justification à son assertion. Or un examen plus attentif révèle que, en fait, aucun des boucliers n'est « ovale » et que, ainsi,

---

[374] Mentionnons en passant que G. Ch. Picard (1957 : 78, n. 4) avait rappelé la conception en effet peu crédible de Studniczka (1923-1924 : 116-7) : « l'œuvre serait inspirée par l'Auguste de Primaporta. Cette opinion nous a semblé inacceptable : l'équipement du prince, en particulier sa cuirasse, est hellénistique, et non romain » (signalons une erreur dans la référence donnée par G. Ch. Picard qui indiquait « *Arch. Jahrb.* XXVIII, 1919, p. 116 »).

[375] Le dernier commentaire en date, celui de Miele (2007), reprenait cette conception à notre avis peu recevable.

[376] « Qu'on se le figurait comme ovale, bombé à la façon du *scutum* romain et haut de 1 m. environ, c'est ce que montrent les deux autres boucliers qui sont posés à terre au pied du trophée. » (A. Reinach 1913 : 393). Cette analyse iconographique est totalement fausse et la photographie en noir et blanc reproduite dans cet article (A. Reinach 1913 : 392, fig. 6) aurait dû suffire à prévenir l'auteur de cette erreur.

Fig. 21 : Peinture pompéienne représentant peut-être une allégorie de quelque victoire pergaménienne sur les troupes antigonides. Naples, Museo Archeologico Nazionale (n° d'inv. 8843). Catalogue, n° V. 2. 1. 1. 7. © Soprintendenza Speciale per i Beni Archeologici di Napoli e Pompei.

aucun de ceux-ci ne peut-être considéré comme gaulois. Car l'effet « ovale » du bouclier qui est aux pieds du prince est dû au fait que c'est **l'intérieur** de l'arme qui est au premier plan, et non l'extérieur, source de la méprise d'A. Reinach. Ce détail de première importance se laisse bien distinguer par la reproduction en couleur de ce tableau. Nous pouvons en effet distinguer la surface bombée peinte en rose foncée (à moins que ce ne soit une teinte pourpre légèrement décolorée) sur la droite de l'arme, là où elle vient toucher la jambe droite du prince. Nous sommes donc en présence du bouclier typique de la phalange hellénistique. Fortement bombé, il évoque ce qu'écrivait ASCLÉPIODOTE (V, § 1) au sujet du bouclier idéal du phalangite : « Τῶν δὲ τῆς φάλαγγος ἀσπίδων ἀρίστη ἡ Μακεδονικὴ χαλκῆ ὀκταπάλαιστος, οὐ λίαν κοίλη. »[377] Comme l'on distingue aussi l'orbe de bronze, détail qui distingue l'*aspis* de la pelte,[378] nous pensons que l'on a là une représentation de l'*aspis* macédonienne de l'époque hellénistique.

Dès lors, puisque la cuirasse est une cuirasse 'musclée' de bronze, une arme qui n'est certes pas de type celtique,[379] le caractère galate ne se retrouverait

---

[377] « Le meilleur bouclier en usage dans la phalange est le Macédonien, en bronze, de huit paumes et pas trop concaves » traduisait Poznanski (1992 : 11).
[378] Cf. notre n. 76.
[379] Hormis la cotte de mailles, une arme caractéristique de l'armement défensif celte, les Gaulois et autres Galates, comme l'ont mis en exergue Brunaux et Lambot (1988 : 107), paraissent avoir

que dans les deux casques à bombes arrondies, à fortes paragnathides, tous les deux dotés de cornes de taureau. Mais si les casques celtiques pouvaient être ornés de telles cornes,[380] ils avaient une bombe fort différente, eux qui était la plupart du temps tout simplement hémisphériques. On le constate spécialement si l'on met en parallèle les casques celtiques représentés en fac-similés dans la « Beilage » n° 12, « Typologische Darstellung des Kappenhelmes », de Dintsis (1986 II : Taf. 73, 5 et 6 ; Taf. 74 1 à 5 — beaucoup d'armes originales)[381] — et tout d'abord avec les deux exemplaires représentés de face et que nous avons invoqués au deuxième point de notre n. 356 — avec les deux casques représentés dans cette peinture pompéienne : ces derniers, outre des paragnathides qui ne ressemblent pas à leurs homologues celtiques, ont des bombes en forme de cloche. Aussi, comme l'avait bien vu Woelcke (1911 : 186), « [w]ir haben eine hellenistische Helmform vor uns! ».

Nous pensons de surcroît que les deux casques font indubitablement penser aux casques des Athéna de Pella : cornes de bœuf ou de taureau (avec ces boursouflures caractéristiques à l'endroit où les cornes étaient fixées, que l'on semble distinguer au moins sur le côté gauche du casque se trouvant à terre), effet de visière donnée par la forme du casque côté face, bombe 'en cloche' (malgré, à notre avis, une certaine différence dans cette forme). Faudrait-il y voir des armes antigonides ? En tout cas, les larges paragnathides à deux échancrures se retrouvent sur le casque figuré sur la tombe de Lysôn et Kalliklès {Fig. 22} et Philippe V lui-même arborait sur son casque en 209 av. J.-C., au témoignage de TITE-LIVE (XXVII, 33, § 2), des cornes : « *in arborem inlatus impetu equi ad eminentem ramum cornu alterum galeae praefregit* ».[382] Mais celles-ci étaient-elles pour autant des cornes de bœuf ou de taureau ?[383]

---

peu goûté la cuirasse.
[380] Cf. ci-dessus le deuxième alinéa de notre n. 356.
[381] Pour les références de l'exemplaire reproduit Taf. 73, 5 et de celui reproduit Taf. 74,3, cf., respectivement, Dintsis (1986 I : 295 ; 297 — au sein du catalogue du savant grec). Pour tous ces exemplaires, voir encore la partie « Typologie. » du chapitre « Der Kappenhelm. » (Dintsis 1986 I : 152-60). Rappelons enfin, à la suite du savant grec (Dintsis 1986 I : 152), l'expression de « "Jockey-cap-Helm" » qui exprime mieux que tout autre la forme souvent parfaitement hémisphérique des casques celtiques. Cf. également Brunaux et Lambot (1988 : 133).
[382] Jal (1998 : 64) avait traduit : « emporté contre un arbre par l'élan de son cheval, il cassa contre une branche qui dépassait une des pointes de son casque ». Mais selon nous *cornu* est ici à prendre au sens propre, comme l'avait compris le traducteur de la 'Loeb', Moore (1950 : 343) : « he was dashed against a tree by his charging horse, and broke off one of the two horns of his helmet against a projecting branch ».
[383] En effet le denier de L. Marcius Philippus, magistrat monétaire romain en 112 av. J.-C. et dont la famille prétendait descendre des rois de Macédoine, « représente au droit la tête de Philippe V, comme le prouvent la lettre Φ (Φίλιππος), le portrait du roi qui se rapproche visiblement de celui qui figure sur les monnaies macédoniennes, et enfin le casque dont il est couvert et qui est bien le casque royal macédonien orné de deux cornes de bouc. » (Babelon 1886 : 187).

Comme récemment rappelé par Sirano (2010 : 555, n. 63), le cadre du Museo Archeologico Nazionale de Naples pourrait certes conduire plutôt du côté de Pergame.[384] À la suite de G. Ch. Picard,[385] on évoquera tout d'abord l'influence pergaménienne sur le trophée romain. Ce n'est certes là qu'un argument d'ordre général qui suggérerait de mettre en relation ce tableau provenant de Pompéi avec une iconographie issue des Attalides. C'est en tout cas le chemin suivi par le plus récent commentaire sur cette peinture pompéienne porté à notre connaissance, celui de Queyrel (2003 : 48-9, pl. 68,1). Le savant français, qui se référait spécialement aux travaux numismatiques de von Fritze (1906 : 60-61 ; Taf. II, 35 et 1910 : 6, 28 ; pl. I, 25),[386] suivait en effet lui aussi l'interprétation traditionnelle, autrement dit celle d'un document d'origine pergaménienne mettant en scène une victoire sur les Celtes (hypothèse donc erronée qui remonte à A. Reinach). Si l'on retourne aux travaux du numismate prussien, on relèvera que ce dernier avait de fait avancé une datation susceptible de nous éclairer : « Der letzten Königsperiod fällt ebenfalls autonomes Stadtgeld zu, und zwar von weit schlechteren Stil, als in der Epoche des Eumenes II. (Taf. I, 20. 21. 24-27). » (von Fritze 1910 : 6). On serait donc conduit à voir dans ce jeune prince hellénistique Eumène II. Mais Queyrel (2003 : 49) avait exprimé sur ce sujet une remarque judicieuse : « Il faut avouer que l'identification du roi paraît difficile. Si l'on devait choisir entre Attale Ier et Eumène II (...), c'est le premier qui devrait être retenu, car le visage figuré sur la peinture a une plénitude qui rappelle celle de la tête berlinoise (C1), mais n'évoque en rien les traits presque malingre d'Eumène II. »

Pour appuyer l'hypothèse que notre trophée eût pu être constitué d'armes antigonides, il faut examiner si Attale Ier s'opposa militairement aux maîtres de la Macédoine. « The successive opponents of Attalos I in the years 241-216 were the Galatians, Antiochos Hierax (...), the *strategoi* of Seleukos III Soter, and Achaios » avait écrit Allen (1983 : 29). Mais celui-ci, tout comme d'ailleurs avant lui Schober (1941 : 1) qui pour les années 229 à 226 av. J.-C. n'avait spécifiquement évoqué que les campagnes contre les Séleucides (Schober 1941 : 14),[387] avait négligé de dresser à cette liste l'épisode de l'expédition

---

[384] À l'appui de cette hypothèse, le savant italien mettait de surcroît notre cadre en relation avec une peinture de Cos aujourd'hui perdue (cliché SAIA Archivio MF 414) qui avait de bonnes chances de représenter soit « uno dei Tolomei » soit « uno degli Attalidi », (Sirano 2010 : 555). Nous favorisons cette seconde interprétation du fait, également, de l'importante influence des Attalides à Cos, que le savant italien avait ici rappelée.
[385] « Chapitre second. LES ORIGINES DU TROPHÉE ROMAIN. III. L'influence pergaménienne et l'adoption du trophée grec. » (G. Ch. Picard 1957 : 148-63).
[386] « Der Stile des Kopfes erfordert ihre Datierung in das Ende der Attalidenherrschaft » avait écrit von Fritze (1906 : 61). Queyrel (2003 : 49, n. 247) avait aussi fait fond sur Boehringer (1972 : M 45/46), pour lequel ce monnayage serait à placer dans l'intervalle « 190 – 1. Jh. v. Chr. ».
[387] « Auf die siegreichen Kämpfe, die Attalos I. in der ersten Hälfte seiner Regierungszeit gegen die Galater und die Seleukiden zu bestehen hatte, beziehen sich drei Gruppen von Weihgeschenken. »

asiatique d'Antigone Dôsôn (Le Bohec 1993 : 327-46), au terme de laquelle les Antigonides paraissent avoir solidement pris pied en Carie. « Als Datum der Expedition wird fast generell das Jahr 227 v. Chr. angegeben, aber Ehrhardt hat zu Recht daruf hingewiesen, das zwischen 228 und 225 v. Chr. jedes Jahr prinzipiell in Frage kommt, auch wenn 227 v. Chr. am wahrscheinlichsten ist » écrivait récemment Scherberich (2009 : 46).[388] Or, pour Le Bohec (1993 : 342), au terme d'une fine analyse visant à établir quelle pouvait avoir été la puissance contre laquelle Dôsôn avait guerroyé outre-mer, « selon l'hypothèse, la plus vraisemblable, Antigone a mené cette campagne contre Attale I ». Si pour la savante française, le roi de Macédoine, a « pleinement atteint son but car le souverain de Pergame ne paraît pas s'être établi de façon ferme dans cette région » (Le Bohec 1993 : 342), l'absence de toute source relative aux détails de l'expédition ne peut écarter l'hypothèse de quelques succès militaires attalides, lesquels auraient pu permettre de dénouer le conflit entre les deux souverains après l'offensive antigonide. Dans le cadre de cette hypothèse d'identification, invoquons un buste conservé au Musée Gregoriano Profano du Vatican. Il fut repoussé du catalogue des portraits d'Eumène II par Queyrel, et bien que d'autres spécialistes aient tenu pour ce dernier prince.[389] Ce buste fournirait-il alors un parallèle iconographique pertinent, étant donné sa similitude avec le visage de la peinture conservée à Naples. Serait-on donc bien, dans les deux cas, en présence d'Attale Ier ?

Mais une autre piste mérite en tout cas d'être explorée. Elle nous permettra peut-être de sortir de cette difficulté. Car un troisième candidat nous semble pouvoir être envisagé : Attale II. En effet, né vers 220 av. J.-C.,[390] il participa très jeune, comme tout prince hellénistique, aux opérations militaires (nous évoquons ci-dessous l'implication du royaume de Pergame dans la Seconde Guerre de Macédoine). Et il fut très tôt associé au pouvoir. On le voit en effet tenir un rôle politique et militaire dès la guerre contre Nabis, en 195 av. J.-C. (Hansen 1971 : 73-4) puis lors de la guerre antiochique. Suite à la bataille de Magnésie du Sipyle, en 191 av. J.-C., « [t]he exploits of Eumenes and of his brother were celebrated in monumental groups and honorific inscriptions in

---

[388] Cf. Scherberich (2009 : 46, n. 134) pour la référence au travail d'Ehrhardt, qui correspond au travail doctoral de ce dernier — pour l'intitulé complet de la thèse, cf. également Scherberich (2009 : 221).

[389] « On ne peut, à titre d'hypothèse, retenir l'identification du portrait plastique comme Eumène II en supposant que le roi est figuré à un âge moins avancé que sur la monnaie, tant les différences sont grandes. On renoncera donc à considérer cette proposition d'identification. » (Queyrel 2003 : 197). *Contra* Traversari (1990) ainsi que Gans (2006 : 75-7, Kat. Nr 22) pour lesquels on aurait là un portrait d'Eumène II — bien que, sauf erreur de notre part, il nous semble que Gans ait manqué les réflexions de Queyrel (2003 : 196-7) qui avait discuté de cette identification à la fin du chapitre consacré à l'iconographie Eumène II, dans une partie intitulée « documents à rejeter ».

[390] Hansen (1971 : 130) indiquait que quand Attale II accéda au trône en 159 av. J.-C., ce prince avait déjà 61 ans.

the Athena sanctuary on the acropolis of Pergamon. » (Hansen 1971 : 87).[391] Mais il n'existe semble-t-il aucune source sur l'activité du jeune prince avant l'époque de la guerre contre Nabis.[392] Si son action lors de la Seconde Guerre de Macédoine reste donc inconnue, la physionomie de ce prince pourrait fort bien convenir à notre peinture pompéienne. Une tête conservée à Malibu[393] montre notamment un Attale II au large nez, quelque peu aplati, impression que l'on retire quand on regarde la tête de face et qui trouve quelque écho dans la peinture de Naples. Quant à une autre tête, provenant quant à elle d'Éphèse, le visage plus jeune du prince attalide (malheureusement le nez est ici brisé) pourrait aussi offrir un parallèle pertinent.[394] Notre prince est-il donc Attale Ier, Eumène II ou Attale II jeune ? Si des arguments militent pour ou contre l'identification avec l'un ou l'autre de ces Attalides, on pencherait plutôt pour Attale Ier ou Attale II dans sa prime jeunesse.

En tout cas si, comme il semble, la piste de Pergame est juste, il est clair qu'il sera difficile d'identifier absolument notre personnage au vu de cette peinture dont, de surcroît, la petite dimension (le cadre mesure moins de 50 cm x 50 cm) n'a pu favoriser la précision de la représentation.[395] Au-delà du personnage et des armes qui sont figurés, il faudra donc se porter encore vers un autre détail pour tenter de cerner plus précisément l'époque de ce tableau qui fut sans doute, comme tant de peintures pompéiennes, la reproduction d'une toile de quelque maître hellénistique.[396] C'est en l'espèce cette *Nikè* s'apprêtant à enfoncer un clou dans le trophée[397] qui pourrait fournir un indice supplémentaire relativement au contexte ayant présidé à la création de cette œuvre. Car elle évoque l'instauration des *Nikèphoria* à Pergame après la victoire de Chios de 201 av. J.-C. justement obtenue aux dépends de Philippe V.[398] Cette institution, sous

---

[391] La nature du monument joint à l'inscription invoquée n'est pas bien établie. Cf. Fränkel (1890 : 51-2, n° 64 = Dittenberger 1917 : 138-9, n° 606).
[392] Selon l'index de l'ouvrage de Hansen (1971 : 507 — s.v. Attalus II). Les informations relatives au futur Attale II ne paraissent en effet pas remonter au-delà de l'époque de la guerre antiochique : cf. Wilcken (1896 : 2168). Lui et son frère Eumène II ne sont guère mentionnés par les sources qu'au moment de la mort d'Attale Ier. Voir celles invoquées par Niese (1899 : 627, n. 4), au sein desquelles, notamment, le chapitre que STRABON consacra à la maison des Attalides (STRABON, XIII, 4, § 2 = C624). Kertész (1993) avait laissé de côté l'époque de la Seconde Guerre de Macédoine.
[393] Malibu, J. Paul Getty Museum, n° d'inv. 73.AB.8. Cf. Queyrel (2003 : 234-6, n° E2 du catalogue du savant français ; pl. 36, 1-4).
[394] Musée de Selçuk, n° d'inv. 1846. Cf. Queyrel (2003 : 236-9, n° E3 du catalogue du savant français ; pl. 37, 1-3).
[395] Helbig (1868 : 185) indiquait une largeur de 45 cm, une hauteur de 46 cm.
[396] C'est une hypothèse bien connue que celle des cartons à dessin qui auraient permis à de riches amateurs de s'offrir des copies d'originaux fameux. Cf. par exemple l'article de Rebuffat (1967). Cette hypothèse semble se confirmer à l'étude de documents plus tardifs : cf. Bianchi Bandinelli (1951).
[397] Sur la signification de ce geste, en fait un geste rituel visant à fixer les esprits malfaisants, cf. G. Ch. Picard (1957 : 31-2).
[398] Ce qui fut mis en évidence par Segre : cf. Will (1982 : 287) pour la référence à l'étude du savant

le règne d'Eumène II, donna lieu à une large propagande attalide, diffusée sous toutes les formes dans l'ensemble du monde grec (Will 1982 : 287).

Mais certes l'absence de tout symbole relatif à une victoire navale[399] ne conduit pas à voir dans ce trophée l'allégorie du succès (relatif)[400] obtenu à Chios en 201 av. J.-C., succès où tant Eumène II que le futur Attale II auraient pu avoir leur place. Faudrait-il croire y trouver un écho des opérations menées plus tôt par Philippe V en Asie Mineure dans cette même année 201 ? Si le roi de Macédoine ravagea dans un premier temps le territoire de Pergame, il fut finalement contraint à faire retraite. En tout état de cause l'histoire des futurs Attale II (comme on l'a vu) et Eumène II dans ces années-là, celles de la Seconde Guerre de Macédoine, paraît totalement inconnue en l'état de la documentation.[401]

En conclusion, si l'on ne voulait pas retenir l'idée, certes possible, que cette allégorie puisse ne relever que d'un syncrétisme mettant en scène l'ensemble des succès d'un prince Attalide représenté dans la force de la jeunesse, succès obtenus aux dépends de son adversaire macédonien, il faudra se diriger, selon nous, vers les solutions suivantes. Par ordre de préférence :

1°) Le futur Attale II : les indices numismatiques, l'instauration des *Nikèphoria* et les parallèles physionomiques dans les portraits attribués à ce prince forment un faisceau d'arguments qui concordent. Seul manque l'indice d'une participation du futur Attale II aux opérations menées contre les armées antigonides de Philippe V, soit en 201 av. J.-C., soit lors de la campagne de 197 av. J.-C.

2°) Attale Ier : pour cette identification, la physionomie du roi et le fait qu'il combattit vraisemblablement Antigone Dôsôn en Asie, vers 227 av. J.-C. *Contra* : le souverain attalide, né vers 269 av. J.-C., était dans sa quarantaine lors de l'expédition asiatique du roi de Macédoine. Or la peinture de Pompéi figure incontestablement un homme plus jeune. On ne peut néanmoins absolument

---

italien et les études ou commentaires ultérieurs.

[399] Comme c'était le cas quand le trophée mettait en scène une victoire navale : cf. Woelcke (1911 : 152-61).

[400] « On cria victoire des deux côtés [c'est-à-dire du côté de Philippe V et de l'alliance attalido-rhodienne] » (Will 1982 : 125).

[401] Sauf erreur de notre part, on ne trouve aucune information sur la première partie de la vie d'Eumène II tant dans l'article de Willrich (1907 : 1091-2) que dans la monographie de référence de Hansen (1971 : 70 *sqq.*). Dans l'étude la plus détaillée sur ces évènements de 201 av. J.-C., celle de Holleaux (1920, 1921 et 1923 = Robert 1952 : 211-335), il n'en est touché mot. Il semblerait que les sources soient en effet totalement muettes sur l'activité du jeune prince. La première d'entre elles sur cette période, au sein du seizième livre de POLYBE (qui certes ne nous est parvenu que sous forme fragmentaire), paraît en effet se référer uniquement à Attale Ier. Signalons que l'activité d'Eumène ne transparaît dans les sources qu'avec son implication dans la guerre contre Nabis : outre les études invoquées précédemment, voir encore le chapitre IV du travail doctoral de Meischke (1892 : 46-66), « *De bellis Eumenis regis cum Nabide Lacedaemoniorum tyranno gestis* ».

repousser l'idée d'une représentation d'Attale Ier figuré en jeune prince vainqueur.

3°) Eumène II : le successeur d'Attale Ier aurait pour lui les mêmes arguments que le futur Attale II. Mais cette identification a contre elle une raison majeure : les portraits attribués à Eumène II, sauf un seul peut-être,[402] n'ont aucune ressemblance, à dire vrai, avec le visage du prince de la peinture pompéienne.[403]

Quoi qu'il en soit des arcanes de cette allégorie de la victoire dont la nature, bien que semblant faire allusion à des succès militaires obtenus par un prince attalide, reste incertaine,[404] nous pensons que nos prédécesseurs se sont laissés abuser

---

[402] Mais l'identification de ce portrait-ci avec Eumène II est certes plus que fort douteuse : elle est même quasiment irrecevable. Cf. *supra* n. 389.

[403] Précisons qu'il ne nous paraît pas admissible d'appliquer nos hypothèses d'identification à l'époque de la Troisième Guerre de Macédoine. Car les souverains pergaméniens qui participèrent effectivement aux opérations étaient alors bien âgés : cf. TITE-LIVE, XLII, 55, §§ 7-8 pour l'arrivée d'Eumène II à Chalcis avec deux de ses trois frères, Attale [II] et Athénée, qui amenaient 6000 fantassins et 1000 cavalier en 171 av. J.-C. ; voir encore Will (1982 : 292-3) pour la présence de ces deux frères-ci, mais pas d'Eumène lui-même, au camp romain avant Pydna, avec des judicieux commentaires sur le risque de surinterprétation des sources (références). Attale II était en effet né vers 220 av. J.-C. (cf. Wilcken 1896 : 2168) et Eumène II en 221 av. J.-C. (cf. Willrich 1907 : 1091). Serait-il néanmoins possible d'imaginer, dans notre peinture, une allégorie représentant un de ces deux princes dans sa prime jeunesse ? Mais le réalisme de l'art hellénistique, et spécialement celui du portrait numismatique où, comme de nos jours avec les souverains européens, le prince est représenté à l'âge où la monnaie est frappée, ne milite pas pour cette hypothèse.
Faisons encore deux remarques. Le futur Attale III, quant à lui, n'était qu'un bambin à l'époque de la fin de la Troisième Guerre de Macédoine (il était né en 171 av. J.-C., cf. Wilcken 1896 : 2175). Enfin, qu'une telle allégorie eût pu mettre en scène un simple stratège attalide nous paraît également peu vraisemblable, et d'autant plus que notre personnage en cuirasse est manifestement fort jeune. Signalons néanmoins à cette occasion, sur le sujet de hauts dignitaires et officiers attalides lors de la Troisième Guerre de Macédoine, celui honoré d'une statue à Athènes (cf. Helly 1980).

[404] En l'état, à supposer que l'origine pergaménienne soit en effet juste, on ne peut pas absolument écarter l'idée de quelque allégorie relative aux victoires d'Eumène II et du futur Attale II sur les Séleucides, et notamment, on l'a évoqué ci-dessus, du fait de la participation d'un contingent attalide à la bataille de Magnésie aux côtés des légions ; ou encore sur le royaume de Bithynie — pour la participation des troupes d'Eumène II à la guerre antiochique, cf. Bar-Kochva (1979 : 166) ; sur le sujet de l'affrontement avec la Bithynie, et plus spécialement en ce qui concerne la première guerre entre Eumène II et Prusias Ier, voir en premier lieu Habicht (1956 : 90-100) et plus récemment la synthèse de Gabelko (2005 : 266-91 pour ces évènements-ci). Kertész (1993 : 671) avait mis en exergue l'alliance entre Prusias Ier et Philippe V au début du règne de ce dernier, *id est* à la fin du IIIe siècle av. J.-C. Faudrait-il en induire une influence sur l'armée et l'armement des troupes bithyniennes, que l'on pourrait, dans cette hypothèse, retrouver sur la peinture pompéienne s'il s'agissait là de l'allégorie de quelque victoire pergaménienne sur les armées de Prusias ? Cet échafaudage d'hypothèses devra en tout cas en rester là car il n'existe que très peu d'iconographie relative aux soldats bithyniens — le monument le plus connu est la stèle de Ménas, fils de Bioris, tombé à la bataille de Kouroupédion (Launey 1949-1950 I : 434-5) ; voir encore Gabelko (2005 : 171 ; 194 ; 231 ; 247 ; 252) qui avait réuni les documents dont l'on pourrait tirer des informations éparses. L'iconographie concernant l'armée séleucide ne paraît pas proprement trouver d'écho dans notre tableau conservé à Naples — sur celle-ci, voir en premier lieu Sekunda (1994). En la matière, le monument le plus intéressant est une balustrade du sanctuaire d'Athéna à Pergame où des frises d'armes sont représentées (Jaeckel 1965). Le savant

par le caractère à première vue 'barbare' des casques qui y sont représentés. Ces armes ne relèvent selon nous — et comme pour Woelcke (1911) qui l'avait bien vu — que d'un 'baroque' caractéristique de la pleine époque hellénistique. Selon notre analyse, ils paraissent pouvoir entrer dans le type que nous mettons ici en exergue, celui des statuettes de terre cuite d'Athéna exhumées à Pella.

V. 2. 1. 1. 8. Fresque murale de Dilberdjin (Bactriane) représentant Athéna-Anahita, époque kushano-sassanide

Kruglikova (1977 : 418-421 pour la peinture murale qui nous intéresse ici ; reproductions : 419, fig. 11 ; 420, fig. 12).

Kruglikova (1977 : 419-21) avait donné une description de cette peinture qui mérite d'être reproduite *in extenso* : « Elle [la déesse] est vêtue d'un justaucorps jaune passé par-dessus une robe rouge et d'un manteau bleu posé sur les épaules qui dégage le buste et revient envelopper les jambes. Elle est coiffée d'un étrange couvre-chef orné de volutes bleues qui s'évase latéralement et dont les évasements se terminent par deux boutons lancéolés. Un bouton analogue surmonte la calotte. Ce couvre-chef bizarre n'est en fait rien d'autre que l'avatar d'un casque grec de type attique, comme le montre cet autre fragment qui représente la même déesse figurée cette fois au milieu d'un cortège d'autres divinités (fig. 12). Sur ce fragment le casque vu de profil avec son cimier est aisément identifiable. Derrière les épaules de la déesse du panneau flottent des rubans (sic) à la manière sassanide. À ses oreilles sont accrochés des pendentifs et la poitrine s'orne d'un torque pourvu d'un cabochon. Il est clair que cette déesse dérive tout droit de l'Athéna grecque par l'intermédiaire de l'iconographie gréco-bactrienne où on la trouve figurée sur des monnaies ainsi que sur un moulage en plâtre récemment découvert à Aï Khanoum. D'Athéna elle garde le casque, le manteau à la grecque et le bouclier, figuré à une échelle miniature, sur lequel est représenté le *gorgonéïon*. » Si le casque n'a rien d'un casque 'attique',[405] ce pourrait être en tout cas un avatar tardif et oriental du type ici étudié.

« La paléographie », avait écrit la savante russe, « permet de dater ces inscriptions, et avec elles les peintures, du IIIe au Ve siècle de notre ère. » (Kruglikova 1977 : 419). On se situerait donc bien au-delà du temps des Indo-

---

allemand considérait que ces frises symbolisaient l'ensemble des succès attalides de l'époque d'Attale Ier à celle d'Eumène II (Jaeckel 1965 : 120). En tout état de cause, nous rejoignons le point de vue de Sekunda (1994 : 76, fig. 35), pour qui une large partie de ces armes étaient sans nul doute des représentations d'armes séleucides.

[405] Cf. la « Typologische Darstellung des Attischen Helmes » de Dintsis (1986 II : Beilage 8).

Grecs, et en l'occurrence dans la période kushano-sassanide, laquelle débute au IIIᵉ siècle ap. J.-C.⁴⁰⁶

V. 2. 1. 1. 9. Gemme représentant Mars, conservée au Musée du district de Caracal (Roumanie), n° d'inv. 1807
Tudor (1967 : 211 ; 212, fig. 2/9).

La datation des gemmes est des plus difficiles. Comme Vollenweider (1988 : 266) le rappelait au sujet des collections de Mithridate, « Pompée, son vainqueur, amena à Rome ses trésors. Ceux-ci étaient d'une ampleur prodigieuse. Appien cite — dans sa guerre de Mithridate — deux mille vases en onyx que les Romains auraient découverts dans un seul de ses nombreux châteaux. Pompée fit ensuite établir la dactyliothèque, c'est-à-dire la collection de bagues et de pierres gravées du roi dans le temple de Jupiter Capitolin à Rome.

Nous ne sommes pas informés sur la composition de cette collection. Mais d'après le goût de la beauté et de la luxure (sic) de Mithridate, on peut s'imaginer un ensemble prestigieux, non seulement de très petites pièces, mais aussi de celles d'un plus grand format, spectaculaires et impressionnantes déjà par leur seule matière précieuse : saphir, béryl, grenat, sardoine à fines nuances brunes hautement polie. » Difficile donc, mises à part les pièces récemment exhumées dans un contexte archéologique connu (et encore que l'on ne puisse éliminer la possibilité de transmission de tels petits objets précieux par-delà les générations), de déceler l'origine de telle ou telle de ces pierres, sauf par des critères relevant de l'analyse iconographique.⁴⁰⁷ Selon Tudor (1967 : 229), « [d]es ateliers produisant des pierres gravées ont existé à Romula entre 150 et 250 de n. è. » Mais l'iconographie de bien de ces gemmes, comme celle-ci,

---

⁴⁰⁶ Voir par exemple les grandes phases chronologiques de l'histoire de la Bactriane adoptées par Nikonorov (1997 : [2]).
⁴⁰⁷ À titre d'exemple, indiquons qu'il y a ainsi tout lieu de penser que quelques unes des pierres fines publiées dans la monographie de Richter (1971) ne relèvent pas d'ateliers romains mais proviennent plutôt de Grèce, voire de l'Orient hellénistique. Ainsi le n° 42 de cette monographie, une « Sard intaglio. Mounted in an oval ring of the third century B.C. In the B.M. Purchased from Castellani in 1872. Said to be from Capua. » (Richter 1971 : 21). On y voit trois guerriers dont l'armement de celui représenté au premier plan à droite ressemble en tous points à l'armement contemporain des armées hellénistiques de Grèce ou de l'Orient. Son casque et surtout sa petite *aspis* hellénistique (qui est d'ailleurs ornée du symbole macédonien par excellence, l'étoile) n'est en rien celui des soldats de la Rome républicaine d'alors. On pourra saisir l'allure de ces derniers en consultant les publications de Connolly (1989) ou de Sekunda (2002), qui offrent une riche iconographie originale ou des reconstructions fondées sur les meilleures sources ; et en ce qui concerne l'*aspis*, cette petite représentation nous fait voir sans ambiguïté la différence avec l'ample dimension de l'*aspis* du type de l'hoplite de la cité classique que l'on reconnaît portée par le personnage nu se trouvant à gauche — sur la définition de l'*aspis* en regard de celle de la pelte, cf. notre n. 76. Aussi, pour cette intaille publiée par Richter, peut-on, au terme de cette analyse iconographique, proprement soutenir que son origine soit italienne ?

étant incontestablement hellénistique, on en vient à douter du caractère local de cette production. A moins qu'il ne faille voir ici des modèles archaïsants repris par des artisans du temps de Rome ? Quoi qu'il en soit, indiquons que d'autres gemmes présentées par le savant roumain dans cet article pourraient peut-être être dressées à notre catalogue. Mais la médiocrité des reproductions offertes dans son étude ne permet pas d'en juger sans retourner aux documents originaux, ce qui ne nous a pas été possible, d'autant que le Musée de Caracal n'a que partiellement répondu à nos questions relativement à ce matériel.

V. 2. 1. 1. 10. Figurine fragmentaire. Albertinum de Dresde, n° d'inv. 2600. C.90 (Ancienne collection Herold)

Figurine de terre cuite (4 cm de hauteur sur 2 de large) provenant de Smyrne et représentant un jeune homme casqué (Attis ?).

« Vermutlich 2. Jh. v. Chr. » selon Fischer (1994 : 188, Nr. 317 ; reproduction Taf. 26), avec références à la littérature antérieure.

V. 2. 1. 1. 11. Bouton de bronze représentant une tête d'Athéna casquée provenant de la tombe de Basse-Selce (Albanie). Musée d'archéologie de Tirana[408]

Korkuti (1971 : n° 47 — album sans pagination numérotée). Çeka (1972 : 112-3 ; 169 ; Tab. LXIX, 1 et LXX 5).

Ce petit objet, trouvé dans une tombe dont l'entrée était décorée d'un casque et d'un bouclier 'macédonien', porte à croire que cet ensemble architectural relevait de la Macédoine proprement dite.[409] Car on sait que Philippe V étendait ses possessions jusqu'aux abords du lac d'Ohrid et même au-delà, en Dassarétide.[410]

V. 2. 1. 1. 12. Fragment d'une figurine de terre cuite provenant d'Antinoé (Égypte) et représentant Arès. Musée du Louvre, n° d'inv. AF 1064

Dunand (1990 : 33, n° 10).

Cette figurine, armée d'une arme blanche à lame courbe, daterait, selon la savante française, des IIe ou IIIe siècle ap. J.-C.

---

[408] Et non à celui de Pogradec, le Musée le plus proche de Basse-Selce. Nous devons cette information au Professeur Proeva, que nous remercions. Nos questions auprès de l'Institut d'archéologie de Tirana, où nous nous sommes enquis du n° d'inventaire, sont restées sans réponse.
[409] Sur Basse-Selce, identifiée par son fouilleur avec l'antique Pélion, cf. Çeka (1972 : 197-9) ; voir également la synthèse finale du même archéologue (Çeka 1985).
[410] POLYBE, V, 108, § 2. Les possessions des rois de Macédoine à l'ouest et au nord ouest purent aller jusqu'au cœur du territoire de l'actuelle Albanie. On en aurait un bon aperçu avec la carte reproduite par Adam-Véléni (2008 : 5, fig. 3).

V. 2. 1. 1. 13. Éros de terre cuite de provenance inconnue. Musée du Louvre, n° d'inv. E 20811
Dunand (1990 : 61-2, n° 105).

Cet Éros nu de 13 cm de haut, était armé, en plus de son casque, d'un « grand bouclier rond ; la main droite, posée sur la cuisse tenait peut-être une arme » (Dunand 1990 : 61). Outre le casque, le bouclier fait incontestablement songer à la pelte bombée hellénistique. L'influence alexandrine est donc manifeste.

V. 2. 1. 2. Dans l'art funéraire

V. 2. 1. 2. 1. Peinture de la tombe de Lysôn et Kalliklès {Fig. 22}
Miller (1993 : Pl. 12 f — vue de détail du casque, de face).

La peinture qui se trouve dans la lunette du côté sud montre à notre sens un de nos casques au type si caractéristique, coiffant ici un corselet non moins typique de cette époque, c'est-à-dire la fin du IIIe siècle av. J.-C. voire le tournant des IIIe et IIe siècles av. J.-C.

Fig. 22 : Détail de la peinture de la tombe de Lysôn et Kalliklès. Catalogue, n° V. 2. 1. 2. 1.
© Υπουργείο Πολιτισμού και Αθλητισμού / Εφορεία Αρχαιοτήτων Ημαθίας [Ministère de la Culture et du Sport (de l'État grec) / Éphorie des Antiquités de l'Émathie].

V. 2. 1. 2. 2. Stèle funéraire de Démétrias. Musée archéologique de Volos (le n° d'inv. nous est inconnu)[411] {Fig. 23}
Arvanitopoulos (1949-1951 : n° 292 et fig. 3, 158-60).

Sur ce monument assez fruste, on distingue un cavalier en chiton, casqué, portant une cuirasse musclée à un rang de longues *ptéryges*. Arvanitopoulos n'avançait pas de datation du monument.

---

[411] Lors de notre dernière visite au Musée archéologique de Volos, en février 2002, et malgré toute la bonne volonté de la conservatrice A. Efstathiou, les restructurations en cours, du fait de la rénovation de l'endroit en vue des Jeux Olympiques de 2004, ne nous avaient pas permis d'étudier ce monument. Depuis, nos questions auprès de ce musée sont restées sans réponse.

Fig. 23 : Stèle funéraire de Démétrias. Musée archéologique de Volos (n° d'inv. qui nous est inconnu). Catalogue, n° V. 2. 1. 2. 2. © Υπουργείο Πολιτισμού και Αθλητισμού / Εφορεία Προϊστορικών και Κλασικών Αρχαιοτήτων του Βόλου [Ministère de la Culture et du Sport (de l'État grec)] / Éphorie des Antiquités préhistoriques et classique de Volos]. Droits réservés.

V. 2. 1. 2. 3. Stèle funéraire de marbre trouvée en Bulgarie méridionale et conservée au Musée archéologique de Sofia[412] {Fig. 24}
Detschev (1939).

Cette petite stèle[413] grossière est peut-être d'une époque postérieure à celle de l'existence du royaume de Macédoine. L'éditeur Detschev (1939) n'avait malheureusement donné qu'un exposé sommaire de cette « Marmorplatte aus Thrakien » (sans autre précision), dont l'inscription indiquerait qu'il s'agirait là de quelque personnification d'Arès,[414] et où le personnage est en fait un

---

[412] Le n° d'inv. nous est inconnu. Sauf erreur de notre part, on ne trouve pas mention de ce monument dans la monographie de Tsontchev (1959). Nos questions auprès du Националния Археологически Музей (Musée Archéologique National de Sofia) sont restées sans réponse.
[413] Le fragment conservé mesure 26 cm de haut, sur 14 de large ; profondeur de la pierre 2.5 cm.
[414] « ----- Κυρίω Ἄρηι | δῶ]ρον ». Cette transcription nous paraît contestable au vu de la photographie, notamment la restitution δῶ]ρον.

Fig. 24 : Stèle funéraire trouvée en Bulgarie méridionale. Musée archéologique de Sofia (n° d'inv. qui nous est inconnu). Catalogue, n° V. 2. 1. 2. 3. Droits réservés.

cavalier (on distingue, à gauche, la partie avant d'un cheval). Outre la cuirasse 'musclée', le casque, vu de face et malgré la médiocrité tant du relief que de la reproduction, relève selon nous du type ici en question, ce dont on pourra juger en le comparant à celui représenté, également de face, dans la tombe de Lysôn et Kalliklès {Fig. 22}. Soulignons que le casque de cet 'Arès' est doté d'un panache transversal, signe de commandement, notamment dans l'armée macédonienne hellénistique.[415]

V.2.1.2.4. Stèle funéraire du soldat Salmas, trouvée à Sidon. Musée archéologique d'Istanbul, n° d'inv. 1167 {Fig. 25} {Fig. 26}

Sekunda (1995 : 23-4 ; [36], *colour photo* no 2 ; [37], plate 10a ; [46], fig. 67) ; Sekunda (2001 : 68-71, avec bibliographie antérieure en 68). La stèle de Salmas était de surcroît reproduite en couleur en couverture de ce dernier ouvrage. En ce qui concerne la bibliographie, on renverra aussi à la « Prosopographie militaire hellénistique » figurant en appendice de l'ouvrage célèbre de Launey (1949-1950 : 1223). On y trouvera non seulement les renvois à toutes les occurrences de la stèle de Salmas dans le texte de l'historien français, mais aussi quelques autres références dans la littérature que Sekunda n'avait pas toujours indiquées.

---

[415] Cf. Juhel sous presse.
Nota bene
Depuis la rédaction de cette étude, nous avons découvert l'article de Benoît (1930) qui montre la grande ancienneté de cet ornement.

Fig. 25 & Fig. 26 : Stèle funéraire du soldat Salmas, trouvée à Sidon, et détail. Musée archéologique d'Istanboul (n° d'inv. 1167). Catalogue, n° V. 2. 1. 2. 4. Droits réservés.

Launey (1949-1950 I : 460), non plus que Dintsis, n'avaient identifié de façon spécifique le casque de Salmas. Bien que le savant grec se soit particulièrement arrêté sur cette stèle (Dintsis 1986 I : 144) qu'il avait dressée non sans détail à son catalogue (Dintsis 1986 I : 290-1, n° 248 ; II : Taf. 68,1), son analyse était largement erronée. Outre que suivant une lecture périmée depuis longtemps, il donnait toujours au défunt le nom de « Salmamodes »,[416] Dintsis avait placé le casque porté par Salmas dans une catégorie qu'il avait dénommée « Glockenhelmes », le rapprochant (ce qui montre de façon manifeste qu'il n'avait en rien eu la conception que nous exposons ici) des deux casques représentés sur la « Nördliche Schmalseite » de la tombe de Lysôn et Kalliklès ;[417] et non avec le

---

[416] Cf. Robert (1935) qui avait identifié le juste nom du défunt.
[417] Ceux posés à droite et à gauche du bouclier coloré à étoile : cf. Dintsis (1986 I : 289-90, n° 247).

casque de la même tombe qui selon nous, justement, est du même modèle (cf. ci-dessus notre catalogue, V. 2. 1. 2. 1.).

En dernier lieu, selon Sekunda (1995 : 23-4), ce Salmas aurait été un soldat lagide équipé à la mode romaine, ayant fait partie de la garnison de Sidon dans les années 147-145 av. J.-C. En tout cas, Sekunda, selon nous, n'avait pas compris la nature du casque de Salmas car il l'assimilait aux casques, ceux-ci étant d'un modèle identique, portés par trois soldats de la stèle anonyme provenant aussi de Sidon et conservée de même au Musée archéologique d'Istanbul (n° d'inv. 1169). Ce modèle-ci était défini par Sekunda (1995 : 21) comme « Sidon type A ». Si, pour lui, « the helmet worn by Salmas is of 'Sidon type A' », il avait immédiatement exprimé une certaine perplexité puisqu'il avait ajouté : « though this is not immediately obvious as the artist has found difficulty in depicting the peak frontally » (Sekunda 1995 : 23).[418]

Mais selon nous ce monument, si on compare le casque de Salmas avec d'autres représentations frontales de notre 'morion macédonien' (cf., par exemple, ci-dessus V. 2. 1. 2. 1. et V. 2. 1. 2. 3.), doit sans conteste être rangé à notre catalogue.

V. 2. 1. 2. 5. Cippe funéraire trouvé à Sélénétitsa (l'antique Nymphaion d'Apollonia d'Épire) représentant un soldat (IIE-IER siècle av. J.-C.) {Fig. 27}
La localisation du *Nymphaion* d'Apollonia d'Épire paraît incertaine. Il était en tout cas situé sur son territoire (Cabanes 1976 : 325, n. 385).

Ugolini (1927 : 109 ; Tav. LXV, fig. 79 — en encart entre 108-9 — et 193-5 pour l'inscription funéraire et son commentaire, inscription qui porte le n° 15 du catalogue de l'auteur). Cf. également Cabanes (1976 : 562, n° 37 de son Appendice épigraphique) qui indique là toute la bibliographie ayant fait suite à l'*editio princeps* d'Ugolini jusqu'à la publication de sa propre somme sur l'Épire hellénistique. Indiquons que nous n'avons trouvé trace ni du monument ni de ce Nymphaion dans la monographie récente de Dimo *et al.* (2007). Mais cet ouvrage n'étant pas doté d'un index, ces données ont pu nous échapper car l'étude d'Ugolini se trouve bien dans la bibliographie (Dimo *et al.* 2007 : XXXI).

Selon Ugolini (1927 : 109), le militaire a « il capo coperto di uno strano elmo, con falde leggermente rovesciate in alto, e con una specie di pennacchio al di sopra dell'orecchio. » Cette étrangeté pourrait être due au rendu malhabile, du fait d'une représentation de trois-quarts difficile à sculpter, de notre casque tout en volume.

---

[418] Le savant britannique reprit ultérieurement cette opinion : « The helmet worn by Salmas is of the same type as that worn by all the other infantrymen equipped with *thureoi* on the Sidon stelai, though this is not immediately obvious as the artist has found difficulty in depicting the peak frontally » (Sekunda 2001 : 70).

Fig. 27 : Cippe funéraire trouvé à Sélénétitsa, l'antique Nymphaion d'Apollonia d'Épire. Catalogue, n° V. 2. 1. 2. 5. Droits réservés.

V. 2. 1. 3. Dans l'art profane

V. 2. 1. 3. 1. *Tintinnabulum* en forme de cavalier casqué et cuirassé chevauchant un phallus

L'objet[419] appartient à un collectionneur danois (Bjørn Wandall). La provenance, incertaine, serait, sous toutes réserves, les environs du Vésuve (Dierichs 1999 : 147).[420]

{Fig. 28} {Fig. 29}
Dierichs (1999).

Fig. 28 & Fig. 29 : Tintinnabulum au cavalier casqué et cuirassé ('Tintinnabulum Wandallis'). Catalogue, n° V. 2. 1. 3. 1. © Bjørn Wandall.

---

[419] Sur ce type d'objet (clochette ou sonnette, voire grelot), signalons l'article toujours utile d'Espérandieu (*c.* 1913).

[420] Plus précisément, l'auteur avait indiqué que « [e]in Reisender brachte es zu Beginn des 19. Jhs. aus Italien nach Norden, in einer eigens für das Tintinnabulum gefertigten Empirestil-Kassette (Abb. 1) » (Dierichs (1999 : 145).

Nous avons hésité à dresser ce document à notre catalogue. Mais si le casque ne semble qu'approcher le type que nous mettons ici en exergue, la cuirasse de cette figurine de cavalier est incontestablement hellénistique, et spécialement macédonienne. En effet, ce *linothorax* fait immanquablement penser aux armes similaires jointes aux deux casques de notre type de la tombe de Lysôn et Kalliklès, mises en exergue ci-dessus (cf. V. 2. 1. 2. 1.). Ces cuirasses pousseraient donc à rattacher cet objet étonnant à la Macédoine des rois, et en tout cas au monde des arts mineurs de l'aire culturelle propre à l'hellénisme — et non à celle de Rome. Car, contrairement à ce qu'avançait Dierichs (1999 : 148), l'« Erscheinungsbild des Reiters » ne correspond certainement pas à l'image que l'on peut se faire du cavalier romain du Ier siècle av. J.-C.[421] Si cette hypothèse est juste, alors le casque de cette figurine pourrait être une version tardive du type présenté dans notre article, ou simplifié, à moins que les différences formelles soient à mettre au compte d'une certaine imprécision du rendu des détails pour cette partie-ci de la figurine, qui paraît moins soignée (Dierichs 1999 : 148, fig. 2c).

V. 2. 1. 3. 2. Figurine de terre cuite provenant d'Aboukir et représentant un guerrier (ou un gladiateur ?) {Fig. 30} {Fig. 31}
Ancienne collection Fouquet.

Perdrizet (1921 : 156-7, n° 444, pl. XC). Perdrizet (1921 : 156), pour qui cette terre cuite représentait un gladiateur, avait fait la remarque suivante : « Le cimier est percé dans le sens vertical de trois trous où devait s'insérer un panache. »

---

[421] McCall (2002 : 46) ne s'était pas proprement attaché à l'iconographie du cavalier romain dans la période considérée. Mais il est vrai que les témoignages sont, selon le mot de l'auteur, « scanty ». Quelques rares monuments permettent néanmoins de se faire une idée de l'allure du cavalier romain aux tournants des IIe et Ier siècle av. J.-C. : cf. Sekunda (2002 : Pl. G2, H3), des reconstructions qui s'appuient notamment sur l'autel de Domitius Ahenobarbus du Louvre et sur un relief conservé à Rome au Palazzo dei Conservatori (reproduits par Sekunda 2002 : 5 et 20). On y ajoutera les cavaliers représentés sur ledit le mausolée des *Julii* de Glanum (Saint-Rémy-de-Provence) où parmi les cavaliers, et malgré les difficultés de l'identification, il faut certainement voir ici ou là des cavaliers romains. Pour l'analyse iconographique de ces frises, cf. notamment Couissin (1923) et Woodruff (1977). Rolland (1969 : 60) avait critiqué avec assez de justesse, à première vue, l'analyse iconographique de type réaliste de Couissin : « Il nous paraît illusoire de vouloir chercher dans l'équipement des combattants un critère ethnique ou chronologique rigoureux ». Néanmoins, « [d]ans leur ensemble les sujets représentés traitent de deux thèmes, l'un funéraire limité au bas-relief sud, l'autre militaire développé sur les trois autres reliefs. Sur ces derniers, sont évidemment figurés des éléments appartenant à deux camps adverses ; l'un certainement romain, comme le sont les personnages honorés par le relief lui-même, l'autre dont la nationalité ne peut être précisée, si ce n'est pour l'amazone blessée dont la présence éloigne des Gaules. » (Rolland 1969 : 61). En tout cas, le caractère romain de certains détails est assuré. Ainsi reconnaît-on la représentation de *pila* (Rolland 1969 : pl. XXXI, 12 et 14). Et de fait une étude très récente a proposé de voir en ce monument la célébration d'une victoire de César sur la cavalerie pontique de Pharnace II lors de la bataille de Zéla, en 47 av. J.-C. (Delestre et Salviat 2015).

Fig. 30 & Fig. 31 : Figurine de terre cuite provenant d'Aboukir et représentant un guerrier ou un gladiateur (ancienne collection Fouquet). Catalogue, n° V. 2. 1. 3. 2. © Berger-Levrault.

En l'état de nos connaissances, il ne nous est pas possible de décider si cette figurine représentait un guerrier ou un gladiateur. Si l'allure générale fait songer aux combattants figurés sur des stèles de Durrës qu'avait étudiées en son temps von Bieńkowski (1928 : 181-3, fig. 248-249 — avec références aux travaux antérieurs sur ce sujet, ainsi que des comparaisons avec d'autres monuments évoquant ces stèles), il n'y a pas à douter que le casque soit du type des figurines d'Athéna de Pella. Ce détail pousse ainsi à placer cette figurine d'Aboukir à la belle époque hellénistique.

V. 2. 1. 3. 3. Figurines de terre cuite représentant des cavaliers en armes. Égypte ptolémaïque. Collection de l'Ägyptischen Museum de Berlin, n° d'inv. 9494 et 16380 {fig. 32}

Weber (1914 I : 118 ; II : Taf. 16, n° 169 [n° d'inv. 16380] et n° 170 [n° d'inv. 9494]). Ces deux cavaliers (qu'il s'agisse d'un cavalier est tout de même incertain dans le cas du n° 170, au vu de l'état fragmentaire de la figurine) sont tous deux armés d'épées et de boucliers du type de l'*aspis* hellénistique.

La figurine n° d'inv. 16380 provient de Batn Harît (l'antique Théadelphia) ; l'autre avait été achetée à Gizeh.

Fig. 32: Figurines de terre cuite représentant des cavaliers en armes. Égypte ptolémaïque. Ägyptischen Museum de Berlin (n° d'inv. 9494 et 16380). Tiré de Weber (1914 I : 118 ; II : Taf. 16, n° 169 [n° d'inv. 16380] et n° 170 [n° d'inv. 9494]). Catalogue, n° V. 2. 1. 3. 3. Droits réservés.

V. 2. 1. 3. 4. FIGURINE DE TERRE CUITE PROVENANT D'ÉGYPTE REPRÉSENTANT UN GUERRIER CASQUÉ PORTANT LE BOUC. ANTIKENSAMMLUNG DES ARCHÄOLOGISCHEN INSTITUTS DE L'UNIVERSITÉ DE TÜBINGEN, N° D'INV. S/13 2756
Ancienne collection Sieglin

Fischer (1994 : 232, Nr. 459) : « Frühe-mittlere Kaiserzeit », l'auteur renvoyant au même endroit à « K. Myśliewic, EtTrav 16, 1993, 401 Abb. 5a.b. (bärtiger Kriegerkopf mit Helm, aus Schicht des 3. Jhs. v. Chr.). »

Cette tête de Tübingen nous paraît pouvoir dater également de l'époque hellénistique.

V. 2. 1. 3. 5. FIGURINES DE TERRE CUITE PROVENANT D'ÉGYPTE AU TYPE DE LA TÊTE CARICATURALE DE GUERRIER (VOIRE DE GLADIATEUR?) CASQUÉ. ANTIKENSAMMLUNG DES ARCHÄOLOGISCHEN INSTITUTS DE L'UNIVERSITÉ DE TÜBINGEN

V. 2. 1. 3. 5. A. N° D'INV. 5226/25
Ancienne collection Schreiber.

« Frühe Kaiserzeit? » selon Fischer (1994 : 241, Nr. 496 ; reproduction Taf. 48), avec références dans la littérature antérieure.

Serait plutôt à dater de l'époque hellénistique selon nous.

V. 2. 1. 3. 5. B. N° D'INV. S/13 2757
Ancienne collection Sieglin.

Fischer (1994 : 241, Nr. 497 — avec références dans la littérature antérieure ; Taf. 48) : « Anfang 3. Jh. n. Chr. »

Intéressant type à deux plumes latérales verticales, plus trois autres sur le sommet du casque, représenté de face.

V. 2. 1. 3. 5. C. N° D'INV. S/13 2743
Sans indication d'appartenance dans la notice consacrée à l'objet dans l'ouvrage de Fischer (cf. ci-dessous), mais vraisemblablement de l'ancienne collection Sieglin au vu de ce n° d'inv.

Fischer (1994 : 250, Nr. 524 ; Taf. 52). « 2/3. Jh. n. Chr. » selon l'auteur allemand, qui renvoyait pour la littérature à son entrée Nr. 523.

Cette tête d'une figurine fragmentaire, simiesque selon Fischer, est comme appuyée à un aigle et porte sans conteste un casque du type ici mis en exergue.

V. 2. 1. 3. 6. ANTIKENSAMMLUNG DES ARCHÄOLOGISCHEN INSTITUTS DE L'UNIVERSITÉ DE TÜBINGEN, N° D'INV. S/13 2737
Ancienne collection Sieglin.

Fischer (1994 : 388, Nr. 998 — reproduction Taf. 107) : « H 14,0 B 10,4 T 3,0 », l'auteur renvoyant encore à « London, Brit. Mus., Inv.Nr. 1926 9.30.30. London, University College, ohne Inv.Nr. (unpubl.) ». Peut-être cette figurine inédite permettrait-elle de mieux comprendre la nature de la figurine conservée à Tübingen ?

Cette figurine très réaliste d'un cavalier lourd que Fischer datait du second ou du troisième siècle ap. J.-C. pourrait à notre avis mieux relever de l'époque hellénistique. On mettra en exergue le harnachement, la cuirasse de métal, le casque dont le type est difficilement identifiable du fait de la petitesse de la figurine mais qui pourrait être du modèle ici étudié. Le cavalier terrassait un adversaire dont il ne reste que le bouclier, un *thyréos* à *umbo* et arête.

V. 2. 1. 3. 7. ANTIKENSAMMLUNG DES ARCHÄOLOGISCHEN INSTITUTS DE L'UNIVERSITÉ DE TÜBINGEN, N° D'INV. 5010/25
Ancienne collection Schreiber

Fischer (1994 : 389, Nr. 1003 ; Taf. 108) : « H 10,8 B 7,7 T 3,7. » Fischer précisait encore au même endroit : « Nach Parallelen könnte es sich um einen Wagenlenker handeln (…) 3. Jh. n. Chr. » Le parallèle invoqué chez Weber (1914 II : Taf. 31, Nr. 334) ne nous semble pas frappant.

Ce « Wagenlenker » est coiffé d'un casque qui semble se rapprocher du type ici dégagé. Mais on remarquera que la visière du casque est comme renfoncée par rapport à la calotte, ce qui fait une différence avec les modèles originaux des grandes statuettes d'Athéna de Pella.

V. 2. 1. 3. 8. Peinture pompéienne représentant deux pygmées casqués {Fig. 33}

Pompei (1991 : 713, n° 76 — photographie en noir et blanc).

Sur une peinture de la *REGIO* V, *INS.* 2. i, deux pygmées en armes (casques, *aspides*, cuirasses), auxquels s'adresse un troisième pygmée assis et portant un sceptre (il s'agit donc là à l'évidence d'une caricature de scène de cour), sont à notre avis coiffés de casques relevant du type ici étudié — ce type se distingue particulièrement sur la tête du pygmée de gauche. Ces casques, portant panaches, paraissent en outre être peints en rouge.

Fig. 33: Peinture pompéienne représentant deux pygmées casqués (REGIO V, INS. 2. i). Catalogue, n° V. 2. 1. 3. 8. © Soprintendenza Speciale per i Beni Archeologici di Napoli e Pompei.

V. 2. 1. 3. 9. Peinture pompéienne représentant un doryphore ('porte-lance') hellénistique

Pompei (1994 : 296-7, fig. 53 — reproduction en couleur d'après une planche extraite d'un ouvrage de Presuhn 1878 III : Taf. IX).

Sur une peinture aujourd'hui perdue qui se trouvait dans la *REGIO* VI, *INS*. 14, 20 et dont la scène a donné lieu à diverses interprétations, on voyait un soldat armé d'une courte lance, d'un bouclier rond (proprement hellénistique par son diamètre) et, semble-t-il, du casque ici étudié (portant un panache). S'il fallait voir là la trace de quelque original macédonien, il s'agirait alors d'une peinture assez tardive du fait du type du casque, dont la forme paraît proprement relever de la belle époque hellénistique.

V. 2. 1. 3. 10. Miniatures byzantines s'inspirant d'originaux hellénistiques (*Ilias Ambrosiana*)

[Bibliothecae Ambrosianae Doctores] (1953 : XVI ; XIX ; XXIII) ; Bianchi Bandinelli (1955).

Quelques illustrations de cet extraordinaire manuscrit sur parchemin de *l'Iliade*, que l'on date de la fin de l'Antiquité,[422] montrent à l'évidence Athéna casquée de notre arme. La déesse est représentée dans le plus pur style hellénistique, à l'instar, notamment, des nombreuses statuettes ou figurines de terre cuite ici mises en exergue. La représentation d'Athéna sur le feuillet XIX[423] la montre coiffée d'un casque de bronze dont la visière et les volutes latérales sont bleues (ce qui pourrait symboliser le fer). On retrouve semble-t-il cette répartition des couleurs au feuillet XVI[424] où ces parties-ci sont plus foncées que la bombe du casque. Vu de face sur sa représentation du feuillet XXIII,[425] le casque fait immanquablement songer à celui de l'Athéna kushane présentée ci-dessus.

V. 2. 1. 3. 11. Fragment de fresque alexandrine

Hanfmann (1984 : 248-9, pl. XLV, 2) — tête casquée du premier soldat se situant à gauche, celui dont la représentation du bouclier est le mieux conservé. Cf. également Campbell (1985 : 35) — tête casquée du premier soldat se trouvant sur le deuxième fragment reproduit en haut de page, en partant de la gauche.

---

[422] Outre les deux publications de références publiées à Berne, voir par exemple Rebuffat (1967). Pour ce savant, ce manuscrit date du Ve ou du début du VIe siècle ap. J.-C.
[423] *L'Iliade*, V, 370, 418 : Aphrodite montre à Zeus sa main blessée par Diomède ; Héra et Athéna se moquent d'elle.
[424] *L'Iliade*, V, 4-8, 19 : Diomède, aidé par Athéna, blesse Phégée.
[425] *L'Iliade*, V, 872, 888, 907 : Arès se plaint à Zeus, en présence d'Apollon, d'Athéna et de Héra, d'avoir été blessé par un mortel.

Le casque de ce personnage nous paraît être du type considéré.[426] Hanfmann, et à sa suite Campbell, ont daté ces fragments du cinquième siècle ap. J.-C.[427] Mais contrairement à l'*Ilias ambrosiana*, à laquelle Campbell (1985 : 34) se référait d'ailleurs, étant donné que les plus menus détails paraissent purement hellénistiques (de l'armement des militaires, notamment),[428] nous sommes enclins à penser qu'il s'agit-là d'une fresque d'époque hellénistique et non pas d'une copie. Hanfmann (1984 : 249), en tout cas, pensait qu'une « historical scene of the Ptolemaic era cannot be completely ruled out ».

V. 2. 2. Interprétation historique : le 'morion' macédonien, un casque spécifique du temps de la Macédoine antigonide

Ce catalogue montre que ce casque de forme fort spécifique était une arme bien réelle. Si l'archéologie n'en a pas à ce jour retrouvé un exemplaire, ce sont particulièrement ses représentations dans l'art funéraire qui mettent cette conception hors de doute (cf. notre catalogue ci-dessus, V. 2. 1. 2. 1 et V. 2. 1. 2. 4 en premier lieu). Tentons donc d'esquisser l'histoire de cette arme représentative du 'baroque' hellénistique.

Il paraît assez évident que ce type dérive du casque dit 'pseudo-corinthien'.[429] La bombe est encore marquée d'un relief qui séparait nettement la calotte proprement dite de la partie inférieure du casque, laquelle protégeait le bas du visage et spécialement les joues (or cette caractéristique se laissait déjà voir dans le type originel, le casque 'corinthien').[430] Quelques documents illustrent spécialement cette origine. Ainsi cette figurine cousine des exemplaires de Pella, trouvée à Amphipolis lors de fouilles récentes d'un quartier hellénistique (Peristeri *et al.* 2006 : 173, fig. 12a) ; ou cette autre terre cuite, cette fois provenant d'Égypte, de « provenance inconnue » selon Perdrizet (1921 : 68 ; pl. LVIII, n° 164) ;[431] ou bien encore cette camée du Cabinet des médailles qui

---

[426] Le second soldat du fragment est semble-t-il casqué de ce même type de casque, mais il est difficile d'en juger absolument, même à la vue de la photographie plus précise donnée par Hanfmann.
[427] « Their postures [des personnages du panneau n° 3 dont relève notre fragment] are clearly influenced by such late Roman-late antique representation of frontal guards » (Hanfmann 1984 : 250).
[428] Des aspects hellénistiques qui furent reconnus tant par Hanfmann que, à suite, par Campbell (1985 : 33) : « helmets and cuirasses of a late Classical-Hellenistic type ».
[429] Sur le casque 'pseudo-corinthien', cf. Dintsis (1986 I : 97-104), ainsi que sa « Beilage 7 », « Typologische Darstellung des Pseudokorinthischen Helmes » (Dintsis 1986 II).
[430] Pour divers exemples où l'on constatera immédiatement cette caractéristique, cf. Dintsis (1986 II : Taf. 37 ; « Beilage 6 », « Typologische Darstellung des Korinthischen Helmes »). Remarquons que Dintsis avait dressé ce type à son catalogue bien qu'il ne s'agisse pas là d'une arme hellénistique. Mais il est vrai que le casque 'corinthien' était le casque grec par excellence et qu'il fut à l'origine de types en dérivant.
[431] Cf. notre {fig. 11}, en bas à droite.

représenterait « Ptolémée II assimilé à Alexandre » (Vollenweider 1995 1 : 72-5, n° 57 — commentaires ; 2 : 39 — reproduction).

Notre casque paraissant avant tout représenté dans l'iconographie de l'aire du royaume de Macédoine à l'époque hellénistique[432] et puisque, comme nous l'avons vu, il ornait la tête de la déesse tutélaire du peuple macédonien en armes, il semble donc peu douteux que son origine, ou du moins l'origine de sa diffusion et de son emploi, soit à trouver dans la Macédoine des Antigonides. Étant donné que le casque du gros de la troupe du royaume de Macédoine était du type du *pilos*, qui évolua dans la période hellénistique vers un type spécialement macédonien, le *kônos* (Juhel 2009 : 346-7), nous sommes portés à croire que notre arme coiffait les troupes les plus proches du roi de Macédoine, les *Hypaspistes*, si ce n'est les Peltastes. Nous trouverons peut-être une image de cette hypothèse dans un relief de stuc ornant la tombe des *Pancratii*. Sur ce document qu'avait publié Wadsworth (1924 : 73-4 ; pl. XXVI), qui représente une scène tirée du cycle troyen selon l'analyse de la savante américaine, les gardes entourant Priam ont un caractère macédonien marqué par leurs *aspides* à étoile, par leurs *krépides* et plus encore par le déhanchement typique du soldat de droite qui, s'appuyant sur sa lance, offre comme un écho à l'attitude du personnage se trouvant sur le linteau de l'entrée de la tombe du tumulus des frères Bella, à Vergina (Touratsoglou 1996 : 249, fig. 323).[433] Tous ces éléments placent l'origine de ce relief de stuc, quelle qu'en soit la date, au cœur de l'iconographie de cour hellénistique. Les deux gardes, puisqu'ils portent un casque dont la forme paraît approcher celle ici mise en exergue, pourraient bien être à l'image des *Hypaspistes* des Antigonides, soldats les plus proches du roi au temps de la Macédoine hellénistique.[434] Ces éléments macédoniens ne suggéreraient-ils pas que la scène, plutôt que de relever du cycle troyen, évoqueraient quelque épisode de la geste d'Alexandre ? Si nous laisserons de côté cette piste d'investigation qui déborde le cadre de notre étude, l'analyse de ce relief de stuc conduit en tout cas à l'idée que les casques du type des 'Athéna de Pella', si spectaculaire et si caractéristique du 'baroque' de l'art hellénistique, coiffaient donc, peut-être, les *Hypaspistes* macédoniens, voire les Peltastes d'élite de l'*agèma*,[435] sous Antigone Dôsôn, Philippe V ou Persée. En tout cas sa représentation dans la tombe de Lysôn et Kalliklès fait qu'il nous paraît peu douteux que ce casque était en service dans l'armée du royaume de Macédoine

---

[432] Cf. notre catalogue : la majorité des documents dont l'origine et la nature sont clairement déterminées proviennent de l'aire de la Macédoine des rois.
[433] Au sein de l'article d'Andronicos (1993 : 176, fig. 147), la photographie du personnage a été malencontreusement inversée.
[434] Cf. la première partie de notre deuxième étude.
[435] Ceux-ci formaient en quelque sorte l'élite de l'élite de l'infanterie de bataille macédonienne (c'est-à-dire le corps des Peltastes). Sur ce sujet, cf. la deuxième étude de notre recueil, en II. 2. 1.

à l'époque hellénistique, et plus particulièrement au sein des troupes d'élite de l'infanterie.

Comme nous l'avons exposé, nous avons repéré au-delà des frontières de la Macédoine hellénistique cette arme si particulière. On ne s'étonnera pas sans doute de la trouver sur ce monument de Bulgarie du sud publié par Detschev (cf. notre catalogue ci-dessus, V. 2. 1. 2. 3.) puisqu'on se trouve là soit aux limites septentrionales du royaume de Macédoine soit en pays thrace, mais sous son influence directe. Il est par contre *a priori* plus étonnant de la voir également casquer la tête du Mysien Salmas, mercenaire au service des Lagides, ou en Égypte, voire aussi loin que dans la Bactriane des Kushans. Nous pensons qu'il faut y voir là l'illustration de deux phénomènes inhérents sans doute : d'une part celui de la diffusion du culte d'Athéna *Alkis* en Orient (Launey 1949-1950 : 924) ; et, d'autre part, celui de l'influence militaire macédonienne, une influence qui demeura vivace jusqu'à la disparition du royaume, et même au-delà. Reflet, ici, d'une loi de l'histoire selon laquelle certaines institutions militaires paraissent incarner dans les conceptions et la mémoire des peuples l'excellence guerrière, quand bien même ces institutions militaires ont pu être abaissées dans des revers. Ainsi Sparte resta-t-elle la cité militariste par excellence aux yeux des Anciens, au point que les Macédoniens eux-mêmes purent s'en inspirer (Juhel 2009 : 354). Ceux-ci, à leur tour, éclairés de la gloire éternelle de la geste d'Alexandre, frappèrent l'imagination de leurs contemporains. Ce fut spécialement le cas de la phalange macédonienne qui, « [m]ême vaincue par la légion romaine, [avait] laissé un souvenir impérissable dans la mémoire des peuples de l'Antiquité. » (Poznanski 1994 : 41).[436] On sait qu'elle fut souvent imitée[437] : peu ou prou, il ne pouvait qu'en être de même pour l'armement.

A. Reinach (1913 : 393) avait décrit de la sorte le trophée dépeint sur la peinture pompéienne conservée au Museo Archeologico Nazionale de Naples et que nous avons longuement analysée ci-dessus (V. 2. 1. 1. 7) : « sur le sommet de la poutre est placé le casque : il a la bombe sphérique du morion du XVIᵉ siècle, avec son large bord relevé formant visière par devant et couvre-nuque par derrière, comme on le voit par le casque semblable qui gît à terre ». Ce parallèle avec le

---

[436] Selon POLYBE (XVIII, 32, § 12). Nous avons rappelé ci-dessus que l'empereur Caracalla, au témoignage de DION CASSIUS, ressuscita une phalange de 16 000 hommes armés à la macédonienne : cf. nos parties I. 6. 5 et II. 1. 2. 1. de nos deux premières études, ainsi que notre n. 171 pour l'arrière-plan culturel du phénomène.

[437] Par exemple par les Achaïens, sous les auspices de Philopœmen, comme le rapporta PLUTARQUE (Φιλοποίμην, IX, §§ 1-6). Sur le sujet de la réforme de l'armée achaïenne, cf. Errington (1969 : 51-2 pour la cavalerie ; 63-4 pour l'infanterie), et plus spécialement Anderson (167). Autre exemple au sein des institutions militaires béotiennes, puisque dans le courant du IIIᵉ siècle av. J.-C. les Béotiens en vinrent à adopter l'ordonnance macédonienne. Sur ce sujet, voir, en guise d'introduction, Feyel (1942 : 193 *sqq.* – 213-5 particulièrement) et dernièrement Knoepfler (2012) pour la mise à jour de la question.

casque emblématique de l'armement de la Renaissance nous semble pertinent. Aussi nous en sommes nous inspirés pour dénommer le casque ici étudié, le plus typique de tous ceux qui apparaissent au sein de l'iconographie militaire macédonienne hellénistique, le 'morion macédonien'.

V. 3. Bibliographie

V. 3. 1. Sources littéraires

APPIEN, Ῥωμαϊκά. Ἐμφυλίων [Histoire romaine. Des guerres civiles]. Livre II : cf. Combes-Dounous et Torrens (1994).

APPIEN, Ῥωμαϊκά [Histoire romaine]. Livre VI. Ἰβηρική [Livre Ibérique] : cf. Goukowsky (1997).

ARISTOPHANE [scholies] : cf. Holwerda (1982).

ARISTOPHANE, Εἰρήνη [La paix] : cf. Van Daele (1925).

ASCLÉPIODOTE : cf. Poznanski (1992).

Bizière, F. (éd.) 1975. *DIODORE, Bibliothèque historique. Livre XIX*, texte établi et traduit par Françoise Bizière, Maître-assistant à l'Université de Haute-Bretagne (*Collection des Universités de France*). Paris, Société d'édition « Les Belles Lettres ».

Bougot, A. [et Lissarague (éd.)] 1991. *PHILOSTRATE. La galerie de tableau*. Traduit par Auguste Bougot. Révisé et annoté par François Lissarague. Préface de Pierre Hadot (*La roue à livres*). Paris, Société d'édition « Les Belles Lettres ».

Chambry, É., Billaut, A., Marquis, É. et Goust, D. (éd.) 2015. *LUCIEN DE SAMOSATE. ŒUVRES COMPLÈTES*. Traduction d'Émile Chambry [1921], révisée et annotée par Alain Billaut et Émeline Marquis, avec la collaboration de Dominique Goust. Introduction d'Alain Billaut (*Bouquins*). Paris, Robert Laffont.

Chambry, É. et Flacelière, R. (éd.) 1966. *PLUTARQUE, Vies*. Tome IV. *Timoléon-Paul-Émile — Pélopidas-Marcellus*, texte établi et traduit par Robert Flacelière, Directeur de l'École Normale Supérieure, et Émile Chambry, Professeur honoraire au Lycée Voltaire (*Collection des Universités de France*). Paris, Société d'édition « Les Belles Lettres ».

Chambry, É. et Flacelière, R. (éd.) 1969. *PLUTARQUE, Vies*. Tome V. *Aristide-Caton l'Ancien — Philopœmen-Flamininus*, texte établi et traduit par Robert Flacelière, Membre de l'Institut, et Émile Chambry, Professeur honoraire au Lycée Voltaire (*Collection des Universités de France*). Paris, Société d'édition « Les Belles Lettres ».

Chambry, É. et Flacelière, R. (éd.) 1971. *PLUTARQUE, Vies*. Tome VI. *Pyrrhos-Marius — Lysandre-Sylla*, texte établi et traduit par Robert Flacelière, Membre de l'Institut, et Émile Chambry (*Collection des Universités de France*). Paris, Société d'édition « Les Belles Lettres ».

Combes-Dounous, J.-I. et Torrens, Ph. (éd.) 1994. *APPIEN, Les guerres civiles à Rome. Livre II*. Traduction de Jean-Isaac Combes-Dounous. Introduction, révision et notes de Philippe Torrens (*La roue à livres*). Paris, Société d'édition « Les Belles Lettres ».

Dennis, G. T. (éd.) 1985. *Three Byzantine Military Treatises* 1985. Text, translation, and notes by George T. Dennis (*Corpus Fontium Historiae Byzantinae* XXV). Washington D. C., Dumbarton Oaks.

Dilts, M. R. (éd.) 1974. *CLAVVDII AELIANI VARIA HISTORIA*, edidit Mervin R. Dilts (*Bibliotheca scriptorvm Graecorvm et Romanorvm Tevbneriana*). Stuttgart, BSB B. G. Teubner Verlagsgesellschaft.

Dittenberger, W. (éd.) 1917. *Sylloge inscriptionum graecarum*³. Volumen Alterum [II]. Lipsiae [Leipzig], apud [chez] S. Hirzelium [S. Hirzel].

Estienne, H. [et Hase, C. B., Dindorf G., Dindorf, L. (éd.)] 1865. φοινικίς. Θησαυρὸς τῆς ἑλληνικῆς γλόσσης. *Thesaurus Graecae Linguae*, ab Henrico Stephano constructus. Post editionem anglicam novis additamentis auctum, ordineque alphabetico digestum tertio ediderunt Carolus Benedictus Hase, Guilielmus Dindorfius, et Ludovicus Dindorfius, secundum conspectum ad Academia Regia Inscriptionum et Humaniorum Litterarum die 29 maii 1829 approbatum. Volumen Octavum. Parisiis [Paris]³, excudebat [composé par] Ambrosius Firmin Didot, Instituti Franciæ Typographus [Typographe de l'Institut de France]. Venit apud Firmin Didot fratres [chez Firmin Didot frères] : col. 975-6.

Fairbanks, A. (éd.) 1931. *PHILOSTRATUS THE ELDER. THE YOUNGER. Imagines. CALLISTRATUS. Descriptions*, with an English Translation by Arthur Fairbanks, Litt. D. Professor of Fine Arts in Dartmouth College (*The Loeb Classical Library* [sans indication de n° dans la collection]). London, William Heinemann Ltd, et New York, G. P. Putnam's sons.

Fuhrmann, F. (éd.) 1988. *PLUTARQUE, Apophtegmes laconiens (Œuvres Morales*, III, Traité 16), texte établi, traduit et commenté par François Fuhrmann, Professeur émérite à l'Université de Clermont II (*Collection des Universités de France*). Paris, Société d'édition « Les Belles Lettres ».

Goukowsky, P. (éd.) 1976. *DIODORE DE SICILE, Bibliothèque historique. Livre XVII*, texte établi et traduit par Paul Goukowsky, Maître-assistant à l'Université de Nancy II (*Collection des Universités de France*). Paris, Société d'édition « Les Belles Lettres ».

Goukowsky, P. (éd.) 1997. *APPIEN, Histoire romaine. Tome II. Livre VI. L'Ibérique*, texte établi et traduit par Paul Goukowsky, Professeur à l'Université de Nancy II (*Collection des Universités de France*). Paris, Société d'édition « Les Belles Lettres ».

Hansen, P. A. (éd.) 2009. *Hesychii Alexandrini Lexicon*, editionem post Kurt Latte continuans recensuit et emendavit Peter Allan Hansen. *Volumen IV. T-Ω* (*Sammlung griechischer und lateinischer Grammatiker (SGLG)* 11/4). Berlin et New York, Walter de Gruyter GmbH & Co. KG.

Hense, O. (éd.) 1958 (1909). *IOANNIS STOBAEI Anthologii libri dvo posteriores*, recensvit Otto Hense. Volvmen II. Editio altera ex editione anni MCMIX lvcis ope expressa. *IOANNIS STOBAEI Anthologium*, recensvervnt Cvrtivs Wachmvth et Ott Hense. Volvmen qvartvm *Anthologii libri qvarti* partem priorem ab Ottone Hense editam continens editio altera ex editione anni MCMIX lvcis ope expressa. Berlin, Weidmannsche Verlagsbuchhandlung.

HÉSYCHIUS d'Alexandrie : cf. Hansen (2009).

Holwerda, D. (éd.) 1982. *Scholia in Aristophanem*. Pars II. *Scholia in Vespas; Pacem; Aves et Lysistratam*. Fasc. II. *Scholia vetera et recentiora in Aristophanis Pacem*, edidit D. Holwerda (*Scholia in Aristophanem* II, 2). Groningen, Bouwa's Boekhuis B.V.

Jal, P. (éd.) 1979. *TITE-LIVE, Histoire Romaine*. Tome XXXIII. *Livre XLV. Fragments*, texte établi et traduit par Paul Jal, Professeur à l'Université de Paris-X (*Collection des Universités de France*). Paris, Société d'édition « Les Belles Lettres ».

Jal, P. (éd.) 1998. *TITE-LIVE, Histoire Romaine*. Tome XVII. *Livre XXVII*, texte établi et traduit par Paul Jal, Professeur à l'Université de Paris-X (*Collection des Universités de France*). Paris, Société d'édition « Les Belles Lettres ».

Krentz, P. et Wheeler, E. L. (éd.) 1994. *POLYAENUS. Stratagems of war*. Chicago, ARES PUBLISHERS INC.

Liddell, H.-G. et Scott, R. (éd.) 1996a. ἐπανθ-έω. *A Greek-English* Lexicon, compiled by Henry George Liddell and Robert Scott. Revised and augmented throughout by Sir Henry Stuart Jones with the Assistance of Roderick McKenzie and with the Cooperation of Many Scholars. With a revised supplement : 609. Oxford^9, Clarendon Press [Oxford University Press].

Liddell, H.-G. et Scott, R. (éd.) 1996b. φοινικίς, ίδος, ἡ. *A Greek-English* Lexicon, compiled by Henry George Liddell and Robert Scott. Revised and augmented throughout by Sir Henry Stuart Jones with the Assistance of Roderick McKenzie and with the Cooperation of Many Scholars. With a revised supplement : 1948. Oxford^9, Clarendon Press [Oxford University Press].

LUCIEN [œuvres complètes] : cf. Chambry, Billaut, Marquis et Goust (2015).

Lukinovich, A. et Morand, A.-F. (éd.) 1991. *ÉLIEN, Histoires Variées*. Traduit et commenté par Alessandra Lukinovich et Anne-France Morand (*La roue à livres*). Paris, Société d'édition « Les Belles Lettres ».

Moore, F. G. (éd.) 1950. *LIVY in fourteen volumes*. VII. *Books XXVI-XXVII*, with an English Translation by Franck Gardner Moore, Professor Emeritus in Columbia University (*The Loeb Classical Library* [sans indication de n° dans la collection]). London^2 , William Heinemann Ltd et Cambridge [Mass.]^2, Harvard University Press.

Perrin, B. (éd.) 1918. *PLUTARCH'S LIVES*. VI. *Dion and Brutus. Timoleon and Aemilius Paulus* (*The Loeb Classical Library* [sans indication de n° dans la collection]). Londres, William Heinemann, et New York, G. P. Putnam's sons.

PHILOSTRATE, Εἰκόνες [*La galerie de tableaux*] : cf. Bougot [et Lissarague] (1991) ; Fairbanks (1931).

PLUTARQUE, Ἀποφθέγματα Λακωνικά [*Apophtegmes laconiens*]: cf. Fuhrmann (1988).

PLUTARQUE, Μάριος [(*Vie de*) *Marius*] (Γαίος [Gaius]) : cf. Chambry et Flacelière (1971).

PLUTARQUE, Αἰμίλιος Παῦλος [(*Vie de*) *Paul-Émile*] : cf. Perrin (1918) ; Chambry et Flacelière (1966).

PLUTARQUE, Τιμολέων [(*Vie de*) *Timoléon*] : cf. Chambry et Flacelière (1966).

POLYEN : cf. Krentz et Wheeler (1994).

Poznanski, L. (éd.) 1992. *ASCLÉPIODOTE, Traité de tactique*, texte établi et traduit par L. Poznanski, Professeur à l'Université Ben Gourion-Beer-Sheva (Israël) (*Collection des Universités de France*). Paris, Société d'édition « Les Belles Lettres ».

Rabe, H. (éd.) 1906. *Scholia in Lucianum* (*Bibliotheca scriptorvm Graecovm et Romanorvm Tevbneriana*). Leipzig, B. G. Teubner [réimpression Stuttgart 1971, B. G. Teubner].

STOBÉE, *Florilegium* (Ἐκλογαί) : cf. Hense (1958 [1909]).

TITE-LIVE : cf. Jal (1979), (1998) ; Moore (1950).

Van Daele, H. (éd.) et Coulon, V. 1925. *ARISTOPHANE, La Paix*, texte établi par Victor Coulon et traduit par Hilaire Van Daele (*Collection des Universités de France*). Paris, Société d'édition « Les Belles Lettres ».

V. 3. 2. Études

Adam-Véléni, P. (éd.) 2008. *Kalindoia: an Ancient City in Macedonia. Temporary Exhibition Catalogue. Archaeological Museum of Thessaloniki. February 2008 – January, co-organised by Archaeological Museum of Thessaloniki, 16th Ephorate of Prehistoric and Classical Antiquities* (Ἔκδοδη Ἀρχαιολογικοῦ Μουσείου Θεσσαλονίκης 2) [en grec et en anglais]. Θεσσαλονίκη [Thessalonique], Ὑπουργεῖο Πολιτισμοῦ. Ἀρχαιολογικό Μουσείου Θεσσαλονίκης [Ministère de la Culture. Musée Archéologique de Thessalonique].

Adam-Véléni, P., Yeorgaki, P., Zografou, E., Kalavria, V., Boli, K. et Skiadaresis, G. 1996. The ancient agora of Thessaloniki: stratigraphy and small finds [en grec ; résumé en anglais]. *Τὸ ἀρχαιολογικὸ ἔργο στη Μακεδονία καὶ Θράκη* 10 : 501-31.

Allen, R. E. 1983. *The Attalid Kingdom. A constitutional history*. Oxford et New York, Oxford University Press.

D'Ambrosio, A. et Boriello, M. 1990. *Le terrecotte figurate di Pompei* (*Soprintendenza Archeologica di Pompei. Cataloghi* 4). Roma, « L'Erma » di Breitschneider.

Anagnostopolou-Chatzepolychroni, E. 1991. Ἀνασκαφικὲς ἔρευνες στο Ληνό N. Ροδόπης [Fouilles à Lino (sud des Rhodopes)]. *Τὸ ἀρχαιολογικὸ ἔργο στη Μακεδονία καὶ Θράκη* 5 : 477-87.

Anderson, J. K. 1967. Philopoemen's reform of the Achaean army. *Classical Philology* LXII : 104-6.

Andronicos, M. 1993. Les «tombes macédoniennes». Dans R. Ginouvès (dir.), *La Macédoine. De Philippe II à la conquête romaine* : 147-90. Paris, CNRS Éditions.

Arvanitopoulos, A. S. 1949-1951. Θεσσαλικὰ μνημεῖα. Περιγραφὴ τῶν ἐν τῷ Μουσείῳ Βόλου γραπτῶν στηλῶν Δημητριάδος-Παγασῶν. ε) Πέμπτη Αἴθουσα [Monuments thessaliens. Description des stèles inscrites de Démétrias-Pagasai se trouvant au Musée de Volos. ε) Cinquième Salle]. *Πολέμων. Ἀρχαιολογικὸ περιοδικό. Polemon. Greek archaeological review* IV : 1-9 ; 153-68 [5ème salle, fin, et 6ème salle].

Attula, R. 2001. *Griechisch-römische Terrakotten aus Ägypten. Bestandskatalog der figürlichen Terrakotten* (*Kataloge der Archäologischen Sammlung und des*

Münzkabinetts der Universität Rostock Band II). Rostock, Universität Rostock, Philosophische Fakultät.

Babelon, E. 1886. *Monnaies de la République romaine, vulgairement appelées monnaies consulaires*. II. Paris et Londres, Rollin et Feuardent [réimpression s. l. (Bologne) 1974, Arnaldo Forni Editore S.p.A.].

Bar-Kochva, B. 1979. *The Seleucid Army. Organization and tactics in the great campaigns*. Cambridge^2, Cambridge University Press [réimpression m. l. 1989].

Benoît, F. 1930. Le casque à *crista transversa* et le groupe gréco-asiatique relatif du lion et du guerrier provenant des Baux, au musée d'Avignon. *Bulletin de la Société nationale des Antiquaires de France* : 119-22.

Bianchi Bandinelli, R. 1951. Schemi iconografici nelle miniature dell'Iliade Ambrosiana [remontant à la peinture hellénistique]. *Atti della Accademia Nazionale dei Lincei, Classe di Scienze Morali, Storiche e Filologiche. Rendiconti* Ser. 8a VI : 421-53.

Bianchi Bandinelli, R. 1955. *Hellenistic-Byzantine Miniatures of the Iliad (Ilias Ambrosiana)*. Olten, Urs Graf-Verlag.

[Bibliothecae Ambrosianae Doctores] 1953. *Ilias Ambrosiana. Cod. F. 205 P. INF. Bibliothecae Ambrosianae Mediolanensis* (*Fontes Ambrosiani in lucem edita cura et studio Bibliothecae Ambrosianae* XXVIII). Bern et Olten, Urs Graf-Verlag ; New York, Philip C. Duschnes.

Nota bene

Ce volume reproduisait le parchemin qui permit l'étude de Bianchi Bandinelli (1955) — d'après les termes mêmes du prospectus glissé dans ce livre qui annonçait alors la publication de Bianchi Bandinelli pour 1954.

Bieber, M. 1928. *Griechische Kleidung*. Berlin et Leipzig, Verlag von Walter de Gruyter & Co.

Von Bieńkowski, P. R. 1928. *Les Celtes dans les arts mineurs gréco-romains avec des recherches iconographiques sur quelques autres peuples barbares*. Varsovie, Imprimerie de l'Université des Jagellons à Cracovie.

Boehringer, Ch. 1972. *Pergamon. Ausstellung in Erinnerung an Erich Boehringer. Ingelheim am Rhein 22.4-4.6.1972. Katalog der Münzen*. Ingelheim am Rhein^2, Grafik Horst Riehl Frankfurt und Druckerei Giese.

Brett, A. B. 1950. Athena ΑΛΚΙΔΗΜΟΣ of Pella. *American Numismatic Society Museum Notes* 4 : 55-72.

Brunaux, J.-L. et Lambot, B. 1988. *Guerre et armement chez les Gaulois (450-52 av. J.C.)*. Paris, Éditions Errance.

Cabanes, P. 1976. *L'Épire de la mort de Pyrrhus à la conquête romaine (272-167 av. J.-C.)* (*Annales littéraires de l'Université de Besançon* 186. *Centre de recherches d'histoire ancienne* 19). Besançon et Paris, [Société d'édition «] Les Belles Lettres [»].

Campbell, Sh. D. (éd.) 1985. *The Malcove Collection. A Catalogue of the Objects in the Lilian Malcove Collection of the University of Toronto*. Toronto et Buffalo, University of Toronto Press.

Cassimatis, H. 1984. *Athena (in Aegypto). Lexicon Iconographicum Mythologiae Classicae (LIMC)*. II/1 : 1044-8 ; II/2 : 765-8. Artemis Verlag, Zürich et München.

Çeka, N. 1972. La ville illyrienne de la Basse-Selce. *Iliria* 2 : 167-215.
Çeka, N. 1985. *The Illyrian city in Selca of Poshtme* [en albanais ; résumé en anglais]. Tirana, Académie des sciences de la République Populaire Socialistes d'Albanie, Centre de recherche archéologique (*non vidi*).
Connolly, P. 1989. The Roman Army in the Age of Polybius. Dans J. Hackett (éd.), *Warfare in the Ancient World* : 149-56. London, Sidgwick & Jackson Limited.
Couissin, P. 1923 [I]. Les guerriers et les armes sur les bas-reliefs du Mausolée des Jules à Saint-Rémy. *Revue Archéologique* : 303-21.
Daux, G. 1966. Chronique des fouilles et découvertes archéologiques en Grèce en 1965. *Bulletin de Correspondance Hellénique* XC/II : 715-1019.
Delestre, X. et Salviat, F. 2015. *Le mausolée de Saint-Rémy-de-Provence. Les Iulii, Jules César et la bataille de Zéla*. Aquarelles de Jean-Claude Golvin. Photographie de Christian Hussy et Michel Olive. S. l. Éditions Errance et Ministère de la Culture et de la Communication. Direction régionale des Affaires culturelles Provence-Alpes-Côte d'Azur.
Descamps-Lequime, S. (dir.) [assistée de K. Charatzopoulou]. 2011. *Au royaume d'Alexandre le Grand. La Macédoine antique*. Paris, Somogy éditions d'art et musée du Louvre.
Detschev [ici transcrit Detschew], D. 1939. Antike Denkmäler aus Südbulgarien. *Jahreshefte des Österreichischen Archäologischen Instituts* XXXI *Beiblatt* : 136-7, Abb. 56.
Dierichs, A. 1999. Klingendes Kleinod. Ein unbekanntes Tintinnabulum in Dänemark. *Antike Welt* 30 : 145-9.
Dimo, V., Lenhardt, Ph. et Quantin, F. (éd.). 2007. *Apollonia d'Illyrie : mission épigraphique et archéologique en Albanie fondée par Pierre Cabanes et dirigée par Jean-Luc Lamboley et Bashkim Vrekaj. 1. Atlas archéologique et historique*, études réunies par Vangjel Dimo, Philippe Lenhardt et François Quantin (*Collection de l'École Française de Rome* 391). Roma, École Française de Rome, Ministère des Affaires Étrangères et École Française d'Athènes.
Dintsis, P. 1986. *Hellenistische Helme. I. Text. II. Taffeln* (*Archaeologica* XLIII). Roma, Georgio Breitschneider Editore.
Doukelis, P. N. 1997. De nouveau aux fouilles de Pella. *Dialogues d'histoire ancienne* 23/2 : 167-8.
Dunand, F. 1990. *Catalogue des terres cuites gréco-romaines d'Egypte (Musée du Louvre, département des antiquités égyptiennes)*. Paris, Éditions de la Réunion des musées nationaux.
Ehrhardt, C. T. H. R. 1975. *Studies in the Reigns of Demetrius II and Antigonus Doson*. Dissertation doctorale inédite, State University of New York, Buffalo — *non vidi*.
Errington, R. M. 1969. *Philopoemen*, Oxford, Oxford University Press.
Espérandieu, É.[-J.] *c.* 1913. Tintinnabulum. *Dictionnaire des Antiquités grecques et romaines d'après les textes et les monuments contenant l'explication des termes qui se rapportent aux mœurs, aux institutions, à la religion, aux arts, aux sciences, au costume, au mobilier, à la guerre, à la marine, aux métiers, aux monnaies, poids et mesures, etc., etc. et en général à la vie publique et privées des anciens Grecs*. V. (T-Z) : col. 341a-4a. Paris, Librairie Hachette et c[ie].

Feyel, M. 1942. *Polybe et l'histoire de la Béotie au IIIe siècle avant notre ère* (Bibliothèque des écoles françaises d'Athènes et de Rome 152). Paris, E. de Boccard, éditeur.

Fischer, J. 1994. *Griechische-römische Terrakotten aus Ägypten. Die Sammlungen Sieglin und Schreiber. Dresden · Leipzig · Stuttgart · Tübingen.* Aufnahmen: Thomas Zachmann (Tübinger Studien zur Archäologie und Kunstgeschichte 14). Tübingen et Berlin, Ernst Wasmuth Verlag Tübingen.

Fjeldhagen, M. 1995. *Catalogue graeco-roman Terracottas from Egypt NY Carlsberg Glyptotek*. S. l. [Copenhague], Ny Carlsberg Glyptotek.

Fowler, B. H. 1989. *The Hellenistic Aesthetic*. Bristol, Bristol Press [Bristol Classical Press].

Von Fritze, H. 1906. Zur Chronologie der Autonome Prägung von Pergamon. Dans *Corolla Numismatica. Numismatics Essays in Honour of Barclay V. Head* : 47-62. Oxford, London, New York et Toronto, Henry Frowde et Oxford University Press.

Von Fritze, H. 1910. *Die Münzen von Pergamon* (Abhandlungen der königlich preussischen Akademie der Wissenschaften 1910. Philosophisch-historische Classe. [Anhang. Abhandlungen nicht zur Akademie gehöriger Gelehrter, Abh. I]). Berlin, Verlag der königlichen Akademie der Wissenschaften. In Commission bei Georg Reimer.

Gabelko, O. L. 2005. История вифиского царства [*Histoire du royaume bithynien*] (Studia Classica). Санкт-Петербург [Saint-Pétersbourg], Издательский Центр «Гуманитарная Академия» [Centre d'édition de l'Académie des Humanités].

Gans, U.-W. 2006. *Attalidische Herrscherbildnisse. Studien zur hellenistischen Portratplastik Pergamons* (Philippika. Marburger altertumskundliche Abhandlungen 15). Wiesbaden, Otto Harrassowitz GmbH & Co. KG.

Garlan, Y. 1972. *La guerre dans l'antiquité*. Paris, Éditions Fernand Nathan.

Ginouvès, R. 1993. Le baroque macédonien. Dans R. Ginouvès (dir.), *La Macédoine. De Philippe II à la conquête romaine* : 217-9. Paris, CNRS Éditions.

Habicht, Ch. 1956. Über die Kriege zwischen Pergamon und Bithynien. *Hermes. Zeitschrift für klassische Philologie* 84 : 90-110.

Hanfmann, G. M. A. 1984. New Fragments of Alexandrian Wall Paintings. Dans N. Bonacasa et A. di Vita (éd.), *Alessandria e il mondo ellenistico romano. Studi in honore di Achille Adriani* [2e volume] (Studi e materiali 5) : 242-55. Roma, « L'Erma » di Breitschneider [réimpression m. l. 1992].

Hansen, E. V. 1971. *The Attalids of Pergamon* (Cornell Studies in Classical Philology XXXVI). Ithaca et London², Cornell University Press.

Harris, W. V. 1992. *War and imperialism in republican Rome: 327-70 B.C.* Oxford³, Oxford University Press.

Hatzopoulos, M. [B.] 1993. Les sanctuaires. Dans R. Ginouvès (dir.), *La Macédoine. De Philippe II à la conquête romaine* : 106-9. Paris, CNRS Éditions.

Hatzopoulos, M. B. 2001. *L'organisation de l'armée macédonienne sous les Antigonides. Problèmes anciens et documents nouveaux* (ΜΕΛΕΤΗΜΑΤΑ 30). Αθήνα [Athènes], Κέντρον Ἑλληνικῆς καὶ Ῥωμαϊκῆς Ἀρχαιότητος τοῦ Ἐθνικοῦ Ἱδρύματος Ἐρευνῶν/Research Centre for Greek and Roman Antiquity. National Hellenic Research Foundation.

Helbig, W. 1868. *Wandgemälde der vom Vesuv verschütteten Städte Campaniens*, nebst einer *Abhandlung über die antiken Wandmalereien in technischer Beziehung*, von Otto Donner. Leipzig, Druck und Verlag von Breitkopf und Härtel.

Helly, B. 1980. Grands dignitaires attalides en Thessalie à l'époque de la 3e Guerre de Macédoine. Ἀρχαιολογικὰ Ἀνάλεκτα ἐξ Ἀθηνῶν. *Athens Annals of Archaeology* 13 : 296-301.

Holleaux, M. 1920. L'expédition de Philippe V en Asie (201 av. J.-C.). Études d'histoire hellénistique XII. *Revue des Études Anciennes* 22 : 237-58. Cf. Robert (1952 : 211-33).

Holleaux, M. 1921. L'expédition de Philippe V en Asie (suite). *Revue des Études Anciennes* 23 : 181-212. Cf. Robert (1952 : 233-63).

Holleaux, M. 1923. L'expédition de Philippe V en Asie (suite). *Revue des Études Anciennes* 25 : 330-66. Cf. Robert (1952 : 263-98 ; plus 298-335, pages inédites).

Fränkel, M. (éd.) 1890. *Die Inschriften von Pergamon*, unter Mitwirkung von Ernst Fabricius und Carl Schuchhardt. 1. *Bis zum Ende der Königszeit* (*Altertümer von Pergamon* VIII,1). Berlin, Verlag von W. Spemann.

Jaeckel, P. 1965. Pergamenische Waffenreliefs. *Waffen- und Kostümkunde. Zeitschrift der Gesellschaft für historische Waffen- und Kostümkunde* 7/Heft 2. : 94-122.

Johnson, M. (éd.) 1964. *Ancient Greek dress*. A New Illustrated Edition Combining, *Greek Dress*, by E. Abrahams, *Chapters on Greek Dress*, by Lady [M. M.] Evans. Chicago, Argonaut, Inc., Publishers.

Juhel, P. [O.]. 2009. The Regulation Helmet of the Phalanx and the Introduction of the Concept of Uniform in the Macedonian Army at the End of the Reign of Alexander the Great. *Klio: Beiträge zur Alten Geschichte* 91/2 : 342-55.

Juhel, P. O. Sous presse. The Rank Insignia of the Officers of the Macedonian Phalanx: the Lessons of Iconography and an Indirect Reference in Vegetius. Dans Ph. Rance et N. V. Sekunda (éd.), *Greek Taktika. Ancient Military Writing and its Heritage* (*Proceedings of the International Conference on Greek Taktika held at the University of Torun, 7-11 April 2005*) (Monograph Series 'Akanthina' no. 13). Gdańsk, Foundation for the Development of Gdańsk University for the Department of Mediterranean Archaeology.

Juhel, P. [O.] et Sekunda N. V. 2009. The *agema* and the other Peltasts in the late Antigonid army. The lessons of the Cassandreia/Drama conscription *diagramma*. *Zeitschrift für Papyrologie und Epigrafik* 170 : 104-8.

Kahil, L. 1993. Iconographie des dieux et des mythes. Dans R. Ginouvès (dir.), *La Macédoine. De Philippe II à la conquête romaine*: 109-17. Paris, CNRS Éditions.

Karunanithy, D. 2013. *The Macedonian War Machine. Neglected aspects of Philip, Alexander and the Successors (359-281 BC)* (Pen & Sword Military). Barnsley, Pen & Sword Books Ltd.

Kertész, I. 1993. The Attalids of Pergamon and Macedonia. Dans *Ancient Macedonia V, Papers Read at the Fifth International Symposium Held in Thessaloniki, October 10-15, 1989. Manolis Andronikos in memoriam. Αρχαία Μακεδονία V. Ανακοίνωσεις κατά το πέμπτο Διεθνές Συμπόσιο. Θεσσαλονίκη, 10-15 Οκτωβρίου 1989. Στη μνήμη του Μανόλη Ανδρόνικου*. VOLUME 1. ΤΟΜΟΣ 1 (Ἵδρυμα Μελετῶν Χερσονήσου τοῦ Αἵμου. Institute for Balkan Studies 240 [1]) : 669-77. Θεσσαλονίκη

[Thessalonique], Ἵδρυμα Μελετῶν Χερσονήσου του Αἵμου/Institute for Balkan Studies.

Knoepfler, D. 2012. [Compte-rendu du livre de Chankowski, A. S. 2010. *L'éphébie hellénistique : étude d'une institution civique dans les cités grecques des îles de la mer Égée et de l'Asie Mineure (Culture et cité* 4), Paris, de Boccard]. *Bulletin épigraphique* [supplément de la *Revue de Études Grecques*] : 573-4, n° 186.

Korkuti, M. 1971. *Shqiperia arkeologjike. L'Albanie archéologique. Archaeological Albania.* Tirana, Universiteti shteteror i Tiranes [Université d'État de Tirana], Instituti i historise dhe i gjuhesise [Institut d'histoire et de linguistique], Sektori i arkeologjise [Section archéologique].

Kromayer, J. et Veith, G. 1928. *Heerwesen und Kriegführung der Griechen und Römer* (*Handbuch der Altertumswissenschaft* IV, 3. 2). München, C. H. Beck'sche Verlagsbuchhandlung (Oskar Beck).

Kruglikova, I. 1977. Les fouilles de la mission archéologique soviéto-afghane sur le site Gréco-Kushan de Dilberdjin en Bactriane (Afghanistan). *Comptes Rendus de l'Académie des Inscriptions et Belles-Lettres* : 407-27.

Launey, M. 1949-1950. *Recherches sur les armées hellénistiques*, réimpression avec addenda et mises à jour en postface élaborés par Y. Garlan, Ph. Gauthier, C. Orrieux [m. l. 1987] (*Bibliothèques des écoles françaises d'Athènes et de Rome* 169). Paris, de Boccard.

Le Bohec, S. 1993. *Antigone Dôsôn, roi de Macédoine* (*Travaux et mémoires.* « *Études anciennes* » 9). Nancy, Presses Universitaires de Nancy.

Leyenaar-Plaisier, P. G. 1979. *Les terres cuites Grecques et Romaines. Catalogue de la Collection du Musée National des Antiquités à Leiden. I-II. Texte. III. Planches.* Leiden, Rijksmuseum van Oudeheden te Leiden [Musée National des Antiquités à Leyde].

[Lilimpaki-Akamati, M.]. [entrées n° 305 et 306 du catalogue d'exposition] 1988. Dans Ἀρχαία Μακεδονία. *Ancient Macedonia. Museum of Victoria, Melbourne 25 november, 1988 – 19 February, 1989* [;] *Queensland Museum, Brisbane, 11 march – 30 april, 1989* [;] *Australian Museum, Sydney, 20 may – 23 july, 1989* [en grec et en anglais] : 346-7. Ἀθήνα [Athènes], Ministry of Culture [de Grèce] et National Hellenic Committee – ICOM.

Lilimpaki-Akamati, M. 1996. Τὸ θεσμοφόριο τῆς Πέλλας [*Le Thesmophorion de Pella*] (Δημοσιεύματα του Δημοσιεύματα του Ἀρχαιολογικού Δελτίου 55) [en grec ; résumé en anglais, sans titre]. Ἀθήνα [Athènes], Ταμείο ἀρχαιολογικῶν πόρων καὶ ἀπαλλοτριωσέων διεύθυνση δημοσιευμάτων [Caisse des ressources archéologiques et des expropriations].

Lilimpaki-Akamati, M. et Akamatis, I. M. (éd.) 2003. Πέλλα και η περιοχή της. *Pella and its environs* [en grec; résumé en anglais]. Θεσσαλονίκη [Thessalonique], Υπουργείο Πολιτισμού [Musée de la Culture], IZ Εφορεία Προϊστορικών και Κλασικών Αρχαιοτήτων [17ème Éphorie des Antiquités préhistoriques et classiques], 11η Εφορεία Βυζαντινών Αρχαιοτήτων [11ème Éphorie des Antiquités byzantines], Αριστοτελείο Πανεπιστήμιο Θεσσαλονίκης [Université Aristote de Thessalonique].

Makaronas, Ch. I. 1964. Ἀνασκαφαὶ Πέλλης [Fouilles de Pella]. Ἀρχαιολογικὸν Δελτίον 19 Μέρος Β´3 Χρονικά : 334-44.

De Maria, S. 1997. Pittura celebrativa in case private romane d'età imperiale. Dans D. Scagliarini Corlàita (éd.), *I temi figurativi nella pittura parietale antica (IV sec.a.C.-IV sec.d.C.). Atti del VI Convegno Internazionale sulla Pittura Parietale Antica (Bologna, 20-23 settembre 1995)* (*Studi e Scavi* 5) : 47-52. Bologna, University Press Bologna.

Markle, M. M. 1999. A Shield Monument from Veria and the Chronology of Macedonian Shield Types *Hesperia* 68 : 219-54.

McCall, J. B. 2002. *The Cavalry of the Roman Republic. Cavalry combat and elite reputations in the middle and late Republic*. London et New York, Routledge.

Μέγας Αλέξανδρος. 1980. *Μέγας Αλέξανδρος. Ιστορία και Θρύλος στην τέχνη* [*Alexandre le Grand. Histoire et culte dans l'art*]. Αθήνα [Athènes] [et Θεσσαλονίκη (Thessalonique) ?], Υπουργείο Πολιτισμού και Αθλητισμού [Ministère de la Culture et du Sport], Αρχαιολογικό Μουσείο Θεσσαλονίκης [Musée Archéologique de Thessalonique], Ταμείο Αρχαιολογικών Πόρων και Αναστηλώσεις [Caisse des ressources archéologiques et des expropriations] (*non vidi*).

Meischke, C. 1892. *Symbolae ad Eumenis II. pergamenorum regis, historiam*. Dissertatio inauguralis quam as summos in philosophia honores ab amplissimo Philosophorum Ordine Lipsiensi rite impetrandos. Leipzig, Imprimerie I. B. Hirschfeld.

Miele, F. 2007. Vittoria e guerriero vincitore con trofeo. Dans M. L. Nava, R. Paris, R. Friggeri (éd.), *Rosso pompeiano. La decorazione pittorica nelle collezioni del Museo di Napoli e a Pompei* [catalogue de l'exposition présentée à Rome, Museo Nazionale Romano, Palazzo Massimo alle Terme du 20 décembre 2007 au 31 mars 2008] : 101. Milano, Mondadori Electa S.p.A. [réimpression m. l. 2008].

Miller, S. G. 1993. *The Tomb of Lyson and Kallikles : a Painted Macedonian Tomb*. Mainz am Rhein, Verlag Philipp von Zabern.

Von Müller, I. et Bauer, A. 1893. *Die griechischen Privat- und Kriegsaltertümer* (*Handbuch der klassischen Altertums-Wissenschaft* IV, 1, 2). München², C. H. Beck'sche Verlagsbuchhandlung (Oskar Beck).

Niese, B. 1899. *Geschichte der griechischen und makedonischen Staaten seit der Schlacht bei Chaeronea* (*Handbücher der alten Geschichte. II. Serie. Zweite Abteilung). Vom Jahre 281 v. Chr. Bis zur Begründung der römischen Hegemonie im griechischen Osten 188 v. Chr*. Gotha, Friedrich Andreas Perthes.

Nikonorov, V. P. 1997. *The Armies of Bactria. 700 BC - 450 AD*. Colour Plates by Rory Little; Black & White Art by Alexander Sil'nov. Volume 1. *Text*. Stockport, Montvert Publications.

Oliver Jr, A. 1968, *The Reconstruction of two Apulian Tomb Groups* (*Antike Kunst* 5. Beiheft). Bern, Francke Verlag.

Pagenstecher, R. 1913. *Die griechisch-ägyptische Sammlung Ernst von Sieglin. 3. Teil. Die Gefässe in Stein und Ton Knochenschnitzereien* (*Expedition Ernst von Sieglin. Ausgrabungen in Alexandria*, unter Leitung von Theodor Schreiber†, und Mitwirkung von Friederich Wilhelm Freiherrn von Bissing, Giuseppe Botti†, Ernst R. Fiechter, Siegfried Loeschcke, Ferdinand Noack, Rudolf Pagenstecher, Alfred Schiff, August Thiersch und Hermann Thiersch, herausgegeben von Ernst von Sieglin. II. 3. Teil). Leipzig, Druck und Verlag von Giesecke & Devrient.

Pandermalis, D. 1973-1974. [rapport des travaux archéologiques effectués à Dion]. Ἀρχαιολογικιόν Δελτίον 29 Μέρος Β´3 Χρονικά : 695-705.

Papadopoulo-Vretos, A. 1844. Mémoire sur le pilima (πίλημα), ou espèce de feutre dont les anciens (sic) se servaient pour la confection de leurs armes défensives, retrouvé et proposé pour l'usage des armées modernes. *Mémoires présentés par divers savants à l'académie royale des inscriptions et belles-lettres de l'Institut de France. Première Série. Sujet divers d'érudition.* Tome I : 339-62 [avec une « Note de M. Le Bas sur le mot πίλημα » : 363-4].

Papakonstantinou-Diamantourou, D. 1971. Πέλλα. I. Ἱστορικὴ ἐπισκόπησις καὶ μαρτυρίαι [Pella. I. Témoignages et examens historiques ; résumé en anglais, sans titre] (Βιβλιοθήκη τῆς ἐν Ἀθήναις Ἀρχαιολογικῆς Ἑταιρείας 70). Ἐν Ἀθήναις [Athènes], Ἀρχαιολογική Ἑταιρεία [Société archéologique].

Perdrizet, P. 1921. *Terres cuites grecques d'Egypte de la collection Fouquet.* Nancy, Paris et Strasbourg, chez Berger-Levrault.

Peristeri, K., Zografou, I. et Darakis, K. 2006. Amphipolis 2006: Initial indications of a Hellenistic city quarter [en grec]. *Το αρχαιολογικό έργο στη Μακεδονία και Θράκη* 20 : 165-74.

Pflug, H. 1989. *Schutz und Zier: Helme aus dem Antikenmuseum Berlin und Waffen anderer Sammlungen* [Catalogue de l'exposition s'étant tenue en 1989 à l'*Antikenmuseum* de Bâle, avec des pièces de la collection Ludwig]. Basel, Antikenmuseum Bael und Sammlung Ludwig.

Philipp, H. 1972. *Terrakotten aus Ägypten im Ägyptischen Museum Berlin* (Bilderheft der Staatlichen Museen Preußischer Kulturbesitz 18/19). Berlin, Staatliche Museen Preußischer Kulturbesitz, im Gebr. Mann Verlag.

Picard, M. Th. 1957. La *thoraké* d'Amasis. Dans *Hommages à Waldemar Deonna* (Collection Latomus XXVIII) : 363-70. Bruxelles (Berchem), *Latomus* revue d'études latines.

Picard, G. Ch. 1957. *Les trophées romains. Contribution à l'histoire de la Religion et de l'Art triomphal de Rome* (Bibliothèques des écoles françaises d'Athènes et de Rome 187). Paris, E. de Boccard, éditeur.

Polito, E. 1998. *Fulgentibus Armi. Introduzione allo studio dei fregi d'armi antichi* (Xenia Antiquita. Monografie 4). Roma, « L'Erma » di Breitschneider.

Polito, E. 1999. Emblèmes macédoniens. Une hypothèse sur une série de boucliers de Macédoine en Numidie. *Antiquités africaines* 35 : 39-70.

Pompei 1991. *Pompei. Pitture e mosaici.* Volume III. *Regiones II - III - V.* Roma, Istituto della Enciclopedia Italianna fondata da Giovanni Treccani S.p.a.

Pompei 1994. *Pompei. Pitture e mosaici.* Volume V. *Regio VI. Parte seconda.* Roma, Istituto della Enciclopedia Italiana fondata da Giovanni Treccani S.p.a.

Poznanski, L. 1994. La polémologie pragmatique de Polybe. *Le Journal des Savants* : 19-74.

Presuhn, E. 1878. *Pompeji. Die neuesten Ausgrabungen von 1874 bis 1878 für Kunst- und Altertumsfreunde.* Leipzig, T. O. Weigel (*non vidi*).

Queyrel, F. 2003. *Les portraits des Attalides : fonction et représentation* (Bibliothèques des écoles françaises d'Athènes et de Rome 308). Paris, de Boccard.

Rebuffat, R. 1967. De l'Ilias Ambrosiana à l'amphore panathénaïque aux deux Athénas (La nuit et l'aurore, IV). *Mélanges de l'École Française de Rome* LXXIX : 661-78.

Regling, Kurt, *Die Münzen von Priene*, mit Benutzung der Vorarbeiten von Heinrich Dressel. Berlin, 1927.

Reinach, A. 1913. Trophées macédoniens. *Revue des Études Grecques* XXVI : 317-98.

Reinach, A. c. 1913. *Tropaeum. Dictionnaire des Antiquités grecques et romaines d'après les textes et les monuments contenant l'explication des termes qui se rapportent aux mœurs, aux institutions, à la religion, aux arts, aux sciences, au costume, au mobilier, à la guerre, à la marine, aux métiers, aux monnaies, poids et mesures, etc., etc. et en général à la vie publique et privées des anciens Grecs.* V. (T-Z) : col. 497a-518a. Paris, Librairie Hachette et c^{ie}.

Reinach, S. 1922. *Répertoire de Peintures Grecques et Romaines (RPGR.)*, avec 2720 gravures. Paris, Éditions Ernest Leroux.

Rhomiopoulou, K. 1980. The Catalogue. Entries for loans from Greece [N° 47 ; 49-52 ; 55 ; 60 ; 67-68 ; 100-104 ; 109-115 ; 127-132 ; 136-139 ; 145]. Dans *The search for Alexander. An exhibition. National Gallery of Art, Washington, November 16 1980–April 5, 1981; Art Institute of Chicago, May 14 1981–September 7, 1981; Museum of Fine Arts of San Francisco: M. H. de Young Memorial Museum, February 19, 1982–May 16, 1982* : 124-8 ; 130 ; 132 ; 137 ; 154-5 ; 157-9 ; 164-9 ; 170-1 ; 175. Boston[1], New York Graphic Society books.

Richter, G. M. A. 1971. *The Engraved Gems of the Greeks, Etruscan and Romans.* Part II. *Engraved engraved Gems of the Romans. A Supplement to the History of Roman Art.* London et New York, Phaidon Press Ltd.

Robert, L. 1935. Notes d'épigraphie hellénistique. XLIII. Épitaphe d'un mercenaire à Sidon. *Bulletin de Correspondance Hellénique* 59 : 428-30.

Robert, L. (éd.) 1952. Maurice HOLLEAUX. *Études d'épigraphie et d'histoire grecques.* Tome IV. *Rome, la Macédoine et l'Orient grec. Première partie.* Paris, Librairie d'Amérique et d'Orient Adrien-Maisonneuve : cf. Holleaux (1920), (1921) et (1923).

Von Rohden, H. 1880. *Die Terracotten von Pompeji*, nach Zeichnungen von Ludwig Otto u. a. (*Die antiken Terrakotten*, im Auftrag des Archäologischen Instituts des Deutschen Reichs, herausgegeben von Reinhard Kekulé von Stradonitz. Band I). Stuttgart, Verlag von W. Spemann.

Rolland, H. 1969. *Le Mausolée de Glanum (Saint-Rémy-de-Provence). Relevés d'architecture et dessins de Julien Bruchet (XXIe supplément à "Gallia").* Paris, Éditions du Centre National de la Recherche Scientifique.

Rumscheid, F. 2006. *Priene. 1. Die figürlichen Terrakotten von Priene: Fundkontexte, Ikonographie und Funktion in Wohnhäusern und Heiligtümern im Lich antiker Parallelfunde (Archäologische Forschungen 22).* Wiesbaden, Dr. Ludwig Reichert Verlag Wiesbaden.

Saglio, E. 1887. *Clavus. Dictionnaire des Antiquités grecques et romaines d'après les textes et les monuments contenant l'explication des termes qui se rapportent aux mœurs, aux institutions, à la religion, aux arts, aux sciences, au costume, au mobilier, à la guerre, à la marine, aux métiers, aux monnaies, poids et mesures, etc., etc. et* en général à la vie publique et privées des anciens Grecs. I. Deuxième partie (C) : 1238a-42a. Paris, Librairie Hachette et Cie.

Scherberich, K. 2009. *Koinè symmachía. Untersuchungen zum Hellenenbund Antigonos' III. Doson und Philipps V. (224-197 v. Chr.)* (*Historia Einzelschriften* 184). Stuttgart, Franz Steiner Verlag.

Schober, A. 1941. Zu den Siegesanathem Attalos' I. *Anzeiger der Akademie der Wissenschaften in Wien. Philosophisch-Historische Klasse* 78. Nr. I. Sitzung der philosophisch-historischen Klasse vom 22. Januar. : 1-14.

Sekunda, N. [V.]. 1994. *Seleucid and Ptolemaic Reformed Armies 168-145 BC.* Volume 1. *The Seleucid Army under Antiochus IV Epiphanes*, colour plates by A. McBride. Stockport, Montvert Publications.

Sekunda, N. [V.]. 1995. *Seleucid and Ptolemaic Reformed Armies 168-145 BC.* Volume 2. *The Ptolemaic Army under Ptolemy VI Philometor*, colour plates by Angus McBride. Stockport, Montvert Publications.

Sekunda, N. [V.] 2001. *Hellenistic Infantry Reform in the 160's BC.* (*Studies on the History of the Ancient and Medieval Art of Warfare* V). Łódź, Oficyna Naukowa MS [réimpression dans la collection *Monograph Series 'Akanthina'* (n° 1) à Gdańsk en 2006, Fundation for the Development of Gdańsk University].

Sekunda, N. [V.] 2002. *Republican Roman Army. 200 - 104 BC*, illustrated by Angus McBride (*Men-at-Arms* 291). London, Osprey Publishing.

Sekunda, N. V. 2009. Military Forces. A. Land forces. Dans Ph. Sabin, H. van Wees et M. Whitby (éd.), *The Cambridge History of Greek and Roman Warfare* : 325-57. Cambridge, Cambridge University Press.

Siganidou, M. 1980. The Catalogue. Entries for loans from Greece [N° 116-117 ; 124-126 ; 133-134 ; 136 ; 140-144 ; 146-155]. Dans *The search for Alexander. An exhibition. National Gallery of Art, Washington, November 16 1980–April 5, 1981; Art Institute of Chicago, May 14 1981–September 7, 1981; Museum of Fine Arts of San Francisco: M. H. de Young Memorial Museum, February 19, 1982–May 16, 1982* : 159-60 ; 163 ; 169-70 ; 172-81. Boston[1], New York Graphic Society books.

Siganidou, M. et Lilimpaki-Akamati, M. 1997. *Pella. Capital of Macedonians.* Athens[2], Archaeogical Receipts Fund [du Ministère de la Culture de l'État grec].

Sirano, F. 2010. Pitture di età imperiale da Cos. Attraverso gli scavi italiani (Tavv. LII, LIII). Dans I. Bragantini (éd.), *Atti del X Congresso Internazionale dell'AIPMA (Association Internationale pour la Peinture Murale Antique). Napoli 17-21 settembre 2007.* Volume II (*AION. Annali di Archeologia e Storia Antica Quaderno* N. 18/2) : 547-63. Napoli, Università degli Studi di Napoli «L'Orientale».

Studniczka, F. 1923-1924. Imagines Illustrium. *Jahrbuch des deutschen Archäologischen Instituts* 38-39 : 57-128.

Svoronos, J. N. 1914. Stylides, Ancres, Aphlasta, Stoloi, Acrostolia, Embola, Proembola et Totems marins. Διεθνὴς Ἐφημερὶς τῆς νομισματικῆς ἀρχαιολογίας. *Journal international d'archéologie numismatique* 16 : 81-152.

Tokyo National Museum, NHK, NHK Promotions (éd.) 2003. Part II. The Advent of Alexander the Great and his Era. Dans *Alexander the Great. East-West Cultural Contacts from Greece to Japan.* [catalogue de l'exposition s'étant déroulée du 5 août au 5 octobre 2003 au *Tokyo National Museum* et du 18 octobre au 21 décembre 2003 à Kobe au *Hyogo Prefectural Museum of Art*] : 45-88. Tokyo, Tokyo National Museum.

Török, L. 1995. *Hellenistic and Roman Terracotta from Egypt* (*Bibliotheca Archaeologica* 15 ; *Monumenta antiquitatis extra fines Hungariae reperta* 4). Roma, « L'Erma » di Breitschneider.

Touratsoglou, I. P. 1996. *La Macédoine. Histoire · Monuments · Musées*. Athènes, EKDOTIKE ATHENON S.A.

Traversari, G. 1990. Un ritratto marmoreo di Eumene II di Pergamo nel museo Gregoriano Profano in Vaticano. *Rivista di archeologia* XIV : 25-8.

Tréheux, J. 1987. Koinon. *Revue des Études Anciennes* 89 : 39-46.

Tsimbidou-Avloniti, M. 2005. *The Macedonian Tombs at Phinikas and Ayios Athanasios in the Area of Thessaloniki. Contribution of the funerary Monuments of Macedonia* (Δημοσιεύματα του Αρχαιολογικού Δελτίου 91) [en grec ; résumés en anglais et en italien]. Αθήνα [Athènes], Ταμείο αρχαιολογικών πόρων και απαλλοτριώσεων διεύθυνση δημοσιευμάτων [Caisse des ressources archéologiques et des expropriations].

Tsontchev [Končev], D. 1959. *Monuments de la sculpture romaine en Bulgarie méridionale* (*Collection Latomus* XXXIX). Bruxelles et Berchem, *Latomus* revue d'études latines.

Tudor, D. 1967. Pierres gravées découvertes à Romula [en roumain ; résumé en français]. *Apulum* VI : 209-29.

Ugolini, L. M. 1927. *Albania antica.* Volume I. *Ricerche archeologiche*, pubblicato sotto gli auspici della R. Società geografica italiana. Prefazione di R. Paribeni. Roma et Milano, S. E. A. I. [Società Editrice d'Arte Illustrata].

Vollenweider, M.-L. 1988. La gravure en pierres fines à la cour de Mithridate VI, roi du Pont : tendances baroques et tendances classicisantes (Planches 50-51). Dans les Πρακτικά του XII Διεθνούς Συνεδρίου Κλασικής Αρχαιολογίας. Αθήνα, 4-10 σεπτεμβρίου 1983 [actes du XIIe congrès international d'archéologie classique. Athènes, 4-10 septembre 1983]. Τόμος Β [Tome II] : 266-8. Αθήνα [Athènes], Ταμείο αρχαιολογικών πόρων και απαλλοτριώσεων διεύθυνση δημοσιευμάτων [Caisse des ressources archéologiques et des expropriations].

Vollenweider, M.-L. 1995. *Camées et Intailles*. I. *Les Portraits grecs du Cabinet des médailles : catalogue raisonné* ; avec la collaboration de M. Avisseau-Broustet. Paris, Bibliothèque Nationale de France.

Wadsworth, E. L. 1924. Stucco Reliefs of the First and Second centuries still extant in Rome. *Memoirs of the American Academy in Rome* IV : 9-102.

Weber, W. 1914. *Die ägyptisch-griechischen Terrakotten*. I. *Textband*. II. *Tafelband* (*Königliche Museen zu Berlin, Mitteilungen aus der ägyptischen Sammlung* II). Berlin, Verlag von Karl Curtius.

Wilcken, [U.] 1896. Attalos, 10). *Paulys Realencyclopädie der classischen Altertumswissenschaft*, II, 2 : col. 2168-75. Stuttgart, J. B. Metzlersche Verlagsbuchhandlung.

Will, É. 1982. *Histoire politique du monde hellénistique (323-30 av. J.-C.)*. Tome II. *Des avènements d'Antiochos III et de Philippe V à la fin des Lagides* (*Annales de l'Est* mémoire n° 32). Nancy[2], Presses Universitaires de Nancy.

Willrich, H. 1907. Eumenes 6). *Paulys Realencyclopädie der classischen Altertumswissenschaft*, VI, 1 : col. 1091-104. Stuttgart, J. B. Metzlersche Verlagsbuchhandlung.

Winter, F. 1903. *Die Typen der Figürlichen Terrakotten II. Teil. [Jüngeren Typen]* (*Die antiken Terrakotten*, im Auftrag des Archäologischen Instituts des Deutschen Reichs, herausgegeben von Reinhard Kekulé von Stradonitz. Band III,2). Berlin et Stuttgart, Verlag von W. Spemann.

Woelcke, K. Ch. 1911. Beiträge zur Geschichte des Tropaions. *Bonner Jahrbücher des Rheinischen Landesmuseums in Bonn (im Landschaftsverband Rheinland) und des Vereins von Altertumsfreunden im Rheinlande* 120 : 127-235.

Woodruff, S. E. 1977. The Pictorial Traditions of the Battle Scenes on the Monument of the Julii at St. Rémy. Dissertation doctorale, University of North Carolina at Chapel Hill (non vidi).